职业院校教学用书（电子类专业）

彩色电视机原理与检修

（第 5 版）

贺学金　沈大林　主　编
贺炜　章程　郑兴才　等编著

電子工業出版社
Publishing House of Electronics Industry
北京 · BEIJING

内容简介

本书共分 11 章。第 1 章介绍了彩色电视基础知识。第 2 章介绍了彩色电视机的基本组成和简要工作过程。第 3～10 章分别介绍了彩色电视机的各单元电路——电源电路、扫描电路、显像管电路及末级视放电路、高频调谐器及外围电路、中频电路、解码电路、伴音电路、遥控电路，不仅有单元电路的工作原理、典型电路分析，同时还补充了单元电路的检测方法和常见故障检修思路等内容。第 11 章介绍了彩色电视机维修的基本步骤和基本方法，并介绍了彩色电视机常见的综合故障检修思路、方法及检修流程。

本书内容尽量不涉及与维修无关的电路分析，在保证知识完整的情况下，做到由浅入深，化难从简，通俗易懂，易学易用。本书可作为中等、高等职业学校电子类专业教材，也可以作为各类家电维修培训班的教材，并可供电视机维修人员和广大电子爱好者自学。

本书配有电子教学参考资料包（包括电子课件和习题答案），详见前言。

图书在版编目（CIP）数据

彩色电视机原理与检修 / 贺学金，沈大林主编；贺炜，章程，郑兴才编著. —5 版. —北京：电子工业出版社，2012.3
职业院校教学用书. 电子类专业
ISBN 978-7-121-16117-9

Ⅰ. ①彩…　Ⅱ. ①贺…　②沈…　③贺…　④章…　⑤郑…　Ⅲ. ①彩色电视－电视接收机－理论－中等专业学校－教材②彩色电视－电视接收机－维修－中等专业学校－教材　Ⅳ. ①TN949.12

中国版本图书馆 CIP 数据核字（2012）第 034844 号

策划编辑：杨宏利
责任编辑：杨宏利
印　　刷：北京七彩京通数码快印有限公司
装　　订：北京七彩京通数码快印有限公司
出版发行：电子工业出版社
　　　　　北京市海淀区万寿路 173 信箱　邮编 100036
开　　本：787×1092　1/16　印张：20.5　字数：576 千字　插页：3
版　　次：1995 年 4 月第 1 版
　　　　　2012 年 3 月第 5 版
印　　次：2024 年 1 月第 12 次印刷
定　　价：34.00 元

凡所购买电子工业出版社图书有缺损问题，请向购买书店调换。若书店售缺，请与本社发行部联系，联系及邮购电话：（010）88254888，88258888。

质量投诉请发邮件至 zlts@phei.com.cn，盗版侵权举报请发邮件至 dbqq@phei.com.cn。

本书咨询联系方式：（010）88254592，bain@phei.com.cn。

前言

本书在同名教材第4版的基础上，听取了职业学校师生和家电维修人员的意见后重新编写，并对原书作了修订。第5版更加合理地编排了知识的结构，使本书更便于教学，并删除了一些较难的内容和习题，改正了原书中的一些错误，补充了各单元电路的检测方法及常见故障检修思路，还补充了阴极射线管（CRT）高清电视机和液晶电视机原理与维修内容。

本书共分11章。第1章介绍了彩色电视基础知识。第2章介绍了彩色电视机的基本组成和简要工作过程。第3～10章分别介绍了彩色电视机的各单元电路——电源电路、扫描电路、显像管电路及末级视放电路、高频调谐器及外围电路、中频电路、解码电路、伴音电路、遥控电路，不仅有单元电路的工作原理、典型电路分析，同时还补充了单元电路的检测方法和常见故障检修思路等内容。第11章介绍了彩色电视机维修的基本步骤和基本方法，并介绍了彩色电视机常见的综合故障检修思路、方法及检修流程。第12章介绍了数字电视技术，并介绍了阴极射线管（CRT）高清电视机和液晶电视机的原理与检修方法（因考虑定价因素，本章内容全部放在华信教育资源网供读者免费使用，可自行下载）。本书每章后都附有练习题，附录中给出了适用的电路图。

本书前11章的主要内容为必修内容，第12章可作为选学的自学内容。所用课时80节（不含实验）。这种安排既适用于职业院校的学生，又便于社会培训与维修人员使用。

本书力求做到从维修出发，尽量不介绍与维修无关的纯理论内容和电路。在保证知识完整性的前提下，做到通俗易懂、易学实用。为了照顾维修人员使用方便，本书在引用一些机型的原理图时，尽量和原图保持一致，其中某些元器件的符号和现行标准可能不尽一致，敬请读者见谅。

本书配有电子教学参考资料包，内容为电子课件和习题答案及第12章CRT高清电视机和液晶电视机原理与维修内容，请登录华信教育资料网（www.hxedu.com.cn）下载。

本书由贺学金和沈大林主编，参加本书编写工作的还有贺炜、章程、郑兴才、曾昊、杨来英、孙立群、肖柠朴、于建海、朱学亮、郑鹤、郑瑜、郑原、王浩轩、魏雪英、丰金兰、郭政、郭海、毕凌云、郑淑晖、王爱赪。

由于编者水平有限，书中难免存在缺点和错误，殷切希望广大读者批评指正。

编　者

2012年2月

目录

第 1 章 彩色电视基础知识

1.1 色度学基础知识

彩色电视的基本任务是将实际景物的亮度与彩色经彩色摄像机转化成电信号并加以传送，最终在彩色电视机屏幕上将原来景物的亮度和彩色最大限度不失真地重显出来。要理解彩色图像的传送、接收，需要了解一些色度学的基本知识。

1.1.1 光与色的特性

光是一种客观存在的物质，光也是一种电磁波。电磁波的频谱范围很广，包括无线电波、红外线、可见光、紫外线、X 射线、宇宙射线等，如图 1-1 所示。

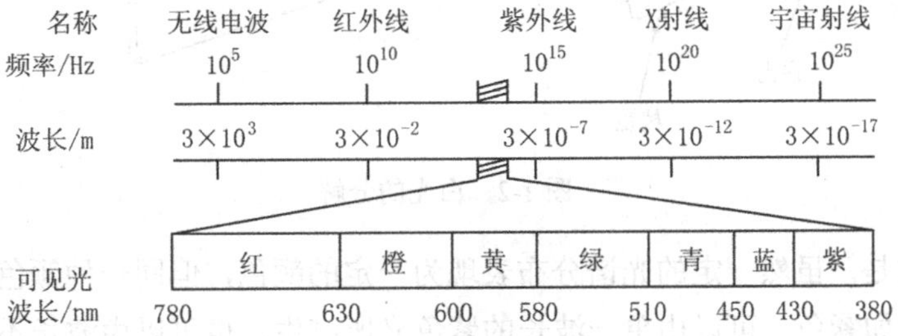

图 1-1 电磁波频谱图

从图 1-1 中可以看出，可见光位于红外线与紫外线之间，波长在 380～780 nm（1 nm=10^{-9}m）之间，不同波长的光波呈现出不同的颜色，波长由长到短分别引起人眼红、橙、黄、绿、青、蓝、紫七种色感。

太阳光呈现为白色，它包含有 380～780nm 范围内的所有光谱分量。让一束太阳光射到一个分光三棱镜上，经折射后分解成红、橙、黄、绿、青、蓝、紫七种光束，如图 1-2 所示。可见太阳光是一种复合光。通常把单一波长的彩色光称为单色光，在日光中所含有的一系列单色称为谱色。

平时所看到的彩色有两种不同的来源。一种是色光源，即眼睛接收的是直接射来的色光。例如阳光经过滤色镜后所得到的色光，以及各种彩色照明灯具等，它的彩色是由色光源的辐射光谱分布决定的。另一种是反射彩色光，这种物体的彩色是照明光源的光谱分布与物体对光谱不同波长有选择的吸收和反射的综合效果。在日常生活中，人们往往把彩色归属于物体本身的特性。实质上人们所看到的物体的彩色，除了物体本身的光谱反射特性以外，还与光的照射条件有关。例如一张白纸之所以是白色，是因为它对于不同波长的光具有同等程度的反射特性。而且白纸也只有在白天太阳光或其他白色光的照射下才呈现为白色。如果用红色光源去照射白纸时，那么白纸将呈现为红色。同理，一块红布在白光或红光照射下，由于红布具有反射红光而吸收其他色光的特性，所以才显示出红色。假如用绿光去照射这块红布，它就不会产生红光反射，红布几乎成了黑布了。黑色物体对所有照射光都吸收，因而不论是太阳光还是其他色光照射时都呈现黑色。总之，同一物体在不同光源照射下，其彩色也不相同，也就是说，色与光是密切相关的，光是色存在的条件，色是人眼对不同光谱分布的主观反映。

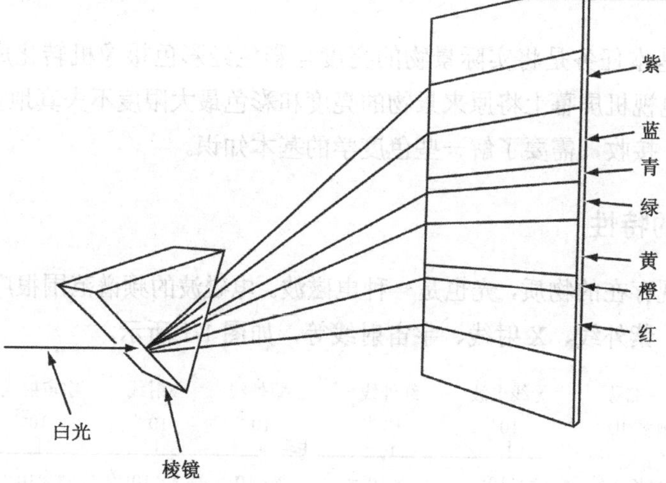

图1-2 白光的分解

应当注意的是，虽然一定的光谱分布表现为一定的颜色，但同一种颜色却可以由不同的光谱来组成。例如紫色，可以由单一波长的紫色光所产生，也可以由波长不同的红光和蓝光混合来产生，两者给人眼色的感觉是相同的。这一特性对于彩色电视的原理是很重要的。

1.1.2 彩色三要素

任何一种彩色光均可以用亮度、色调、色饱和度来描述，这三个基本参量称为彩色三要素。

亮度（Y）是指彩色光作用于人眼所引起的明暗程度感觉，它与被观察物体的发光（或反射光）强度有关。当光波的能量增强时，亮度就增加；反之，当光波的能量降低时，亮度就降低。当能量相同、波长不同的光作用于人眼时，所引起的亮度感觉也不一样，即亮度还与光的波长有关。

色调是指光的颜色种类。例如，红、橙、黄、绿、青、蓝、紫等表示各种不同的色调，色调是彩色的基本特性，它由光的波长来决定。

色饱和度是指颜色的深浅程度，即颜色的浓度。对于同一色调的彩色光，其饱和度越高，它的颜色就越深；饱和度越低，它的颜色就越浅。色饱和度由掺入白光的多少来决定，掺入的白光越少，色饱和度越高；不掺入白光，色饱和度为 100%；白光的饱和度为零。

通常把色调和色饱和度合称为色度（F）。色度既说明彩色光颜色的类别，又说明了颜色的深浅程度。在彩色电视系统中，实质上是传输图像像素的亮度和色度信息。

1.1.3　三基色原理

1. 三基色原理

根据人眼的视觉特性，在传送与重现彩色时，只要求重现原景物的彩色感，不要求恢复原来的全部光谱成分。那么怎样以最简单的方法来获得景物的彩色感觉呢？实验证明可以选择三种单色光，将它们按不同的比例进行混合，以引起不同的彩色感觉，即利用混色的方法来达到重现彩色的目的。人们把这三种光称为三基色，彩色电视中使用红（R）、绿（G）、蓝（B）作为三基色。人们通过光的分解、光的合成实验，发现了三基色原理，这个原理包括以下几方面的含义：

（1）自然界中绝大多数彩色都可以分解为一定强度比的三基色；反之，用三基色按一定比例混合可以得到自然界中绝大多数彩色。

（2）三基色必须是相互独立的彩色，即其中任意一种基色都不能由其他彩色混合产生。

（3）三基色之间的混合比例，决定了混合色的色调和饱和度。

（4）混合色的亮度等于三基色亮度之和。

三基色原理为彩色电视技术奠定了极为重要的理论基础，极大地简化了用电信号来传送彩色的技术问题。它把自然界五彩缤纷、瞬息万变的绚丽彩色图像简化为只需传送三基色信号，就可以实现彩色图像的重现。

2. 混色法

彩色电视机重现景物的彩色，通常是靠显像管荧光屏上的三种荧光粉在电子束轰击下发出各自的基色光（红、绿、蓝三种基色光），并混合成彩色图像。

利用三基色按不同比例来获得彩色的方法叫混色法。混色法有相加混色法和相减混色法。彩色电视中使用的混色法是相加混色法，而绘画中使用的混色法是相减混色法。

彩色电视中使用的相加混色规律可用图 1-3 表示。由图可见，以等量的红、绿、蓝三基色光进行相加混色效果如下：

红色+绿色=黄色
绿色+蓝色=青色
蓝色+红色=紫色
红色+绿色+蓝色=白色

在相加混色中，由两种等量的基色相混合而产生的第三种颜色称为补色，因此黄、青与紫色均为补色。

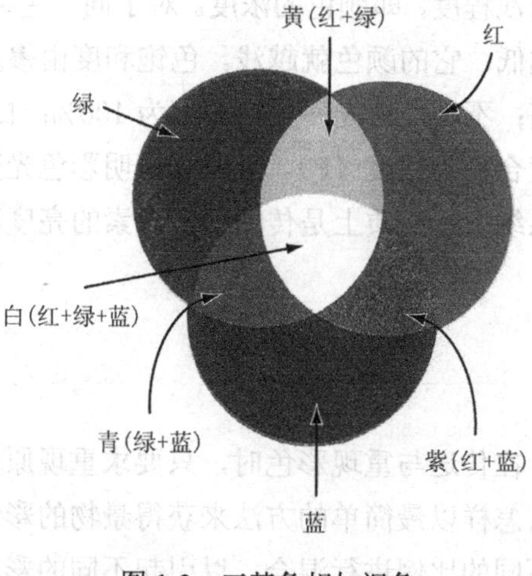

图 1-3 三基色相加混色

通过以下方法可以得到相加混色效果。

1）时间混色法

是让三基色光先后出现在同一表面的同一点处，利用人眼的视觉惰性，人眼会感觉到三种基色光混合后的彩色。这种混色法曾用于初期顺序制彩色电视系统。

2）空间混色法

是利用人眼空间细节分辨力差的特点，将三基色光分别投射到同一表面的三个相邻点上，只要这三个基色光点足够小，相距足够近，当人眼离它们有一定的距离时，人眼就会产生三种基色光混合后的彩色感觉。现代彩色显像管就是根据这种方法来重现彩色图像的。

3. 彩色三角形

要把种类繁多的颜色表示出来，习惯上都是用色名来表示。但是，在不同色调或同一色调中颜色的浓淡不同（即色饱和度不同），用色名来区分就很不准确。因此，各个电视台对于各种颜色使用统一规定的物理或数学表示方法（对颜色规定某种标准），依据对大量观众进行测定所得结果的平均值作为人眼具有的某种固有特性，定量地在某一范围内确定下来。

若把各种颜色排列起来，便可以排成芒塞耳色立体、色域图、彩色三角形、色度图等。其中色度图的表示法已被广泛地应用在学术研究与工业上，彩色电视机也使用了这种方法。对于只了解些色度学的彩色电视机维修人员来说，彩色三角形较有利于帮助人们弄清楚 R、G、B 混色的结果，帮助记忆基本的色调，便于维修、调试。

彩色三角形是这样一种图形，它能把选定的三基色与它们混合后所得到的各种彩色之间的关系简单而又方便地描绘出来。它给出三基色相混合时所获得的彩色的大致范围，给出了该彩色的实际视觉印象。图 1-4 表示一个以三基色为顶角的等边三角形，RG 边表示的是由红色和绿色混合构成的彩色。黄色位于 RG 边的中点，橙色在这点往红色的一侧，而黄绿色在它的另一侧。同样，紫色落在红色和蓝色之间的中点，青色位于蓝色和绿色之间的中点。以三角形的边为界，其内部所有色调的产生必须由三个基色共同参加混色。

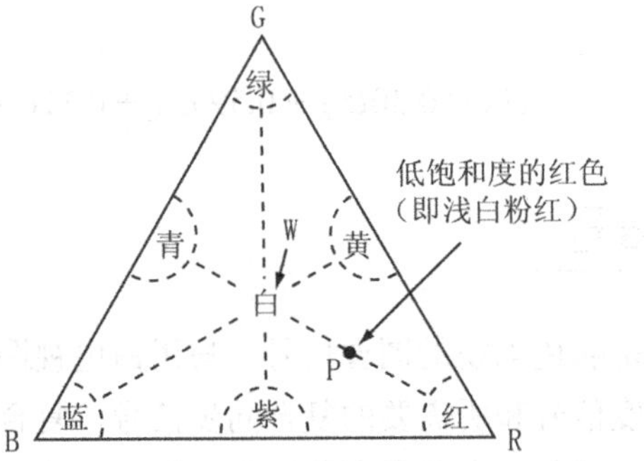

图 1-4　彩色三角形

在三角形的中心，三个基色参与混色的量都是等同的，这点就是白色的位置（W 点）。穿过 W 点的任意一条横越此三角形的直线所联结的两种色彩互为补色，它们合在一起就形成白色（例如，红和青、蓝和黄等）。

在彩色三角形的 R 点上，是完全纯红色的，也就是说它的饱和度是 100%。沿着直线 RW 移向 W 点，随着白色的增加，红色变淡，于是纯红色就向着柔和的红色（粉红色）变化，而在 W 点上，红的色泽终于完全消失了。

当白色加于某一彩色时，就说该彩色的饱和度被降低了，所以彩色的饱和度即反映某彩色的“浓”度。对于纯红色就说是 100%的饱和度，与其相比较而言，如 80%饱和度的红色，即相当于在红色中混入了 20%的白色。

“色调”是用来描述颜色种类的。如图 1-4 所示的彩色三角形中的 P 点，代表的是一个低饱和度的红色色调。

彩色电视信号除了要传送表示景物亮度的亮度信号之外，还必须传送表示景物色彩的信号，即反映色调与饱和度的所谓色度信号。色度信号和亮度信号一起传送，就能把所描述景物的全部彩色信息（色调、饱和度和亮度）提供给彩色电视机。

1.1.4　亮度方程

亮度方程表示用三基色光来配成某种标准白光时，三基色所占的百分比。亮度方程表示为

$$Y=0.30R+0.59G+0.11B \qquad (1\text{-}1)$$

式中，R、G、B 分别表示三基色的光线强度，Y 表示混合色的亮度。当三基色光强度相同时，即 R ＝ G ＝ B 时，混合色为白色；当 R、G、B 取值不一样时，混合色为某种彩色。

需要说明的是，式（1-1）是根据 NTSC 制中选取的显像三基色而确定的。在 PAL 制中，显然三基色与 NTSC 制略有不同，对 PAL 制来说，亮度方程变为

$$Y=0.222R+0.707G+0.071B \qquad (1\text{-}2)$$

尽管我国彩电选用 PAL 制，但是在进行计算时，一般都用公式（1-1）而不用公式（1-2），因为 NTSC 制使用较早，所以沿用了它的理论公式。

在彩色电视广播中，三基色光转换为电压来传送，三基色电压分别用 U_R、U_G、U_B 来表

示，这时亮度方程表示为

$$U_Y = 0.30U_R + 0.59U_G + 0.11U_B \quad (1\text{-}3)$$

1.2 彩色全电视信号

彩色全电视信号也就是彩色电视的图像信号。与黑白电视图像信号不同的是，除了包含反映各像素亮度变化的亮度信号和所需要的复合同步信号、复合消隐信号外，还包含了反映各像素色彩变化的色度信号和色同步所需有色同步信号。所以将色度信号（F）、亮度信号（Y或 B）、复合同步信号（S）和复合同步消隐信号（A）以一定方式组合在一起，称为彩色全电视信号，简记 FYAS 或 FBAS。

不同的彩色电视制式将上述几种信号组合的方式不同，这种信号组合过程称为编码。在接收端再将这些信号分解开来，发挥各自的作用，这种信号的分解过程称为解码。彩色电视信号的发送与接收过程，实质上主要是编码与解码的过程。

1.2.1 彩色全电视信号的传送

由三基色原理可知，用红、绿、蓝三种基色以不同的比例混合，将可以得到自然界的各种彩色，反之，任何一种彩色又可分解为不同比例的红、绿、蓝三种基色。彩色图像信号的发送与接收正是利用了三基色原理。要实现彩色全电视信号的传送，首先需要将一幅彩色画面分解为三种基色分量，然后将三种基色分量转换为电信号，最后用三个通道线路将这三种电信号传送出去。其传送过程如图 1-5 所示。

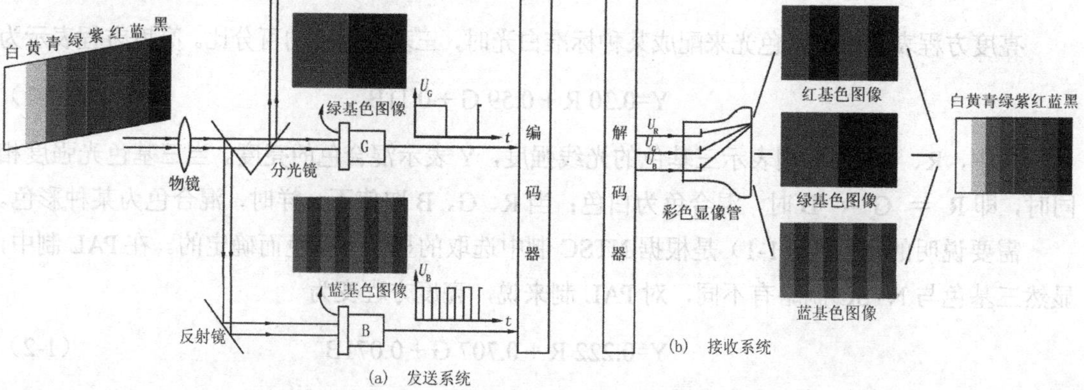

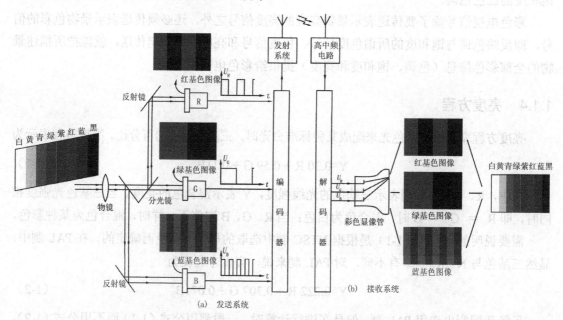

图 1-5 彩色图像信号的传送过程

由图可知，彩色电视信号的传送是经过彩色图像的分解、传输和合成三个主要过程。

1．彩色图像信号的分解和三基色电信号的产生

彩色图像信号的分解和三基色电信号的产生是由彩色摄像机来完成的。一幅彩色图像，如图 1-5 中的 8 色彩条图像，首先通过摄像机的分光色系统（包括物镜、反射镜）将其分解为红、绿、蓝三种基色图像，并分别投射到三支摄像管的靶面上，通过光电转换和三支摄像管的电子束同步逐点逐行地在各自的靶面上扫描，便将各基色图像上的亮度变化，转变成相应的随时间变化的电信号。三支摄像管分别输出反映红、绿、蓝三种基色图像亮度变化的电信号 U_R、U_G 和 U_B。把 U_R、U_G 和 U_B 分别称为三基色电信号。

2．彩色电视信号的传输

为了将彩色电视信号（即分解后的三基色电信号 U_R、U_G 和 U_B）从发送端传到接收端，人们曾考虑过多种不同的传输方式，但最终被采用的是兼容制的传输方式。电视的兼容是指黑白电视与彩色电视的兼容，也就是黑白电视机能收看彩色电视节目，彩色电视机也能收看黑白电视节目，当然两种情况下，所呈现的都是黑白图像。

1）兼容制对彩色电视的要求

（1）彩色电视必须采用与黑白电视相同的基本参量，如扫描频率、扫描方式、频带宽度、同步信号组成、图像载频、伴音载频及图像、伴音的调制方式等。

（2）彩色电视信号中应包含黑白电视所需要的亮度信号，同时也要有一个反映图像彩色的色度信号，而且，亮度信号只反映彩色图像上各点的亮度变化，相当于黑白电视中的图像信号，色度信号只反映图像上各点的色度。二者合成的彩色全电视信号的带宽必须与黑白电视带宽相同，即 6MHz。这样，黑白电视机收到的只是亮度信号，显示黑白图像，而彩色电视机收到的是亮度和色度信号，显示的是彩色图像。

（3）色度信号与亮度信号可以加在一起传送，在接收端又可以将二者分开，而且色度信号不应对亮度信号造成可见干扰。

2）实现兼容制所采取的措施

要实现兼容，必须采用一定的措施，以满足兼容制彩色电视的要求，一般采取以下措施：

（1）将三基色电信号（U_R、U_G、U_B）变换成一个反映亮度变化的亮度信号和两个色差信号。

为了实现兼容，彩色电视不直接传送三基色信号，而是产生并传送亮度信号和色度信号。

① 亮度信号。根据电信号亮度方程 $U_Y=0.30U_R+0.59U_G+0.11U_B$，要由 U_R、U_G、U_B 三基色电信号得到亮度信号，只要用一简单的电阻矩阵电路即可实现。电阻矩阵电路如图 1-6 所示。当其三个输入端输入三基色电信号 U_R、U_G、U_B 时，输出即为亮度 Y 信号。$Y=\dfrac{R4}{R4+R1}U_R+\dfrac{R4}{R4+R2}U_G+\dfrac{R4}{R4+R3}U_B$，只要合理地选择 R1、R2、R3、R4 的阻值，则可得到式 $U_Y=0.30U_R+0.59U_G+0.11U_B$，它只反应亮度变化，而不反映彩色。亮度信号的频率范围为 0～6MHz。

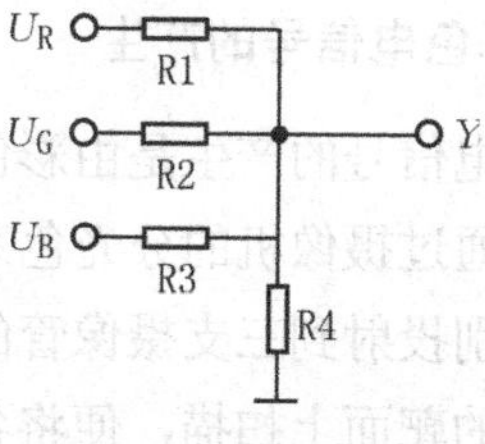

图 1-6　电阻矩阵电路

② 色度信号。色度信号包含色调和色饱和度两个参量，其中色调由三基色的不同比例决定，而色饱和度则与基色的掺白度程度有关。要直接传送色度信号是比较困难的，一般在彩色电视中，考虑兼容的要求，都是采用传送色差信号的办法来传送色度信号的。

色差信号也是由三基色来获得的。三基色信号既包含亮度信息，也包含色度信息，为了得到仅反映彩色的色度信号，便可由基色信号减去亮度信号得到三个色差信号：

$$U_{R-Y}=U_R-U_Y \tag{1-4}$$

$$U_{G-Y}=U_G-U_Y \tag{1-5}$$

$$U_{B-Y}=U_B-U_Y \tag{1-6}$$

U_{R-Y}、U_{G-Y}、U_{B-Y}分别称为红色差信号、绿色差信号、蓝色差信号。

根据亮度方程可知，U_Y、U_R、U_G、U_B这四个量中，只有三个量是独立的，已知其中三个，第四个便可由前三个适当组合求出，故在已知 U_Y 信号之后，只要选其中两个色差信号就可以了。目前彩色图像信号都选用 U_{R-Y}和 U_{B-Y}来代表色度信号。与亮度信号相同，两个色差信号也可由三基色信号通过矩阵电路得到。

由此可以得到结论，在彩色图像传输中，发送端送出的是三个信号，即 U_Y、U_{R-Y}、U_{B-Y}。其中 U_Y代表亮度，U_{R-Y}、U_{B-Y}代表色度。

在接收端再用一个解码矩阵电路将亮度信号 U_Y和两个色差信号 U_{R-Y}与 U_{B-Y}还原出 U_R、U_G、U_B三基色电信号。

（2）大面积着色和频谱交错原理。亮度信号 U_Y、色差信号 U_{R-Y}和 U_{B-Y}都是由三基色信号通过矩阵电路线性变换获得的，它们都是图像信号，都具有相同的频谱结构和带宽（6MHz）。为了实现兼容，必须在 6MHz 带宽范围内来传送这三个信号。直接混合传送，在接收端无法将它们分开；均匀压缩频带，将使图像的清晰度大为降低。要解决这三个信号的传送问题，可采取以下两条措施：

① 利用大面积着色原理压缩色差信号频带宽度。通常在画彩色画时，总是先用黑笔勾出图像的轮廓及细节部分，然后再对其余部分进行大面积涂色。由于人眼对彩色图像细节的分辨本领比对黑白图像要差得多，所以尽管没有大面积用彩色笔进行细致的描绘，而人眼看到的仍然是一幅轮廓清晰、色彩鲜艳的彩色画。这就是大面积着色原理。这说明，任何彩色图片、画报等，其彩色是表示大面积的色调，而细节是用黑白表示，若用彩色表示已没有意义，因为人眼分辨不出来。

彩色电视的清晰度是由亮度信号的带宽来保证的，亮度信号的频带不能压缩，否则将影响兼容制的图像质量。既然彩色不表示图像的细节，就可以把传送彩色信号的频带限制一下，即在传送色差信号时，只要用较窄的带宽来传送大面积的彩色（代表低频），而不必传送彩色的细节（代表高频），这一细节用亮度信号中的高频分量来代替，就可以得到较为满意的图像了。我国彩电制式（PAL 制）中，把色差信号的频带宽度限制在 1.3MHz。

② 频谱交错。亮度信号的带宽为 6MHz，色度信号的带宽为 1.3MHz，为了让亮度信号与色度信号加起来在同一通道内传输，不能采取简单相加的办法，因为这样会带来相互之间的严重干扰，以至于使彩色图像无法重现，而且相加以后在接收端也无法将它们分开，因此必须采用比较巧妙的办法把它们加在一起。

亮度信号与色差信号的频谱分布是不连续的，它们是由一组组间隔为行频的谱线族组成的，中间有许多空隙，而且谱线的幅度随频率的增加而变小，如图 1-7（a）所示。这种离散式的频谱结构使人们可将色差信号的频谱谱线以某种方式插在亮度信号频谱的空隙中，从而与亮度等信号一起形成彩色全电视信号。

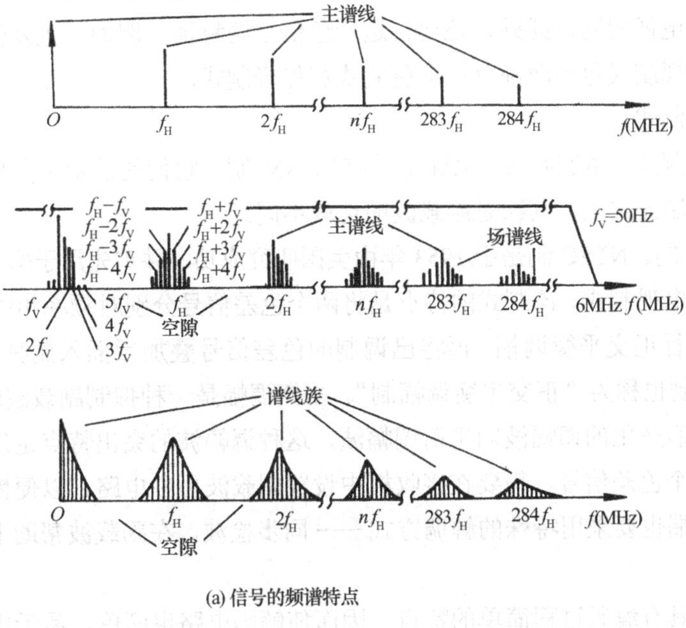

(a) 信号的频谱特点

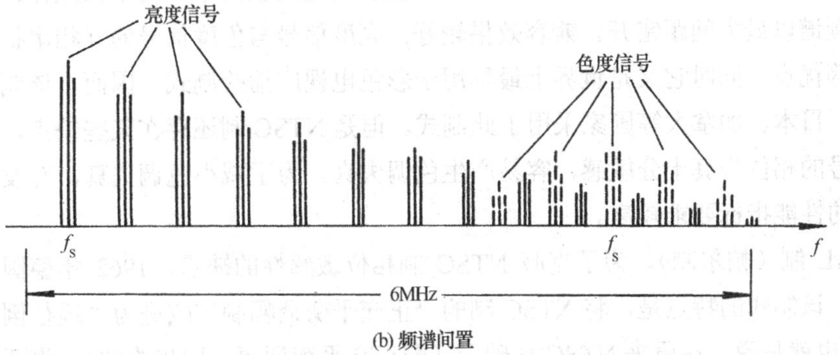

(b) 频谱间置

图 1-7　亮度信号与色差信号的频谱特点及频谱间置

因为亮度信号低频段谱线幅度大，为了减小亮度信号对色差信号的干扰，不能将色差信号的谱线插在亮度信号低频段的空隙中。为此，可用色差信号先去调制一个载波，这一载波称为彩色副载波，使其频谱高移，然后再将其谱线插到亮度信号频谱高端的空隙中，如图 1-7（b）所示。这样彩色全电视信号的频带宽度就可以做到与黑白全电视信号频带宽度一致。

彩色副载波的频率选择非常关键，一方面要考虑使它落在行频谐波之间，以便利用频谱空隙，另一方面还必须使经调制后色差信号的全部频谱都在 0～6MHz 范围内。彩色副载波经色差信号调制后称为色度信号。不同的彩电制式，所取的彩色副载波频率及调制方式都有所不同。我国彩电制式（PAL 制）的彩色副载波频率为 4.43MHz。

以上将色度信号与亮度信号频谱错开，放在同一通道中传送的办法叫做频谱交错或频谱间置。

3）彩色电视制式

黑白电视制式通常以每帧扫描行数、每秒扫描场数（即行频、场频），信号频带宽度以及图像载频与伴音载频的频差等特征作为标志。对于彩色电视系统来说，为了实现兼容，上述特征与黑白电视相同，此外，还要传送彩色信号的特征，例如，色差信号的调制方式及副载频频率。电视制式包括两部分：彩色制式和伴音制式。

（1）彩色制式。

三大彩色制式是 NTSC 制、PAL 制与 SECAM 制，它们的差别主要体现在两个色差信号对副载波的调制方式上，其次是副载波的选取不同。

① NTSC 制。NTSC 制是于 1953 年由美国研究成功，并首先用于彩色电视与黑白电视广播的兼容彩色电视制式。该制式的特点是将两个色差信号分别对频率相同，相位相差 90° 的两个副载波进行正交平衡调幅，再将已调制的色差信号叠加后插入到亮度信号的高频端去。因此，NTSC 制也称为“正交平衡调幅制”。平衡调幅是一种抑制副载波的特殊的调幅方式，按此方式调制后产生的调幅波叫平衡调幅波，这种调幅波的突出特点是没有副载波。为了解调出原来的两个色差信号，需要在接收机中设置副载波再生电路，以便恢复失去的副载波。另外，在接收端也要采用特殊的解调方式—— 同步检波，在副载波帮助下，将两个色差信号解调出来。

NTSC 制具有编码过程简单的特点，因而使解码电路也简单，易于集成化；亮度信号与色度信号频谱以最大间距错开，兼容效果较好；亮度信号与色度信号的互相串扰小，具有图像质量好等优点，同时它又是世界上最早用于彩色电视广播的制式，因而，该制式的使用较广，美国、日本、加拿大等国家采用了此制式。但是 NTSC 制还存在某些缺点，其中最严重的是对信号的相位失真十分敏感，容易产生色调失真。为了减小色调失真，对发射端和中间传送设备的性能指标要求较高。

② PAL 制（帕尔制）。为了克服 NTSC 制相位敏感性的缺点，1962 年德国首先研究出 PAL 制式。该制式的特点是，将 NTSC 制的“正交平衡调幅制”改进为“逐行倒相正交平衡调幅制”。也就是说，在原来 NTSC 基础上（即正交平衡调幅、同步检波），将两色差信号中的红色差信号进行逐行倒相处理，这就使任意两个相邻扫描行的红色差信号相位总是相差 180°，利用相邻行彩色的互补性来消除相位失真引起的色调畸变。应注意的是，为了使接收

机能按色度信号的本来相位正确重现原来的色调，在接收端必须把被倒相的那一行的色度信号再倒相180°，使其回到原来的位置才能正确重现原来的彩色。

PAL制克服了NTSC制对相位敏感性的缺点，但是由于PAL制采用了逐行倒相，使发送与接收设备都很复杂，相应的接收机价格也高一些。目前PAL制在世界上已得到较为广泛的应用，我国也采用了这一制式。

③ SECAM制。SECAM制是在PAL制问世的同时，由法国首先研制成功的。它与NTSC制式和PAL制式的主要区别是色差信号的传送方式不同。

在SECAM制中，亮度信号是每一行都传送的，但两个色差信号却是逐行轮换传送的，因而在同一时间内在传输通道中只有一个色差信号存在，所以不会发生串色的现象。但是，在接收端必须有U_{Y}、U_{R-Y}、U_{B-Y}三个传输信号同时存在才能正确地恢复U_{R}、U_{G}、U_{B}。因此在SECAM制的解码器中使用了一根延迟线，将接收的一行时间的色差信号存储，使每一色差信号可以使用两次，即在被传送行时使用一次，在未被传送的一行中，可将存储在延迟线中的色差信号再使用一次，正好补充了那一行未被发送的色差信号。此外，在SECAM制中，两个色差信号不是对彩色副载波进行调幅，而是对两个频率不同的副载波进行调频，然后将两个调频波逐行轮换插入亮度信号频谱的高端。由于两色差信号按顺序轮流传送，而亮度信号与色差信号又是同时传送的，故这种制式也称为“顺序同时制”。该制式的缺点主要是接收机电路复杂，其图像质量也不如前两种制式。目前，法国、俄罗斯、东欧等国家采用此制式。

因为上述三种彩色制式的电视信号在传送色差信号时采用的方法不同，所以三种制式之间不能相互兼容收看。如果要看其他制式的电视节目，需将电视接收机做较大的改动。

（2）伴音制式。

伴音制式主要有D/K（6.5MHz）、I（6.0MHz）、B/G（5.5MHz）和M（4.5MHz）四种。不同伴音制式的电视信号主要表现为图像载频与伴音载频的频差即第二伴音中频。当接收D/K制广播电视信号时，第二伴音中频信号频率为6.5MHz，中国使用该伴音制式；当接收B/G制广播电视信号时，第二伴音中频信号频率为5.5MHz，俄罗斯等国家使用该伴音制式；当接收I制广播电视信号时，第二伴音中频信号频率为6.0MHz，香港使用该伴音制式；当接收M制广播电视信号时，第二伴音中频信号频率为4.5MHz，日本、美国使用该伴音制式。

在多制式电视机中，接收不同制式的电视信号时，视频检波器除输出彩色全电视信号外，还输出D/K（6.5MHz）、I（6.0MHz）、B/G（5.5MHz）和M（4.5MHz）伴音中频信号，因此，这类彩电应设有多种伴音选择电路。同时，多制式彩电还设法对多种伴音中频进行鉴频，伴音鉴频和伴音中频选择要相互配套。

我国的电视制式为PAL-D/K制，即彩色制式为PAL制，伴音制式为D/K制。

部分国家或地区采用的电视制式如表1-1所示。

表 1-1 部分国家或地区采用的电视制式

项　目	NTSC.M	PAL.M	PAL.N	PAL.B/G	PAL.H	PAL.I	PAL.D	SECAM.B/G	SECAM.D/K	SECAM.K1	SECAM.L.E
扫描行数	525	525	625	625	625	625	625	625	625	625	625
场频率（Hz）	59.94	59.94	50	50	50	50	50	50	50	50	50
行频率（Hz）	15 734.264	15 734.264	15 625	15 625	15 625	15 625	15 625	15 625	15 625	15 625	15 625
图像带宽（MHz）	4.2	4.2	4.2	5	5	5.5	6	5	6	6	6
每个频道带宽（MHz）	6	6	6	B：7 G：8	8	8	8	B：7 G：8	8	8	8
伴音与图像间距（MHz）	4.5	4.5	4.5	5.5	5.5	6	6.5	5.5	6.5	6.5	6.5
彩色副载波（MHz）	3.58	3.58	3.58	4.43	4.43	4.43	4.43	4.41/4.25	同左	同左	同左
残留边带带宽（MHz）	0.75	0.75	0.75	0.75	1.25	1.25	0.75	0.75	0.75	1.25	1.25
图像调制方式	AM 负极性	同左	同左	同左	同左	同左	同左	同左	同左	同左	AM 正极性
伴音调制方式	FM	FM	FM	FM	FM	FM	FM	FM	FM	FM	FM
国家或地区	美国、中国台湾、加拿大、日本、韩国		印度、澳大利亚、瑞典、意大利、丹麦、印尼、泰国、南斯拉夫、巴基斯坦、马来西亚、荷兰、瑞士、挪威、新西兰			英国、爱尔兰、中国香港、南非	中国	埃及	俄罗斯、捷克、匈牙利、保加利亚、波兰、罗马尼亚等	扎伊尔	法国

1.2.2　PAL 制彩色全电视信号

不同的彩色电视制式，组成彩色全电视信号的方式不同，下面重点介绍 PAL 制彩色全电视信号的形成及其传输。

1．PAL 制编码过程

将三基色电信号 U_R、U_G、U_B 编制成彩色全电视信号的过程称为“编码”，完成编码任务的电路称为编码器。PAL 制编码器框图如图 1-8 所示。

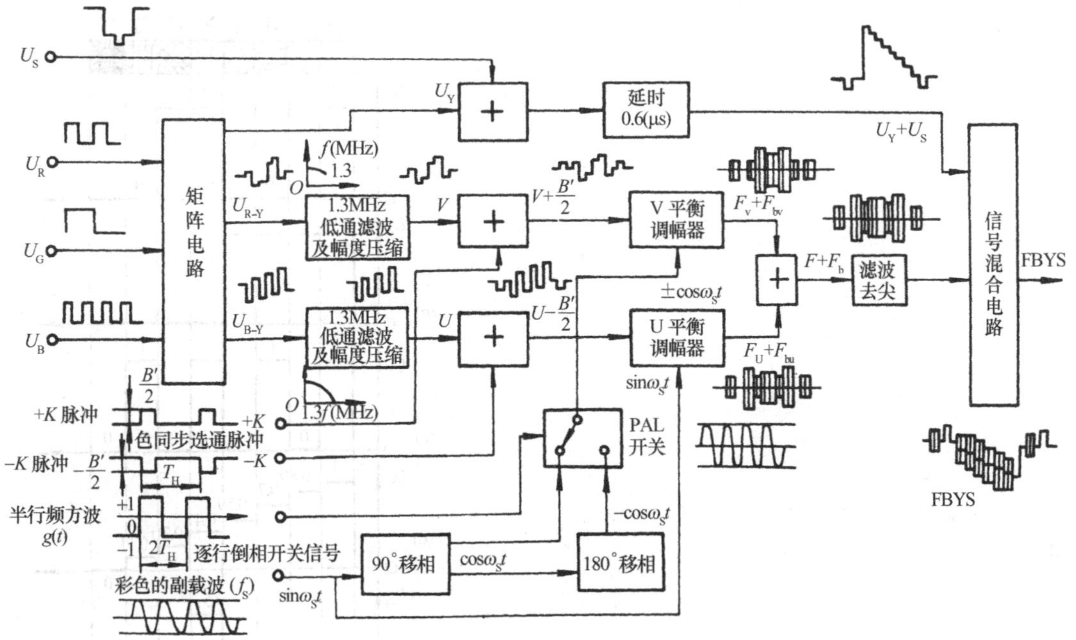

图 1-8　PAL 制编码器框图

1）亮度信号与色差信号的获得

从图 1-8 可以看出，亮度信号 U_Y 和色差信号 U_{R-Y}、U_{B-Y} 是由三基色电信号 U_R、U_G、U_B 通过矩阵电路获得的。

（1）亮度信号的获得。

根据亮度方程式 $U_Y=0.30U_R+0.59U_G+0.11U_B$，将三基色电信号按一定比例相加即可以得到亮度信号 U_Y，如图 1-9 中虚线内所示电路。

以彩条图案为例，如果各种彩色的色饱和度为 100%，则根据颜色可写出相应的三基色电信号 U_R、U_G、U_B 的值，再根据这些值代入亮度方程式可求出相应的亮度信号 U_Y 的值，如表 1-2 所列。根据表 1-2 中的值可画出亮度信号波形图，如图 1-10（d）所示。

表 1-2　彩条图案相应电信号的数据

颜　色	U_R	U_G	U_B	U_Y	U_{R-Y}	U_{B-Y}	U_{G-Y}	F_m
白	1	1	1	1	0.00	0.00	0.00	0.00

续表

颜色	U_R	U_G	U_B	U_Y	U_{R-Y}	U_{B-Y}	U_{G-Y}	F_m
黄	1	1	0	0.89	+0.11	−0.89	+0.11	0.90
青	0	1	1	0.70	−0.70	+0.30	+0.30	0.76
绿	0	1	0	0.59	−0.59	−0.59	+0.41	0.83
紫	1	0	1	0.41	+0.59	+0.59	−0.41	0.83
红	1	0	0	0.30	+0.70	−0.30	−0.30	0.76
蓝	0	0	1	0.11	−0.11	+0.89	−0.11	0.90
黑	0	0	0	0.00	0.00	0.00	0.00	0.00

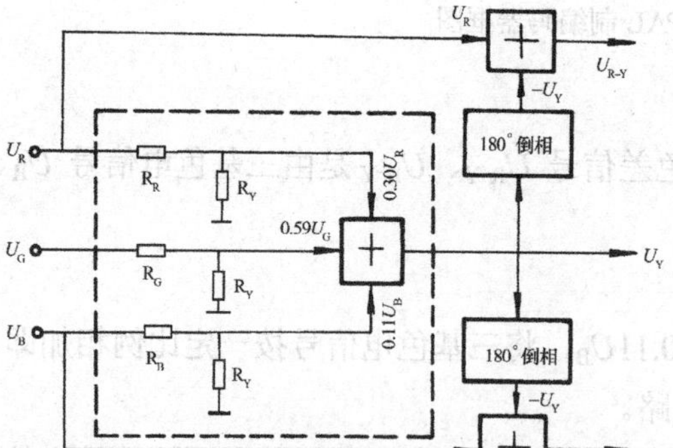

图 1-9 编码矩阵电路

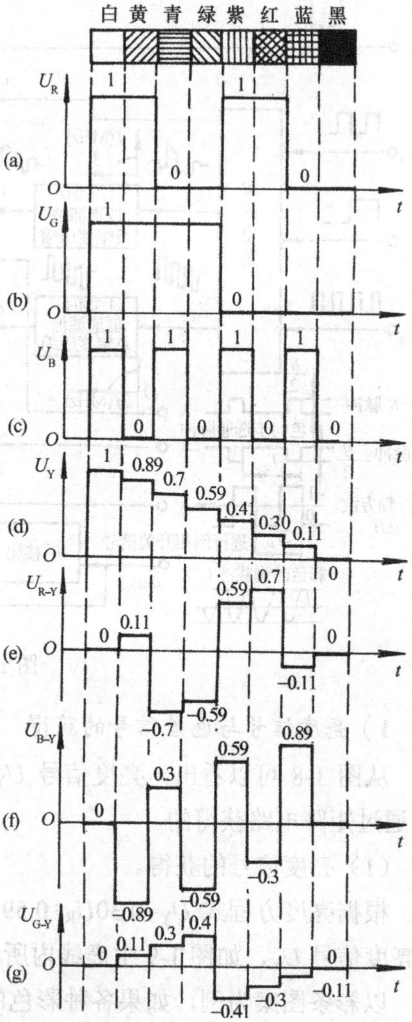

图 1-10 彩条信号的亮度信号和色差信号波形

（2）色差信号的获得。

基色信号减亮度信号即可得到相应的色差信号。因为有三种基色信号，所以有红色、绿色和蓝色三种色差信号。

红色差信号：$U_{R-Y}=U_R-U_Y$

绿色差信号：$U_{G-Y}=U_G-U_Y$

蓝色差信号：$U_{B-Y}=U_B-U_Y$

根据色差信号定义，在亮度信号形成电路的基础上再加两个相加器与倒相器，即可得到红色差信号 U_{R-Y} 与蓝色差信号 U_{B-Y}，如图 1-9 所示。

利用表 1-2 中 U_R、U_G、U_B 与 U_Y 的值，根据色差信号定义式可计算出彩条图案各彩色的色差信号 U_{R-Y}、U_{G-Y} 和 U_{B-Y} 的值，填入表 1-2 中。再根据色差信号的值，可画出 U_{R-Y}、U_{G-Y} 和 U_{B-Y} 的波形图，如图 1-10 中（e）、（f）和（g）所示。

为什么色差信号中不含有亮度信息呢？假设传送黑白图像，则相应的三基色信号相等 $U_R=U_G=U_B=U$。将它们代入亮度方程式可得 $U_Y=U$，再将 $U_R=U_G=U_B=U$ 与 $U_Y=U$ 代入三个色差信号定义式中，可求得 $U_{R-Y}=U_{G-Y}=U_{B-Y}=0$。可见，传送黑白图像时，各色差信号均为零，从而说明色差信号不含有亮度信息，只含有色度信息。

2）色差信号的频带压缩

为了实现彩色电视与黑白电视的兼容，需对色差信号进行频带压缩。其办法是利用 0～1.3MHz 的低通滤波器将色差信号中的 1.3MHz 以上的高频成分滤除即可。

3）色差信号的幅度压缩

在彩色全电视信号形成过程中采取了频谱交错的措施，即将二色差信号调制后合成色度信号，再插入亮度信号的高端。如果直接把两个色差信号进行平衡调幅后得到的色度信号与亮度信号混合，会导致混合信号（即视频图像信号）的电平变化范围大大超过亮度信号的变化范围。用这样的混合信号去调制图像载频，会因视频图像信号幅度过大而产生过调制，从而造成彩色失真。为了避免以上情况的发生，同时为了达到较好的兼容效果，因此要将色差信号的幅度相对压缩，而亮度信号的幅度保持不变。一般在正交平衡调幅之前进行。色差信号 V_{B-Y}、V_{R-Y} 的压缩系数分别为 0.493 和 0.877，经幅度压缩后的色差信号称为 U 信号和 V 信号，表示为

$$U=0.493V_{B-Y} \tag{1-7}$$

$$V=0.877V_{R-Y} \tag{1-8}$$

4）色度信号的获得

由图 1-8 可知，色度信号 F 的获得是由压缩后的色差信号 V 和 U 经平衡调幅后合成的，PAL 制采用了逐行倒相的正交平衡调幅方式。逐行倒相的正交平衡调幅是在正交平衡调幅的基础上改进而得到的，因此这里先介绍平衡调幅，再介绍逐行倒相的正交平衡调幅。

（1）平衡调幅。

色差信号 V 和 U 之所以采用“平衡调幅”的调制方式，是因为平衡调幅是一种抑制副载波信号（称为副载波或色副载波，以与发射用载波信号区别）的调幅方式，它可以抑制副载波对亮度信号的干扰。

设调制信号为 $u_\Omega=U_\Omega\cos\Omega t$，载波信号为 $u_s=\cos\omega_s t$，则平衡调幅波信号可表示为

$$u' = U_\Omega \cos\Omega t \cdot \cos\omega_s t$$
$$= \frac{1}{2} U_\Omega \cos(\omega_s + \Omega)t + \frac{1}{2} U_\Omega \cos(\omega_s - \Omega)\ t \tag{1-9}$$

平衡调幅波与一般调幅波的区别如图 1-11 所示。分析平衡调幅波形可以看出它具有以下的特点：

① 平衡调幅波的幅值正比于调制信号振幅的绝对值。

② 当调制信号为正半周时，平衡调幅波与载波同相；当调制信号为负半周时，平衡调幅波与载波反相。当调制信号经过零点改变电压极性时，平衡调幅波的相位变化 180°。

③ 平衡调幅波的包络不一定与原调制信号形状一致。

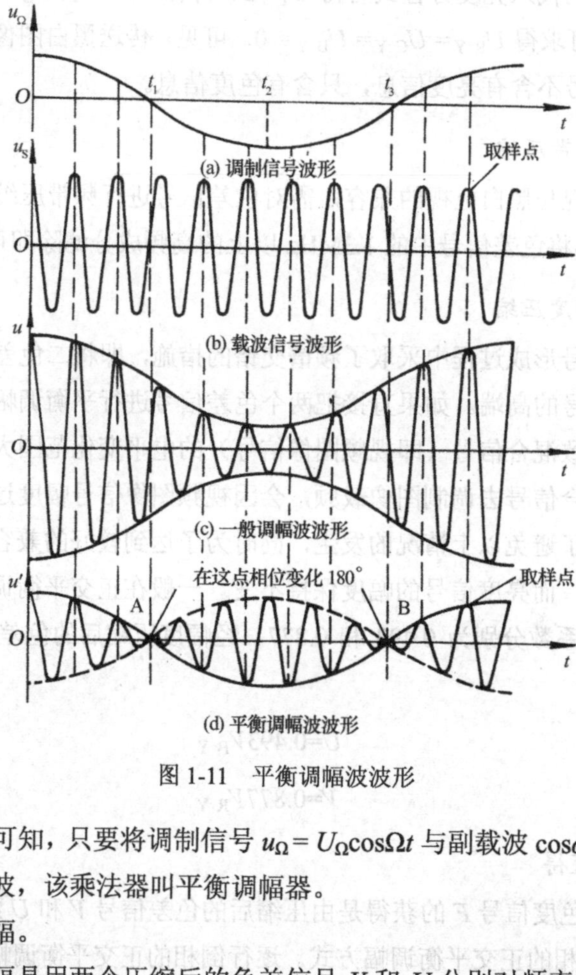

图 1-11 平衡调幅波波形

根据公式（1-9）可知，只要将调制信号 $u_\Omega = U_\Omega \cos\Omega t$ 与副载波 $\cos\omega_s t$ 同时加至一个乘法器即可输出平衡调幅波，该乘法器叫平衡调幅器。

（2）正交平衡调幅。

所谓正交平衡调幅是用两个压缩后的色差信号 V 和 U 分别对频率相同而相位相差 90°（即正交）的两个副载波进行平衡调幅，然后相加起来，就得到正交平衡调幅色度信号。正交平衡调幅的原理框图如图 1-12 所示。

由图 1-12 可见，色差信号 V 去凋制 $\cos\omega_s t$ 的副载波，色差信号 U 去调制 $\sin\omega_s t$ 的副载波，两平衡调幅信号可分别表示为 $F_V = V\cos\omega_s t$、$F_U = U\sin\omega_s t$。这两个平衡调幅信号也保持着正交关系，即频率相同而相位相差 90°。将二者进行矢量相加即可得到正交平衡调幅色度信号，即：

$$F = F_U + F_V = U\sin\omega_s t + V\cos\omega_s t = F_m \sin(\omega_s t + \phi) \qquad (1\text{-}10)$$

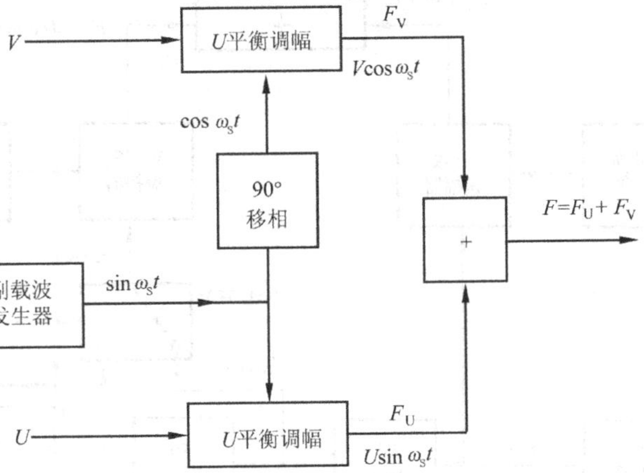

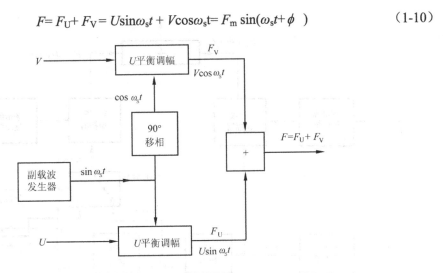

图 1-12 正交平衡调幅的原理框图

式中，$F_m = \sqrt{U^2 + V^2}$、F_m 叫色度信号振幅，它的大小决定了彩色的色饱和度深浅；$\phi = \text{arctg}V/U$，ϕ 叫色度信号的相角，它决定了彩色的色调。

根据公式（1-10）可画出相应的矢量图，如图 1-13 所示。由图可知，合成矢量 F 的相位 ϕ 是由两色差信号的比值决定的，它代表色调；合成矢量 F 的长度 F_m 是由两色差信号的幅度决定的，它反映了色饱和度。因此把 F 称为已调制色度信号。

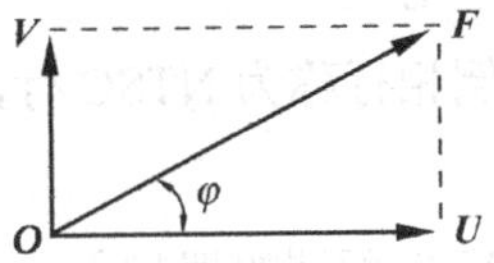

图 1-13 NTSC 制的 F 矢量图

正交平衡调幅方式虽然解决了兼容制要求用同一频率的副载波同时传送两个色差信号的问题(NTSC 制色差信号采用这种调制方式)，但这种调制方式的主要缺点是它的相位失真的敏感性很强，容易引起色调畸变，而人眼正好对彩色图像的色调失真十分敏感。为了克服正交平衡的相位敏感性，PAL 制色差信号采用逐行倒相的正交平衡调幅方式。

（3）逐行倒相的正交平衡调幅。

逐行倒相是指将正交平衡调幅的已调红色差信号 $V\cos\omega_s t$ 的副载波逐行倒相，而已调蓝色差信号 $U\sin\omega_s t$ 则维持不变。逐行倒相的正交平衡调幅的原理图如图 1-14 所示。

由图 1-14 可见，将 U 色差信号加至 U 平衡调幅器，同时由副载波发生器送出的副载波 $\sin\omega_s t$ 也加至 U 平衡调幅器。U 色差信号对 $\sin\omega_s t$ 进行平衡调幅，U 平衡调幅器输出平衡调幅波为 $F_U = U\sin\omega_s t$。V 色差信号则对副载波 $\cos\omega_s t$ 进行逐行倒相的平衡调幅，产生平衡调幅波 $F_V = \pm V\cos\omega_s t$。例如，传送第 n 行时，V 与 $+\cos\omega_s t$ 进行平衡调幅，产生 $+V\cos\omega_s t$；传送第 $n+1$ 行时，V 与 $-\cos\omega_s t$ 进行平衡调幅，产生 $-V\cos\omega_s t$；传送 $n+2$ 行时，又产生 $+V\cos\omega_s t$，如

此逐行相位交变。

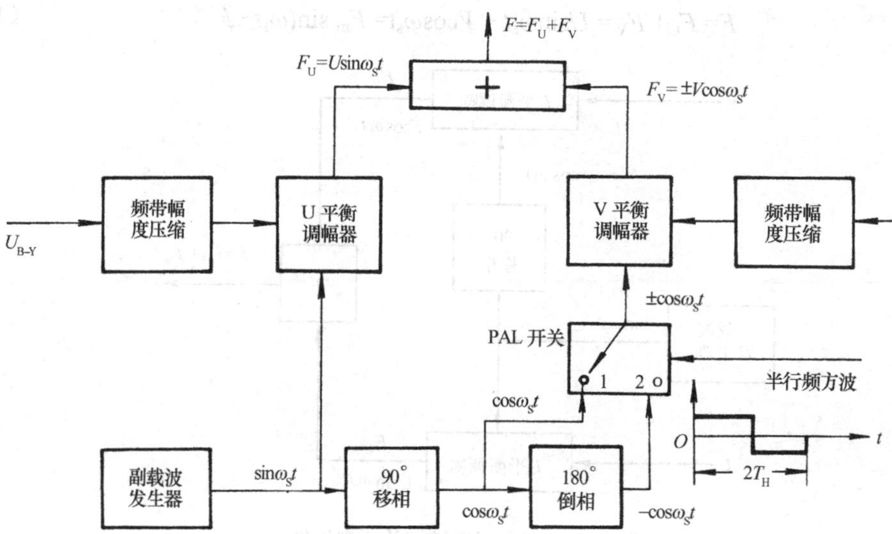

图 1-14　PAL 制色度信号的形成过程

F_V与F_U两个平衡调幅波同时加至相加器，然后相加起来，就得到逐行倒相的正交平衡调幅色度信号，可表示为

$$F=F_U+F_V=U\sin\omega_s t\pm V\cos\omega_s t=F_m\sin(\omega_s t\pm\varphi) \qquad (1\text{-}11)$$

式中，$F_m=\sqrt{U^2+V^2}$，$\varphi=\text{arctg}\dfrac{V}{U}$，±号表示$V$分量逐行倒相。为区别倒相行与不倒相行，通常将倒相行称为 PAL 行，不倒相行称为 NTSC 行，对于 NTSC 行取正号，PAL 行取负号。

由图 1-14 中还可以看出，要给 V 平衡调幅器加入一个 90° 移相网络、一个 180° 倒相器和一个 PAL 开关。其中，90° 移相网络可将 $\sin\omega_s t$ 转变为 $\cos\omega_s t$ ；倒相器可将 $\cos\omega_s t$ 倒相并输出$-\cos\omega_s t$。NTSC 行时，半行频方波为正半周（一个行周期 T_H 时间），使 PAL 开关接至 1，输出$+\cos\omega_s t$；PAL 行时，半行频方波为负半周（一个行周期 T_H 时间），使 PAL 开关接至 2，输出$-\cos\omega_s t$。

由公式（1-11）也可以看出，PAL 制色度信号仍是正交平衡调幅信号。PAL 制色度信号矢量图如图 1-15 所示。由图 1-15 可以看出，由于 V 分量的逐行倒相，使得合成后的色度信号在相邻两行是相反的，如第 n 行 F_n 表示在第一象限，第 n+1 则在第四象限，二者关于 U 轴对称。

PAL 制的优点在于，能将色度信号在传输过程中产生的相位失真变换成为人眼不敏感的色饱和度失真。PAL 制克服色调失真的原理如下：

PAL 制采用 F_V 信号逐行倒相来克服色调失真的原理可用图 1-16 来说明。为了分析问题方便，假设相邻两行颜色相同。如果要传送的色度信号是 θ= 61° 的紫色信号，第 n 行（NTSC）不倒相，色度信号矢量为 F；第 n+1 行（PAL 行）倒相，色度信号矢量为 F_{n+1}（θ=

-61°)，接收机接收到的色度信号相位角增加了 10°，则第 n 行色度信号矢量 F'_n 的相位角为 71°；第 n+1 行色度信号矢量 F_{n+1} 的相位角为-51°。在接收机中要将倒相行的色度信号 F'_{n+1} 倒相还原（这由 V 同步检波电路中，将加入的+cos$\omega_s t$ 变为-cos$\omega_s t$ 来完成），变为 F'_{n+1}，其相位角为+51°。在接收机中，还要完成相邻两行色度信号相加的任务，即将 F'_{n+1} 与 F''_{n+1} 相加。相加后的色度信号矢量为 F，其相位角与发送时的色度信号矢量相位角一样，仍为 61°，只是矢量的长度比不失真的两行色度信号矢量相加值要小些，这只会引起色饱和度略有下降，而人眼对此变化不太敏感。

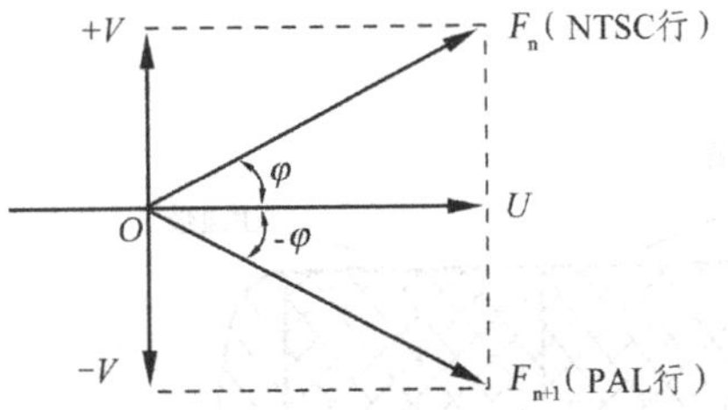

图 1-15　PAL 制色度信号矢量图

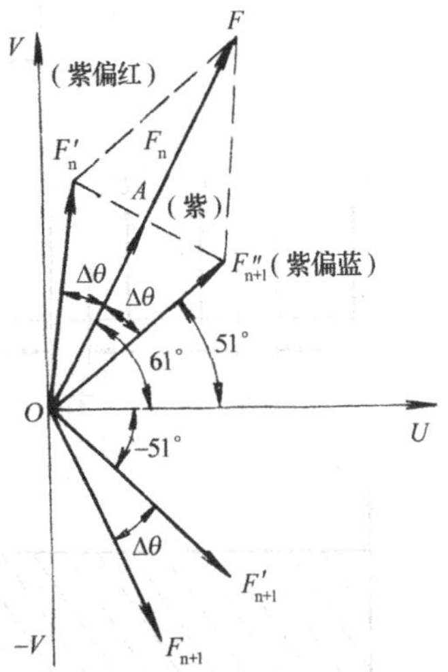

图 1-16　PAL 制克服色调失真原理图

5）色度信号的频谱图与副载波频率

色度信号 F 是由两个平衡调幅波 $F_U = U\sin\omega_s t$ 与 $F_V = \pm V\cos\omega_s t$ 组成。F_U 是由色差信号 U 对副载波 sin$\omega_s t$ 进行平衡调幅的结果，所以 F_U 的各主谱线对称地分布在 f_S 两边，各主谱线间隔为行频 f_H，与副载波 f_S 间隔也为行频 f_H，可用公式表示为 $f_S \pm n f_H$（n=1，2，3，…），如图 1-17（a）所示。

平衡调幅波 F_V 是色差信号 V 对副载波±cos$\omega_s t$ 进行平衡调幅（即逐行倒相的平衡调幅）的结果，所以 F_V 的频谱位置与 F_U 的频谱位置不一样。它的主谱线与 F_U 主谱线的间隔为 $\frac{1}{2}f_H$，与副载波 f_S 间隔也为 $\frac{1}{2}f_H$，可用公式表示为 $f_S \pm (n-\frac{1}{2}f_H)$（$n$=1，2，3，…），如图 1-17（b）所示。

图 1-17 介绍了色度信号主谱线与副载波 f_S 之间的关系及 F_U 与 F_V 主谱线之间的关系。为了能将它们插入亮度信号频谱高端的空隙中，一定要选好副载波频率。

PAL 制副载波频率定为

$$f_S = 283f_H + \frac{1}{2}f_H + \frac{1}{4}f_H + 25(H_Z) = 4433618.75(H_Z) \approx 4.43(MH_Z) \quad (1\text{-}12)$$

这样形成的色度信号 F_U 和 F_V 主谱线与亮度信号主谱线的位置关系如图 1-17（b）所示。

由此可以看出，亮度信号主谱线与 F_U 和 F_V 主谱线间隔均为 $\frac{1}{4}f_H$，而且色度信号插在亮度信号频谱高端，其上边带也没超过 6MHz，并留有一定余量。图 1-17（c）是 PAL 制色度信号频谱的总体位置图，加 25Hz 的目的是为了减小副载波干扰的可见度。

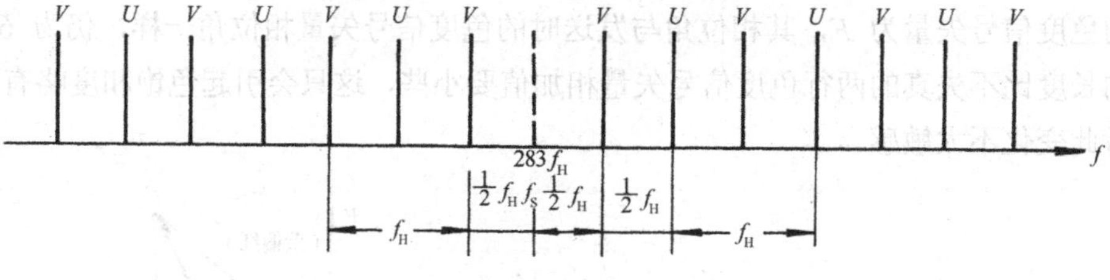

(a) F_U 与 F_V 主谱线

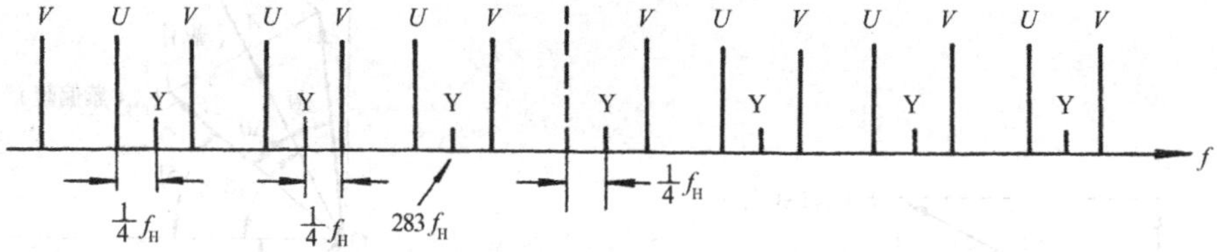

(b) F_V 与 F_U 的频谱位置

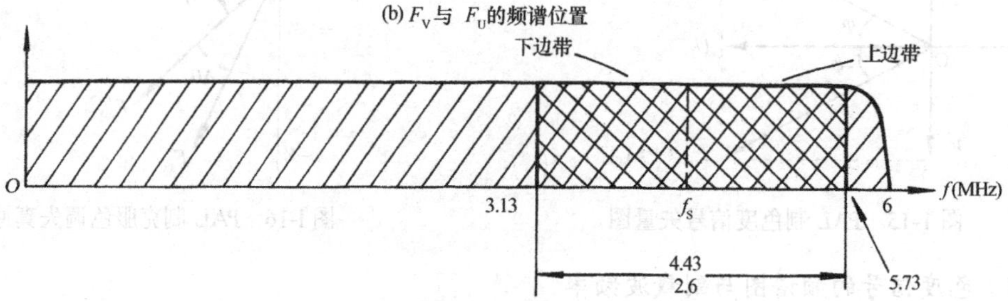

(c) 频谱的总体位置

图 1-17　PAL 制色度信号的频谱

6）色度信号的波形图

根据表中 U_{B-Y} 和 U_{R-Y} 的数据以及公式 $U=0.493U_{B-Y}$ 和 $V=0.877U_{R-Y}$，计算出各彩条的色差信号 U 与 V 的值；再根据 $F_m=\sqrt{U^2+V^2}$ 和 $\varphi=\text{arctg}\frac{V}{U}$，计算出 F_m 与 φ 的值，如表 1-3 所示。

表 1-3　幅度压缩后的彩条数据

颜　色	U_Y	U	V	F_m	φ
白	1.00	0	0	0	—
黄	0.89	-0.439	0.097	0.44	167°
青	0.70	0.148	-0.614	0.63	283°
绿	0.59	-0.291	-0.517	0.59	241°
紫	0.41	0.291	0.517	0.59	61°
红	0.30	-0.148	0.614	0.63	103°
蓝	0.11	0.439	-0.097	0.44	347°
黑	0.00	0	0	0	—

根据表 1-3 中的 U_Y、V 和 U 数据画出其波形图如图 1-18（f)、(a）和（b）所示。根据 $F_U=U\sin\omega_s t$ 和 $F_V=\pm V\cos\omega_s t$，按照画平衡调幅波的画法可画出 F_U 与 F_V 波形如图 1-18（d）和（c）所示。根据 $F=F_m\sin(\omega_s t\pm\varphi)$，可看成是调制信号 F_m 与副载波 $\sin(\omega_s t\pm\varphi)$ 进行平衡调幅的结果，所以可画出色度信号 F 的波形图，如图 1-18（e）所示。将色度信号频谱插入亮度信号频谱中，从波形图的角度来看，是将色度信号叠加到亮度信号之上，叠加后的亮度信号与色度信号波形如图 1-18（g）所示。可以看出，叠加后的色度信号幅度没超过同步信号幅度，这是前面将色差信号进行幅度压缩的结果。

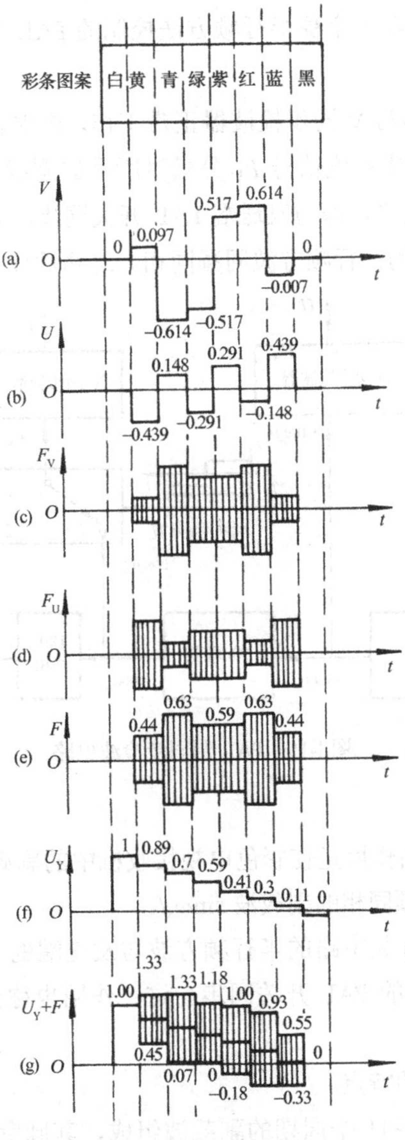

图 1-18　彩条信号的波形图

7）色度同步信号

（1）为什么要传送色同步信号。

在彩色电视接收机中，要将色度信号中的色差信号 U 与 V 解调出来，不能用一般的二极管包络检波方法，应采用同步检波法。在进行同步检波时，除了要加入色度信号的平衡调幅波 F_U 与 F_V 外，还应加入平衡调幅波的副载波，所以必须在彩色电视机中设一个副载波发生器，以产生副载波 $\sin\omega_s t$。解调 $F_U=U\sin\omega_s t$ 使用了 U 同步检波器，将 F_U 与 $\sin\omega_s t$ 同时加入 U 同步检波器。解调 $F_V=\pm V\cos\omega_s t$ 使用了 V 同步检波器。在 NTSC 行时，加入 V 同步检波器的信号应为 $V\cos\omega_s t$ 与 $\cos\omega_s t$；在 PAL 行时，加入 V 同步检波器的信号应为 $-V\cos\omega_s t$ 与 $-\cos\omega_s t$。因此，加至 V 同步检波器的副载波是 NTSC 行为 $+\cos\omega_s t$，PAL 行为 $-\cos\omega_s t$。要产生 $\pm\cos\omega_s t$，需加入与 PAL 制色度信号形成时所采用的相同电路，即增加一个 90° 移相电路、一个倒相器和一个受半行频方法控制的 PAL 开关。PAL 制同步检波电路如图 1-19 所示。

为了保证 U 同步检波器与 V 同步检波器正常工作，要求彩色电视机中的副载波发生器产生的副载波应与发送端形成色度信号 F_U 分量时所用的副载波同频同相的副载波 $\sin\omega_s t$。另外，为了保证 PAL 开关正确，即与发送端 PAL 开关同步，要求彩色电视机中，加至 PAL 开关的半行频方波与发送端的半行频方波同频同相。这两项任务均交给色同步信号来完成。

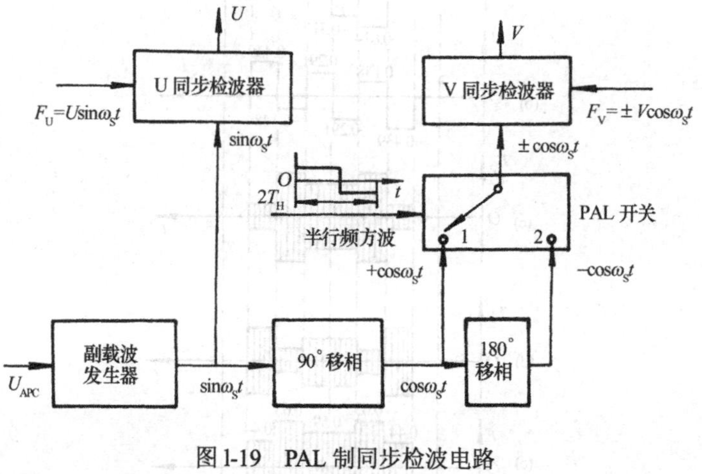

图 1-19 PAL 制同步检波电路

（2）色同步信号的作用。

① PAL 制色同步信号的作用是使彩色电视接收机中的副载波发生器产生与发送端进行平衡调幅时所用的副载波同频同相的副载波 $\sin\omega_s t$。

② 使接收机加至 PAL 开关电路的半行频方波与发送端的半行频方波同频同相，从而使接收机的 PAL 开关与发送端的 PAL 开关同步。这一作用也称为 PAL 识别作用，即可以识别 NTSC 行与 PAL 行。

（3）PAL 制色同步信号的特点。

PAL 制色同步信号由 9～11 个周期的副载波组成，其脉宽约为 2.25μs，脉冲幅度等于行同步脉冲幅度 B 的一半，相位为±135°，即 NTSC 行为+135°，PAL 行为 −135°，相位选取±135° 的目的是完成 PAL 识别作用。PAL 制色同步信号置于行消隐后肩上，如图 1-20（a）所示。

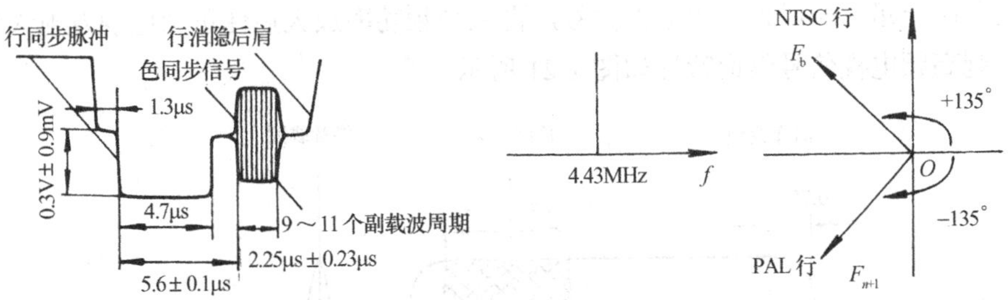

(a) 波形图及位置　　(b) 频谱图　　(c) 矢量图

图 1-20 PAL 制色同步信号的特点

PAL 制色同步信号可用公式表示为

$$F_b=\frac{B}{2}\sin(\omega_s t\pm135°) \tag{1-13}$$

式中，NTSC 行取正号，PAL 行取负号。PAL 制色同步信号的频谱如图 1-20（b）所示，矢量图如图 1-20（c）所示。

要形成色同步信号，可在 V 色差信号进行平衡调幅前加入一个 $+K$ 脉冲，在 U 色差信号进行平衡调幅前加入一个 $-K$ 脉冲，$+K$ 脉冲与 $-K$ 脉冲均在行消隐后肩出现时出现，脉宽约为 2.2μs。

8）PAL 制彩色全电视信号的形成

由图 1-8 可以看出 PAL 制彩色全电视信号的形成过程如下。

由彩色摄像机送来的三基色电信号 U_R、U_G、U_B 经矩阵电路转换为一个亮度信号 U_Y 和两个色差信号 U_{R-Y}、U_{B-Y}。亮度信号 U_Y 与复合同步信号及消隐信号 U_S 混合后，经放大、延时、均衡，再送入信号混合电路。两个色差信号 U_{R-Y}、U_{B-Y} 经低通滤波器处理后频带压缩为 0～1.3MHz，再经幅度压缩后得到 U、V。U 与 $-K$ 脉冲相加后加至 U 平衡调幅器，与 $\sin\omega_s t$ 副载波进行平衡调幅，得到色度信号 U 分量 F_U 和色同步信号 U 分量 F_{bU}。V 与 $+K$ 脉冲相加后加至 V 平衡调幅器，与 $\pm\cos\omega_s t$ 逐行倒相的副载波进行平衡调幅，得到色度信号 V 分量 F_V 和色同步信号 V 分量 F_{bV}。U、V 平衡调幅器输出的已调波相混合（F_U 与 F_V 相加形成色度信号 F，F_{bU} 与 F_{bV} 相加形成色同步信号 F_b），便形成了包括色同步在内的色度信号，表示为 $F+F_b$。在信号混合电路中，U_Y、U_S、F、F_b 混合，就形成了 PAL 制彩色全电视信号。

在上述工作过程中，V 平衡调幅时所需的 $\pm\cos\omega_s t$ 逐行倒相的副载波获得方法是：将 $\sin\omega_s t$ 副载波经 90° 移相后就可得到 $\cos\omega_s t$，再经 180° 移相后又可得到 $-\cos\omega_s t$；$\cos\omega_s t$ 和 $-\cos\omega_s t$ 都送至 PAL 开关，该开关在半行频方波的控制下便可输出 $\pm\cos\omega_s t$ 逐行倒相的副载波。另外，由于色差信号通过低通滤波器会产生约 0.6μs 的延时，将造成色度信号比亮度信号晚到达信号混合电路约 0.6μs，会导致图像的彩色错位，为保证色度信号和亮度信号同时到达信号混合电路，故需将 U_Y 与 U_S 信号进行 0.6μs 的延时。

9）PAL 制高频电视信号的频谱

将上述 PAL 制的彩色全电视信号送入图像调制器进行调幅，并以残留边带形式与伴音调频信号混合在一起，即得到高频电视信号，再经高频功率放大后便可由电视发射天线发射出去。PAL 制高频电视信号频谱特性如图 1-21 所示。

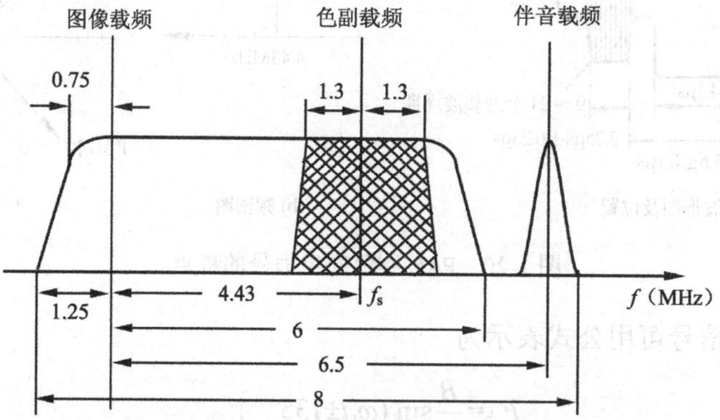

图 1-21 PAL 制高频电视信号频谱特性

2. PAL 制解码过程

将彩色全电视信号还原成三基色电信号的过程叫解码，它是编码的逆过程，由彩色电视机中的解码器（即解码电路）来完成。

PAL 解码器有几种类型，如 PALS、PALN、PALD 等，其中 PALD 解码器是目前彩色电视接收机中常用的一种，我国彩色电视机采用的就是这种。这种解码器是采用超声延时线组成的梳状滤波器将色度信号的两个分量分离出来的，叫延时线型或标准型 PAL 解码器（下文简称 PAL 解码器）。

PAL 解码器主要由亮度通道、色度通道（即色度信号解调电路）、副载波恢复电路、解码矩阵四部分组成，如图 1-22 所示。这里只对解码的主要过程做简单介绍。

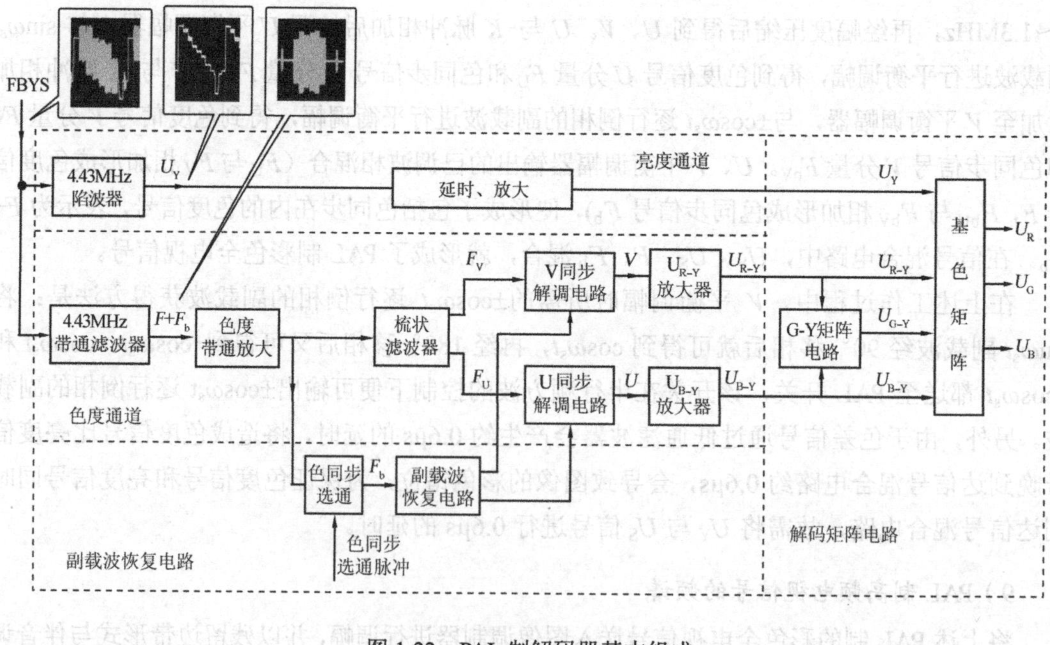

图 1-22 PAL 制解码器基本组成

PAL 制解码的主要过程如下：

（1）亮度信号与色度信号（含色同步信号）的分离。亮度信号的频率范围为 0～6MHz，色度信号（含色同步信号）的频率范围为 4.43±1.3MHz，利用频率分离的办法就可从彩色全电视信号中分离出亮度信号与色度信号。具体方法是，将彩色全电视信号分别通过一个副载波陷波器和一个色度信号带通滤波器，由副载波陷波器将彩色全电视信号中 4.43±1.3MHz 的色度信号滤除，便得到亮度信号 U_Y（含同步信号和消隐信号 U_S）；由色度信号带通滤波器将 4.43±1.3MHz 的色度信号从全电视信号中取出来，得到含色同步信号的色度信号（$F+F_b$）。

（2）色度信号与色同步信号的分离。色度信号与色同步信号在彩色全电视信号中的位置不同，色度信号位于扫描正程期间，而色同步信号则位于行消隐后肩，故采用色同步选通电路就可将色同步信号选出来。

（3）色度信号中两个正交分量 F_U、F_V 的分离。PAL 制解码器采用具有特殊频率特性的梳状滤波器可将两个正交分量 F_U 和 F_V 从色度信号中分离出来。

（4）色差信号 U、V 的解调——同步检波。色度分量 F_U 和 F_V 为平衡调幅波，要想从中解调出调制信号——U 和 V 色差信号（即压缩后的 U_{R-Y}、U_{B-Y}），不能采用普通的检波电路，而要采用同步检波器。同步检波器要从抑制了副载波的平衡调幅波中解调出色差信号，必须有一个与原平衡调幅过程中被抑制掉的副载波同频同相的副载波相配合。该副载波由副载波恢复电路产生。

经同步检波得到的 U 和 V 信号（即压缩后的色差信号 U_{R-Y}、U_{B-Y}），分别经过反压缩（即按原压缩比进行放大）恢复信号原来的幅度后成为两个色差信号 U_{R-Y}、U_{B-Y}，并送至解码矩阵电路。

（5）三基色电信号 U_R、U_G、U_B 的恢复——解码矩阵。解码矩阵电路由 G-Y 矩阵电路和基色矩阵电路组成。两个色差信号 U_{R-Y}、U_{B-Y} 都分为两路送：一路送至基色矩阵电路，另一路送至 G-Y 矩阵电路。在 G-Y 矩阵电路中将 U_{R-Y} 和 U_{B-Y} 信号相混合得到 U_{G-Y} 信号，此信号也送基色矩阵电路。基色矩阵电路将三个色差信号 U_{B-Y}、U_{R-Y}、U_{G-Y} 分别与亮度（U_Y）信号相加，即可得到 U_R、U_G、U_B 三基色电信号。

思考与练习

一、填空题

1. 彩色全电视信号中除亮度信号处，还包含______________和其他辅助信号。

2. 彩色电视选用的三基色是____________、____________、________。

3. 世界上现行的三种彩色制式分别是____________、____________、________。

4. 色差信号进行平衡调幅的目的是为了实现________________________________。

5. 彩色全电视信号 FBYS 由__________、__________、________和__________四部分组成。

6. 在实现彩色电视与黑白电视兼容时，主要使用了___________、__________等原理。

二、判断题

1．彩色电视机与黑白电视机的主要区别是增加了解码器和采用彩色显像管。（ ）

2．彩色是色度和亮度的合称。（ ）

3．三基色原理是指自然界中几乎所有的彩色都可由等量的三种基色混合而成。（ ）

4．标准彩条信号在屏幕上从左到右的次序是白、红、橙、黄、绿、青、蓝、紫。（ ）

5．将三基色信号进行组合处理形成彩色全电视信号的过程称为编码。（ ）

6．彩色电视为了兼容，传送一个亮度信号和三个色差信号。（ ）

三、选择题

1．彩色电视与黑白电视兼容是指（ ）。

（1）彩色电视能接收黑白电视信号　　（2）黑白电视能接收彩色电视信号

（3）（1）和（2）

2．彩色电视信号和黑白电视信号的区别是彩色电视中有（ ）。

（1）色度信号　　（2）三基色信号

（3）三个色差信号

3．彩色的色调是指彩色的（ ）。

（1）种类　　（2）深浅

（3）明亮程度

4．用三基色混合而成的彩色的亮度等于（ ）。

（1）红基色的亮度　　（2）绿红基色的亮度

（3）蓝基色的亮度　　（4）各其他亮度的和

5．由等量红、绿、蓝三个基色两两相加混色所形成的彩色分别是（ ）。

（1）黄、白、青　　（2）紫、黄、青

（3）红、黄、绿　　（4）紫、蓝、青

6．彩色电视机中作为色度信号传输的是（ ）。

（1）三个基色信号　　（2）二个基色信号

（3）二个色差信号　　（4）三个色差信号

7．实现频谱交错时，PAL 制采用（ ）。

（1）1/4 行频间置　　（2）半行频间置

（3）行频间置　　（4）4.43MHz 间置

8．色度信号的幅度和相位分别表示彩色的（ ）。

（1）色调和饱和度　　（2）饱和度和色调

（3）亮度和色度　　（4）色度和亮度

9．PAL 制中色同步信号的相位是（ ）。

（1）180°　　（2）±90° 逐行变化

（3）±135° 逐行变化　　（4）±45° 逐行变化

四、简答题

1. 简述彩色电视与黑白电视兼容的含义。
2. 简述三基色原理的主要内容。
3. 写出由等量红、绿、蓝三种基色进行相加混色的结果，并写出亮度公式。
4. 什么是彩色全电视信号的编码和解码？

第2章

彩色电视机的基本组成与工作过程

2.1 彩色电视机的整机构成

彩色电视机是接收电视节目的设备，它的主要作用是将接收到的彩色电视信号经过加工处理，经显像管还原成图像，经扬声器还原成声音。

2.1.1 彩色电视机内部结构

图 2-1 所示为一台典型彩色电视机的内部结构图，它主要由机壳、显像管组件、电路板（机板）及扬声器等部分组成。

图 2-1　彩色电视机的内部结构图

彩色显像管是用来显示彩色图像的器件，它安装在前框上，是整个电视机的主体。显像管上方有高压帽，高压帽下面是显像管的高压嘴（高压输入端），行输出变压器产生的阳极高压通过绝缘良好的引线送到显像管的高压嘴，为显像管提供 20kV 以上的高压。显像管管颈末端部分是显像管的电子枪，向电子枪的各电极提供规定的电压值，它能够发射出很细的电子束，以很高的速度去轰击屏幕内壁上的荧光粉，激发荧光粉发出相应颜色的光。

在显像管的颈锥部分安装有偏转线圈。它由两组线圈构成，一组是行偏转线圈；另一组是场偏转线圈。向行偏转线圈提供 15 625Hz 的行频锯齿波电流，使电子束受到水平方向磁场力的作用每秒沿水平方向扫描 15 625 次；向场偏转线圈提供 50Hz 的场频锯齿波电流，使电子束受到垂直方向磁场力的作用每秒沿垂直方向扫描 50 次（以我国采用的 PAL-D/K 制彩色电视机为例，下同）。这样电子束以很高的速度周而复始地进行上下、左右扫描运动，使荧光屏上能形成光栅。

另外，在显像管的四周还绕有消磁线圈，其内部由多股线圈构成。由于彩色电视机显像管内外的铁质部件容易被磁化而带有磁性，会使电子束的运动轨迹发生偏移，从而导致显示的图像出现局部色斑。为了防止这种现象的出现，在每次开机瞬间，向消磁线圈输入一个由大逐渐变小的交变电流，产生一个交变的由大逐渐变小的磁场，达到消磁的目的。

电路板是用来处理各种信号的部件。不同型号的彩色电视机，电路板的数量不等，少则一两块，多则有五、六块，各电路板之间通过线缆相连。电视机的电路和大部分电路元件，如高频头、高压包、主要的集成电路等都安装在一块较大的主电路板上，称为主机板（简称主板），由于它处于电视机的中心位置，因此人们也将它称为机芯。安装在显像管颈部的那块电路板，称为显像管尾板（或显像管底板，或视放板）。有些机器将开关电源部分单独做成一块电路板，称为电源板；有些机器将微处理器、本机操作按钮、遥控器接收头等单独做成一块电路板，称为遥控板或电脑板。有些机器将音/视频输入、输出电路单独做成一块电路板，称为音/视频板。图 2-2 所示为单板结构的电视机主板主要元器件，除了显像管电路外，主机所有元件都安装在一块印制板上，机内连线极少，整机结构紧凑，也方便维修。通过看图可认识彩色电视机电路中的主要元器件。

2.1.2 彩色电视机的电路组成

彩色电视机和黑白电视机都是将发射台送来的全电视信号接收后，进行一系列处理，恢复原来实际景物的图像和伴音。彩色电视机和黑白电视机不同的地方是，接收处理的电视信号除包括黑白机接收处理的亮度信号和复合同步、消隐信号及伴音信号外，还要接收处理反映景物的色度信号及色同步信号，因此，彩色电视机除具有黑白机所必须具备的一套处理电路外，还应具有处理色度信号所特有的一套电路，如色度解码电路、彩色显像管及其附属电路等。由于对黑白电视机已经熟悉了，故在以后的章节中，在黑白电视机的基础上，利用类比的方法，重点介绍彩色电视机与黑白机不同的电路和指标要求。

彩色电视机除处理色度信号的电路因彩色制式的不同而有区别外，其他部分基本相同。彩色电视机经过几十年的发展，其控制方式已经从早期的手动控制发展到了现在的遥控，目前的各类彩色电视都是采用遥控的方式。下面仅以我国采用的 PAL_D 制（简称 PAL 制）为例，介绍遥控彩色电视机的电路组成。

图 2-3 所示是 PAL 制遥控彩色电视机的组成框图。遥控彩色电视机的电路按照它们的功能大致可以分为公共通道（包括高频调谐器、中放通道）、解码电路、伴音通道、同步分离和行场扫描电路、显像管供电电路及视放电路、电源电路和遥控电路七大部分。彩色电视机与

黑白电视机相比，多了解码电路，并采用了彩色显像管，遥控彩色电视还多了一个遥控电路。

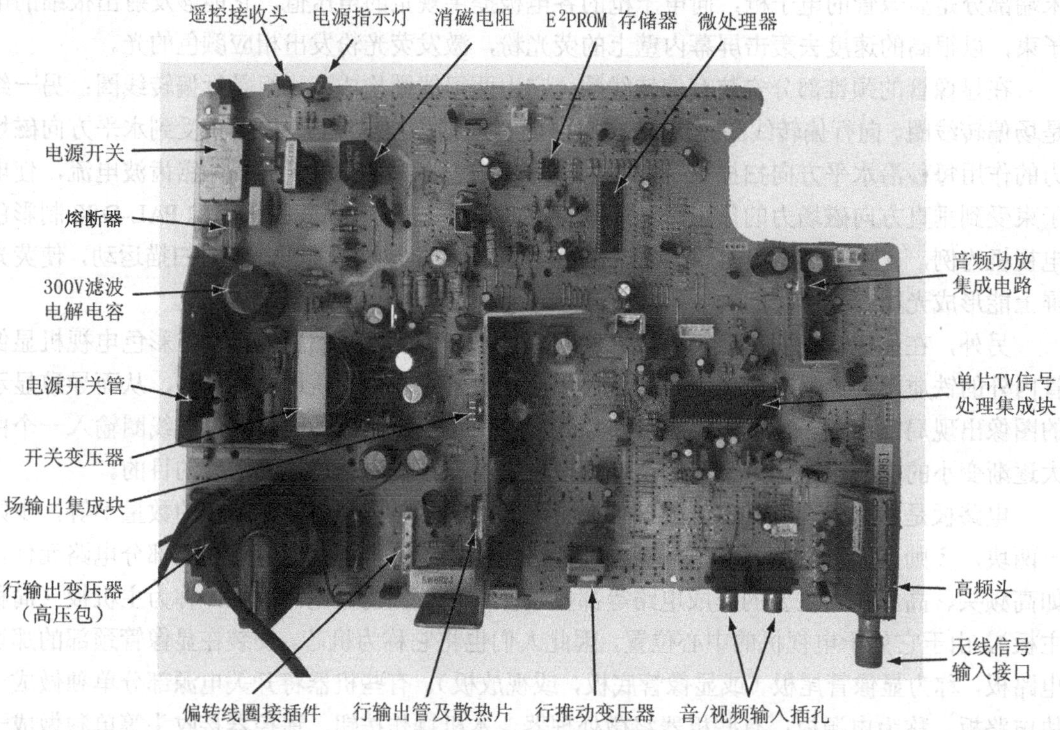

图 2-2　电视机主板主要元器件（单片机）

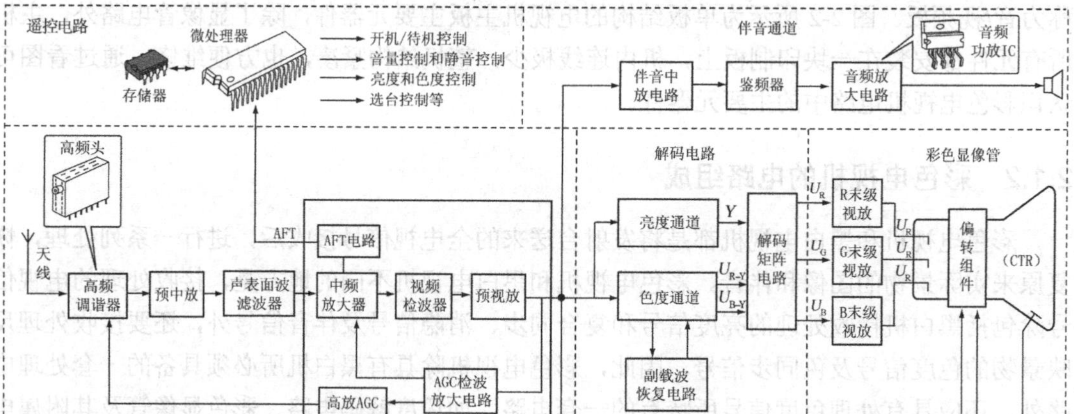

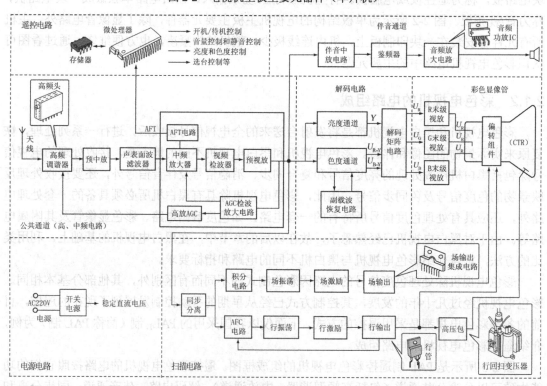

图 2-3　PAL 制遥控彩色电视机的组成框图

1．公共通道

公共通道包括高频调谐器、中频放大器、视频检波器、自动增益控制（AGC）电路、自动频率控制（AFT）电路等。这部分电路的任务是对天线接收到的高频电视信号进行选频、高放、变频和中放，然后解调出彩色全电视信号和 6.5MHz 第二伴音中频信号。

2．解码电路

这是彩色电视机特有的电路，其功能是从彩色全电视信号中还原出三基色信号来，以便激励彩色显像管呈现出彩色图像。该电路工作性能的好坏直接关系到能否重现彩色图像和重现彩色图像的质量。整个彩色解码电路由四部分组成：即亮度通道、色度通道、副载波恢复电路及解码矩阵电路。其中亮度通道又称视频信号处理电路，相当于黑白机的视频放大部分，只是多了一个延时电路。色度通道与副载波恢复电路主要是为了从逐行倒相正交平衡调幅色度信号中正确解调出 U_{R-Y}、U_{B-Y} 色差信号来。解码矩阵形成 U_{G-Y} 的色差信号后，由三个色差信号和 U_Y 信号共同作用还原出三基色信号。

3．伴音通道

这部分电路的功能与黑白电视机相同，都是放大限幅第二伴音中频信号和从调频的第二伴音中频信号中解调出音频信号，并将音频信号放大到推动扬声器正常工作的程度。彩电的伴音通道也是由伴音中放电路、鉴频器、音频放大电路等部分组成。

4．图像重显部分

彩色电视机的图像显示部分包括同步扫描电路、彩色显像管及其附属电路。

同步扫描电路与黑白电视机大致相同，主要功能也是提供电子束扫描所需的与发送端同步的偏转电流和供给显像管各极及整机部分电路所需要的高、中、低电压。所不同的是，彩色显像管一般屏幕较大，所需的偏转功率也较大，各电极要求的电压更高，这就使得彩色电视机中行、场输出级供电电压大大升高，对行场输出管和行输出变压器提出了更高要求，尤其是行输出变压器从外形到结构都与黑白电视机存在一定差异；为了提高场输出电路的工作效率，加入了泵电源电路；为了消除光栅的枕形失真，加入了枕形校正电路。另外，内部有过压、过流保护电路和 X 射线保护电路。

显像管必须采用彩色显像管。彩色显像管有红、绿、蓝三个电子枪，需要三个基色信号加到它的阴极，才能在荧光屏上显示彩色画面。

末级视放电路有三个视放管，分别放大三个基色信号 U_R、U_B、U_G。在一般的彩色电视机中它们不仅具有末级视频放大的作用，还兼有基色矩阵的功能。

显像管附属电路主要有光栅几何畸变校正电路、白平衡调整、色纯度调整及自动消磁电路。其目的都是为了减小各种失真及干扰，使彩色显像管重现出逼真的彩色图像。

5．电源电路

黑白电视机大多采用串联型稳压电源，其主电源要求的直流电压一般较低，通常为 10～

12V，而彩色电视机为了提高效率，采用了开关式稳压电源，其主电源要求直流电压达到110～120V（大屏幕彩电要求达到130～145V）。

6. 遥控电路

遥控电路即遥控系统，它主要由微处理器（CPU）、存储器（E^2PROM）、接口电路、遥控接收头以及红外遥控发射器组成，其中微处理器（CPU）是整个电视机的控制中心。遥控系统通过相关的接口电路完成以下功能：调谐选台、音量和静音控制，亮度、对比度、色饱和度控制，屏幕字符显示，电源开/关机以及指示灯等功能的控制。

2.1.3 彩色电视机的工作过程

PAL 制彩色电视机的工作过程如下。

公共通道：当彩色电视机天线接收到射频彩色电视信号后，先经高频调谐器放大、混频变成中频彩色电视信号（即38MHz 图像中频信号和31.5MHz 第一伴音中频信号），再经中频放大、视频检波分别得到0～6MHz 彩色全电视信号（即彩色图像信号）与6.5MHz 第二伴音中频信号。其中，彩色全电视信号送到同步分离电路和解码电路，第二伴音中频信号则送到伴音通道。

伴音通道：公共通道送来的6.5MHz 第二伴音中频信号经中放、鉴频、音频放大后，由扬声器还原出声音。

解码电路：由公共通道送来的 0～6MHz 彩色全电视信号到解码电路后分为两路，一路送亮度通道，另一路送色度通道。亮度通道从彩色全电视信号中分离出亮度信号，然后对它进行放大、延迟和高频补偿等处理后去矩阵电路。色度通道从彩色全电视信号中分离出色度信号，再对它进行放大、解调，得到色差信号去矩阵电路。亮度信号与色差信号同时送到矩阵电路进行混合，得到三基色电信号 U_R、U_G、U_B，并分别加至送显像管的三个阴极，控制发射电子，重现彩色图像。

同步扫描电路：由公共通道送来的彩色全电视信号还有一路到同步分离电路，该电路从彩色图像信号中分离出复合同步信号，分别去控制行、场扫描的频率和相位，使之与传送端同步工作。由同步分离电路输出的复合同步信号，一路经积分电路从复合同步信号中分离出场同步信号并送场振荡器，控制场振荡器产生50Hz 场频脉冲。场振荡器产生的场频脉冲信号送到场锯齿波形成电路，获得场锯齿波电压，该电压经场激励放大后，去场输出电路进行功率放大后输出，向场偏转线圈提供50Hz 的锯齿波电流，产生磁场控制电子束垂直方向扫描。同步分离电路输出的复合同步信号，另一路到行自动频率控制电路，即 AFC 电路，在 AFC 电路中，复合同步信号中的行同步信号与行输出电路送来的行逆程脉冲进行比较，产生 AFC 误差电压去控制行振荡电路。行振荡电路产生 15 625Hz 矩形脉冲去行激励电路进行放大，放大后的脉冲去行输出电路，行输出电路产生行锯齿波电流，并经枕形校正后进入行偏转线圈，产生磁场控制电子束水平方向扫描。另外，行输出产生的行逆程脉冲经整流、滤波后得到高、中、低压，其中高、中压供给显像管各极，低压供给公共通道、伴音通道和解码电路。

电源电路：彩色电视机采用开关稳压电源，220V 交流市电直接加到整流电路，经整流滤波后获得约 300V 的直流电压，此电压送到开关振荡电路，开关振荡电路工作于开关状态，它输出矩形脉冲电压，经高频滤波后变成直流电压输出，供给各部分电路。

遥控电路：对遥控彩电操作控制有本机键控和遥控两种方式。本机键控是由电视机面板上的各功能键来操作，当按下面板上的控制键，其产生的键扫描信号送到微处理器 CPU，微处理器在预定的程序指挥下，首先对控制信号进行解码，识别出控制种类和内容，据此发出相应的控制信号去调整电视机。遥控操作时，通过遥控发射器来控制电视机的工作。发射器将各个不同功能意义的遥控键的位置信息编为不同数值的二进制代码，并调制在高频上，变为一串红外光脉冲信号，经接收头放大、整形、检波后送控制中心微处理器，以后处理过程与本机键控相同。

2.2　彩色电视机的分类

自从 1940 年世界上第一台彩色电视机试验成功以来，彩色电视机以其强大的生命力飞速发展着。七十多年来，随着电视技术的发展，彩色电视机从按键式发展到遥控式，从单制式发展到多制式，从小屏幕发展到大屏幕，目前，电视机正朝多功能、高清晰度、智能化与数字化方向发展。

目前，彩色电视机（简称彩电）的品种、类别繁多，按不同的标准，有不同的分类方法。

2.2.1　按屏幕特征分类

1．按屏幕尺寸分类

电视机荧光屏的大小是用荧光屏的对角线长度来表示，人们习惯用的单位是英寸（in），而在技术资料中也常用 cm 这个单位。按照荧光屏对角线的尺寸的大小，大体可以将彩色电视机分为以下三类：

1）中小屏幕彩色电视机

人们习惯上把荧光屏对角线的尺寸为 12～25in（31～65cm）的彩色电视机称为中小屏幕彩色电视机。此类电视机在彩色电视机普及的社会初期拥有量很大，即使在近期生产的彩色电视机中仍占有很高的比例。这类电视机的电路相对比较简单，价格比较低，能为城、乡的大多数家庭接受。

2）大屏幕彩色电视机

人们习惯上把荧光屏对角线的尺寸为 28～37in（71～94cm）的彩色电视机称为大屏幕彩色电视机，较多的是 29 英寸、34 英寸。大屏幕彩色电视机属于高新技术产品，它集微电子、数字技术、电真空技术、电子线路技术于一体，采用了新技术，新电路、新器件。大屏幕彩色电视机具有图像清晰逼真、音质优美动听、多制式、附加功能多、操作简便等特点，有的还有多画面（画中画）的功能。随着人们经济条件和住房生活条件的改善，大屏幕彩色电视机已进入普通家庭。

3）超大屏幕彩色电视机

人们习惯上把屏幕对角线的尺寸为 43～53in（1.09～1.35m）的彩色电视机称为超大屏幕彩色电视机，常称为“背投式”。背投式彩色电视机是集光学、机械、电真空及电子等多领域的先进技术于一身的电视接收设备。它采用三只独立的单色投影管，成像过程是将红、绿、蓝三只投影管发出的光投向反射镜，再通过反射镜反射至投影屏幕，并在投影屏幕上显示电视图像。

2．按屏幕的平直度分类

老式彩电多采用普通球面型彩色显像管，荧光屏为球面形，存在一定程度的画面变形失真，观看的视角范围相对较小。新型彩电荧屏多为“直角平面”、“超级平面”（或“纯平”），采用的是平面直角型彩色显像管，这种显像管荧屏的曲率半径比普通球面型彩色显像管大一倍左右，接近于平面，而且荧屏四角呈方角状，增大了观看视角和增加画面的四角可视面积，并避免了画面的变形失真。

3．按屏幕的宽、高比例分类

一般电视机屏幕的宽高比例为 4:3 或 5:4，高清晰度电视机屏幕的宽高比为 16:9，称为宽屏幕电视机。

2.2.2 按显示器件分类

目前，用于电视机图像显示的器件有阴极射线管（CRT）、等离子显示器（PDP）、液晶（LCD）显示屏三种。等离子显示器和液晶显示屏这两种平板显示器的研制成功，为电视机实现了超薄型化、“壁挂式”创造了条件。采用等离子显示器或液晶显示屏的彩电称为平板电视机。

1．阴极射线管（CRT）彩电

阴极射线管（Cathode Ray Tube，缩写为 CRT）是传统的显示器件，它是采用电子束扫描方式，利用电子束在真空中高速轰击荧光粉而发光，荫罩是它的选色机构，阴极电压激励是它的图像调制方式。它至今已有五十多年的历史。经过五十多年的发展，阴极射线管型彩电显像管经过了球面管、直角平面管、超平面管、纯平面管等发展阶段，技术日趋成熟，目前，它仍是市场上的主导产品。CRT 型彩色显像管的优点是：亮度、对比度高；高可靠性，温度稳定性好，正常工作时寿命超过 2 万小时；重显运动图像无拖尾，动态清晰度高；彩色重显能力好等。但它存在严重缺点，如体积大，重量重，发光闪烁，眼睛易疲劳，光栅几何失真，光栅倾斜和色纯受地磁场以及外界磁场的影响较大，实现大屏幕显示有困难等。使用 CRT 显像管的电视机存在的主要问题是显像管的直径与屏幕尺寸成正比，屏幕扩大，其机体随之大幅增加。

2．等离子（PDP）彩电

等离子（PDP）彩电采用了等离子显示器（Plansma Display Paned，缩写为 PDP）。等离子电视机是美国的伊利诺斯大学在 1964 年研究成功的，只不过当年研制成功的是一种单色的等离子屏幕，其尺寸也没有现在这么大。等离子显示器是在两张超薄的玻璃板之间注入混合气体，并施加电压利用荧光粉发光成像的设备，其工作原理与日光灯很相似。它采用了等离子管作为发光元件，屏幕上每一个等离子管对应一个像素，屏幕以玻璃作为基板，基板间隔一定距离，四周经气密性封接形成一个个放电空间。放电空间内充入氖、氙等混合惰性气体作为工作媒质。在两块玻璃基板的内侧面上涂有金属氧化物导电薄膜作激励电极。当向电极上加入电压，放电空间内的混合气体便发生等离子体放电现象。气体等离子体放电产生紫外线，紫外线照射涂敷在玻璃壁上的荧光粉，荧光粉就会发出可见光，R、G、B 三基色荧光粉发出不同的可见光，就可以合成一幅彩色图像。

PDP 显示器与 CRT 显像管相比，具有分辨率高，屏幕大，超薄，色彩丰富、鲜艳，完全平面显示，完全没有光栅的几何失真等特点。与 LCD 相比，具有亮度高，对比度高，可视角度大，颜色鲜艳等特点。

等离子彩电的优点是：不受磁力和磁场影响，具有机身纤薄、重量轻、屏幕大（目前已可做到 100in，即 254cm）、色彩鲜艳、画面清晰、亮度高、失真小，图像无闪烁，长期观看眼睛不疲劳等优点。

3. 液晶（LCD）彩电

LCD 是 Liquid Crystal Display 的缩写，意思为液晶显示。

1888 年，奥地利植物学家莱尼茨尔在实验中发现了液晶（即液体晶体，Liquid Crystal）这种液状的化学物质。液晶是介于液体和固体之间的物质，它既具有液体那样的流动性，又有晶体那样的光学各向异性。液晶的这种光学特性与液晶的分子结构有关，液晶的分子排列有一定的指向性，但又不像晶体那样完全有序。外界的微弱电场、应力、温度等都极易改变液晶分子的排列方向，从而改变液晶的光学特性。

1977 年，英国的辛克莱尔研制成功世界上第一台小屏幕液晶电视机，1984 年实现了黑白液晶电视机商品化，后又研制出彩色液晶电视机。液晶电视机由液晶屏（LCD）显示图像。

液晶显示屏主要是由两块无钠玻璃夹着一个由偏光板、液晶层和彩色滤光片构成的夹层所组成。液晶显示屏中最主要的物质就是液晶，不通电时分子排列混乱，阻止光线通过；当通电时，在电场作用下，分子排列变为有秩序，使光线容易通过。因为液晶材料本身并不发光，所以在显示屏两边都设有作为光源的灯管，而在液晶显示屏背面有一块背光板（或称匀光板）和反光膜，背光板是由荧光物质组成的，可以发射光线，其作用主要是提供均匀的背景光源。背光板发出的光线在穿过第一层偏振过滤层之后进入包含几百万液晶液滴的液晶层。液晶层中的液滴都被包含在细小的单元格结构中，一个或多个单元格构成屏幕上的一个像素。在玻璃板与液晶材料之间是透明的电极，电极分为行和列，在行与列的交叉点上，通过改变电压而改变液晶的旋光状态，液晶材料的作用类似于一个个小的光阀。在液晶材料周边是控制电路部分和驱动电路部分。当 LCD 中的电极产生电场时，液晶分子就会产生扭曲，从而将穿越其中的光线进行有规则的折射，然后经过第二层过滤层的过滤在屏幕上显示出来，产生点阵结构的分辨率极高的图像。液晶显像从根本上改变了传统彩电以“行”为基础的模拟扫描方式，实现了以“点”为基础的数字显示技术。

液晶（LCD）显示屏是高新技术的尖端产品，它的优点是显示的图像几乎无几何失真，图像无闪烁，长期观看眼睛不疲劳，无X射线辐射，以及可以做到扁平、薄、重量轻、功耗小等，这些是传统的CRT显像管所无法相比的。但液晶显示屏也存在一些缺点，如响应时间较长，重显快速运动的图像时有拖尾现象；暗场图像层次感较差等。

目前，液晶（LCD）彩电的屏幕尺寸可从几英寸到65英寸（165cm)。近年来，各电视机生产厂家采用大屏幕全彩色液晶显示器生产的“高清晰度数字”液晶彩色电视机纷纷投入市场。

2.2.3 按使用的主要元器件分类

在电视机的发展过程中，其使用的主要元器件由电子管发展到晶体管，再发展到集成电路，因此将电视机划分为三代产品。

1. 电子管电视机

第一代为1960年以前生产的电子管电视机。机内主要电路由几十只电子管（真空管）组成。由于电子管的阴极需要加热到一定程度才能发射电子，进入工作状态。因此电子管电视机耗电很大。

2. 晶体管电视机

第二代为1960—1970年期间生产的晶体管电视机。晶体管电视机也称为分立元件电视机，整机主要电路由很多的晶体三极管和二极管组成。这类电视机电路结构复杂、故障率高、维修和调试比较麻烦。

3. 集成电路电视机

第三代为1970年之后生产的集成电路电视机。机内主要电路集成在几块或一块大规模集成电路中，使整机元器件的数量大大减少，既提高了电视机的可靠性，同时也便于调试和维修。另外，集成电路电视机还可增加很多新功能，以满足使用者多方面的需要。

2.2.4 按机芯分类

彩色电视机的机芯很多，如M11机芯、TA两片机芯、单片机芯、超级单片机芯，相应的电视机分别称为M11机芯彩电、TA两片机彩电、单片彩电、超级单片彩电。

2.2.5 按功能分类

随着电视技术的不断发展和市场需要的不断提高，彩色电视机已不再是单一的基础型了，增加新功能是彩色电视机工业发展的必然趋势。

1. 遥控彩色电视机

对电视机的控制操作方式有两种，一种是非遥控式，另一种是遥控式。早期生产的彩色电视机大多是非遥控彩色电视机（也称为按键式彩色电视机)，目前生产的彩色电视机均具有遥控功能。遥控彩色电视机与老式的非遥控彩色电视机相比，使用更加方便，功能更加齐全，性能也更为良好。遥控彩色电视机就是在一定距离内，能够对电视机的功能进行控制操作。彩色电视机的遥控包括开机、关机、选择节目频道、调节音量、亮度、色饱和度，以及自动搜索选台，存储预选频道，定时开机、定时关机等。

2. 多制式彩色电视机

老式彩色电视一般为单制式（我国使用 PAL 制），只能接收一种制式的电视节目。能接收两种或两种以上制式电视节目的电视机称为多制式电视机，现阶段生产的彩色电视机均为多制式电视机。多制式电视机有视频输入多制式和射频输入多制式两类。前者高、中频电路只能用于单一彩色电视广播接收，但可通过 AV 接口播放其他制式的视听节目。后者则可以直接利用天线接收，播放多种彩色制式节目。利用射频和视频两种方式，同时接收 PAL D/K、I、B/G，NTSC M 和 SECAM D/K、K1、L 的电视机，称为“国际线路”或“全制式”彩色电视机。

3. “画中画”彩色电视机

“画中画”简称 PIP。它是在电视机主画面中插入相当于屏幕大小 1/4～1/16 的子画面。具有显示子画面功能的彩电称为“画中画”彩色电视机，或多画面彩色电视机。“画中画”功能是采用数字技术实现的，将某一电视节目采样、编码、存储和压缩，再解码、“开窗”插入，就可在主画面中形成子画面供欣赏和监视用。

画中画分为视频画中画和射频画中画两种。视频画中画电视机内只有一个高频头及图像通道提供接收频道的电视信号，另一个为外接录像机或影碟机输出的视频信号，从 AV 输入端子进入，也称为单高频头画中画电视机；射频画中画电视机内则有两个高频头及图像通道、伴音通道，可直接接收两个频道的电视信号，又称双高频头画中画电视机。

2.2.6　按所接收的电视信号分类

从技术的角度来说，电视广播的发展经历了从模拟技术到数字技术的转变过程。20 世纪 50 年代研制、发展起来的普通彩色电视，从节目制作、传输、接收和显示等过程中，图像信号和伴音信号都是在时间轴上和振幅轴上连续变化的模拟信号，因此这种电视称为（传统）模拟电视。应注意的是，电视与电视机是不同的两个概念，电视是指整个电视系统，整个电视系统的设备可分为电视发射设备（发送端）、传输设备和电视接收机（接收端）三部分，而电视机只是电视系统中的接收设备。传统模拟电视最大的缺陷是抗干扰能力差，表现在屏幕上就是图像亮色串扰，雪花点多，不够清晰。

随着电视技术的不断发展，特别是广大电视观众对电视图像清晰度的要求不断提高，传统模拟电视已不能满足观众的要求，为此提出利用数字电视取代模拟电视。数字电视被称做继黑白电视和彩色电视之后的新一代电视。数字电视，是将模拟电视信号经过抽样、量化和编码转换成用二进制数代表的数字信号，然后进行各种功能的处理、传输、存储和记录，也可以用电子计算机进行处理、监测和控制。数字电视与模拟电视的根本区别在于，模拟电视系统中的发送端（电视台）播出是模拟电视信号，然后经各种传媒（如卫星电视、地面广播、有线电视）传送到接收端，接收端（电视机）收到的也是模拟电视信号；数字电视系统中的发送端（电视台）播出的就是数字电视信号，然后经各种传媒（如卫星电视、地面广播、有线电视）传送到接收端，接收端（电视机）收到数字电视信号后再显示出图像和声音，这整个由发送到接收的过程中所传送和处理的都是数字电视信号而不是模拟信号。和模拟电视相比，数字电视具有高清晰画面、高保真立体声伴音、电视信号可以存储、可与计算机完成多媒体系统、频率资源利用充分等多种优点。

模拟电视发展到数字电视，由于信号传输方式的改变，必然使接收方式有所改变，这样模拟电视机便不能适用，必须使用数字电视机。

1．模拟电视机

模拟电视机是模拟电视系统中的接收设备，它只能接收模拟电视信号。模拟电视机还可细分为传统的模拟电视机和数字化电视机两种。

1）传统的模拟电视机

以往的电视机与目前正在使用的普通电视机，它们接收到的都是模拟电视信号，该信号经过接收电路、解调电路而进行的各种加工处理都是采取模拟方式，即各环节中信号始终没有改变“时间和幅度上均为连续的性质”。

传统的模拟彩色电视机图像闪烁明显，亮色互串严重，且图像清晰度低（400线左右）。

2）数字化电视机或数码化电视机

目前，我国电视广播是一种模拟信号广播，近期内市场上出现了一种所谓的“数字电视机”或“数码电视机”。这类电视机由于不带数字电视调谐器、解码器或不能加装模块、机顶盒（即不能升级），所以它们并不能接收数字电视信号，而只能接收到模拟电视信号，只不过是在电视机的电路中采用了较多的数字处理技术，可以对收到的模拟电视信号进行后期的数字加工处理，虽然可以改善电视机的某些特性，或增加一些新功能，它们仍然属于模拟电视机，而不能称为数字电视机。为了把这种运用很多数字处理技术的电视机与传统的模拟电视机区别开来，人们把它称为数字化电视机或数码化电视机。

应注意的是，数字化电视机中并非全部都是数字电路，其高频头及中放通道仍然采用与普通彩色电视机相同的模拟电路。在中放通道中对信号进行解调，从而得到视频信号与第二伴音中频信号（或音频信号），随后数字化彩色电视机即对其进行A/D转换，将模拟信号变为数字信号，再进行数字信号处理。经过上述处理的数字信号最终还要通过D/A转换电路，重新转换为模拟信号。再经模拟的矩阵电路和视频输出级转换成U_R、U_G、U_B基色电信号去激励显像管；伴音通道形成模拟音频信号经音频功率放大后去激励扬声器。

2．数字电视机

数字电视机（DTV）也称为全数字电视机，这种电视机能接收数字电视系统传输的数字电视信号，然后进行解调、解码、纠错，以及各种处理，最后还原成高质量的图像和伴音。为能自动处理数字信号，数字电视机必带有数字电视调谐器和解码器，有些电视机在加装一个单独模块或一个机顶盒后也能达到相同作用。数字电视机与模拟电视机相比，图像、伴音质量都较高，清晰度也更高，且稳定性、可靠性也有所提高。

数字电视机按图像清晰度由高到低分为高清晰度电视机（HDTV）、增强清晰度电视机（EDTV）、标准清晰度电视机（SDTV）三类。均采用 16:9 或 4:3 的屏幕宽高比以及杜比数字音响。

高清晰度彩色电视机（HDTV）简称高清彩电，它是高清电视系统中的接收设备。最早生产的高清晰度彩色电视机是日本在 20 世纪 80 年代就研制成功的 1125 行高清晰度彩色电视机（属于模拟电视机）。随着数字电视机的研制成功，现阶段世界各国生产的高清晰度电视机均为数字高清晰度电视机。数字高清电视机的技术指标是，需至少 720 线逐行或 1080 线隔行扫描，图像质量可达到或接近 35mm 宽银幕电影的水平，屏幕宽高比应为 16:9，采用杜比数字音响。

2.3 彩色电视机的机芯归类

2.3.1 彩色电视机电路的集成化

彩色电视机的电路经历了电子管电路、晶体管电路和集成电路三个发展阶段。现阶段生产的彩色电视机均采用集成电路。

集成电路电视机与分立元件电视机相比有许多突出优点，它可使整机元器件的数量大大减少，从而提高了电视机的可靠性，且便于维修；还可以简化调试工艺，有利于大批量生产，提高生产效率；此外，采用集成电路还可以改善电路的性能，提高电视机的质量，因为集成电路可以大量采用在分立元件电路中难以实现的性能优良的单元电路，如恒流源电路、对元件参数的对称性一致性要求很高的差分电路和双差分电路等单元电路。

20 世纪 60 年代，彩色电视机就开始由分立元件过渡到集成电路。当时，由于受集成电路工艺水平、技术水平的限制，一台功能简单的彩色电视机需要用十多块集成电路组成，而且稳定性和可靠性都较低。

进入 20 世纪 70 年代后，随着微电子技术的发展，集成电路的制造水平有了大的提高，各大公司相继推出了彩色电视机用的中、小规模集成电路。这期间相继推出了七片、六片、五片及四片套的彩色电视机用集成电路，由一块或两块集成电路组合完成彩色电视机中的一个单元电路的基本功能。

到了 20 世纪 80 年代，随着电视机小信号处理大规模集成电路的出现，迎来了两片彩色电视机的时代，各大公司纷纷推出了两片彩色电视机用集成电路，如东芝公司的 TA7680+TA7698，三洋公司的 M51354AP+μPC1423CA、松下公司的 AN5138NK+AN5601K、飞利浦公司的 TDA4501+TDA3503A/TDA3565 等，它们都是将图像中放、伴音中频处理、视频信号处理、色度解码及偏转小信号处理电路分别集成在两片电路芯片内，组成彩色电视机集成电路。

20 世纪 90 年代初，出现了单片电视信号处理超大规模集成电路，这使过去要由多片集成电路才能完成的电视视频信号、色度信号、偏转信号处理，现在由一块集成电路就能完成，而且可以适应多制式接收，同时还增加了许多其他功能（如 TV/AV 转换、字符显示等功能）。单片电视信号处理集成电路很多，如早期的有：东芝公司的 TA8690AN/TA8691AN、松下公司的 AN5162K、三菱公司的 M51408SP、三洋公司的 LA7680/LA7681、飞利浦公司的 TDA8361/TDA8362 等。单片彩色信号处理集成电路更向着 I^2C 总线控制方向发展，到了 21 世纪初，又出现了很多新型的 I^2C 总路线控制的单片集成电路，如东芝公司的 TB1231/TB1238/TB1240、松下公司的 AN5198、三菱公司的 M52340、三洋公司的 LA76810、飞利浦公司的 TDA8842（OM8838）等。这些集成电路在功能上较前期的集成电路有了明显的改进，主要表现在：一是把以往分立元件的色带通滤波器、色度陷波器、亮度延迟、伴音鉴频、梳状滤波器、准分离电路和枕形校正电路都集成于一块集成电路之中，使由这些集成电路组成的彩色电视机外围元件大幅度减少；二是这些单片集成电路都设置一个 I^2C 总线接口，通过数据线 SDA、时钟线 SCL 两条线来完成各种不同的控制，无论在生产调试和检修上都极为方便；三是由于这此芯片采用频率合成技术，使整个电路仅需采用单一晶体就可以完成多制式信号的处理。

21 世纪初，随着科技的进步，I^2C 总线控制技术的日益成熟，集成电路技术水平和集成度的显著提高，国外各芯片研发公司再次向我国各电视机制造厂家推出了具有最新科技成果的超级单片集成电路即超级芯片，如荷兰飞利浦公司的 TDA93XX 系列芯片（主要有 TDA9370、TDA9373、TDA9380、TDA9383 等，同类芯片有我国台湾生产的 OM8370PS 和 OM8373PS 等），日本东芝公司的 TMPA88XX 系列芯片（主要有 TMPA8801、TMPA8803、TMPA8803CSN、TMPA8807、TMPA8809、TMPA8821、TMPA8823、TMPA8827、TMPA8829、TMPA8853、TMPA8857、TMPA8859、TMPA8873、TMPA8893 等），三洋公司的 LA7693X 系列芯片（主要有 LA76930、LA76931、LA76932、LA76933 等），德国微科（Microns）公司生产的 VCT38XX 系列芯片（主要有 CVT3801A、CVT3802、CVT3803A、CVT3804、CVT3831、CVT3834 等）。这类超级单片集成电路，它不仅把图像/伴音中频电路、彩色解码、行场小信号处理电路等集成在一起，而且把中央控制处理部分也集于一体，并采用 I^2C 总线控制技术。

2.3.2 国内集成电路彩色电视机流行机芯

电视机电路中的大部分元器件都安装在主印制板（简称主板，即最大的一块电路板）上，人们通常将这块主板称为“机芯”。不同型号的“机芯”常代表不同的电路类型，具有不同的电路特点，各种型号的电视机其主要差别也在机芯上。下面就我国彩色电视机市场上影响较大的几种机芯做一个简单介绍。

1．采用中规模集成电路的“AN 五片机”和“TA（D）四片机”

20 世纪 80 年代初期引入中国市场的彩色电视机和国产化的第一批彩色电视机，采用中规模集成电路，一台彩色电视机的主要电路可由四到六片集成电路组成。这类彩色电视机的主要特点是：彩色电视机中的四大单元电路中放通道（即图像中放）、伴音通道、彩色解码和行场扫描，它们的功能分别由一块集成电路（个别单元电路需要两块）配上必要的外围元件即可完成。

1）TA（D）系列四片机

TA（D）系列四片机是指以四片东芝 TA 系列（国内型号为 D 系列）集成电路为主组成的彩色电视机。此类机根据采用的机芯的不同又可分成 X-53P 机芯和 X-56P 机芯。X-53P 机芯的四块集成块分别是：TA7611（或 TA7607）为图像中频通道集成电路；TA7176 为伴音通道集成电路（其内部仅包括伴音通道中的小信号处理部分）；TA7193 为色度解码集成电路；TA7609 为同步扫描集成电路。国产机以北京 836、黄河 HC-37Ⅱ为代表。

X-56P 机芯是在 X-53P 机芯的基础上改进的产品，进一步提高了电路性能，减少了元件总数。它的伴音部分不再采用 TA7176，取而代之的是能够完成全部伴音通道功能的 TA7243，还增加了静噪电路。国产机以北京 837、上海 Z647-1A/1B/2A/4A 为代表。

2）AN 五片机（M11 机芯）

AN 五片机（M11 机芯）是以五片 AN 系列集成电路为主组成的彩色电视机。所用集成电路分别是：

（1）AN5132　为图像中频通道集成电路。主要功能有：图像中频放大、视频检波、AGC 噪声消除、AFT 等。

（2）AN5250　为伴音通道集成电路。主要功能有：第二伴音中频限幅放大、调频检波、直流音量控制、音频放大等。

（3）AN5435　为同步扫描集成电路。主要功能有：同步分离、场振荡、场锯齿波形成、场激励、行振荡、行预激励、行 AFC 电路及保护电路等。

（4）AN5622（或 AN5620）和 AN5612　为色度解码集成电路。其中 AN5622 主要功能有，色同步选通、自动色度控制（ACC）放大、延时解调、副载波恢复振荡器、APC、ACC 检波、PAL 识别、双稳态触发及 PAL 开关等；AN5612 主要功能有，视频放大、黑电平钳位、行场消隐、G-Y 矩阵、色差信号放大、三基色矩阵等。

该机芯大量应用于我国 20 世纪 80 年代生产的非遥控彩色电视机，如经过电路的重新设计（增加遥控系统）后还大量应用于我国 20 世纪 90 年代生产的遥控彩色电视机。国产机以牡丹 51C6、长虹 CJ47A/CK47/CK53/CK2141 等为代表。

2. 采用大规模集成电路的“两片机”

20 世纪 80 年代大批量生产的彩色电视机是“两片机”。这类彩色电视机的主要特点是把四大单元电路中的两个或三个电路集中到一块集成块内。

1）a 类“两片机”

a 类“两片机”基本电路方框图如图 2-4 所示。它将图像、伴音中频处理两大单元电路集成在一片集成电路中，而将彩色解码、行/场扫描振荡两大单元电路集成在另一片集成电路中。a 类“两片机”主要有以下几种：

（1）TA（D）两片机。

“TA（D）两片机”的主要电路由 TA（D）7680 和 TA（D）7698 两片集成电路组成。其中 TA（D）7680 包括了图像中放和伴音中放两个单元电路；而 TA（D）7698 包括行场扫描和彩色解码两个大的单元电路。国产机以熊猫 C54P29D、黄河 HC-47、金星 C473、北京 8306 等为代表。图 2-5 所示是 TA（D）两片机主板元件组装结构图。

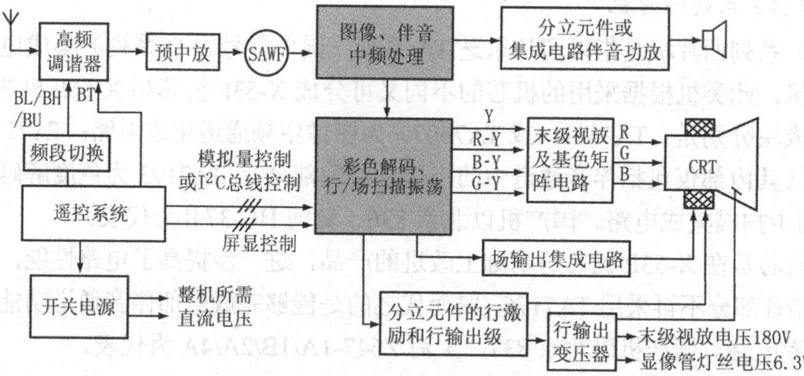

图 2-4　a 类两片机基本电路方框图

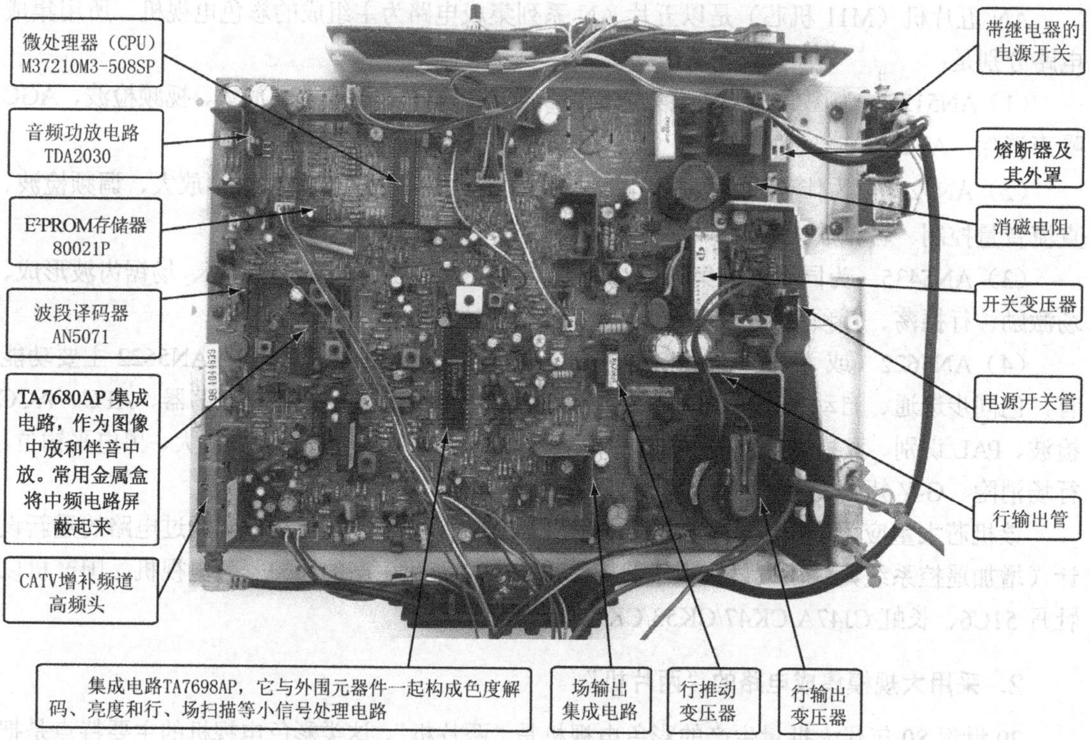

图 2-5　TA7680+TA7698 两片机主板元件组装结构图

（2）新型“TA”两片机。

新型“TA”两片机的主要电路由 TA8800N 和 TA8783N 两片集成电路组成，其电路结构与原“TA”两片机基本相同，但内部电路的功能更加完善，性能更优良，尤其是解码部分更加先进，可以在 I²C 总线的控制下处理 NTSC/PAL/SECAM 三种制式的信号，自动识别 4.43MHz 和 3.58MHz 的彩色副载波。国产机以长虹 C2919PV 等为代表。

（3）M-μ 两片机。

M-μ 两片机采用日本三洋公司 1983 年定型投产的电视机机芯，所以又常被称为“83 机芯”。这种彩色电视机采用的两片大规模集成电路分别是 M51354AP 和 μPC1403CA（有的采

用 μPC1423CA）。这两片集成电路的主要功能与 TA7680、TA7698 类似。国产机以昆仑 S541、成都 C47-851、牡丹 49C1、黄山 AH4724、金星 C473、北京 8316 等为代表。

2）b 类“两片机”

飞利浦两片机采用另一种组合方式，将中放通道、伴音中放、行场扫描三大单元电路集成在一块集成块内，如 TDA4500、TDA4501 和它的改进型 TDA8305A 等，而彩色解码电路则采用彩色解码专用集成电路 TDA3565A。国产机以飞跃 47C3-3、熊猫 C3625、金星 C4710 等为代表。b 类“两片机”基本电路方框图如图 2-6 所示。

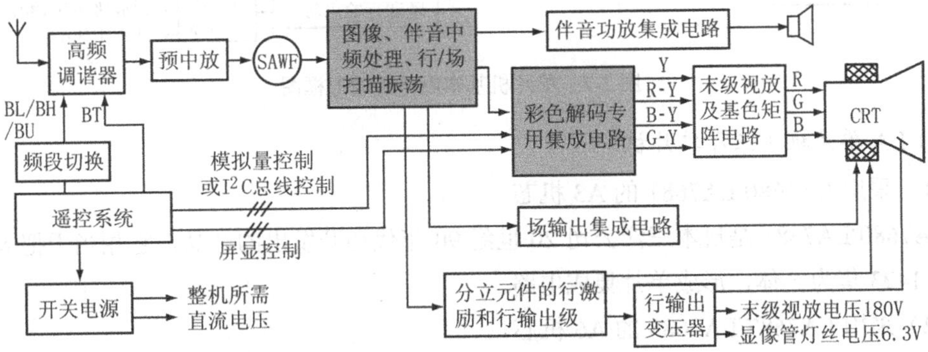

图 2-6　b 类两片机基本电路方框图

3. 采用超大规模集成电路的“单片机”

20 世纪 90 年代，世界上各大集成电路制造公司都在研制、开发集成度更高、更先进的“单片彩色电视信号处理集成电路”，它把除高频调谐器电路之外的所有 TV 信号处理电路都集成电路在一块超大规模集成电路中。这样，以单片超大规模集成电路为基本电路的彩色电视机，随即作为传统彩色电视机的换代产品大量涌向国内外彩色电视机市场。单片集成电路彩色电视机具有线路适应性强、易于实现标准化、整机电路简捷、生产成本低、性能优良且稳定性好及生产调试方便等明显的优势。

单片机基本电路方框图如图 2-7 所示。

1）TDA 单片机（飞利浦单片机）

（1）采用 TDA8361/TDA8362 的 TDA 单片机。

飞利浦公司于 90 年代初期成功开发出 TDA8361/TDA8362，它相当于把 TDA4501（或 TDA8305A）和 TDA3505（或 TDA3565）内部功能合并，而且增加了许多新的功能，如 TV/AV 转换、字符显示、多制式接收等。很多彩色电视机采用在台湾生产的 OM8361/OM8362，该集成电路的引脚和应用与 TDA8361/TDA8362 完全相同。

（2）采用 TDA884X 的 TDA 单片机。

20 世纪 90 年末到 21 世纪初，飞利浦公司又开发了 TDA884X 系列的新型 I²C 总线控制的单片集成电路，其中包括 TDA8841、TDA8842、TDA8843 等。飞利浦公司还在台湾大规模投产，所生产的 OM8838/39 也属于 TDA884X 系列产品。

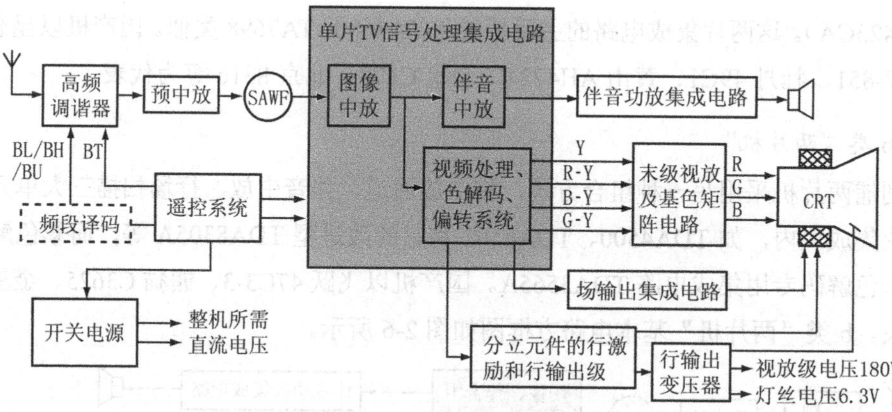

图2-7 单片机基本电路组成方框图

2）LA单片机（三洋单片机）

（1）采用LA7680/LA7681的A3机芯。

LA7680/LA7681是日本三洋公司20世纪90年代初开发出的产品，它相当于把M51354和μPC1423集为一体，形成单片集成电路。

（2）采用LA7687/LA7688的A6机芯。

采用LA7687/LA7688的A6机芯是三洋公司继A3机芯之后，于1996年推出的更为先进的单片彩色电视机机芯。LA7687/LA7688在图像质量、伴音质量、集成度方面优于LA7680/LA7681，而与TDA8361/TDA8362相当。在某些方面，如黑电平扩展、蜂音消除、PLL图像检波等方面，LA7687/LA7688优于LA7680/LA7681。LA7687、LA7688两者主要功能完全相同，不同之处在于LA7688采用R、G、B基色输出、PMW（脉宽调制）模拟量控制，LA7687采用（R-Y）、（G-Y）、（B-Y）、-Y色差信号输出及SAB（三洋模拟总线）控制。A6机芯采用LA7687/LA7688作图像中频信号处理、伴音中频信号处理、亮度信号及偏转小信号的处理，它必须与LC89950 1H基带延迟集成电路配合使用，才能完成PAL/NTSC制色度信号的处理。若机芯需要处理PAL/SECAM/NTSC制信号，除用LA7687/LA7688、LC89950外，还需外加免调试SECAM解码器LA7642。

（3）采用LA76810的单片机。

LA76810是三洋公司1999年开发出的I^2C总线控制的单片集成电路。LA76810可单独完成PAL/NTSC制色度信号的处理，若需要处理PAL/SECAM/NTSC制信号，也还需外加免调试SECAM解码器LA7642。LA76810单片机主板元件组装结构图参见图2-2。

3）TA单片机（东芝单片机）

20世纪90所代中期生产的东芝单片机，采用东芝公司的TA8690/TA8691集成电路，它相当于TA7680与TA7698内部功能的合并，使外围电路元件大幅度减少。

20世纪末到21初，东芝公司又开发出TB1231AN、TB1238AN、TB1240几种具有优良性能的I^2C总线控制的单片集成电路。这几种单片集成电路均可单独完成PAL/NTSC制色度信号的处理，若需要处理PAL/SECAM/NTSC制信号，还需外部增加SECAM处理器TA1275AZ。

另外，还有松下单片机、三菱单片机。松下单片机采用该公司生产的单片集成电路 AN9095、AN9195K、NN5198、NN5199K 等。三菱单片机采用该公司生产的单片集成电路 M52340。

4．采用超大规模集成电路的“超级单片机”

采用超级单片集成电路构成的彩色电视机被称为超级单片彩电（或称超级单片机）。超级单片机是目前流彩色电视机的主流。这类机芯的彩电它与其他机芯相比，性能更加稳定，图像质量、伴音质量有明显的提高，整机调整功能更强大。超级单片彩电与常规单片机的主要区别体现在以下几个方面。

1）结构和构造上的差异

从结构和构造上看，常规单片机的微处理器（CPU）和小信号处理电路是分开的，二者各司其职，各尽其责。而超级芯片则将 CPU 和小信号处理电路合二为一，使两者有机而巧妙地整合在同一块芯片中。与常规单片机相比，超级单片彩电单机所用元件大为减少，使得生产成本大大降低，而且电视机的可靠性大大提高，从制造到维修都更加方便简单。

2）产品性能上的差异

（1）ROM、RAM 容量不断增大，运算速度越来越快。

超级芯片内设的微处理器控制系统，与常规微处理器（CPU 或 MCU）相比，主要区别在于内存 ROM、RAM 的容量不断增大，时钟频率不断提高，运算速度越来越快。

（2）超级芯片内部功能更多，信号输入输出种类增加、数字化处理能力和范围增强。

超级芯片彩电具有常规单片机所没有的许多功能，例如 DEMO 自动演示、私人节目夹、个人影院设置、频道定时切换等，而且还提供益智游戏、超级计算器、智能小闹钟等众多娱乐项目，为人们使用欣赏精彩电视节目增添了更多便利和乐趣。

在 TV 电视信号处理方面，常规彩电和单片机常采用视频检波中周，易出现频率偏离、频率不稳而引发各种故障，而超级芯片普遍采用了无须调整的中频锁相环电路（PLL 解调器）技术，可以有效地克服这种弊端。

超级芯片增加了各种信号的输入、输出端口，如设计有 DVD YUV 分量输入接口，以保证超级芯片彩电能与 DVD 机采用色差分量方式相驳接，也可以由超级芯片生产二合一（TV+DVD）组合彩电，有效地增大了接收各种信号的范围和能力。在信号处理方面，大大提高了数字化信号处理的能力和范围。其 I^2C 总线的控制由初期的一组总线控制增加到两组、三组，甚至多组，以适应彩电功能不断增加的控制能力不断增强的需要。

超级单片机电路组成方框图如图 2-8 所示。下面以三洋 LA769XX 系列超级单片彩电为例，介绍这类彩色电视机的结构。

三洋 LA769XX 系列超级芯片是在三洋单片集成电路 LA768XX 系列（LA76810/76818/76820/76830/76832）和该系列机所配用微处理器 LC863XX/LA864XX 系列基础上组合而成的二合一芯片，超级芯片内小信号处理部分电路与 LA768XX 单片集成电路基本相似；MCU 部分与 LC863XX/LA864XX 微处理器大体相似。

LA769XX系列超级芯片是MCU+（TV+DVD）彩色解码的混合型集成电路，其IC内部电路主要包括中频信号处理、色度信号处理、亮度信号处理和行场振荡等电路。LA769XX系列芯片采用无须调整的中频锁相环和行频锁相环，从而大大减少了外围元件，同时也提高了电视机的可靠性。

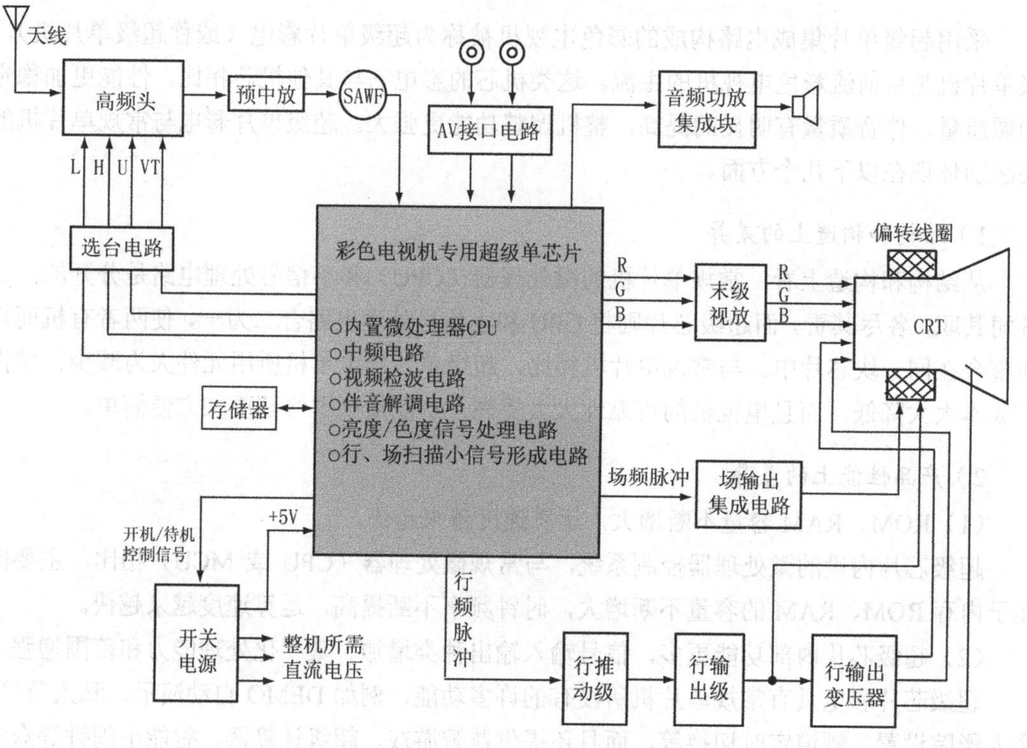

图2-8 超级单片机电路组成方框图

LA769XX系列超级芯片的主要特点是：中频信号处理电路置于芯片内部，采用无须调整图像中频和伴音中频的锁相环（PLL）解调器，利用带通滤波器选出不同频率的第二伴音中频（4.5/5.5/6.0/6.5MHz）。内置陷波器和带通滤波器对视频信号进行亮/色分离。其中，采用陷波器选出亮度信号Y，采用带通滤波器选出色度信号C。色度通道包括无须调整的锁相环解调器和NTSC制式TINT色调控制；在亮度和RGB基色信号处理电路中，设计有提高画面质量的峰化、黑电平延伸及动态肤色校正电路。行激励脉冲由4.43MHz色副载波通过1/256分频和行分频电路形成；行频脉冲形成采用两个控制环路，具有自由调整行同步功能。OSD显示字符振荡和控制也置于芯片内部；芯片内部设计有速度控制功能。芯片内部各单元电路之间采用I^2C总线连接控制；芯片内部设有连续阴极RGB控制电路，可实现白电平及黑电平偏移的调整，分别调整屏幕上暗淡部分与明亮部分的色温。用在25英寸以上的芯片内置有E/W东西枕校脉冲形成电路，输出E/W脉冲信号到枕校功率放大电路，以实现枕形失真校正。

图2-9所示是超级单片机LA76931主板元器件组装结构。

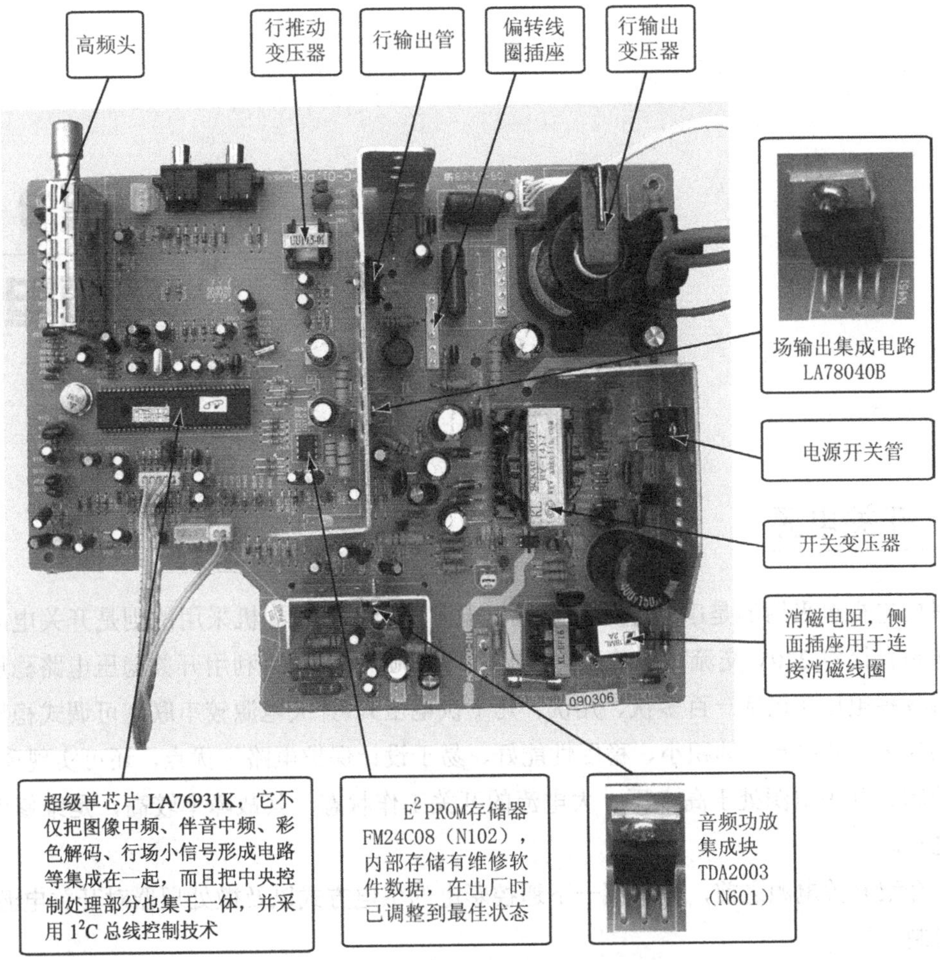

图 2-9　超级单片机 LA76931 主板元器件组装结构图

信号相加，即可得到 U_R、U_G、U_B 三基色电信号。

思考与练习题

1. 遥控彩色电视机是由哪几部分组成的？各单元电路的作用是什么？
2. 说明彩色解码器的主要任务，简述其主要解调过程。
3. 分别画出两片机、单片机、超级单片机的基本电路组成方框图。

第3章 电源电路

3.1 开关电源

黑白电视机采用的是串联型可调式稳压电源，而彩色电视机采用的则是开关电源。开关电源是直接将220V交流市电整流、滤波得到+300V电压，再利用开关稳压电路稳压调控后获得各种电压（包括一百多伏、几伏、几十伏电压）。开关电源较串联型可调式稳压电源具有功耗小、效率高、体积小、稳压性能好、易于设计保护电路等优点，还可实现遥控开、关机控制。开关电源处于高电压、大电流的开关工作状态，其故障率较高，是维修的重点部位之一。

在介绍开关电源之前，先介绍一下遥控彩电的供电方式以及微处理器对开关电源的开/待机控制。

3.1.1 遥控彩色电视机的供电方式

目前的彩色电视机基本上都属于遥控彩色电视机。遥控彩色电视机的供电系统由三部分组成：一是遥控电源，也称为辅助电源、副电源或备用电源，它的作用是向遥控电路提供电源电压，不论电视机处于开机模式还是处于待机模式，均应为微处理器等控制电路提供正常工作电压；二是主电源，也称为一次电源，它采用开关电源，向行扫描及伴音功放与场输出等大功率电路提供电源电压，包括行输出级所需的+B主电源（110V～145V）、伴音功放所需的二十余伏电压、场输出电路所需的几十伏电压等；三是显像管各极的工作电源（如彩色显像管阳极25～30kV超高压、聚焦极数千伏副高压、加速极几百伏中压、显像管灯丝6.3V左右的脉冲电压），也称为二次电源，除显像管灯丝电压外，其他高、中压都是由行输出变压器输出的行逆程脉冲经整流、滤波后得到的。视放末级190V左右的工作电压可由二次电源提供，也可由一次电源提供；高中频信号通道的工作电压同样是可由二次电源提供，也可由一次电源提供。

通常所说的电源电路都是指遥控电源和主电源，而把二次电源划分到了行输出级电路部分。

1. 主电源

遥控彩色电视机的主电源均采用开关电源，它的工作情况受控于微处理器输出的开机/关（待）机控制信号。微处理器的开/关（待）机控制引脚输出高或低电平的控制信号，经微处理器与开关电源之间的开/关（待）机接口电路进行电平变换后，最终使开关电源的工作状态发生改变，以实现开/关（待）机控制。早期的遥控彩电中，遥控电路对开关电源的控制大多采用继电器控制方式，如图 3-1（a）所示；目前的彩电，都是采用光电耦合及电子耦合控制方式，如图 3-1（b）所示。

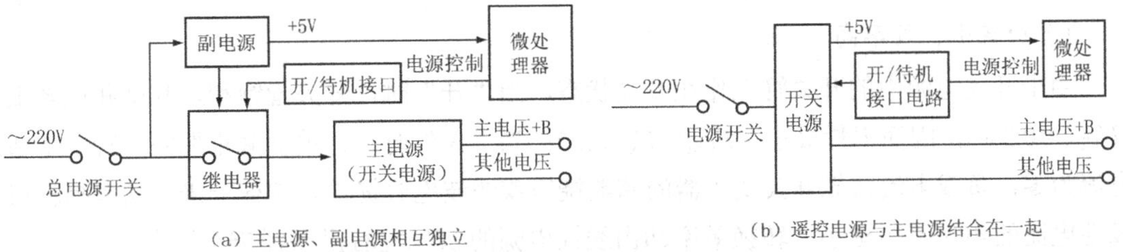

图 3-1　彩电电源电路的两种电路形式

2. 遥控电源

遥控电源即遥控系统所需的工作电源，也称辅助电源或待命电源，或备用电源。遥控彩色电视机整机处于待机状态时，遥控电路也需要随时准备接收遥控操作指令，因此待机状态微处理器、遥控接收头等都需加上正常工作电压，它由遥控电源提供。

遥控电源的电路形式通常有两种。

1）专门的副电源为遥控系统供电

采用这种供电方式的机型有主电源和副电源两个电源，两个电源之间相互独立，其电路结构示意图参见图 3-1（a）。其副电源又可分为两种：一种是用一个 3～5W 小型电源变压器将 220V 交流市电降压，再经整流、滤波和稳压后供给微处理器的+5V 电源；另一种是采用简单的开关电源为微处理器电路供电（副开关电源与主开关电源彼此相互独立）。

这类遥控电源电路只要总电源开关一接通就工作，在“待机”状态也不例外。这种电路的特点是电路简单，但存在机械式触点开关（通常采用继电器对主电源进行控制）。

2）遥控电源与主电源结合在一起的开关电源

遥控电源与主电源结合在一起的开关电源（整机只有一个开关电源），其电路结构示意图参见图 3-1（b）。微处理器所需的+5V 工作电源直接由开关电源提供。在待机模式，开关电源的振荡电路工作情况有两种：一种是处于间歇振荡或低频振荡状态，此时，开关电源的各组输出电压均比正常开机时的输出电压有大幅度降低（一般只有正常工作时的四分之一到三分之一），但仍能为微处理器提供给+5V 的工作电压（此电压由开关电源的某一组输出电压经稳压后得到），使遥控系统可工作，其余电路因工作电压太低而无法工作，以实现待机控制；另一种是待机模式下开关电源的振荡电路仍处于全频振荡状态，开关电源的输出电压中除行振荡器的供电为0V外，其他输出电压（包括行输出级工作电压+B、遥控系统工作电压+5V等）均与开机模式电压与开机模式的基本相同，使行振荡器没有电源，行振荡器停振，没有光栅，从而实现了待机控制。

遥控电源与主电源结合在一起，微处理器对开关电源的控制采用的是直接控制方式，有光电耦合和电子耦合两种控制方式。这类开关电源的特点是，实现了电子控制无触点软启动，但在“待机”状态仍消耗20%左右的电能。

3.1.2 开关电源的特点

1）功耗小、效率高

由于开关电源中的开关管工作在开关状态，当“开”时，开关管饱和，其饱和压降很小（U_{CES}=0.3V），因而损耗极小（$P_{CM}=U_{CES} \cdot I_C$）；当“关”时，开关管截止期间，管子中通过电流为零，负载电流依靠开关变压器的储能绕组或滤波电容提供。这样一来，功率损耗仅为线性电流的40%甚至更小，转换效率却由线性电源的50%左右提高到75%以上。

2）体积小、重量轻

开关电源中的开关变压器工作频率很高，通常为行频，所以使用的开关变压器体积小，重量很轻。与线性电源中笨重的电源变压器比较，优点是显而易见的。

3）稳压范围宽

当电网电压在110～260V范围变化时，其输出电压的变化一般可小于2%，而串联式稳压电源的稳压范围一般为190～240V之间。

4）滤波电容容量小

电源中开关管的开关频率很高，因此滤波电容的容量可大为减小，比一般串联型可调式稳压电源的滤波电容容量要小得多。

5）安全可靠

开关电源还能较容易地加入过压、过流保护电路。当稳压电路、行扫描电路及高压电路出现故障或负载短路时，能自动切断电源，保护电路灵敏可靠。

6）开关干扰较大

线性电源的稳压器具有稳压和滤波的双重作用，因而线性电源不产生开关干扰，且纹波较小。

开关型稳压电源的开关管（调整管）工作在开关状态，其交变电压和电流会通过调整管、整流管、高频变压器等，产生尖峰干扰和谐波干扰。这些干扰有时会影响光栅和图像的质量使光栅出现开关干扰的竖条，更为严重的是“污染”了交流电网，使附近的电子设备都受到干扰。这就是开关电源的一个严重缺点。尽管如此，但随着开关电路和抑制干扰措施的改进，这一缺点已得到满意的解决。现在开关电源抑制干扰的能力，已达到了不妨碍电子设备和电视机正常工作的实用水平。

3.1.3 开关电源的组成

图 3-2 为分立元件构成的开关电源实物图。由图可知，该开关电源主要由熔断器、互感滤波器、整流二极管、滤波电容、开关管、开关变压器及光电耦合器等构成。

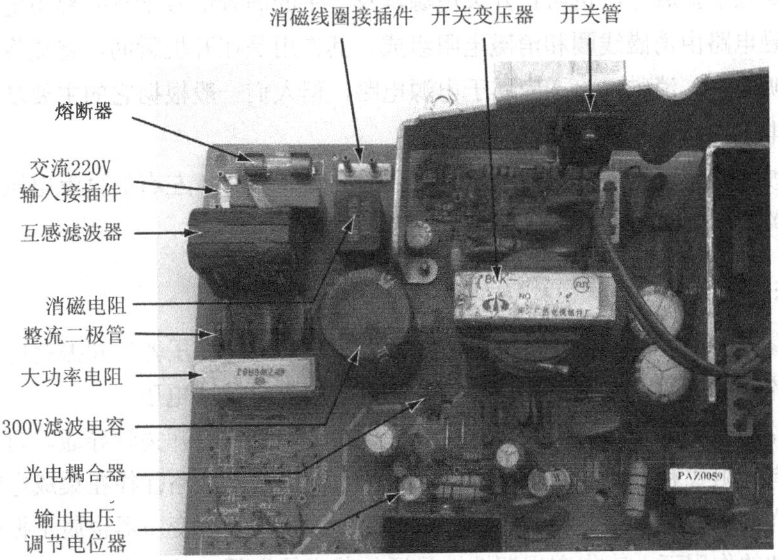

图 3-2 开关电源元器件组装结构（分立元件）

开关式稳压电源的电路组成方框图如图 3-3 所示。

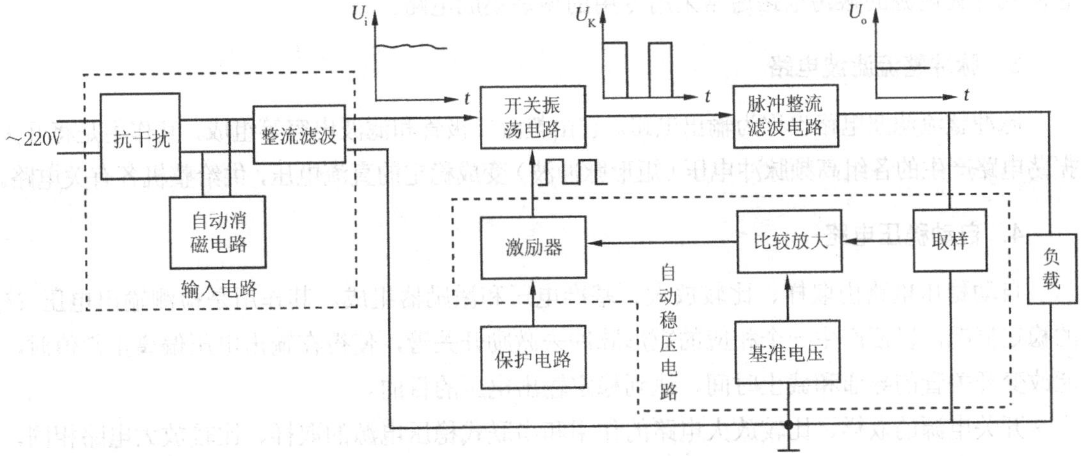

图 3-3 开关电源的电路组成方框图

由图可见，开关式稳压电源是由输入电路（包括抗干扰电路、自动消磁电路和整流滤波电路）、开关振荡电路（包括开关管、开关变压器和振荡电路）、自动稳压电路（由取样电路、比较放大电路、基准电压和激励器组成的控制环路）、脉冲整流滤波电路及保护电路组成。另外，遥控彩色电视机的开关电源通常还有待机控制电路（图中未画出来）。下面对各部分电路作一个简介。

1．输入电路

输入电路包括抗干扰电路、自动消磁电路和整流滤波电路。

抗干扰电路也称为交流电滤波电路，通常由电容和电感线圈组成。其主要作用是抑制交流电网中的高频干扰成分，也防止开关电源本身产生的高频信号干扰外部用电设备。

自动消磁电路由消磁线圈和消磁电阻组成。其作用是在开机瞬间，将显像管上的剩磁消除掉。需说明的是，消磁电路本应属于电源电路，但人们一般根据它的主要功能而将其列为显像管附属电路。

整流滤波电路将220V交流电进行整流、滤波变成+300V左右的直流电压，作为开关振荡电路中开关管的工作电压。

2．开关振荡电路

开关振荡电路由启动电路、开关管、开关变压器（脉冲变压器）和振荡电路等组成，其作用是将整流滤波后的直流电压（+300V左右）变成高频脉冲电压。

启动电路的作用是在开机瞬间为开关管提供启动电流，使开关管导通。自激式开关电源的启动电路有电阻式和阻容式两种，它激式开关电源的启动电路往往在集成电路内部。

开关管在间歇振荡电路（自激式开关电源的开关管和开关变压器也属于振荡电路的一部分）输出方波的作用下，工作在周期性地导通与截止的高频开关状态。

开关变压器作为开关电源的储能电感，还起着降压的作用。

自激式开关电源的振荡电路主要由启动电路、正反馈电路、开关管及开关变压器等组成。它激式开关电源的振荡电路通常采用专用的振荡集成电路。

3．脉冲整流滤波电路

脉冲整流滤波电路也称为输出电路。它由整流二极管和滤波电容等组成，其作用是将开关振荡电路产生的各组高频脉冲电压（矩形脉冲波）变成稳定的直流电压，供给整机各有关电路。

4．自动稳压电路

自动稳压电路由取样、比较放大、基准电压和激励器组成。其作用是检测输出电压 U_o 的稳定情况，以便产生一个相应的矩形脉冲去激励开关管，使得在输出电压偏离正常值时，能改变开关管的导通和截止时间，达到稳定输出电压的目的。

开关电源的取样、比较放大电路的作用和串联式稳压电源的取样、比较放大电路相同，也是检测稳压电源的输出电压，并与一基准电压比较，当输出电压偏离正常值时，输出一误差电压，去控制激励器，使输出电压达到稳定。

取样电路分为直接取样和间接取样两种形式。直接取样电压取自于开关电源的主输出端（经电阻直接分压取样）；间接取样的取样电压从开关变压器的取样绕组上取得（经电阻分压取样）。

激励器的作用是受控于比较放大器输出的误差电压，产生一个矩形脉冲去控制开关管的导通时间，使开关电源能输出一个稳定的直流电压。激励器包括一个受误差电压控制的直流矩形脉冲转换和一个激励开关管的激励级。开关电源增加激励器的原因是，开关管基极控制电压是矩形脉冲，而不是直流电压，故控制电路中取样比较取出的直流误差电压不能直接去控制开关管，而需将其转换为矩形脉冲，这就增加了直流矩形脉冲转换电路（通常有脉宽控制器和压控频率变换器两种形式）；开关管所需的激励功率较大，还需在转换电路之后加一级激励级。

5. 保护电路

一般彩电的开关电源都设置有过压保护、过流保护，尖峰脉冲吸收等保护电路，在一些新型彩电中还设置了更多的保护电路，如欠压保护、过热保护等保护电路。其中，过压保护的作用是防止由于电源内部故障而造成输出电压过高。过流保护的作用是防止由于负载过流或电源内部故障而造成开关管过电流。尖峰脉冲吸收保护的作用是，吸收开关管由导通转为截止时产生的尖峰脉冲，保护开关管。

6. 遥控开机/关（待）机控制电路

图 3-3 中未画出该电路，它的作用是实现遥控开机/关（待）机控制功能。开关电源开机/关（待）机由微处理器进行控制。

3.1.4　开关电源的分类

由于开关式稳压电源具有很多突出优点，因而应用很广，发展很快，其类型也越来越多，分类方法也各不相同，其中比较常见的分类有以下几种。

1. 按开关管与负载的连接方式分类

按开关管与负载的连接方式可分为串联型开关电源和并联型开关电源两大类。其中并联型开关电源又有并联电感式和变压器式两种，变压器式应用得最多。

串联型开关电源的开关管、开关变压器及负载电路之间是串联的，如图 3-4 所示。其主要特点是：开关电源与负载电路共地，使得整个机板带电（称为“热机板”），不便于与外界接口，如录像机插口、耳机接口等；开关电源不能输出负载电路工作所需多种供电电压；开关管反峰电压低。

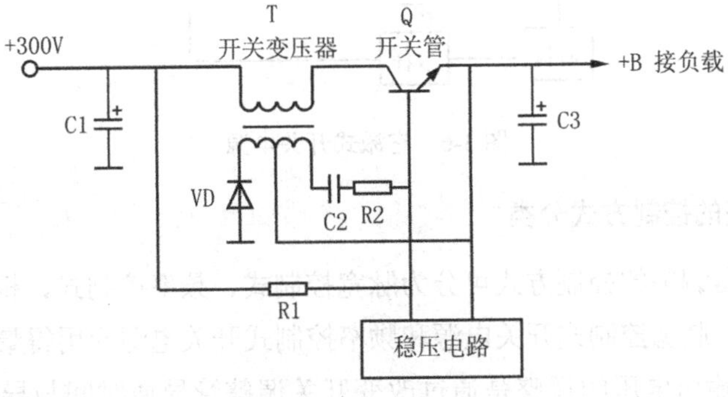

图 3-4　串联型开关电源

变压器耦合并联型开关电源的开关管、负载是通过开关变压器的初、次级绕组相连的，如图 3-5 所示。其主要特点是：开关电源与负载电路不共地，输出端与电网间有开关变压器进行电路上的隔离，因此，机板上除与开关电源初级相连的开关电源部分外，其余均不带电（这种机板称为“冷机板”），安全性好，也容易与外界接口；开关电源能够产生负载电路所需的多种工作电压；开关管反峰电压高。

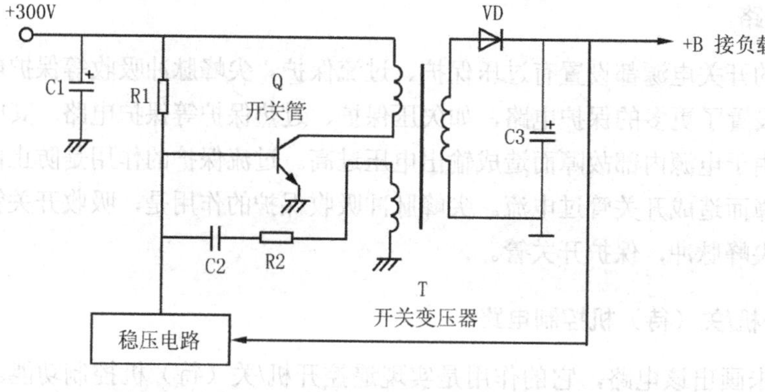

图 3-5　并联型开关电源

2．按开关管的激励方式分类

无论是串联型开关电源还是并联型开关电源，按开关管的激励方式分类可分为自激式和它激式两种。自激式开关电源的特点是开关管和开关变压器参与振荡过程，不需专设振荡器，即由开关调整管与开关变压器正反馈绕组等组成间隙振荡器，产生脉冲电压，使开关管饱和、截止。它激式开关电源的结构如图 3-6 所示，其特点是开关管和开关变压器不参与振荡过程，需专设振荡器，开关管的导通与截止受独立的振荡器控制，使开关管工作在高频、开关状态。它激式开关电源的振荡电路通常采用专用的振荡器集成电路，如 TDA4601、TDA4603、TDA4605、TEA2261 等。

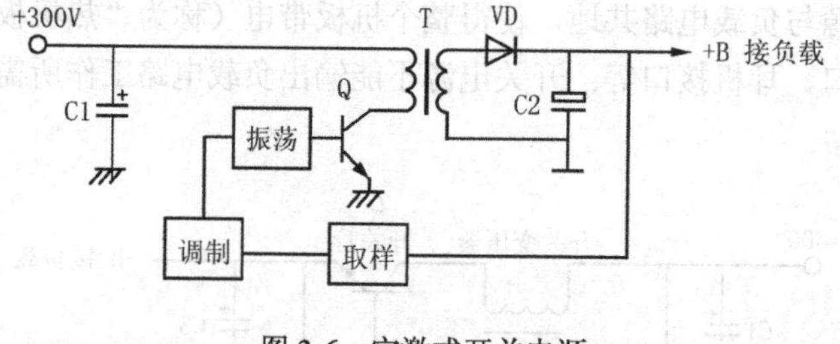

图 3-6　它激式开关电源

3．按稳压调整的控制方式分类

按开关电源稳压调整的控制方式可分为脉宽控制式、频率控制式、相位控制式和削波控制式等多种。其中，脉宽控制式开关电源和频率控制式开关电源应用得最多。

开关稳压电源输出电压的调整是通过改变开关调整管导通时间与导通截止变化周期的比值来实现的。输出电压由 $U_o=\dfrac{U_iT_{ON}}{T}$ 决定，式中 U_o 为输出电压，U_i 为一次整流滤波的直流电压（+300V 左右），T_{ON} 为开关脉冲的脉宽，开关脉冲的周期为 T。从上述可看出，在保证脉冲周期 T 一定时，通过改变脉宽 T_{ON} 来改变输出电压的大小，即 T 不变时，$T_{ON}\uparrow \rightarrow U_o\uparrow$；反之则相反，如图 3-7（a）所示。根据这一原理进行输出电压调整的开关电源是脉宽控制式开关电源。由公式 $U_o=\dfrac{U_i T_{ON}}{T}$ 还可看出，在保证脉冲脉宽 T_{ON} 一定时，通过改变脉冲周期（即调节频率 $f=\dfrac{1}{T}$）也可以改变输出，如图 3-7（b）所示。根据这一原理进行输出电压调整的开关电源是频率控制式开关电源。

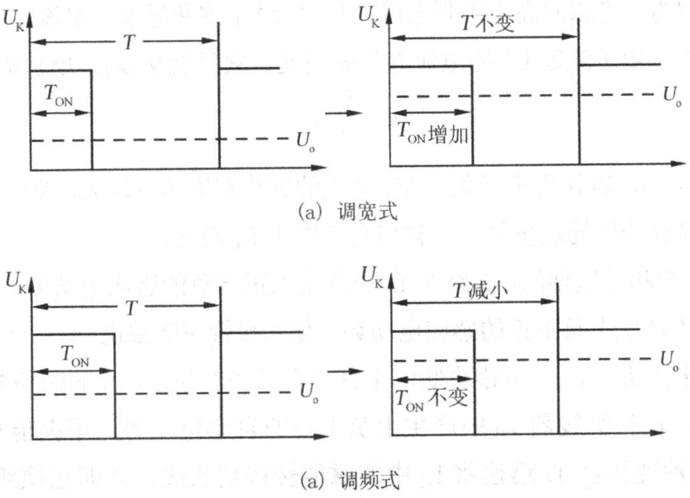

（a）调宽式

（a）调频式

图 3-7 调宽型与调频型稳压开关电源

3.1.5 开关电源的基本工作原理

目前彩电中应用较广的是并联型脉冲调宽型开关稳压电源，它的原理示意图如图 3-8 所示。

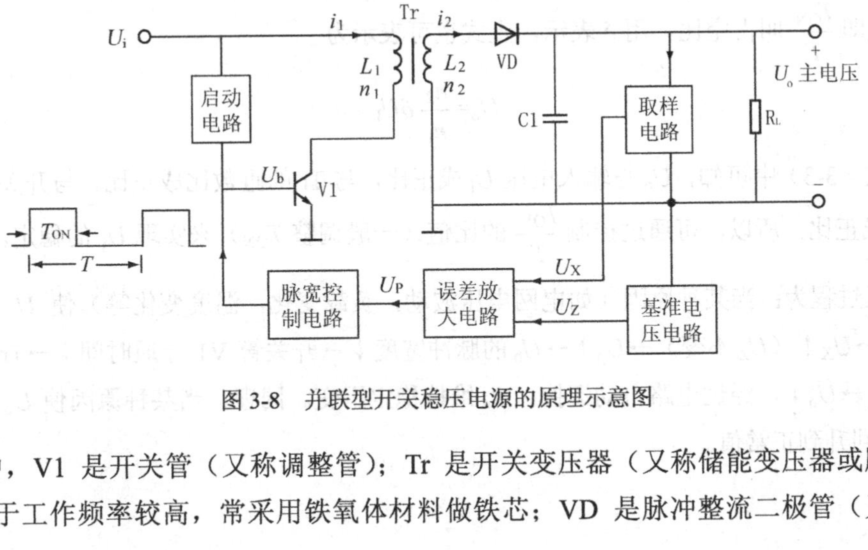

图 3-8 并联型开关稳压电源的原理示意图

图中，V1 是开关管（又称调整管）；Tr 是开关变压器（又称储能变压器或脉冲变压器），由于工作频率较高，常采用铁氧体材料做铁芯；VD 是脉冲整流二极管（又称续流二极管）；C1是滤波电容器（兼储能）；R_L为电源的负载；U_I为一次整流滤波的直流电压（+300V左右）。

开关稳压电源正常工作时，脉宽控制电路为开关管V1的基极送入开关脉冲（周期为T，脉宽为T_{ON}），使开关管V1交替工作在导通与截止状态。变压器并联开关稳压电路分正向激励和反向激励两种形式，正向激励指V1导通时VD也导通，V1截止时VD也截止；反向激励则指V1导通时VD截止，V1截止时VD导通。一般选择反向激励形式，可加强前后级间的隔离和提高抗干扰能力。

开关工作过程为，当脉冲高电平到来时，开关管V1饱和导通，电流i_1经Tr的初级线圈L1和V1形成回路。由于流过L1的电流i_1不能突变，它只能从零按线性增大，即

$$i_1 = \frac{U_I}{L_1}t \tag{3-1}$$

由式（3-1）可知，若作用于开关管V1基极的脉冲宽度T_{ON}越大，V1导通时间t越长，则i_1越大，L_1中储存的磁场能量越多，输出直流电压U_o越高。

在开关管V1饱和导通期间，i_1将在L_1中产生上正下负的感应电动势，由同名端可知，将在次级线圈L_2中产生上负下正的感应电动势，使二极管VD截止。

当脉冲高电平过去后，开关脉冲低电平使开关管V1截止，i_1的回路被断开，L_1中的电流i_1突变为零，在初级线圈L_1中产生上负下正的自感电动势。根据能量守恒原理，在V1截止瞬间，脉冲变压器Tr迅速将L_1中的磁能转移到次级，立即在次级线圈L_2中产生上正下负的感应电动势，从而使二极管VD导通，将L_2中的磁能变换为电能向负载R_L供电，R_L上得到直流电压U_o，与此同时，向电容C1充电。开关电源的输出电压可用下列公式计算：

$$U_o=\frac{n_2}{n_1}\frac{T_{ON}}{T}U_I \tag{3-2}$$

式中，T_{ON}为调整管的导通时间，它等于脉冲的脉宽；T为开关脉冲的重复周期。T_{ON}与T的比值即$\frac{T_{ON}}{T}$叫占空比，用δ表示，上式也可表示为

$$U_o=\frac{n_2}{n_1}\delta U_I \tag{3-3}$$

由式（3-3）中可知，U_o与输入电压U_I成正比，与Tr的匝数比成正比，与开关脉冲占空比$\frac{T_{ON}}{T}$成正比，所以，可通过控制$\frac{T_{ON}}{T}$的比值（一般调整T_{ON}）来实现U_o的稳定。

稳压过程为：当某种原因（如电网电压波动，负载变化，温度变化等）使U_o升高时，则$U_o\uparrow \rightarrow U_X\uparrow$（$U_Z$不变）$\rightarrow U_p\uparrow \rightarrow U_b$的脉冲宽度$\downarrow \rightarrow$开关管V1导通时间$\downarrow \rightarrow$Tr与C1中的储能$\downarrow \rightarrow U_o\downarrow$，经过电路自动调控，$U_o$维持稳定不变。同理，当某种原因使$U_o$降低时，可使$U_o$回升到正常值。

3.2　开关电源实例分析

3.2.1　典型的分立元件开关电源电路

目前国产彩色电视机中，采用分立元件开关电源的较多，下面以长虹牌 C2151A 型彩色电视机开关电源为例介绍。该机有主电源和副电源两个电源。

1. 副电源

该机专门由一副电源（辅助电源）为遥控系统提供工作所需+5V 电压，副电源电路如图 3-9 所示。它由变压器 T581 及简易电子稳压器 V581、VD581 等组成。220V 交流市电经 T581 降压产生 15V 左右的交流电压，经 VD582 半波整流、C581 滤波产生 18V 左右的直流电压，加到调整管 V581 的集电极。同时 18V 直流电压经 R582 限流、VD581 稳压产生 5.6V 左右电压加到 V581 的基极，保证 V581 射极输出稳定的 5V±0.25V 电压，经 C700 去耦滤波后加到 D701 微处理器和红外接收前置放大器等电路。V581 输出的 5V 电压不受微处理器 D701 的控制，只要电视机电源开关接通，不管电视机工作在何种状态，它始终供给 D701 5V 直流电压。

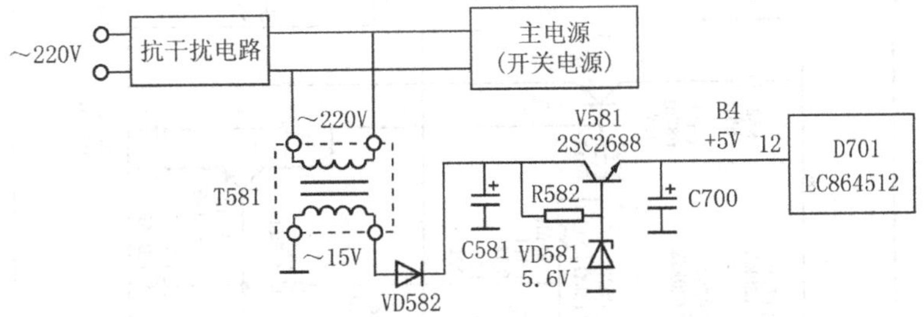

图 3-9　副电源电路

2. 主电源——开关电源

主电源电路如图 3-10 所示。该电路属于自激式并联型开关稳压电源。主要由整流滤波和自动消磁电路、自激振荡开关电路、取样和比较电路、脉冲调宽电路、保护电路及整流滤波电路等组成。

1）输入电路

输入电路主要由抗干扰电路 L502、C501、C502，整流滤波电路 VD503～VD506、C507，冲击电流限制电阻 R502 等组成。

220V 交流市电在机内先经延迟型熔断器 F501，再进入第一级共模滤波器 L502、C502、C501。由于 L502 采用高导磁率磁芯和分段绕制，电感量较大，分布电容小，并且两个绕组绕向一致，流过两个绕组中的电流相等、方向相反。因此，从市电进入的双线对称干扰产生的磁场方向相反，互相抵消，抵制掉从交流电网进入的对称性干扰。而对于非对称性干扰来说，L502 与 C501、C502 组成两个 π 型低通滤波器。由于 L502 电感较大、分布电容小，故 π 型低通滤波器在很宽的频率范围内对非对称性干扰信号有很好的滤波抑制作用。

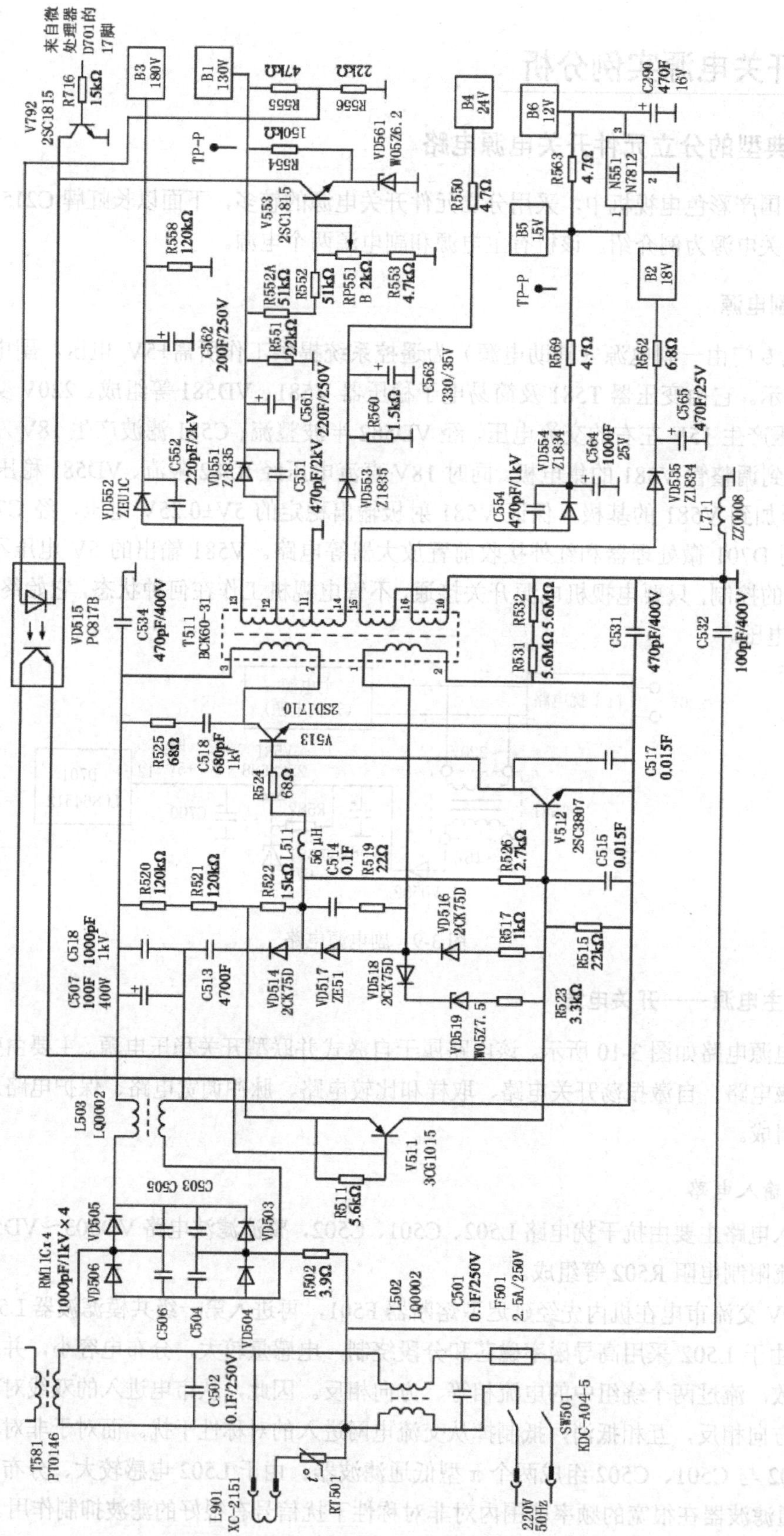

图 3-10 长虹牌 C2151A 型彩色电视机电源电路

合上电源开关 SW501，220V 交流市电经输入电路净化后加到整流电路，经 VD503～VD506 进行桥式整流后，由 L503、C507 滤波平滑产生约 300V 直流电压。整流电压经 L503 组成的第二级共模滤波器进一步抑制干扰信号，经 T511 开关变压器③～⑦绕组加到开关管 V513 的集电极。

2）自激振荡电路

开关管 V513、脉冲变压器 T511 和一些定时反馈元件组成开关脉冲振荡器。脉冲变压器 T511 有①～②为正反馈绕组，振荡过程中它产生正反馈电压，并通过定时元件 C514、R519、VD517、R524 加到开关管基极。

当电源开关 SW501 接通时，整流滤波电路送来的约为 300V 直流电压经 T511 初级绕组③～⑦加到 V513 集电极，并经偏置电阻 R520、R521、R522、R524 为 V513 提供基极电流，使 V513 开启导通。V513 开启导通后，电流流过 T511 的③～⑦绕组，产生③脚为正、⑦脚为负的感应电压，经变压器 T511 耦合，在正反馈绕组①～②中产生①脚为正、②脚为负的反馈电压 V_d。正反馈电压 V_d 经 R519、C514、VD517、L511、R524 加到 V513 基极，使 V513 迅速饱和。

在 V513 饱和期间，T511 的③～⑦绕组中的电流线性增大，能量以磁场能形式存储在 T511 中。饱和期间正反馈电压经 R519、R524、V513 基—射极给 C514 反向充电，或者说 C514 放电；由于 R520、R521 阻值较大，由整流输出电压（+300V）经 R520、R521 提供的基极电流太小，不足以维持 V513 的饱和导通，V513 的饱和状态靠 C514 的反向充电电流来维持，C514 的反向充电时间常数决定了 V513 的导通时间长短。随着 C514 反向充电电流的减小，V513 基极电流不断减小，最后不能维持 V513 饱和使集电极电流减小。V513 集电极电流一旦呈减小趋势，T511 各绕组感应电压的极性就均反相，正反馈绕组①～②上感应电压也反相，产生①脚为负、②脚为正的反馈电压（为-V_d）。该反馈电压经 R519、C514、R524 加到 V513 基极，使 V513 迅速转为截止。在 V513 截止后，整流器输出电压（+300V）及反馈电压（-V_d）给 C514 正向充电，充电路径是 V_i 正端→R520→R521→R522→C514→R519→反馈绕组①→②→热地，使 C514 上端电位上升，即 V513 基极电位上升。经一段时间，V513 发射结由反向偏置转为正向偏置，V513 基极电流增加，集电极电流增加。重复以上过程，V513 由截止又很快进入饱和导通状态。V513 截止时间由 C514 正向充电时间常数决定。V513 按上述方式由饱和导通到截止、由截止又饱和导通，周而复始地进行，开关稳压电源形成了自激振荡。

3）稳压控制电路

稳压控制电路由光电耦合器 VD515、V511、V512 等组成。稳压过程是通过将 B1（130V）取样放大，经光电耦合器 VD515 隔离耦合，再经 V511、V512 控制开关管的导通时间来实现的。

当某种原因，如 220V 交流电压增高或负载减轻时，开关稳压电源输出的 B1（130V）电压升高，经 R522A、R522、RP551、R553 误差取样电路取样，使误差放大管 V553 基极电位升高，而 V553 射极由稳压二极管 VD561 稳定在 6.2V 基准参考电压，保持不变。所以 V553 的导通程度增大，集电极电流增加。这样流过光电耦合器中发光二极管的电流也增大，使发光强度增强，因此光电三极管的导通电流增大，内阻减小，相当于 V511 基极下偏置电阻减小，基极电位降低，使 V511 集电极电流增加，在 R515 上压降增加，使 V512 基极正偏置增加，流过V512的集电极电流增加，对V513基极电流的分流作用增加，使V513基极电流减小，使V513提前退出饱和导通状态，使导通时间缩短，提前进入截止状态，使开关电源振荡频率增加，开关脉冲占空比减小，经VD551整流后使输出电压B1降低，使B1恢复至正常值，B1增加的趋势得到抑制，起到稳定输出电压的作用。

当输出端电压下降时，稳压调节过程相反。

4）各路电压产生电路

该机中，除显像管工作所需高压、聚焦电压、帘栅电压、灯丝电压等外，其余电路工作所需电压都由开关稳压电源提供，这点与大多数彩电供电系统有所不同。这样可减轻行输出级的负荷，提高行输出级电路的可靠性，但增加了开关稳压电源次级整流电路的复杂性。

开关稳压电源提供六路电压是：B1电压为+130V，供给行扫描输出级电路，并经R795限流、N791稳压得33V电压供作调谐电压；B2电压为+18V，供伴音功放N171；B3电压为+180V，供视频放大器V601、V611、V621工作电压；B4电压为+26.5V，为行激励电路V431、场扫描输出级电路N451提供工作电压；B5电压为+15V，是辅助电压；B6电压为+12V，为波段切换译码器N710、制式控制译码器N351、调谐器A101、伴音功放N171中的音量控制电路和静音控制电路、伴音混频电路、SECAM解码器N301、AV/TV切换开关电路N801等等的工作电压，并经简单电子稳压V110、VD110稳压得9V电压，供视频/色度/偏转小信号处理电路N101的工作电压。

在开关稳压电源中，利用开关管导通期间在初级绕组中存储的能量，在开关管截止时整流管导通，为负载提供电流。初级储存的能量释放完时，开关管由截止变为导通，次级整流管截止，储存在整流滤波电容中的电荷为负载提供电流，使电路工作。图3-10开关稳压电源电路中，次级⑫～⑪绕组中感应脉冲电压经高频高压整流二极管VD551整流，高频大容量电解电容C561滤波产生130V B1电压。同理，⑬～⑪绕组中感应的脉冲电压，经VD552整流、C562滤波产生180V B3电压。⑭～⑪绕组中感应的脉冲电压，经VD553整流、C563滤波产生26.5V B4电压，B4电压经熔断器电阻R550输出。⑮～⑩绕组中的感应脉冲电压，经VD554整流、C564滤波产生15V B4电压，经熔断器电阻R569输出。同时B4电压经N7812二次稳压得到12V B6电压。⑯～⑩绕组中产生的感应脉冲电压，经VD555整流，C565滤波产生18V B2电压. 经熔断器电阻R562输出。

5）保护电路

保护电路包括过压保护、过流保护和对开关管的保护电路。

过压保护电路由VD518、VD519、R523、V512等组成。在开关电源饱和导通期间，整流电路输出电压V_i全部加到开关变压器T511的③～⑦绕组两端，因此反馈绕组①～②上产生的感应电压V_d与V_i成正比，且电压极性是①脚为正，②脚为负。若220V交流电电压升高，则正反馈电压V_d增加，当交流市电高到过压保护设定值，V_d电压增加到使稳压二极管VD519反向击穿而导通，反馈电压V_d经VD518、VD519、R523给V512提供较大基极电流，使V512饱和导通，将V513发射极完全短路，即完全旁路掉V513基极电流，使V513截止，电源停振，无电压输出，达到了开关电源过压保护目的。

开关管过流保护电路由R526、R515、R524及V512组成。在开关管V513饱和导通期间，其集电极电流线性增长，最大电流决定于 V513 饱和导通时间长短。在 V513 饱和导通期间，反馈电压 Vd 经 R519、R524 给 C514 进行反向充电，为 V513 提供大的基极电流，以维持 V513 饱和导通。若 V513 基极电流大，则 V513 饱和导通时间长，V513 集电极电流的最大值可能超出安全工作区，出现过流而烧坏。因此限定 V513 基极电流最大值，即限制 C514 反向充电电流值大小，就可限制 V513 饱和导通时间长短，即可限制 V513 的饱和导通最大集电极电流幅值，起到过流保护作用。因 V513 的集电极电流过大，则正反馈电压 Vd 也增加，则会使 V513 基极电压增加，经 R526、R515 分压使 V512 基极正偏置增加，V512 饱和导通，将 V513 发射极完全短路，即完全旁路掉 V513 基极电流，使 V513 截止，起到保护作用。

对开关管的保护有两个电路：一个是集电极尖峰电压吸收电路，另一个是软启动电路。开关管由导通转为截止时，开关变压器在开关管 V513 集电极上会产生极高的尖峰脉冲电压，导致开关管击穿，所以设置了由 C518、R525 组成的尖峰吸收回路。利用该回路对尖峰脉冲电压进行抑制，达到保护开关管的目的。软启动电路由 R520、R521、R522、L511、R524 和 C517 组成。由于开机瞬间，L511 中的电流和 C517 两端电压不能突变，使开关管 V513 滞后导通。避免了在稳压电路未进入正常工状态前，可能出现过激励，给开关管 V513 带来危害。

6）遥控开/关（待）机控制电路

长虹 C2151A 型机开关稳压电源可工作在开机和待机两种状态。开机状态时，开关电源正常工作。待机时开关电源停止振荡，关断机内直流电源，遥控电源仍正常工作。开关稳压电源开机/待机状态是通过微处理器进行控制的。遥控开/关机控制电路电路由微处理器 D701、V792（开/关机控制管）、光电耦合器 VD515 等组成。电视机正常开机工作时，微处理器 D701⑰脚输出低电平，V792 截止，开关电源控制电路对开关电源工作无影响。当按一次遥控器“POWER”键时，D701 接收到关机遥控指令，使⑰脚输出高电平。⑰脚输出的高电平经 R716 加到控制管 V792 的基极，V792 基极正偏置而饱和导通，流过发光二极管的电流增大，光敏三极管电流增加，内阻大大减小，使开关稳压电源停止振荡，输出直流电压为零，关断电源，完成遥控关机的任务。但这里关机“关”的是开关电源输出直流电压，即切断了主电源，交流市电仍接在开关电源中，低频整流滤波电路仍输出 300V 左右电压。此时遥控电路的+5V 仍正常供电，微处理器处在待命状态，准备随时接收遥控命令，恢复开关电源正常工作。只有操作主电源开关 SW501 才能切断市电，彻底关机。

7）消磁电路

消磁电路由正温度系数热敏电阻 RT501、消磁线圈 L901 组成。当接通电源开关 SW501 时，220V 经 L502 共模滤波器后加到 RT501、消磁线圈 L901 串联组成的消磁电路中。开机瞬间，由于 RT501 温度低，电阻很小，一般为 12～18Ω。L901 感抗很小，开机瞬间可产生几十安的强大电流，电流渡过 L901 产生很强的磁场，随着 RT501 温度上升，阻值急速增大，消磁电流减小，消磁磁场逐渐减弱，完成消磁作用。稳定后流过消磁电路的电流约为 10mA 左右，这一电流可使 RT501 保持一定温度。因此，若关机后立即开机，因保持一定温度的 RT501 阻值较大，会使消磁作用不理想。关机后需等一段时间，待 RT501 冷却后再开机，方能有很好的消磁作用。

3.2.2 采用电源控制芯片组成的开关电源

电源振荡与控制芯片的作用是为开关管提供激励脉冲，使开关管工作在开关振荡状态。开关管可以是三极管，也可以是场效应管。彩色电视机应用的电源振荡与控制芯片很多，常用的有 TDA4605、UC3842/5、TDA16846/7、TEA5170、TEA2260/2261、TDA8133、KA7630 等，下面以 TDA4605 芯片为例介绍由电源控制芯片组成的开关电源。

1. TDA4605 简介

TDA4605 是汤姆逊公司在 1996 年推出的开关电源控制芯片，它具有开关电源的振荡、稳压调整和多种保护控制功能的集成电路，其内电路结构如图 3-11 所示。TDA4605 封装形式为 8 脚 DIP 双列直插式，各引脚功能和实测数据见表 3-1。在由 TDA4605 组成的开关电源中，电源开关管常使用 MOS 场效应管。

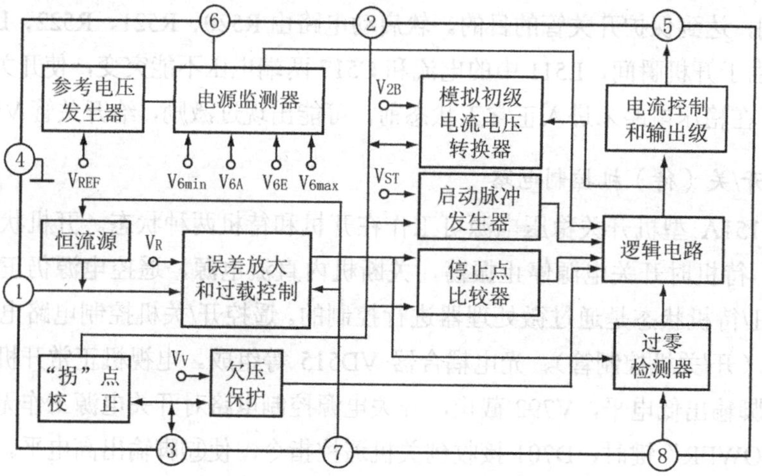

图 3-11 TDA4605 内电路框图

表 3-1 TDA4605 引脚功能与参数

引 脚	功 能	在路电阻值（kΩ）		直流电压（V）	
		红 笔 测	黑 笔 测	开 机	待 机
①	稳压调整控制输入端	0.6	0.6	0.4	0.4
②	初级电流检测输入端	6.4	13	1.2	2.1
③	初级电压检测输入端	6	6.5	2.4	2.6
④	地	0	0	0	0
⑤	开关激励脉冲输出端	1	1	2.6	0.6
⑥	电源电压输入端（最高电压 20V）	5	15	13	10.5
⑦	软启动输入端，外接充电电容	7	11	1.4	0.9
⑧	振荡反馈输入端	6.4	7.5	0.4	0.2

2. 典型应用电路分析

TDA4605 在 CH-10 机芯中的应用电路如图 3-12 所示。该开关电源电路为变压器耦合并联型它激式开关电源，由集成电路 N811（TDA4605）、场效应开关管 V840（BUZ344）、开关变压器 T803 和有关外围元件组成。

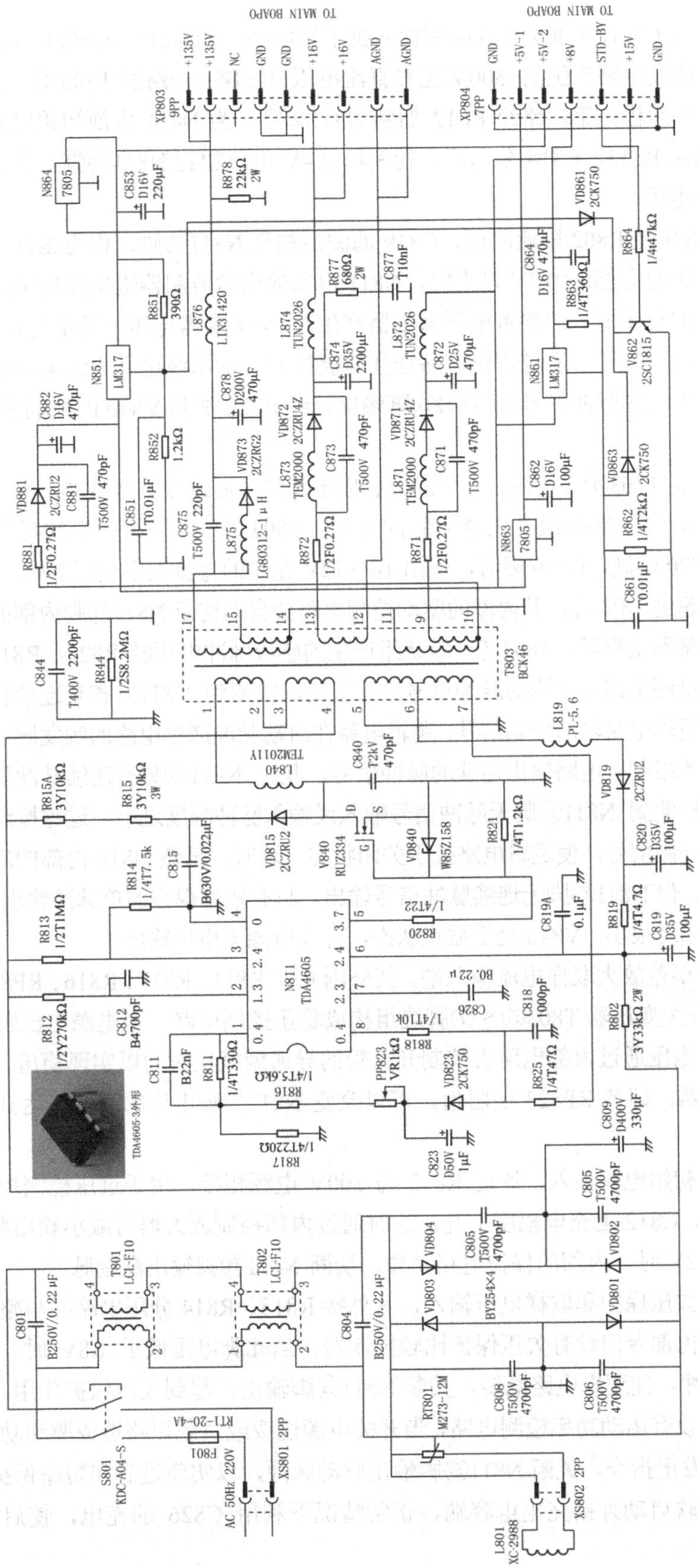

图 3-12　由电源控制芯片 TDA4605 构成的开关电源电路

T801、T802、C801、C804 组成电源输入抗干扰电路。VD801～VD804、C809 组成整流滤波电路。整流滤波电路产生的+300V 左右直流电压分三路：一路经 T803④～①绕组、L840 加到开关管 V840 漏极；第二路经 R812 加到 N811②脚，为 N811 内部初始电流再生电路提供电流；第三路由 R813、R814 分压后，得到约 2.4V 电压加到 N811③脚，作为久压和过载保护电路的取样电压。

220V 交流电压经 R802 限流降压、C819 滤波后加至 N811⑥脚，作为振荡电路的启动电压。当 C819 两端电压达到 10.3V 以上时，N811 内部的电源监测器输出控制电压给参考电压发生器和启动脉冲发生器，使参考电压发生器产生 0.3V 的参考电压（基准电压）。启动脉冲发生器产生振荡脉冲信号，通过逻辑电路送往电流控制和输出级进行电流限幅和脉冲放大。经放大和限幅后的激励脉冲信号从 N811⑤脚输出，经 R820 加到 V840 的控制栅极，使 V840 工作在开关状态。

在开关变压器 T803④～①绕组上形成的感应电动势，通过变压器 T803 和互感作用，在 T803⑥～⑤绕组、⑦～⑤绕组产生感应脉冲电压。T803⑥～⑤绕组产生的感应脉冲电压经 VD819 整流、C820 滤波，R819 限流，输出 10～12V 左右的直流电压加到 N811⑥脚用于过压检测。当此电压超过 18V 时，其内部的驱动检测电路会自动切断 N811⑤脚内部的激励输出电路，以保护该电路不受损坏。T803⑦～⑤绕组产生的感应脉冲电压经 R825、R818 加到 N811⑧脚内接的过零检测电路对该脚的脉冲信号进行检测，检测到 N811⑧脚有连续脉冲输入时，过零检测电路向逻辑电路输出控制信号，逻辑电路在启动脉冲产生电路的触发脉冲控制下被触发，向输出和电流限制幅电路输出连续的脉冲信号，此时 N811⑤脚有连续脉冲信号输出。如果过零检测电路检测到 N811⑧脚无脉冲信号输入或输入脉冲幅度过小，过零检测电路同样会向逻辑电路输出控制信号，使逻辑电路处于关闭状态，这时，虽然 N811 内部的启动脉冲发生器处于振荡状态，但 N811⑤脚无连续脉冲信号输出，只有幅度很小的单脉冲输出。由于 N811⑤脚输出的脉冲幅度很小，V840 处于截止状态，开关电源无电压输出。

N811①脚为误差放大取样电流输入端，其外围元件 R811、R817、R816、RP823、VD823、R825、C823 和开关变压器 T803⑤～⑦脚绕组构成稳压控制电路，当电源电压发生变化时，N811①脚变化的电压通过内部电路去控制开关管的导通或截止时间以实现稳压。RP823 为电源电压调整电位器，调节 RP823 的阻值，可以改变 N811①脚电压的高低，达到调整输出电压的目的。

N811②脚为初始电流输入，通过 R812 与 300V 电源相接，用于过压检测控制，当市电输入电压过高时，C812 上充电幅度上升，这时通过内部控制放大器可减小输出脉冲占空比，当该脚电压高于 3V 时，内部的保护电路动作，切断 N811⑤脚输出激励脉冲。

N811③脚为欠压保护和取样电压输入，其外接 R813、R814 分压电路并与整流滤波输出相接，N811③脚内部专门设有欠压保护比较控制器，当此脚电压低于 1.8V 时，欠压保护电路输出一触发脉冲，使逻辑电路翻转，关断 N811⑤脚输出，起到欠压保护作用。

N811⑤脚内设有驱动功率检测电路，当开关电源过载或负载短路造成驱动功率显著增大时，该检测电路发出指令，关断 N811⑤脚输出驱动脉冲，以实现过载和短路保护。

N811⑦脚为软启动外接充电电容端，正常情况下利用 C826 的充电，使启动延迟时间≥10ms。

开关电源振荡后，产生+135V、+16V 和+15V 三组电压。其中+135V 电压供给行输出电路。+16V 电压供给音频功放和重低音处理电路。+15V 电压分成四路：一路供给行推动电路；一路经 N863 稳压成+5V 电压（+5V-1），供给微处理器和存储器；一路经 N861 稳压成+8V 电压，供给整机的小信号处理和音频信号处理等电路；另一路经 N851 稳压成+5V（+5V-2），供给调谐器和 AV 板、梳状滤波器等电路。+8V 电压还经 N864 稳压成+5V，并接在 N851 的输出端，以提高+5V-2 的输出电流。

R864、V862、VD861、VD863 等组成待机控制电路，受微处理器 N001㊶脚的输出电平控制。在正常开机状态，N001㊶脚输出低电平，使 V862、VD861、VD863 均截止，对+8V 和+5V-2 输出电压无影响。在待机状态，N001㊶脚输出高电平，使 V862、VD861、VD863 均导通。受控的+8V 和受控的+5V-2 输出电压均降低（+8V 电压降为 2V 左右，+5V-2 电压降为 1V 左右），使行扫描电路停止工作，整机功耗下降。

3.3 开关电源的检测与维修

开关电源具有电压高、电流大、电路复杂和电路形式多样等特点，检修难度较大。另外，遥控彩电的开关电源不仅要向负载供电，而且还要接受微处理器的控制（开/关机控制），开关电源与负载电路、遥控电路相互牵连，因此，一旦负载出现短路性故障、过电流故障或是微处理器控制异常，必将使开关电源不能正常工作，使故障涉及面更广，增大了检修难度。但开关电源检修还是有一定规律可循的，在检修前要了解待修机的开关电源工作原理，检修时要掌握一定的技巧，并认真分析故障原因。

3.3.1 开关电源检修注意事项

彩色电视机的开关电源，由于其特殊的电路结构，在检修时为了确保人身及设备安全，以及避免人为扩大故障的现象，需要注意以下问题。

1. 确保人身安全和设备的安全以及待检修电视机的安全

（1）维修时最好采用一个 1:1 的交流电源隔离变压器，电视机接在隔离变压器的次级，与市电完全隔离，保证底板“不带电”。接入的隔离变压器必须大于电视机的功率，大屏幕彩电功率一般都大于 100W，建议使用 200W 及以上的隔离变压器。

（2）将工作台与大地绝缘。在工作台与地面之间垫上一块较厚的橡胶地板或塑料板，使人体与大地隔离，防止触电。

（3）要注意放电。+300V 滤波电容上充有+300V 左右直流电压，如果开关电源停振，即使是拔下电源插头，这一电压因失去放电路径会保持较长时间。在检修过程中，若不小心触及到这个电压，会给人浑身一击，甚至危及生命。在关机测量电阻过程中，若不小心将这个电压通过万用表引到其他耐压不高的元器件上时，就有损坏其他元器件和万用表的可能。因此在检修开关电源停振故障时，一定要注意放电。正确的放电方法是：关闭电视机的电源后，用尖嘴钳夹一个（10～20）kΩ/3W 的电阻，让电阻两脚并接在+300V 滤波电容上，数秒后，放电完毕。千万不要用表笔直接短接+300V 滤波电容的两端来放电，这样会产生强烈的电火花和“啪”的放声，很容易烧坏电路板上的铜箔条。更不能在通电的情况下进行放电。

（4）测量时要分清“热”地和“冷”。目前，绝大多数彩色电视都是采用变压器耦合并联型开关电源，开关变压器初级侧与次级侧的地是不通的，其中初级侧的地通常称为“热”地（与300V滤波电容负端相连的线路），次级侧的地通常称为“冷”地（与高频头外壳相连的线路）。测量热区范围内各点直流电压、对地电阻应以热区的地线即“热地”为基准；测量冷区范围内各点直流电压、对地电阻应以冷区的地线即“冷地”为基准，如图3-13所示。如果接错，则可能造成损坏测量仪器以及造成烧毁机器的元器件。

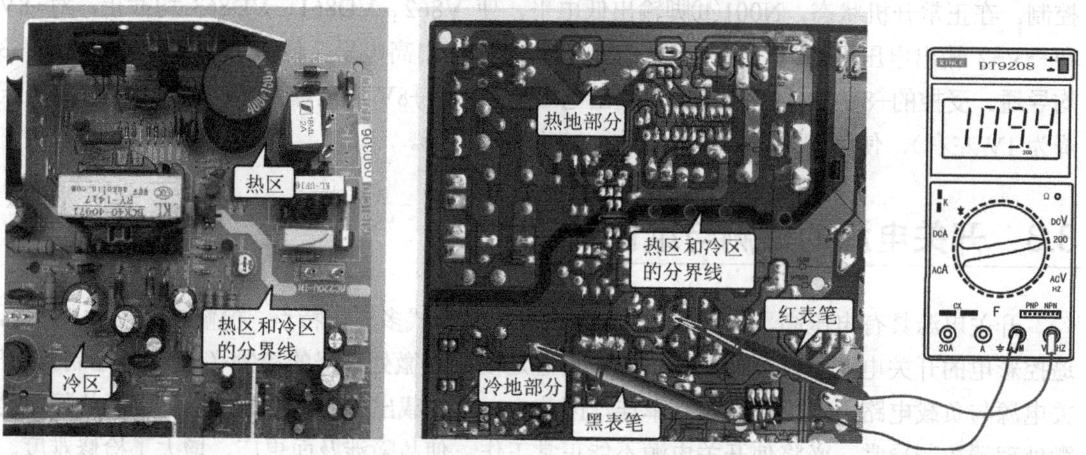

图3-13　测量时要分清“热”地和“冷”地

2．应避免扩大故障

（1）如果待修机的熔断器已绕断，在未检查出故障原因之前，切不可换上新熔断器盲目通电，更不能用大规格熔断器或铜丝找替。

（2）检修操作中，开关电源与主电源（供给行输出电路的那路电源）负载之间不允许开路。因为电源开关管饱和导通时，脉冲变压器初级绕组处于储能状态，次级整流二极承受反压而截止，开关管截止期间是脉冲变压器释放能量期间，脉冲变压器次级整流二极管导通，再通过电容滤波输出稳定直流电压给负载供电。如果负载断开，则开关管截止时，因脉冲变压器初级能量无处释放而感应很高的电压，极易将开关管击穿。维修中，如果需断开负载，应接上一个假负载。比较常用的假负载是220V、60W白炽灯（大屏幕彩电最好用220V、100W的白炽灯）。接假负载的方法是：断开行输出级（往往都有一只限流电阻器或者一个滤波电感器，直接断开它就可以了），将假负载一端接地，一端接行输出级供电端（即主电压+B输出端），如图3-14所示。需要强调的是，在断开行扫描部分时，不能将开关电源的稳压环路切断了，否则会造成开关电源的稳压电路失控，导致输出电压过高而损坏元件。接有假负载白炽灯的情况下，若开机后白炽灯能发光，但并非很亮，则预示开关电源基本正常，这时再用万用表测量输出电压和电流，即可对开关电源的工作状态作出比较准确的判断。若开机后灯丝不能发光，则说明开关电源无输出。

（3）注意开关电源的负载变化。对于有的电源出现稳压不稳的情况，就可以变换灯泡的功率来测量输出电源电压是否相同，输出电压应该是不变的，如果不同，就证明电源带负载能力差；有的电视机存在工作一段时间以后才出现故障的情况，就要带够负载（就是使电源输出正常工作时的电流，可以通过更换不同功率的灯泡来估算电流），这样工作一段时间，检测输出电压是否出现变化。

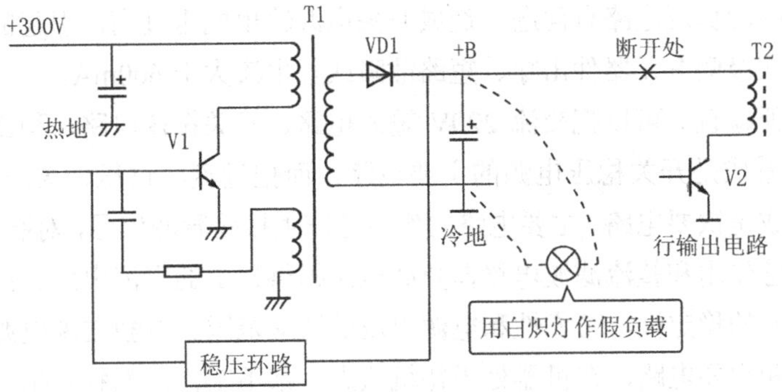

图 3-14　用假负载替代行负载

（4）断开保护电路，注意不要造成新的故障。开关电源具有比较完善的保护功能，开关电源出现故障，有可能是保护电路动作引起。保护电路动作有两种情况，一是开关电源电路有故障，保护电路应该启动；二是保护电路出现故障，产生误动作，导致电源电路不能够正常工作。对于第二种情况，只要断开保护电路，开关电源就能够正常工作，检修好保护电路，开关电源就工作正常。但是对于第一种情况，断开保护电路后，开关电源有可能输出电压升高或者电源电路的电流过大，这两种情况都是非常危险的，可能损坏电源负载电路元件或者损坏电源电路元件，需要十分谨慎。比较安全的做法就是先带假负载进行维修，通电就迅速测量输出电压的高低，输出电压过高，就可能出现了过压保护引起，输出电压低，就可能是出现过流保护引起，输出电压正常，那就是保护电路故障。判断到故障的大体部位，就可以对不同的故障原因进行维修了。

3.3.2　开关电源的检修技巧

（1）根据面板上的指示灯是否亮推断故障的大致范围。彩色电视机面板上都有指示灯，有些机器只有一个指示灯（有些机型是待机时红色指示亮，开机时熄灭；有些机型则是采用双色指示灯，待机时发红光，开机时发橙色光）；有些机器有两个指示灯，待机时待机指示灯（红色）亮，开机时待机指示灯熄灭，工作指示灯（蓝色）亮。红色待机指示灯亮，说明遥控系统得到工作电压；按动电源开关或按二次开机键时，红色指示灯熄灭，蓝色指示灯亮（或指示灯由红色变为橙色），表明微处理器已输出开机控制信号。

（2）区分开关电源本身的故障，还是遥控开/关机控制电路的故障，其方法是：对于采用继电器控制的机型，如果将继电器的开关短路后，开关电源输出电压恢复正常，则说明故障在微处理器或开/关机接口电路，反之，故障在开关电源本身；对于采用直接控制（电子耦合或光电耦合控制）方式的机型，只需断开或短路开/关机接口末端器件（对于图 3-10 中电路，将 V792 的 c 极断开；对于图 3-12 中电路，将 V862 的 c 极断开），如果开关电源输出电压恢复正常，则说明故障在微处理器或开/关机接口电路，反之，故障在开关电源本身。

（3）采用继电器控制的开关电源，有“哒哒”继电器动作声，说明CPU能输出开机控制信号。

（4）如果开关电源部分发出“吱吱”保护声，这是开关电源进入保护状态的表现，故障可能是开关电源中的稳压电路有问题，造成开关电源输出电压过高，引起的过压保护，也可能是开关变压器次级侧有元器件击穿、短路故障或行电流大于600mA。

（5）为了方便检查，可以把交流220V输入电路、开关振荡电路、稳压电路和电源输出端整流滤波电路看成是开关稳压电源的主要电路，而把过流、过压、欠压保护电路和开机/待机控制电路看成是次要电路。主要电路的作用是产生振荡脉冲信号，对脉冲信号进行放大，通过变压器的互感作用和整流滤波电路向负载电路提供稳定的直流电压。次要电路的作用主要是提高开关电源的稳定性、可靠性和电源电压的适应范围。有独立副电源的机型，主开关电源的主要电路和次要电路，在机器处于待机状态时都不工作；无独立副电源的机型，开关电源中的振荡电路、稳压放大电路和待机控制电路处于工作状态，其余电路不工作。机器正常工作时，次要电路不工作，相当于从电路中断开。

（6）振荡器是否起振的检测。振荡器把非稳定的直流电源变换成高频脉冲电压，才能够在开关变压器的次级侧产生所需要的稳定的直流电源输出。开关电源的振荡有它激式和自激式的区别，下面分别介绍它们的检测关键点。

① 自激式振荡电路。对于自激振荡式开关电源涉及到开关变压器、开关管、正反馈回路、启动回路。要判断开关管有没有工作在开关状态，具体的方法有：通过测量开关管的工作点来判断，处于开关工作状态的三极管，发射结是浅正偏或者负偏，集电极电流又不为零（图3-10中的V513发射结就有一点几伏的负偏电压）；用示波器测量开关管基极的开关脉冲信号（图3-10中的V513的b极波形），开关管基极有开关脉冲波形，就证明开关电源已经起振；“DB”电压检测法，可以在开关管基极测量到有“DB”电压，就证明开关电源已经起振。

② 它激式振荡电路。它激式振荡开关电源电路，在电路中有专用的振荡芯片产生振荡信号，再送到开关管（多数为场效应管）。判断振荡电路工作是否正常最直接的方法就是检测振荡芯片的引脚电压，检测的关键引脚是振荡芯片的启动电源供电引脚（TDA4605的⑥脚），振荡器相关引脚。

如果振荡器停振，则检查以下电路：启动电路是否提供启动电压；正反馈电路是否正常；保护电路有没有故障，导致误保护；稳压环路是否有故障，导致振荡器停振。

不管什么开关电源电路，当测量到输出端的任何一组有电压输出，都可以说明开关电源已经起振。

在掌握电路原理的基础上，灵活运用直观检查法、电阻测量法、电压测量法、分段切割法等检修方法，确定故障范围及故障点。

3.3.3 开关电源的检测关键点

开关电源有三个检测点和一个目测检查点，如图3-15所示。

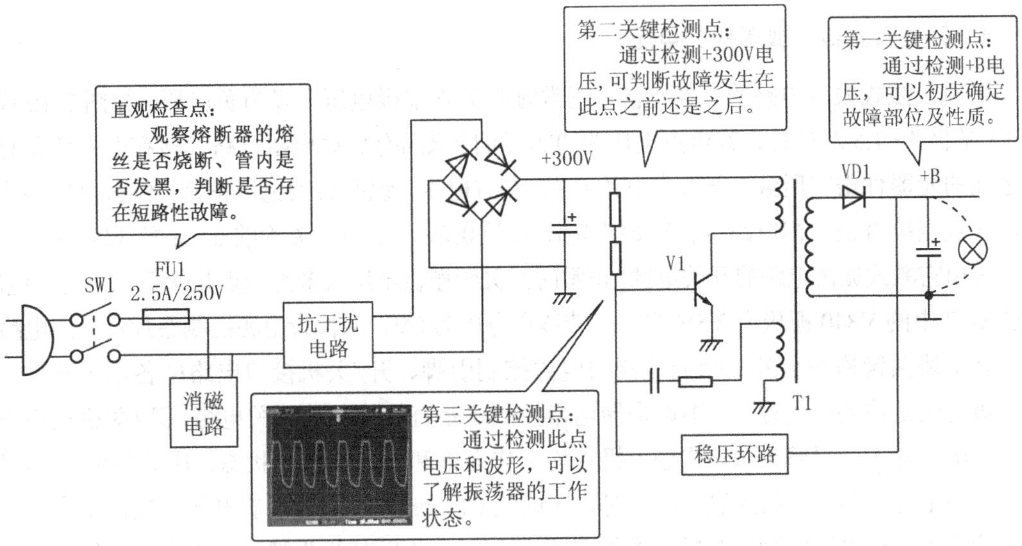

图3-15　开关电源关键检测点

1. 目测检查点——熔断器

在检修三无故障时，首先应观察熔断器。若熔断器内的熔丝烧断，且管内严重发黑呈烟雾状，表明开关电源中有严重的短路现象，此时应考虑到低频整流二极管、+300V滤波电容、开关管有无击穿现象；若熔断器已断但管内透明，这一般是因电流过载而烧断，故障常为行输出级有短路性故障，导致负载过重所致。上述故障在检修时先观察有关部分电路中有无烧焦色的元件，然后采用电阻法、开路切割法检查，一般能将故障点找出来。若熔断器没烧，说明电路中无严重的短路现象。

2. +B 电压输出端

在检修三无故障时，通过测量+B电压可以判断故障是在行扫描电路还是在电源电路。

当+B电压正常，故障一般在行电路。

当+B电压为0V或很低，故障可能在开关电源本身，也可能在负载电路（大多在行电路）。此时应断开行负载，用一假负载接在+B电压输出端。若+B电压仍为0V或很低，说明故障在开关电源；若+B电压恢复正常，说明故障在行电路，且一般是行管击穿或行输出变压器匝间短路引起的；若通电瞬间+B超过设定值后马上回零，则是电源输出电压太高引起过压保护，故障在稳压环路。

可见，通过检测+B电压，不但能区分故障部位，有时还能区分故障性质，在检修开关电源时，+B电压是第一关键检测点。

3. +300V 电压输出端

若该端子电压为0V，说明故障发生在220V交流输入电路或桥式整流电路；若该端子电压较+300V低很多，可能原因有电网电压偏低、桥式整流电路有一个二极管开路（变为半波整流）、+300V大滤波电容失效；若+300V正常，故障一般是开关管的振荡条件未满足。

4．开关管基极（或漏极）电压

采用自激式振荡电路的开关电源，正常时开关管基极电压大多为负电压，如图 3-10 中的 V513 基极为−1.5V 左右。若该点电压为 0V，可能原因有启动电阻开路，接在开关管基极与地之间的元器件击穿所致；若该点有约 0.7V 左右电压，说明启动电压正常，但振荡电路未起振，应重点检查正反馈电路等；若该点电压大于 0.7V，说明开关管的 b、e 极间断路。

采用它激式振荡电路的开关电源，正常时开关管栅极电压大多为一点几伏至二点几伏电压，如图 3-12 中的 V840 栅极为 2.5V 左右。若该点电压为 0V，应检查电源控制芯片及外围电路。

除上述关键检测点外，微处理器的电源控制引脚、开/关机接口电路中各电子开关三极管各极也应是检测的关键点。不论是继电器控制还是直接控制的开关电源，开/关机接口电路都是由电子开关三极管构成，这些三极管均工作在饱和导通或截止状态，并受 CPU 的电源控制引脚输出电平的高、低控制。检测时，应该从 CPU 的电源控制引脚开始，依次检测各电子开关管基极、集电极电平，在操作遥控器或面板上的“开/待机”键时是否有高、低电平跳变现象，从而判断 CPU 是否输出开/关机控制电平，以及判断开/关机控制信号在何处中断。

3.3.4 开关电源的一般检修程序

开关电源电路出现故障往往是无光栅、无图像、无伴音的“三无”故障，对于电源电路引起的三无故障的一般检修程序如图 3-16 所示。

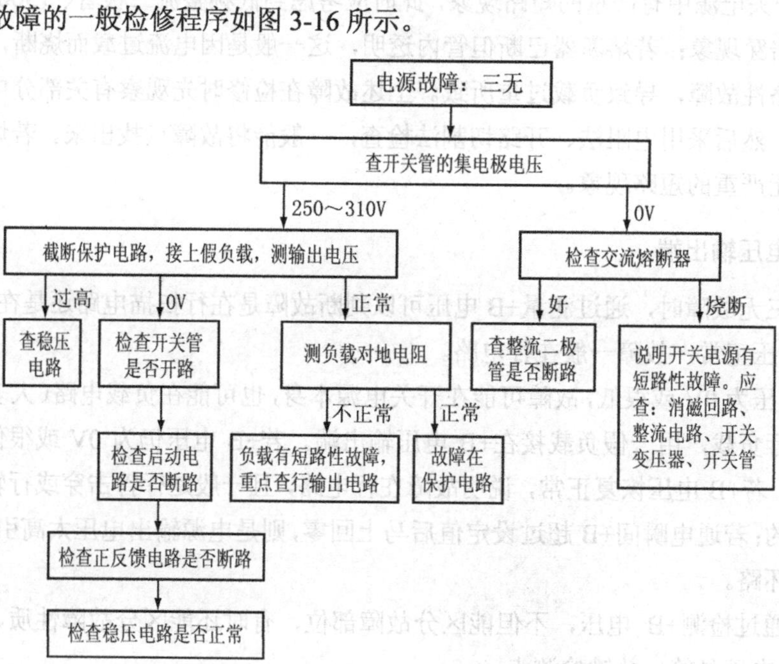

图 3-16 开关电源引起的“三无”故障检修程序

检测重点为：

(1) 开关调整管集电极电压是否有 250～310V 直流电压。判断故障在整流滤波电路之前还是之后，这个电压正常，查整流滤波电路之后的电路，这个电压为零，不正常，查整流滤波电路之前的电路。

（2）自激荡器是否起振。用直流电压检测法，检测开关管发射极与基极之间（场效应管就是漏极与控制极之间）有无负压，有负压，振荡电路正常，查保护电路、负载电路；没有负压，开关电源没有振荡，查正反馈电路或者振荡集成块。

（3）输出直流电压是否正常。直接测量输出电源滤波电容器两端电压。

开关电源其他故障的检修程序，可以根据上述“三无”故障维修程序，灵活运用。

3.3.5　开关电源常见故障检修

开关电源常见故障有无输出电压、输出电压偏低、输出电压偏高和屡烧开关管。

1．熔断器烧断

检查这类故障时，应在断电情况下检修。应重点检查：桥式整流二极管（或桥式整流堆）有无击穿，+300V 滤波电容是否漏电或击穿，开关管及与开关管并联的电容有无击穿，消磁线圈有无漏电，消磁电阻是否变值，开关变压器绕组对地有无短路等故障。

2．熔断器未烧，接上假负载后，+B 电压为 0V

检查这种故障可按下列步骤进行：

（1）测量大滤波电容两端有无+300V 左右直流电压，以判断 220V 交流输入电路和低频整流滤波电路是否正常。若测得为 0V，一般为 220V 交流输入电路和低频整流滤波电路有开路现象。若+300V 滤波电容两端电压正常，则应接着测量开关管集电极（或场效应开关管漏极）是否也为+300V 左右。如果为 0V，则一般是开关变压器初级绕组引脚脱焊或其该绕组内部断线。

（2）如果开关管集电极（或场效应开关管漏极）+300V 左右电压正常，而开关电源无输出电压，则为开关电源停振。此时可断开遥控系统的开/关机控制电路，看开关电源输出电压是否能恢复正常。如果此时恢复正常，则说明故障在微处理器及开/关机接口电路；反之则是开关电源本身的故障。开关电源停振，常见故障原因有：对于图 3-10 电路来说，启动电阻 R520、R521 开路或变值，正反馈电路元件 R519 开路或变值，或 C514 失效或容量减小，脉宽调整管 V512 击穿等，都可能引起振荡电路停振。通过测量开关管 b 极电压，一般根据该点电压情况可分析推断出部位及元件。

3．熔断器未烧，接上假负载后，+B 电压为上升或下降

接上假负载后，无论+B 电压上升或下降都说明稳压环路有故障。若+B 电压上升或下降不多时，可以先调节一下电源中的可变电阻，看能否将+B 电压调为正常，若不能调正常，应对稳压电路环路进行检查。

一般来说，当+B 电压上升时，说明稳压环路有开路性故障，应重点检查取样比较管是否断路、基准稳压管是否断路、光电耦合器是否断路、脉宽调制管是否断路等。当+B 电压下降时，说明稳压环路有短路性故障，应重点检查取样比较管、基准稳压管、光电耦合器、脉

宽调制管等有无漏电、击穿现象。

4．屡烧开关管

屡烧开关管是指开机无输出电压，检查开关管已经损坏，更换新开关管后又被烧坏。这类故障检修有一定的难度。开关管损坏的主要原因有以下几种情况：

（1）开关管性能差或一些偶然因素。开关管本身性能差或使用时间长可能使开关管损坏。另外也有一些偶然因素，如电网电压波动使开关管损坏，这些情况一般更换新开关管后不会再损坏，电视机马上能正常工作。

（2）阻尼吸收回路损坏。若阻尼吸收回路元件损坏或不良，不能吸收开关变压器产生的反峰电压，开关管易被反峰电压击穿。

（3）正反馈电路损坏。若正反馈电路开路，开关管因无正反馈信号而一直工作在导通状态，长时间流过电流会烧坏开关管；若正反馈电路元件性能不良或变值，如图 3-10 中的 R519 阻值变大，C514 容量减小，使正反馈信号幅度减小，会使开关管导通截止不完全，开关管也容易被烧坏。

（4）开关管上偏元件阻值变小或下偏元件阻值变大，使开关管基极电压升高而导通时间过长，开关管易过热而烧坏。

（5）稳压电路损坏使开关管基极电压升高，开关管因导通时间长而烧坏。

（6）主电压+B 负载有开路或短路。负载开路时，开关变压器上能量不能充分往负载释放，线圈上会产生很高的电动势而击穿开关管；若负载有短路，会使输出电压偏低，稳压电路为了让输出电压升起来，会抬高开关管基极电压，使开关管导通时间过长而烧坏。

了解开关管损坏的主要原因后，为了尽量减小损失并提高检修效率，可采用以下方法来进行检修。

换上新开关管，断开行输出级负载电路，接上一个 60～100W 的灯泡，再开机，同时测量+B 输出电压，可能会有以下情况：

① +B 输出电压正常，开关管不会损坏，这时可拆下灯泡，接上原负载电路，同时测+B 电压。如果此时+B 电压很高，则负载电路有开路；如果电压很低，则负载电路有短路；如果电压仍正常，开关管也不再损坏，则原来的开关管是因性能差或偶然因素而损坏的。

② +B 电压很低或无电压，故障原因应是正反馈电路损坏，造成开关管饱和截止不充分或一直处于导通状态，应检查正反馈电路 R519、C514、VD517 是否变值或开路。

③ +B 电压很高，这一般是开关管基极电压高、导通时间长引起的，可检查开关管基极上偏元件是否阻值变小，下偏元件阻值是否变大，如果上、下偏元件正常，故障部位应在稳压电路。检查稳压电路时先分析哪些元件损坏会使稳压控制管（见图 3-10 中的 V512）导通变浅，再逐一检查这些元件。

④ +B 电压正常，但开关管不久又损坏了，这可能是阻尼吸收回路元件开路或性能不良或新开关管性能差造成的，可检查 C518、R525 是否开路或更换优质开关管。

在进行上述检查时，若发现开关电源输出电压+B 输出电压过高或过低，应在 5 秒之内关机，以免又损坏开关管。

思考与练习题

一、填空题

1. 开关式稳压电源中取样比较电路产生的误差控制电压（电流）去控制开关调整管的________时间，从而稳定输出电压。

2. 开关型稳压电源主要由________、________、________、________、________等组成。

3. 开关型稳压电源按控制方式分有________控制和________控制两种。

4. 开关稳压电源按激励方式可分为________控制式和________控制式。

5. 开关稳压电源具有的特点有________、________、________、________、________等。

6. 引起开机烧熔断器的主要故障原因有________、________、________、________等。

二、判断题

1. 开关式稳压电源比串联调整稳压电源的效率高、稳压范围大。（　　）

2. 开关式稳压电源的调整管工作于开关状态，所以输出的电压是矩形脉冲电压。（　　）

3. 开关电源电路中的开关管的振荡频率为 50Hz 左右。（　　）

4. 若开关电源中的开关管断路，则会出现开机烧熔断器的故障现象。（　　）

三、选择题

1. 开关电源的取样和稳压控制电路产生的误差电压（电流）用于控制开关管的（　　）。

（1）导通时间　　（2）集电极电压

（3）静态工作点　　（4）输出电流

2. 开机即烧开关电源熔断器的故障原因可能是（　　）。

（1）消磁电阻开路　　（2）整流二极管击穿

（3）开关管断路　　（4）150μF/400V 电容失效

3. 开关电源中 150μF/400V 电容失效的现象是（　　）。

（1）无光栅无伴音　　（2）图像幅度缩小

（3）图像局部扭曲有交流声　　（4）图像伴音正常

4. 不会引起开关电源输出电压为 0V 的原因是（　　）。

（1）开关管启动电阻开路　　（2）开关管断路

（3）负载电路短路　　（4）消磁电阻断路

5. 消磁电阻开路引起的故障现象是（　　）。

（1）图像偏色　　（2）图像模糊

（3）图像彩色混乱并失真　　（4）图像正常

6. 在开关式稳压电源电路中，电源开关管工作在（　　）状态。

（1）放大　　（2）饱和

（3）截止　　　　　　　　　　　　　　（4）开关

四、简答、作图题

1. 开关式稳压电源与串联型稳压电源相比，具有哪些特点？
2. 画出开关式稳压电源的组成框图。

第4章 同步扫描电路

4.1 同步扫描电路概述

为了使彩色显像管屏幕上显示逼真的图像，首先是使电子束在荧光屏上扫描出一幅幅度足够、线性良好的光栅，这是依靠套在显像管颈上的行、场偏转线圈产生的垂直和水平方向上的磁场对电子束作用来实现的。要使电子束在水平方向和垂直方向都得到线性良好的扫描，必须要在相应的行、场偏转线圈中流过线性锯齿波电流。仅有一幅光栅，还不能稳定显示图像。要使图像稳定，还必须使行、场偏转线圈中的锯齿波电流的频率和相位与电视台发送的电视信号中的同步脉冲的频率和相位同步。

4.1.1 同步扫描电路的作用及性能要求

1. 同步扫描电路的作用

彩色电视机扫描电路的作用是分别向行、场偏转线圈提供幅度足够、线性良好、频率分别为 15 625Hz 和 50Hz 的，且已分别被行、场同步信号同步了的锯齿波电流，以形成垂直方向上和水平方向上的磁场，控制彩色显像管的电子束同时沿水平方向和垂直方向扫描，从而在显像管屏幕上形成线性良好、宽高比正确的矩形光栅；能提供行、场消隐信号，消除行、场回扫亮线；同时，行输出电路还为显像管提供阳极高压、加速极电压、聚焦极电压和 6.3V 灯丝电压，为末级视放电路提供 190V 左右的工作电压（有些机型，末级视放电路的工作电压直接由开关电源提供），有的还为其他小信号电路提供 12V 工作电压。另外，为了保证 PAL 解码器的正常工作，应向解码电路提供行逆程脉冲，用于亮度通道的钳位及色通道的同步选通；在遥控彩色电视机中，应能向微处理器 CPU 提供行、场逆程脉冲信号，以确定字符在屏幕上的水平和垂直位置。

2. 彩色电视机对同步扫描电路的要求

彩色电视机对扫描电路的要求，有些与黑白电视机是相同的，如要求光栅的非线性失真和几何失真要小；行、场扫描电路的同步性能要好；行、场振荡频率稳定性要好；行、场扫描正、逆程时间要符合现行电视制式；电路效率要高，损耗要小等。另外，对彩色电视机扫描电路还有以下的特殊要求：

（1）彩色显像管为了能使三柱电子束在扫描过程中始终只轰击与之相应的荧光粉条，需在荧光屏前加有一个荫罩板。加荫罩板后，会使轰击荧光粉的电子束变小，使荧光屏亮度下降，为提高荧光屏亮度，彩色显像管各阳极的电压要比黑白显像管相应阳极的电压高，尤其是高压阳极电压。阳极电压提高后，会使光栅尺寸变小。为恢复原光栅尺寸，必须增大行、场偏转功率，所以彩色显像管的偏转功率要比黑白显像管的大。彩色显像管高压阳极电压为20～27kV，远比黑白显象高压阳极电压（十几 kV）高；彩色显像管阳极电流（0.6mA～1.5mA）也比黑白显像管阳极电流（100μA～200μA）大得多。

（2）彩色显像管三个阴极应分别加上三基色电压，控制三个电子束流的大小。三个基色电压需要三个末级视放电路来放大。黑白电视机只需一个末级视放电路放大亮度信号就可以了。

（3）彩色显像管行、场偏转功率的加大，要求行、场扫描电路输出功率加大。因此，彩色电视机行、场扫描电路的供电电压和电流均比黑白电视机的大。为了提高功率，彩色电视机场输出电路均采用双电源供电方式，行输出电路的供电压约为 120V 左右。

（4）彩色显像管阳极电流大，变化范围也大，所以高压电源的内阻一定要小。如果高压电源内阻过大，会使高压阳极电压因阳极电流的变化而产生较大幅度的变化，造成屏幕图像尺寸随图像的亮度而变化，同时还会造成聚焦和会聚不良，低压和中压供电不正常等现象。为此，在彩色电视机高压电路中，多采用高次行频调谐的高压变换电路。这种电路的高压脉冲较宽，高压电源内阻小，带负载能力强，在阳极电流变化较大的情况下也能保证高压阳极电压变化不大，可获得较稳定的图像。

（5）由于彩色显像管高压阳极电压较高，所以要加过压保护电路。因为电压超过 27kV 后会使显像管荧光屏产生较强的 X 射线，对人体造成危害，同时还会使显像管老化，使其他器件容易损坏。另外，为了防止彩色显像管阳极电流过大，造成荧光屏亮度过量（使显像管衰老），彩色电视机一般都加有自动亮度限制（ABL）电路，用来限制显像管阳极电流，使它不超过额定值。

4.1.2 同步扫描电路的组成

典型的彩色电视机的同步扫描电路元器件组装结构如图 4-1 所示，它主要由同步分离和行/场小信号处理电路（由集成电路与外围元件组成）、行激励管和行激励变压器、行输出管、行输出变压器、场输出集成块以及安装在显示管管颈基部的偏转线圈组成。

彩色电视机的行场扫描电路主要由同步分离电路、行扫描电路、场扫描电路三大部分组成。扫描电路的负载是行、场偏转线圈。图 4-2 所示是集成化扫描电路的组成方框图。

彩色电视机的同步分离电路通常在扫描集成电路内部。

彩色电视机的场扫描电路在电路组成上与黑白机基本相同，也是由场振荡器、场锯齿波形成电路、线性校正电路、场激励及场输出级组成，而不同的是，彩色电视机为了提高场输出电路的工作效率，加入了泵电源电路。

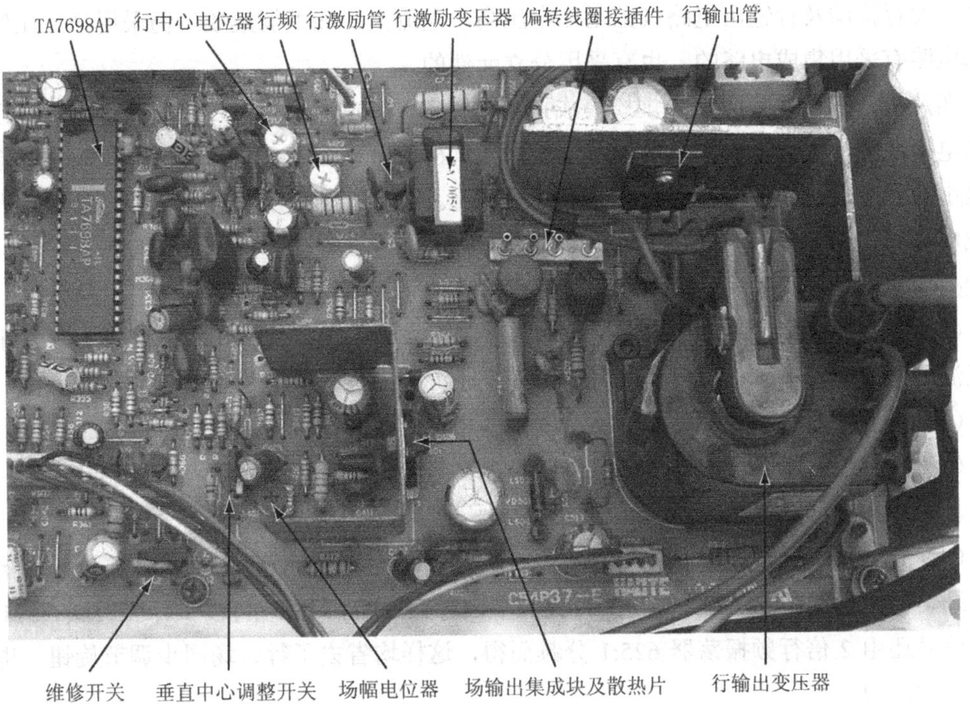

图 4-1 典型的同步扫描电路元器件组装结构

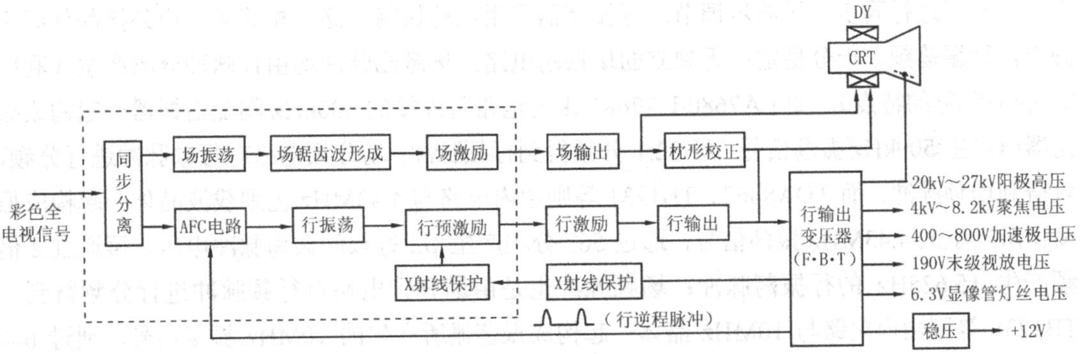

图 4-2 集成化扫描电路组成方框图

彩色电视机的行扫描电路除黑白机也有的由行振荡、行激励、行输出（含行输出变压器）等主要电路外，还增加了一些辅助电路，如高压限制电路、X 射线保护电路等。另外，为了消除光栅的枕形失真，加入了枕形校正电路。其中，行激励电路的作用是将行振荡电路产生的行频矩形脉冲加以放大整形后，作为行输出级的开关信号，控制其工作在开关状态。行激励电路一般由集成电路内部的行预激励电路和分立元件的行激励电路两部分组成。应注意的是，人们有时所称的行激励电路只指分立元件的行激励电路，而不包括行预激励电路。为避免概念上的混淆，有时也将分立元件的行激励电路叫做行推动电路。

4.1.3 集成化扫描电路的特点

目前的彩色电视机中，同步分离、行扫描前级及场扫描前级电路都已集成在一块集成电路内，而行推动及行输出电路（因工作电压高，电流大，尚不能集成）仍采用分立元件，场输出电路有采用集成电路的，也有采用分立元件的。

四片机、五片机多应用中规模集成扫描电路 TA7609P、AN5435，均属于单片式行、场扫描电路。两片机则采用大规模集成电路如 TA7698AP、μPC1423 等，这些集成电路除具有扫描小信号处理功能外，还具有彩色解码的功能。单片机则采用单片电视信号处理超大规模集成电路如 TDA8362、LA7687 等，除具有扫描小信号处理功能外，还具有图像中放、伴音中频处理、彩色解码等功能。集成化扫描电路有如下一些特点：

（1）行、场振荡电路多由定时电容和施密特触发器构成。这样不仅省去了振荡变压器和场阻流圈，使体积小、重量轻、成本低，而且还大大提高了频率稳定度。

（2）行鉴相器采用双差分模拟乘法器，鉴相灵敏度高。

（3）场振荡器与锯齿波形成电路分开设计，前者只决定场频，后者单独调节场幅，克服了场幅、场频调节互相牵制的缺点。

（4）有的采用 2 倍行频振荡电路。如 TA7698AP 有一受 AFC 控制的 2 倍行频振荡器，行激励信号由行振荡器 2:1 分频得到，提高了隔行扫描的精度和垂直清晰度。TDA2571 的场振荡信号还由 2 倍行频振荡器 625:1 分频而得，这样均省去了行、场同步调节旋钮，也提高了抗干扰能力。

（5）单片机则采用数字分频式行/场扫描电路和两级 AFC 行同步电路，大大改善了同步性能，不需进行同步、场同步调节。行振荡器采用压控振荡电路，振荡频率由外接晶体频率确定，行振荡频率十分稳定；无独立的场振荡电路，场激励脉冲均由行脉冲分频产生（利用 $2f_H=625f_V$ 的特点）。如 LA7680/LA7681 由内电路与外接的 500kHz 陶瓷谐振器一起构成振荡器所产生 500kHz 振荡信号，经 32:1 分频得到行频脉冲；场分频电路对行频脉冲进行分频，就得到场频脉冲。而 TDA8362、TB1231 等则由内电路与 4.43MHz 色副载波晶体一起构成振荡器所产生的 4.43MHz 振荡信号，通过 567 分频产生 1/2 行频的振荡脉冲电压，再通过 2 倍频产生 15 625Hz 的行振荡脉冲；场频脉冲也是由场分频电路对行频脉冲进行分频得到。TB1238 等则由内电路与 10MHz 晶体一起构成振荡器所产生的 10MHz 振荡信号，通过 640 分频产生 15 625Hz 的行振荡脉冲；场频脉冲仍是由场分频电路对行频脉冲进行分频得到。

另外，采用 I^2C 总路线控制的单片彩色电视机，其行、场偏转小信号处理电路的工作状态还受 I^2C 总线信号控制，当电视机进入维修模式时，可对行中心、行幅、行线性、场幅、场中心、场线性等参数进行调整。

4.2 TA 两片机的扫描电路分析

TA 两片机的扫描电路，由同步分离电路、行场小信号处理电路、行输出电路、场输出电路，以及高、中、低压供电电路等构成。

扫描小信号电路，由 TA7698AP 内部的同步分离电路、AFC 电路、行振荡器、行预推动，X 射线保护电路、场振荡器、场预推动等功能电路与外围元件所构成。扫描部分共占用 TA7698AP 的 16 个引出脚，其引出脚的功能、直流电压、对地电阻如表 4-1 所列。

表 4-1　TA7698AP 扫描部分引出脚功能、直流电压、对地电阻

引脚序号	引出脚作用	直流电压（V）		对地电阻（kΩ）	
		有彩条信号时	无信号时	黑笔接地	红笔接地
㉔	场锯齿波输出端。外接场输出电路，内接场预激励电路	0.6	0.6	3	3
㉕	场幅调节端。该机中未用此端子	4.3	4.3	8.2	9
㉖	场输出交、直流负反馈端子。场输出电路输出端的交、直流电压经反馈电路输入该端	8.0	8.0	3.2	10.7
㉗	场锯齿波形成电容端。在场扫描逆程期间，取决于 IC 内到基准电压的充电过程。而扫描期间则由㉕脚的电阻来决定放电电流	8.0	8.0	7.1	9.5
㉘	场同步信号输入端。由㊱脚输出的复合同步信号经场积分电路积分得到场同步信号输入该脚	–0.5	0.2	9.5	8.9
㉙	场同步端。外接场振荡电容 C306 至地，接充电电阻 R308、R309 及 R351 至电源。R351 是场同步调节电位器	2.7	2.7	8	9.5
㉚	X 射线保护端。从基极输入门限电压为 0.9V，若外加电压超过这电压，行振荡输出就为零。此外，由于某种原因，㉜脚电压超过 9V 以上时，则这个保护端也起作用，本机此端未用，故接地	0	0	0	0
㉛	接地端。场、行扫描：行 AFC 及同步分离电路的地线	0	0	0	0
㉜	行频脉冲输出端。即行预推动管的集电极输出端。外经 L407 与 C140 退耦，再经 R411 加至行激励管 Q402 基极	0.5	0.5	4.5	4.5
㉝	V_{CC2} 行扫描电源端。启动时，行扫描电源由高压电源（112V）经 R409 降压后供给	8.4	8.4	2.7	2.8
㉞	行同步端。外接行振荡电容及充电电阻，R451 为行同步电位器。此外，来自 AFC 电路的 AFC 电压也在此端	4.7	4.7	6.8	10.5
㉟	AFC 输出端。对行同步信号，输出同步的基准电压（4.4V）。该端又是行逆程脉冲（AFC 脉冲）输入端	4.6	4.6	8.4	56
㊱	同步分离输出端，兼选通门发生器用的定时端子。外接场同步积分电路	3.2	3.6	9.8	7.3
㊲	同步分离输入端。内接同步分离电路，外接 R301、R302、C301、C302 与 D301 等元件	–0.6	–0.3	50	8.5
㊳	行逆程脉冲输入端，兼选通门脉冲输出端。内接的门限电平设定为 1V。用于选通门脉冲输出端时，㊳脚的电压钳位到 5V。逆程脉冲是用于 F/F 推动脉冲，解调输出的行消隐脉冲，以及选通脉冲	0.1	0	7.2	8.5
㊴	视频全电视信号倒相放大输入端。IC101⑮脚输出的同步头朝下的视频信号，通过直耦方式输入至该端	3.6	3.8	2	2

行输出电路都是由分立元件构成，这主要是因为行输出电路工作在高反压、大功率的状态。场输出电路却有多种形式，如黄河牌 HC-47 型机等由分立元件构成，熊猫 C54P29P 型机等则由集成电路 LA7830 与外围元件构成。

4.2.1 同步分离电路

黄河牌HC-47型彩色电视机的同步分离电路如图4-3所示，它由TA7698AP内电路与外围元件构成。图像中频电路TA7680AP⑮脚输出的彩色全电视信号，经L105、R201送至L201、Z201构成的6.5MHz陷波器，将第二伴音中频信号滤除后，送往TA7698AP㊴脚。

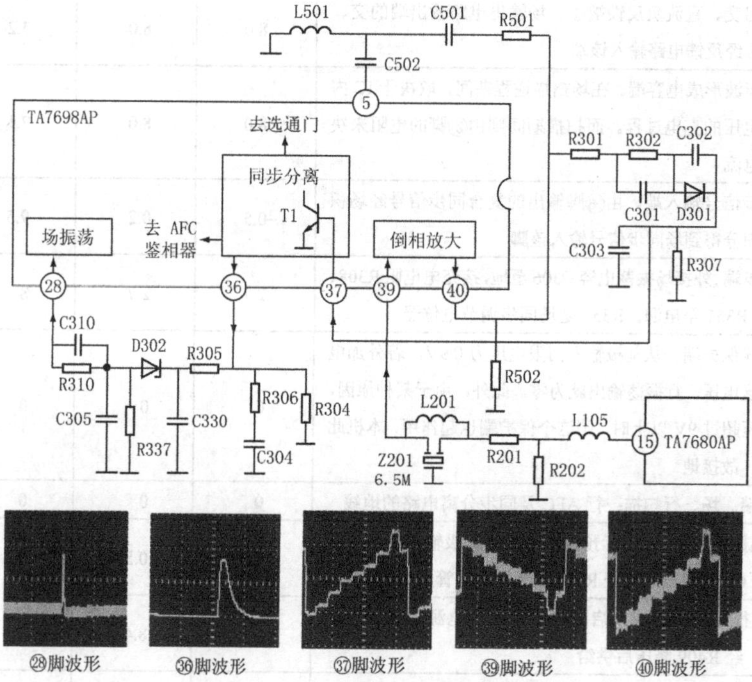

图4-3 同步分离电路

TA7698AP㊴脚内电路是一个倒相放大器，其作用是将㊴脚输入的彩色全电视信号进行倒相放大。从㊵脚输出后分为两路：一路经R501、C501、L501、C502组成的色度带通滤波器，滤除亮度信号，分离出色度信号和色同步信号，送入⑤脚进行色度解码处理；另一路经同步分离的积分定时电路后，从同步分离输入端，即㊲脚输入集成电路。同步分离性能由积分定时电路的时间常数来决定。

同步头朝上的视频信号从㊵脚输出，通过隔离电阻R301等，由㊲脚加至集成电路内部同步分离电路的T1基极。当同步脉冲信号到来时，由于输入的是高电平，这时D301、T1均导通，C301被充电。由于充电时间常数小，C301上可充有接近同步脉冲幅度的电压。同步头过去之后，C301经R302放电。由于放电时间常数很大，C301放电很慢，所以在扫描正程期间C301上的电压下降很少，此电压对T1来说是反向偏压。在这反向偏压的作用下，T1在扫描的正程期间保持截止，只有当下一个脉冲到来时，才能使T1导通。T1导通时，它的集电极输出低电压，从而分离出负极性的同步脉冲信号，供给行AFC鉴相器用。此同步脉冲信号还经整形放大后，从TA7698AP㊱脚输出的复合同步信号，经R305、C330积分电路，分离出场同步脉冲，并通过R305、D302、C310等从㉘脚进入集成电路内的场振荡电路。同时，在集成电路内部这个脚也是用于产生选通门脉冲的定时端子。选通脉冲的上升沿由内电路决定，而㊲脚外接电容 C303 可微调同步信号的前沿时间。下降沿由㊱脚外接 RC 积分时间常数设定（兼场同步信号积分电路）。由㊳脚引入行逆程作为选通脉冲，供黑电平钳位电路和色同步门脉冲电路。

4.2.2 行扫描电路

行扫描小信号处理任务由 TA7698AP 内有关电路与外围元件构成，而行推动和行输出电路由分立元件所构成。

1. 行振荡与 AFC 电路

黄河 HC-47 型彩色电视机的行振荡与 AFC 电路如图 4-4 所示。

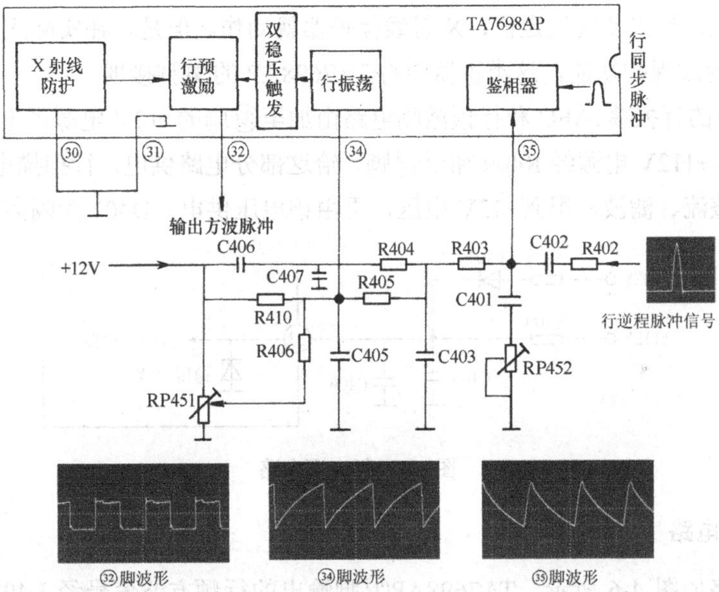

图 4-4 行振荡与 AFC 电路

行振荡电路由 TA7698AP㉞脚内电路与外围元件构成，C405 为行振荡电容。行振荡电路是由 RC 的充放电来产生两倍行频信号的。当电源（+12V）通过 R410、R451、R406 向电容 C405 充电时，㉞脚直流电压随之升高。TA7698AP㉞脚内电路为一个电压比较器，当㉞脚电压达到电压比较器的基准电压 V_H 时，集成电路内部的电压比较器就导通，C405 通过内部的放电电阻和开关电路开始放电，㉞脚电压下降，直到等于 V_L 时，比较器截止。此后外电路再向 C405 充电，如此循环，使振荡器的振荡维持下去。由于 C405 的充电时间常数大于放电的时间常数，从而在㉞脚形成正极性的锯齿波电压。调整电位器 RP451，可改变 C405 的充电时间常数，从而实现行频调整。行振荡电路产生的这个信号属于自由振荡信号。

AFC 电路由集成电路 TA7698AP㉟脚内的鉴相器和㉟脚外接的 R402、C402、C401、R452 积分电路与 R403、C403、R405、C405 低通滤波器组成。行逆程脉冲经积分电路积分后得到锯齿波比较电压，加至㉟脚内的鉴相器，与同步分离电路送来的行同步信号进行相位比较，产生误差电压，由㉟脚输出，再经低通滤波器滤波后，得到 AFC 控制电压，加至㉞脚内的行振荡器，使行振荡器振荡频率为 $2f_H$（31 250Hz）。调节 RP452 可改变光栅的水平位置。

因行振荡器的频率为 $2f_H$，所以 2 倍行频信号在 TA7698AP 内送到双稳态分频器（2 分频器）进行分频，然后获得 15 625Hz 行频信号。采用 2 倍行频振荡可以提高隔行扫描的精确度，避免出现并行现象，以及避免由于行场扫描电路都集成在一片芯片内而产生的相互干扰，提高场扫描的稳定性。分频后获得 15 625Hz 行频信号，再经行预激励放大、射随，由 TA7698AP 的㉜脚输出。

TA7698AP 集成电路内设有 X 射线防护和过压保护电路。如果行扫描电路产生异常高压，超过设定值（如 27kV）时，彩色显像管就可能产生较强的 X 射线。X 射线保护是用回扫脉冲经整流得到一个直流电压，若这个直流电压超过额定值时，SCR 开关就把㉜脚行推动信号接地，使电路停止工作，直到异常高压消失后，电源才重新启动。过压保护也是对㉜脚的最高电压进行限制，如果超过设定值，X 射线保护器就动作。但是，在实际应用中，有部分机型没有使用 X 射线保护功能，这类机器中将 TA7698AP 的㉚脚接地。

TA7698AP 的行振荡、AFC 和行预激励电路由加至㉝脚的+12V 电源供电，如图 4-5 所示。在开机的瞬间，+112V 电源经 R409 加至㉝脚，给这部分电路供电。行扫描电路工作正常后，对行逆程脉冲整流、滤波，得到+12V 电压，再由该电压供电。D401 为隔离二极管。

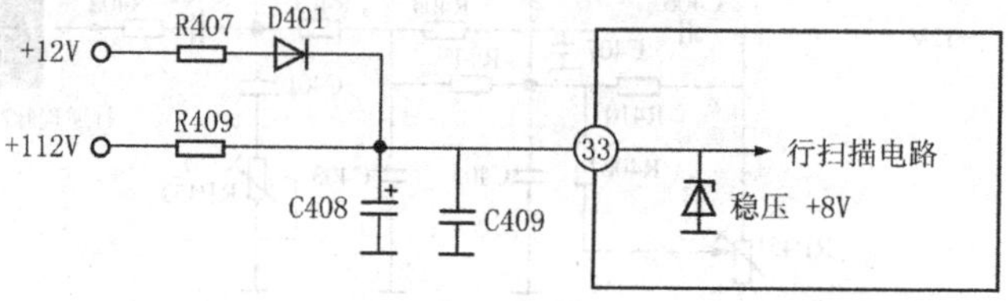

图 4-5 行电源电路

2. 行激励电路

行激励电路如图 4-6 所示。TA7698AP㉜脚输出的行频方波信号经 L407、C410、R411 与 C418 低通滤波器，加至行推动管 Q402 的基极，低通滤波器可滤除 2 倍行频信号。方波脉冲信号经 Q402 放大和行推动变压器 T401 耦合后加至行输出管基极。+12V 电压经 R407、D401、R408 与 R411 给 Q402 基极提供偏置电压。R416 是熔断器电阻，调节它可调整行激励大小，它还有阻尼 T401 初级绕组与分布电容产生高频振荡的作用。C416 用来抑制行推动级开关工作时所产生的高频振荡，降低了 T401 初级绕组与分布电容的振荡频率，有利于阻尼振荡。该级工作在反向激励方式，即行推动管 Q402 饱和时，行输出管 Q404 截止；Q402 截止时，Q404 饱和。

3. 行输出电路

行输出电路参见附图 B。Q404 为行输出管与阻尼二极管的复合管，C464、C440、C443 和 C465 为行逆程电容，L405 为行线性调节器，R447 为 L405 的阻尼电阻，C442 为 S 校正电容，HOR COIL 为行偏转线圈，T461 为一体化行输出变压器。

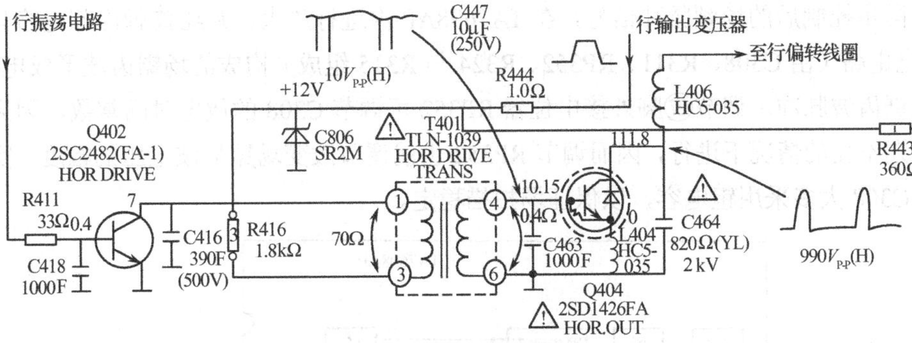

图 4-6 行激励电路

461 次级高压绕组的行逆程脉冲以三倍压九次调谐方式整流、滤波，得到显像管高压阳极需要的约 25kV 整流高压。高压绕组中一部分绕组的行逆程脉冲经二极管整流后，再经两电位器分压，得到约 6kV 直流高压，加至显像管聚焦阳极。另外，还得到约 600V 直流高压，加至显像管加速阳极。T461⑥脚的行逆程脉冲经 D408 整流、C448 滤波，得到+12V 直流电压，R448 与 L410 用来减小对外辐射干扰。T461⑩脚行逆程脉冲经 R920 熔断器电阻加至显像管灯丝，给灯丝供电。T461③脚行逆程脉冲经 D406 整流、C447 滤波，得到+180V 直流电压，作为末级视放电路的电源电压，C441 有保护 D406 和减小对外辐射干扰的作用。T461⑤脚输出的行逆程脉冲经 D808 与 R813 加至开关稳压电源。T461①脚输出逆程脉冲经 C440、C443 与 C465 分压后分为三路：第一路加至行 AFC 的积分电路；第二路经 C444 耦合，再经 R245 与 D203 与场逆程脉一起加至 Q202 基极，实行回扫线消隐；第三路经 C444、R528 与 R512 加至 TA7698AP㊳脚内的触发器。

4.2.3 场扫描电路

场扫描小信号处理电路由 TA7698AP 内部电路与外围元件构成。场输出电路有两种形式：一种是由分立元件构成，如黄河牌 HC-47 型机；另一种由场输出集成电路如 LA7830、LA7833、IX0640CE 等与外围元件构成，如熊猫牌 C54P29P 型机采用 LA7830，飞跃 FY5401A/K 采用 LA7833。

1．场扫描小信号处理电路

场扫描小信号处理电路主要包括场振荡、锯齿波形成与场预激励等电路，这些电路主要由 TA7698AP㉔～㉙脚内部与外围元件构成，图 4-7 是黄河牌 HC-47 型机的场扫描小信号处理电路。

TA7698AP㉙脚外接 RC 元件构成定时电路，与内电路一起构成场振荡电路。电容器 C306 的充放电时间常数，决定着场振荡信号的频率。调节 RP351 可改变场频。

从 TA7698AP㊱脚输出的复合同步信号，经 R305、C330 积分电路，分离出场同步脉冲，并通过 R305、D302、C310 等从㉘脚进入集成电路内的场振荡电路，实现场同步控制（参见图 4-3）。

受场同步控制后的场频脉冲信号，在TA7698AP内进行放大，并经㉗脚内部电路与外接RC充放电电路（由C308、R311、RP352、R324与R315组成）构成的场锯齿波形成电路后，变为场频锯齿波脉冲。调节㉗脚外接电位器RP352可调节C308的放电时间常数，因为是在场扫描周期不变的情况下进行，因而调节RP352也就调节改变场锯齿波电压的幅度，实现场幅调整。C308大多采用钽电容，以保证场扫描稳定。

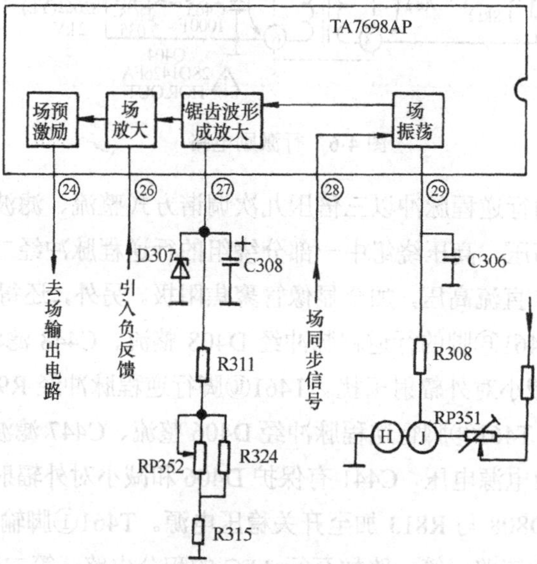

图4-7 场振荡、锯齿波形成与场激励电路

㉖脚从场输出端引入交直流负反馈，㉗脚由场输出级引入预失真的正反馈，从而可改善场扫描线性，取消线性调节电位器。

场频锯齿波脉冲信号，在TA7698AP内进行放大与线性预失真校正后，从㉗脚输出送至场输出电路。

2. 场输出电路

1）分立元件的场输出电路

黄河牌HC-47型机的场输出电路与线性补偿电路如图4-8所示（整机电路参见附图B）。场输出电路由Q303、Q306、Q307与C321和场偏转线圈L462等元件组成，它是双电源供电的互补对称型 OTL 电路。开关电源输出的+43V 直流电压作为场输出电路正程低压供电，+112V直流电压作为场输出电路逆程的高压供电。

在场正程扫描前半段时，Q303集电极输出电压使Q306导通、Q307截止，+43V电压经D306供电，锯齿波扫描电流经Q306、L462、C321与R323流过场偏转线圈L462，同时给C321充电。在场正程扫描后半段时，Q303集电极输出电压使Q306截止，Q307导通，C321供电，场扫描电流经L462、R330、Q307与R323流过场偏转线圈L462。这时，+112V电压使D306截止，同时给C313充电。

C313在场扫描开始后，经多次充电，C313上的电压可充至86V。在场逆程后半段，Q306

再次导通，此时是由 C313 供电。可见，场扫描输出级的正程是由 43V 低压供电的，而场扫描逆程是由 86V 供电。由于逆程电压高，保证了在逆程时间内偏转电流大，速率快。由于正程供电电压低，所以大大降低了场输出管的功耗。由高、低压轮流供电的双电源犹如一个泵，故常称为泵电源。与一般单电源供电相比，其效率由 25%上升到 25%。

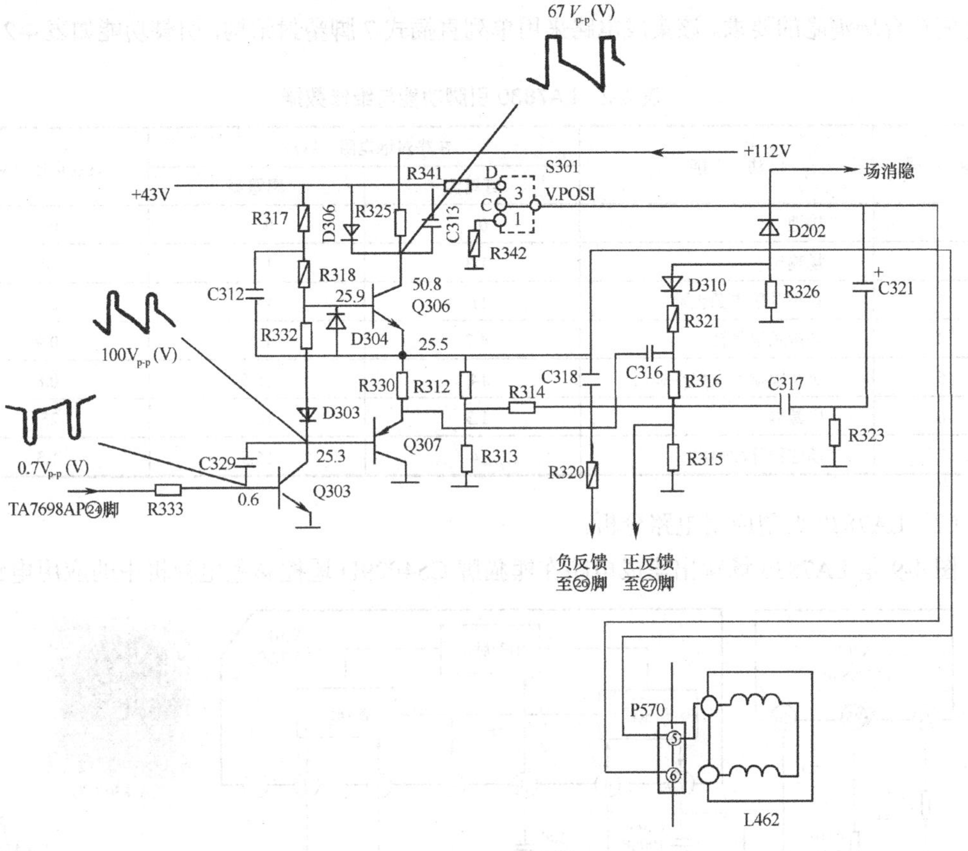

图 4-8　场输出与线性补偿电路

该场输出电路中，R332、D303 给 Q306、Q307 提供一定的正向偏置电压以克服交越失真；D304 用于保护 Q306 发射结，以防反向击穿；C312 是自举电容，与 R317 组成自举电路；C329 是高频负反馈电容，用来防止高频自激。

为了改善场扫描的线性，由场输出电路引出两路反馈。一路从电阻 R323 上取出锯齿波电压，经 C317 与 R320 耦合，负反馈至 TA7698AP㉖脚内场放大器；另一路是将 Q307 发射极输出的锯齿波电压，经 C316 耦合，再经 R316、R352、R324、R311 与 C308 积分，正反馈至 TA7698AP㉗脚，进行积分预失真补偿。

场输出电路设有垂直中心位置开关 S301，它可以调整流过场偏转线圈直流电流的方向，调节电阻 R341 与 R342，可以改变流过场偏转线圈直流电流的大小，从而调节了光栅在垂直方向上的位置。

2）集成场输出电路

这里以由 LA7830 与外围元件所构成的场输出电路为例。

（1）LA7830 简介。

LA7830 内部功能包括激励放大、场输出、脉冲放大及自举升压电路。主要特点是采用场扫描逆程自举升压电路，即正程电源电压 25V，逆程则由电路将供电电压自升为 2 倍 25V 即 50V。这样可降低集成电路的功耗，提高扫描效率及热可靠性，同时又保证了场逆程电压和时间符合场消隐的要求。该集成电路采用单列直插式 7 脚塑封结构，引脚功能如表 4-2 所示。

表 4-2　LA7830 引脚功能与维修数据

脚　号	功　能	在路对地电阻（kΩ）		直流电压（V）
		红笔测	黑笔测	
1	接地	0	0	0
2	场输出	1.3	1.3	14
3	自举升压电源正端	11	∞	27
4	场激励信号输入	4.7	4.7	0.9
5	负反馈输入及相伴补偿	14	16.5	0.8
6	电源端	1.3	13	25
7	场逆程脉冲输出	14	16.5	1.3

（2）LA7830 典型应用电路分析。

图 4-9 是 LA7830 场输出集成电路在熊猫牌 C54P29D 遥控彩色电视机中的应用电路。

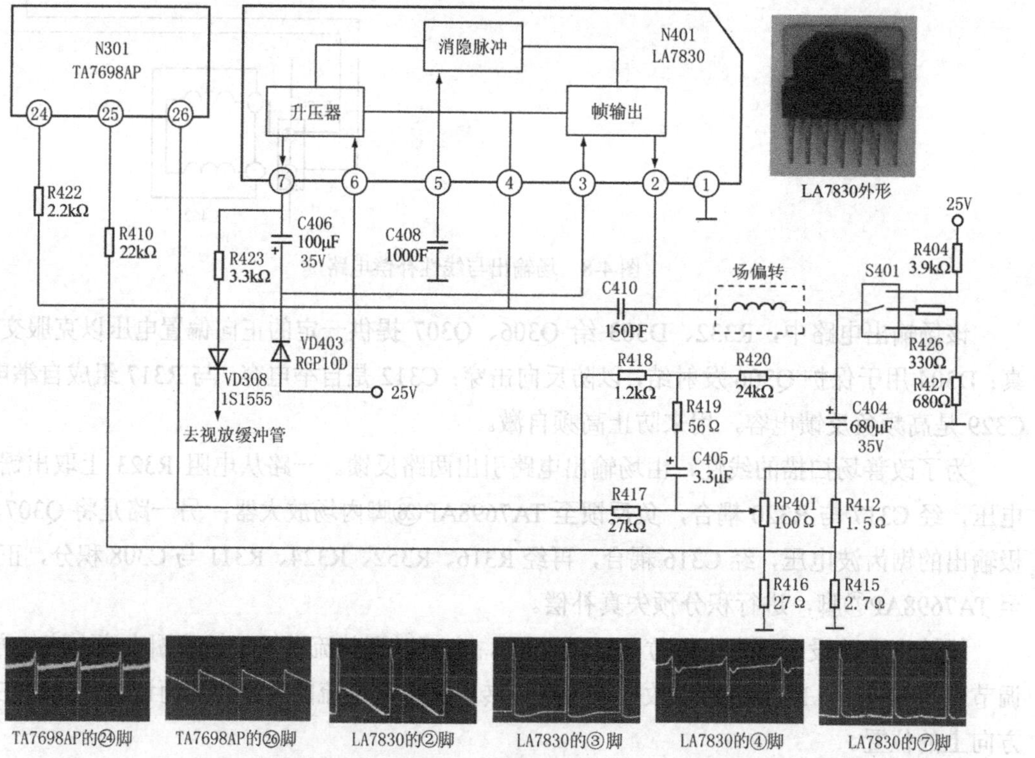

图 4-9　场输出集成电路 LA7830 内部电路方框图及其应用电路

TA7698AP㉔脚输出的场频锯齿波信号，由 R422 送至 LA7830④脚，进行放大，放大后的场频锯齿波信号，从②脚输出，送往场偏转线圈。场扫描正程期间，25V 电压 VD403 直接向 LA7830③脚供电，并向 C406 充电，直至 C406 两端电压为 25V。场扫描逆程期间，由于②脚产生较高逆程脉冲电压，内电路动作，使⑦脚经电子开关与⑥脚相接，则 C406 负极与 25V 电压正极相接，则 C406 正极对地电压为二倍 25V，并由 C406 正极向③脚供电，满足了场输出电路对逆程供电电压高的要求。LA7830⑦脚输出的场逆程脉冲还送到由 R423、VD308 构成的场消隐电路，用于消除场回扫亮线。

LA7830②脚输出场频锯齿波信号，经场偏转线圈后，从 RP401、R416 上取出锯齿波电压，由 R417 送入 TA7698AP㉖脚，构成交流负反馈以改善场线性。调节 RP401 可改变场幅。LA7830②脚输出的直流电压，经 R420、R418 也送至 TA7698AP㉖脚，以稳定内电路的工作点。

场中心调节，是将 S401 置不同位置，从而改变场偏转线圈流过的直流成分，实现场中心调节。当 S401 置中间位置时，R426 与 R427 相串联，场偏转线圈流过的直流较小，场扫描中心位于屏幕中间位置。当 S401 置于下端时，S401 直接与 R427 相连，此时流过场偏转线圈电流方向未变，但电流却增大了，使场扫描中心上移。当 S401 置于上端时，25V 电压经 R404 进入场偏转线圈，使场扫描中心下移。

4.3 LA76931 超级单片机的扫描电路分析

LA76931 超级芯片单片机中，同步电路、场扫描前级电路、行扫描前级电路由 LA76931 内部与外围元件所构成。场输出电路采用场输出集成块，如 LA78040B 等。行推动和行输出电路由分立元件所构成。

4.3.1 行、场扫描前级电路

LA76931 的扫描部分包括同步电路、行振荡器、场振荡器。该电路具有以下特点：AFC 电路在内部采用了两个 AFC 控制环路，具有自动调整行同步的功能，所以，行频非常稳定无须调整；行中心、场幅、场线性、场中心等采用 I^2C 总线数据进行调整。

LA76931 与行、场扫描有关的引脚功能及维修数据如表 4-3 所示。

表 4-3 LA76931 与行、场扫描有关的引脚功能及维修数据

引 脚	名 称	功 能	对地电阻（R×kΩ）		对地电压（V）	
			黑笔测	红笔测	无信号	有信号
⑯	VRAMP	场锯齿波电压形成端	5.6	5.3	2.14	2.14
⑰	VOUT	场锯齿波激励输出	5.6	5.0	2.50	2.53
⑱	REF	压控振荡基准电流设置	4.3	4.2	1.62	1.64
⑲	H/BUSVCC	行扫描电路供电	0.5	0.5	5.1	5.2
⑳	AFCFIL	行 AFC 环路滤波	6.0	5.2	2.6	2.65
㉑	HOUT	行激励脉冲输出	4.5	5.0	0.55	0.56
⑮	KRB/E-W	白平衡图解/东西枕校	∞	∞	7.23	0
㊹	FBP IN	行逆程脉冲输入	5.5	5.0	1.17	1.18

图 4-10 是由 LA76931 超级芯片组成的行、场扫描电路。LA76931 内有行振荡电路，只要⑲脚提供 5V 供电电压，内部就能产生振荡信号。振荡信号经过分频后分三路输出：第一路送入 AFC1 电路。在 AFC1 电路中，同步分离电路分离出来的同步信号与分步频得到的行频信号进行频率比较，比较结果不一致时，AFC1 电路将比较后的误差信号转变为电压控制信号，加到行振荡电路，进一步控制行振荡器的频率与电视台发送的电视信号频率一致。LA76931⑳脚外接 AFC1 低通滤波元件 C407、R406、C406。第二路进入 AFC2 电路。行输出变压器送来的行逆程脉冲信号从㊹脚进入 LA76931 内部，与 AFC1 电路中处理后的行频信号在 AFC2 电路中进行相位比较，保证行脉冲的相位与电视台发送的电视信号相位一致。第三路送入场分频电路。

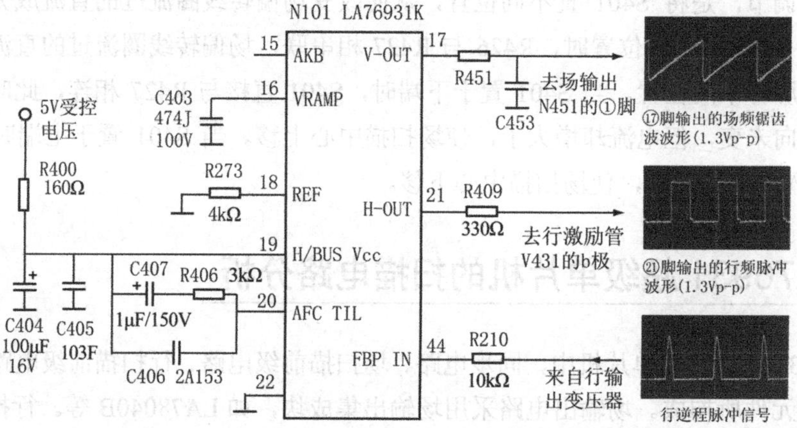

图 4-10　由 LA76931 超级芯片组成的行、场扫描前级电路

AFC2 锁相处理后的行脉冲信号经过移相电路后送入预激励电路，产生的行脉冲信号从 LA76931㉑脚输出，并送往行推动管的基极。

在 LA76931 内部，行振荡信号进入场分频器后，在场同步信号分离电路出来的场同步脉冲信号的作用下产生场脉冲信号，经锯齿波形成电路，再送入场预激励电路后从 LA76931 的⑰脚输出，并送场输出集成块。LA76931⑯脚外接 C403 为锯齿波形成电容。

4.3.2　场输出电路

该机选择了 LA78040B 作为场输出级。LA78040B 内置锯齿波激励、场输出电路、泵电源提升电路和过热保护电路。该芯片的引脚功能如表 4-4 所示。

表 4-4　LA78040B 引脚功能及维修数据

引　脚	名　称	功　能	对地电阻（R×kΩ）		电压（V）
			黑笔测	红笔测	
1	IN PUT	运算功放反相输入端	5	4.4	2.5
2	VCC2	电源电压输入端	6.6	2.7	24
3	PUNP OUT	泵电源输出端（场消隐）	8.0	4.3	1.9
4	GND	接地端	0	0	0

续表

引 脚	名 称	功 能	对地电阻（R×kΩ）		电压（V）
			黑笔测	红笔测	
5	OUT PUT	场偏转线圈激励输出端	7.3	2.7	12.2
6	VCC1	场输出级电源电压输入端	∞	4.0	24.2
7	NONTNPU	运算功放同相输入端	1.6	1.6	2.5

图 4-11 为 LA78040B 构成的场输出级电路。LA78040B 作为场输出级，对锯齿波电压进行放大，推动场偏转线圈。由于 LA76931 与 LA78040B 之间采用直流耦合激励方式，两者之间没有反馈，这样，场幅、场中心、场线性、场线性校正调整及 50/60Hz 等处理都在 LA76931 内部通过 I^2C 总线控制来完成。

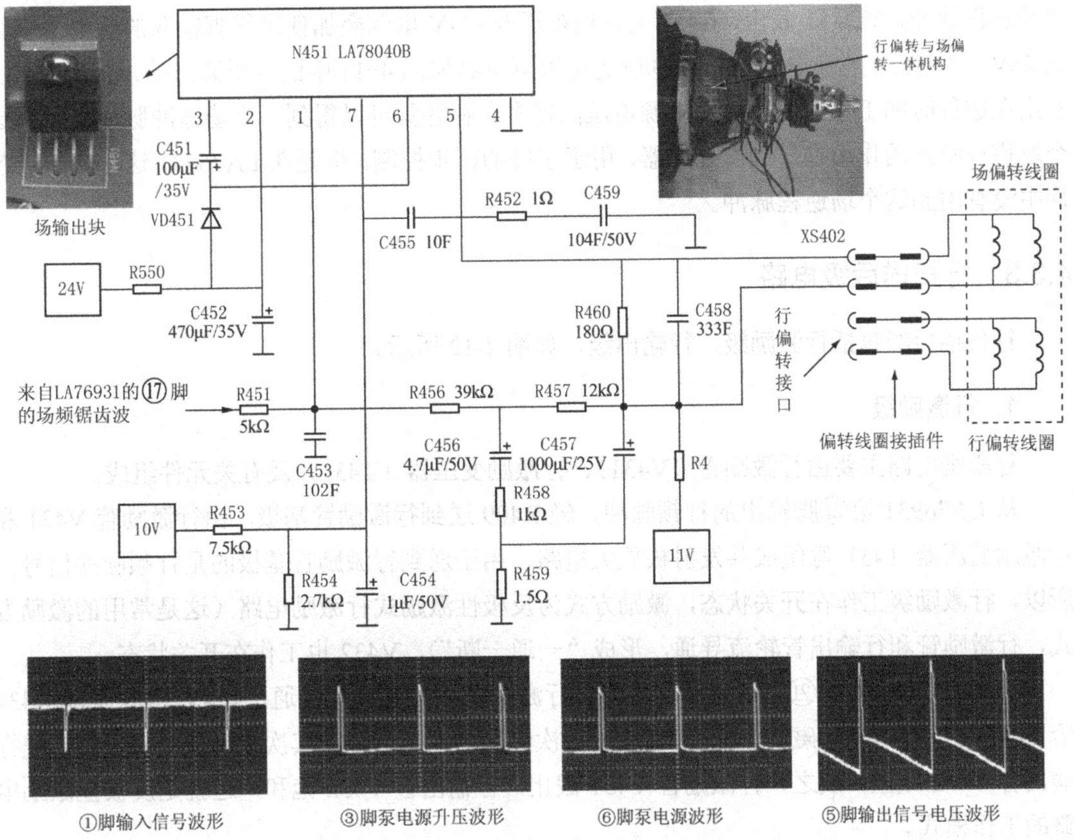

图 4-11 LA78040B 场输出级电路

从 LA76931 的第⑰脚输出的场频锯齿波信号，经 R451 隔离后以直流耦合方式加到 LA78040B（N451）的第①脚。从图 4-11 中可以看到 N451①脚的波形已经不是锯齿波了，原因是输入的锯齿波叠加了从输出级反馈回来的反馈信号。LA78040B②、⑥脚为场电源供电脚；③脚为场逆程脉冲输出脚，外接自举升压电容；⑦脚为内部运算放大器同相输入端，R453、R454 为内部运算放大器的偏置电阻。在集成电路内经反向放大后从第⑤脚输出，⑤脚的电压波形是一个脉冲锯齿波，为场偏转线圈提供的电流为锯齿波电流，完成光栅的垂直扫描。场锯齿波电流通路为 LA78040B 的⑤脚→场偏转线圈→C457→R459→地。C457 为场输出电容，R459 为场反馈取样电阻。R452、C459 用来防止场偏转线圈产生的反峰电压对 LA78040B 的危害。并接在偏转线圈两端的 C458 和 R460 用来消除场偏转线圈与场输出电路产生的寄生振荡。C455 用来消除场输出电路本身产生的高频振荡。R459 上产生的取样电压经过 R458、C456、R456 反馈到 LA78040B 的输入端①脚，作为交流负反馈信号，用来改善场线性。C457 正极上的直流电压经过 R457、R4566 反馈到 LA78040B 的①脚，用以稳定场输出电路的工作点。

为了提高场扫描电路的效率，N451 采用泵电源方式，在场正程期间，泵电源在第③脚输出电压为 0V，电源 24V 通过隔离二极管（泵电源升压二极管）VD451 对 C451（泵电源升压电容）进行充电，在 C451 建立起+24V 电压；在场逆程期间，N451 内部泵电源在第③脚输出场逆程脉冲，VD451 截止，C451 上充电电压与+24V 电源叠加使第⑥脚输入的供电电压达到 48V，泵电源正常工作时③脚和⑥脚是可以测量到如图 4-11 中的升压波形的，从波形可以看出在逆程时的工作电压明显比电源电压高得多。在③脚可以得到一个场脉冲脉冲信号，这个场逆程脉冲的作用是送到微处理器，用于字符的同步控制，但是在 LA76931 这样的超级芯片中没有用到这个场逆程脉冲。

4.3.3 行扫描后级电路

行扫描后级包括行激励级、行输出级，如图 4-12 所示。

1. 行激励级

行激励电路主要由行激励管（V431）、行激励变压器（T431）及有关元件组成。

从 LA76931 第㉑脚输出的行频脉冲，经 R409 送到行激励管基极，由行激励管 V431 和行激励变压器 T431 等组成共发射极放大电路，由于送到行激励管基极的是行频脉冲信号，所以，行激励级工作在开关状态，激励方式为反极性激励式行激励电路（这是常用的激励方式，行激励管和行输出管轮流导通，形成“一通一断”），V432 也工作在开关状态。

当 LA76931 的第㉑脚输出高电平时，行激励管 V431 饱和导通，+24V 电源通过 R434 给 T431 初级充电存储磁能，由于 T431 初、次级同名端关系，在其次级感应出负电压，使行输出管 V432 截止；反之，行激励管 V431 截止，行输出管 V432 饱和，这就是反极性激励电路的工作模式。

图中其余元件的作用是：R434 为行激励级的限流电阻，R434 和 C434 组成电源“退耦”电路，C432、R433 和 C433 组成阻尼电路，防止当 V431 截止时在行激励变压器初级产生“振铃”，消除高频寄生振荡，保证行激励级输出良好的行频方波脉冲。

2. 行输出电路

行输出电路主要由行输出管（V432）和行输出变压器（T471）及有关元件组成。

主电源+B1 电压通过 R551 限流，送到行输出变压器（T471）初级绕组（这里有可供选择的有几种不同的偏转线圈，不同的偏转线圈选择不同的连接端，初级绕组的匝数将发生变化），加在行输出管 V432 的集电极。行激励变压器 T431 次级绕组输出的行激励脉冲加在 V432 的基极，使其工作在开关状态，在行输出变压器初级、行偏转电路（行偏转线圈、行线性校正线圈 L441、S 校正电容 C441）、逆程电容 C435、阻尼二极管（行输出管内部自带）等电路作用下，借助于行输出管和阻尼二极管的轮流导通，在行偏转线圈中形成线性的锯齿波电流，产生在水平方向变化的磁场，使电子束做左右的运动。行线性校正线圈 L441 的作用是进行扫描的线性调整，这里用的是一个固定电感器，是不可调的，在更换不同的显像管（偏转线圈不同），如果行线性不好，可以更换这个线圈。C437 是行线性补偿电容，R436 为行输出管限流电阻。

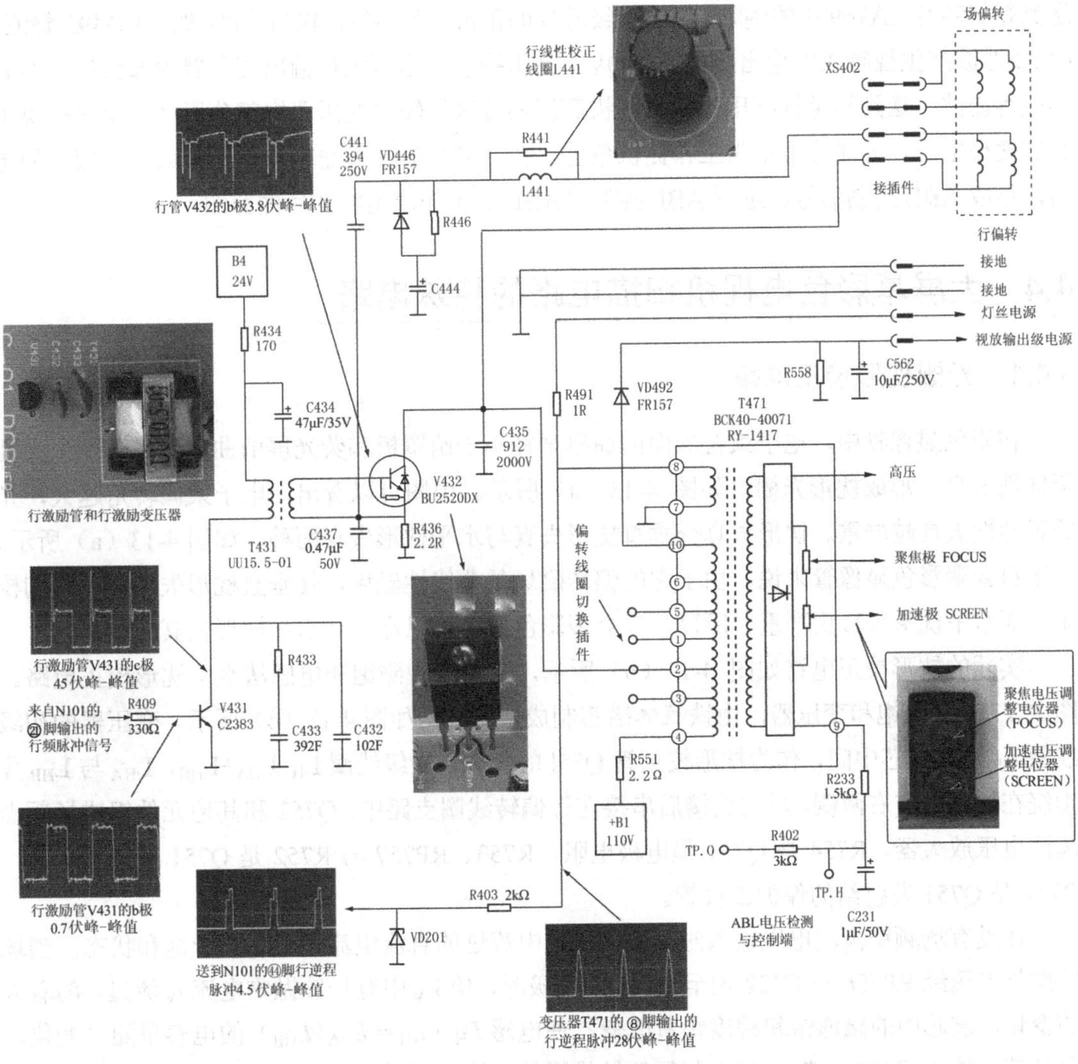

图 4-12 行扫描后级电路

行输出管集电极电压 V_{CC}=（8～10）V_{CC}。在彩色电视机中 V_{CC} 一般为 110V 到 150V，本机行输出级供电电压为 110V，所以，行输出管集电极上脉冲电压很高，一般都在 1000V 以上。行输出变压器正好利用这个很高的行逆程脉冲电压，在行输出变压器 T471 中进行变压，非常容易产生高压、中压、低压及需要的行频脉冲等电源，满足其他电路的需要。因为行输出变压器也是一个变压器，同其他的高频变压器一样，一般只要其中一组电压正常，其他的电压就该正常，如果不正常就在这组电源电路自身。也正因为行输出级工作电压高，所以，也是电视机中故障率最高的电路部分。

该机行输出变压器产生的工作电源有：在T471的⑧脚产生有$28V_{P-P}$的行逆程脉冲电压，一方面作为向灯丝供电的电源，显像管灯丝电压是6.3V的，用万用表测量的结果不是6.3V，不同的万用表测量结果有点差异，一般测量值在5.7V左右，因为，万用表测量脉冲电压测量的有效值是不准确的，只有频率不太高的正弦波才能够测量准确；另一方面作为行逆程脉冲送到超级芯片LA76931的㊹脚，保证超级芯片的正常工作。还在T471的⑩脚经VD492整流、C562滤波产生视频放大输出级电源190V。高压绕组产生高压行输出变压器内部整流，经石墨电容滤波，送到显像管高压阳极，阳极高压还经过行输出变压器内部分压产生聚焦极电压和加速极电压，为显像管正常工作提供条件。在T471的⑨脚输出与显像管束电流相关的电压，形成ABL控制信号，进行ABL控制（ABL的工作原理将在后面介绍）。

4.4 大屏幕彩色电视机扫描电路的特殊电路

4.4.1 光栅枕形校正电路

在彩色显像管中，电子束会聚面的曲率半径小于荫罩板和荧光屏的曲率半径，产生光栅延伸性失真，形成枕形光栅，如图4-13（a）所示。由图可以看出，电子束偏转角越大，光栅延伸性失真越严重。枕形失真分垂直枕形失真与水平枕形失真两种，如图4-13（a）所示。对于自会聚彩色显像管来说，由于它的偏转磁场是非线性磁场，使垂直枕形失真自动得到校正，而水平枕形失真更严重。所以，自会聚彩色显像管只需进行水平枕形失真的校正。

实际的枕形校正电路如图4-13（b）所示，它是一种磁饱和电感法水平枕形校正电路。图中T751是磁饱和变压器，由铁氧体磁芯制成，其结构如图4-13（c）所示。变压器的初级线圈L_B绕在磁芯中间，作为枕形校正管Q751的负载，次级线圈L_H=L_{HA}+L_{HB}，L_{HA}与L_{HB}分别绕在磁芯的左右两侧，反向连接后串接在行偏转线圈支路中。Q751和其他元件组成场频锯齿波电压放大器。R754是Q751集电极电阻，R753、RP757与R752是Q751的偏置电阻，D751是Q751发射结的保护二极管。

在没有场频锯齿波电压输入时，线圈L_V中流过的直流电流使磁芯处于饱和状态。当场频抛物电压经RP756与C752加至Q751的基极时，使L_V中有场频抛物电流i_V流过，随着i_V的变化，磁芯中的磁通饱和程度跟着改变，使电感L_H（$L_H = L_{HA}+L_{HB}$）的电感量随之变化，再使其感抗X_H变化，使流过L_H与行偏转线圈的电流i_H发生变化。

这一变化过程可表示如下

$$i_V\uparrow \rightarrow \phi\uparrow \rightarrow L_H\downarrow \rightarrow X_H\downarrow \rightarrow i_H\uparrow$$

可见，行偏转电流的幅度随场频抛物线状电流i_V的变化而呈抛物线状变化。调节电位器RP756可以改变加至Q751的场频抛物电压的幅度，调整其校正量。电路中，RP755与C751

组成场频抛物电压的形成电路，R751 是限流电阻，调节 RP755 可以改变场频抛物电压波形形状。

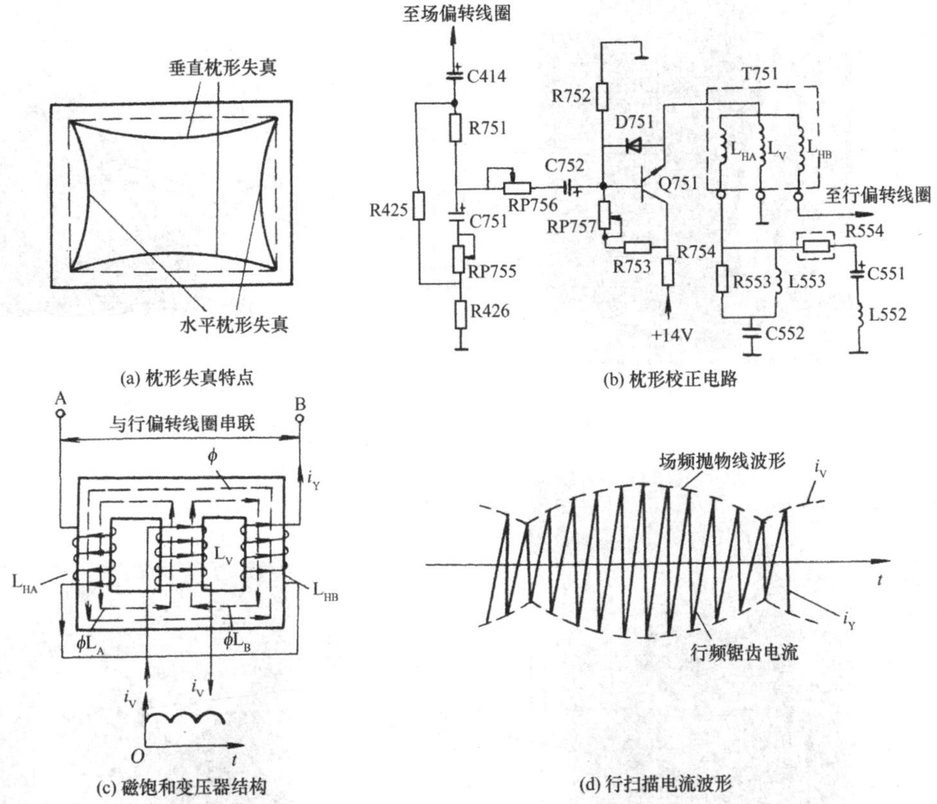

图 4-13　枕形失真校正电路

4.4.2　动态聚焦电路

大屏幕彩色电视机中，由于电子束到达荧光屏的距离不同，如果在相同的聚焦电压作用下，电子束在屏幕中央和四角的聚焦不可能同时达到最佳效果，所以，需要引入动态聚焦电路。带动态聚焦的行输出变压器有两个聚焦极电压，一个叫做水平聚焦极，另一个叫做垂直聚焦极，故称为双聚焦行输出变压器。与双聚焦行输出变压器配合使用的显像管管座有两个显像管聚焦电极引脚插孔，称为双聚焦管座。动态聚焦电视机和普通电视机的显像管座和行输出变压器的区别如图 4-14 所示。

动态聚焦电路的工作原理是：聚焦极的电压不是固定不变，而是随着扫描位置不同，聚焦极电压也随之改变。在水平聚焦极电压中叠加上场频抛物波电压，使图像在水平方向的聚焦良好，比如显示一个“十”字，就是使十字的横划聚焦良好；为了使竖划聚焦良好，就加入垂直聚焦，就是在垂直聚焦极电压中加入行频抛物波电压，使垂直方向的扫描聚焦良好。由于垂直方向的散焦变化没有水平方向的明显，有的大屏幕电视机也就只给水平聚焦极加入场频抛物波电压，没有给垂直聚焦极加入行频抛物波电压，插座聚焦极加的是一个固定的电压。

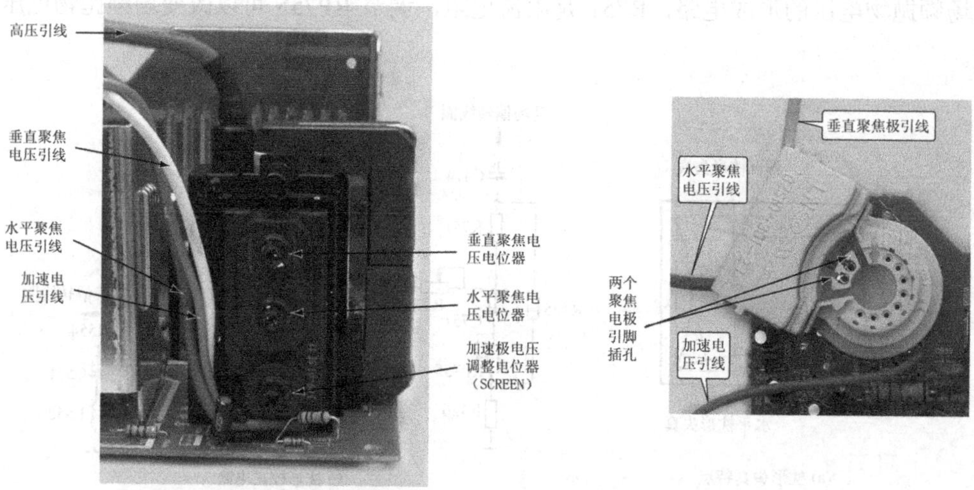

（a）动态聚焦电视机的行输出变压器、显像管座

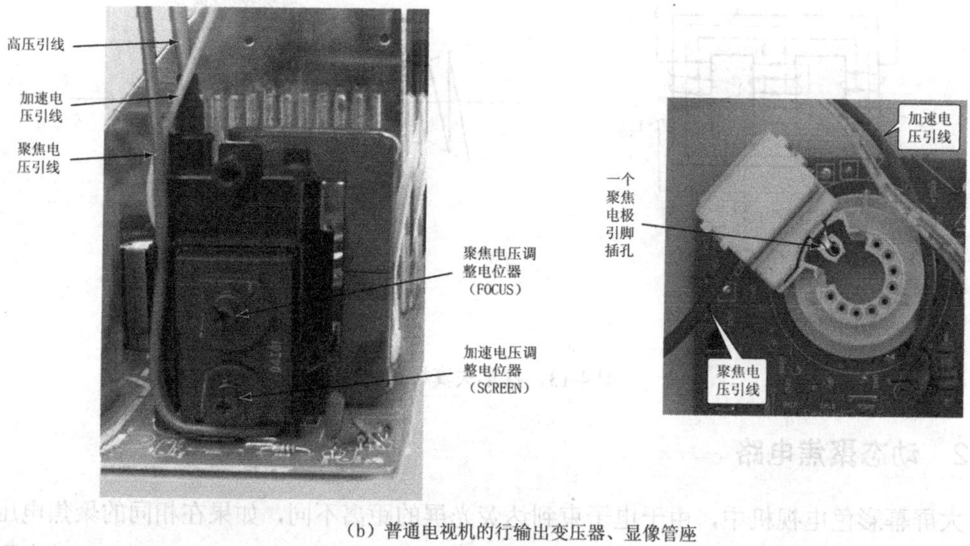

（b）普通电视机的行输出变压器、显像管座

图4-14 动态聚焦电视机和普通电视机的显像管座和行输出变压器的区别

4.4.3 扫描速度调制电路

随着彩色电视机的屏幕越来越大、越来越平，图像质量要求越来越高，为了追求更好的图像质量，采用了 I^2C 总线控制技术，扫描的频率和扫描的方式有了新的变化，行扫描频率由15 625Hz到32kHz的倍频，场扫描频率由50Hz到60Hz、75Hz、100Hz；扫描方式由隔行扫描到逐行扫描。为改善图像质量采用扫描速度调制电路。

传统改变亮度的调节，通过改变显像管栅、阴极电压差实现，这种方式的缺陷是，当亮度增大时，显像管的束电流增大，导致阳极高压、聚焦极电压有所下降。另外，电子束水平扫描过程中，在调制电压不变的条件下，扫描速度恒定时亮度就恒定。若电子束扫描速度加快，轰击荧光屏的电子数目减少，亮度降低，反之升高，这样都会导致整个屏幕亮度不均，画质下降。在许多大屏幕彩电，如高路华TC-3418、TCL王牌-3480ML、TCL王牌-AT3486

等机型中均设计有扫描速度调制电路。

扫描速度调制电路（Velocity Modulation）简称 VM 电路，其主要标志是在偏转线圈上增加了一个线圈，如图 4-15 所示。扫描速度调制电路，其主要作用是用图像信号中迅速变化的边缘成分，去调制电子束水平扫描的速度，使电子束的扫描速度随亮度信号的变化而改变，从而在屏幕上获得清晰的图像边缘。这与水平轮廓校正电路的功能相似，同样是对图像的轮廓进行勾边。扫描速度调制电路的基本工作过程是：亮度信号经 VM 电路，取出亮度信号中迅速变化的边缘成分（只是不同品牌的信号取的位置不同，经过处理送到显像管上新增加的一组辅助偏转线圈（又称速度调制线圈，包裹在显像管的管颈上，处于主偏转线圈下面），使流过速度调制线圈的电流大小发生变化，从而产生一个随亮度信号变化的附加磁场，使电子束水平偏转的扫描速率随视频信号的亮度不同而变化，或加速、或减速，并因此使亮度发生明显变化（扫描速度快，电子束在屏幕上停留时间短，该处画面变暗，反之，该处画面变亮）。可见，速度扫描调制电路的实质是：行扫描偏转线圈中的锯齿波电流使电子束在水平方向均匀移动；而速度扫描线圈中的电流是变化的，脉冲电流的上升沿（对应的是亮度信号中的黑电平，即图像的暗景）使电子束扫描速度加快，“光点”在显像管荧光粉表面经过的时间变短，该处图像亮度变暗；脉冲电流的下降沿（对应的是亮度信号中的白电平，即图像的亮景）使电子束扫描变慢，让“光点”经过荧光屏荧光粉表面的时间变长，于是该处图像亮度变大。这样，在图像由暗变亮或由亮变暗的地方，图像轮廓得到加强，清晰度明显提高。例如，当图像从黑到白变化时，VM 电路先是使电子束水平扫描速度加快，使该处屏幕亮度变得更暗，然后，再使扫描速度减慢，使屏幕亮度变亮，最终使图像黑白边缘处，界线分明、轮廓突出，起到了提高图像清晰度的效果。

图 4-15　扫描速度调制电路中的 VM 线圈

4.5　扫描电路故障检修

4.5.1　同步分离电路故障检修

同步分离电路发生故障时，会使行、场都不同步，这种故障与 AGC 电路故障所造成的行、场都不同步故障现象有所不同。AGC 电路发生故障而使高频调谐器和图像中频放大电路的增益变得过大时，会使晶体管处于饱和，导致同步信号压缩，这往往使行、场都不同步，且图像对比度通常显得过强。但是，当不能得到稳定的图像时很难确定图像对比度是否过强，因此，对于行、场都不同步故障应首先检查同步分离电路，然后再检查AGC电路。

同步分离电路的检查，可以用万用表测量集成块同步分离电路输入及输出端的直流电压及同步信号电压（用万用表附加检波器测量）。若同步分离输入端直流电压正常，且输入信号电压正常，则其前面电路正常，故障可能是同步分离电路；再从同步分离电路输出端有无同步信号电压可以判断同步分离电路工作是否正常。若用示波器测量波形法检查（参见图4-3），则可迅速确定故障部位。

4.5.2 行扫描电路故障检修

1. 检修行扫描电路的注意事项

彩色电视机行输出级电路供电电压一般在100V到150V，甚至更高，行输出变压器产生的电压就更高了，检修行扫描电路要特别注意的是：① 行输出级工作的电压高、电流大、功耗大，是电视机中故障率最高的电路，检修中注意防止触电，尽量采用单手操作法检修和测量；② 高压、聚焦极电压高一般不用万用表测量，行管集电极上有上千伏的脉冲电压，万用表测量时要先放上表笔，再开机，否则会出现拉弧现象，不能直接用示波器测量行输出管集电极的波形；③ 行输出级和电源联系紧密，往往行输出级出现故障也影响电源正常工作，要注意区分是电源故障还是行输出级故障；④ 行扫描电路的工作除受到行同步电路、行振荡电路、行激励电路、行输出电路、行输出变压器等影响外，还受到供电电压、X射线保护电路、行输出级负载电路的影响，因此，维修中要注意它们之间的关系，分清楚故障原因，少走弯路；⑤ 在检修一条亮线的故障检修时，因为电子束集中轰击荧光屏的中央的一个狭小区域，很容易造成这个区域的荧光粉烧伤，使荧光粉的发光效率降低，留下烧伤的痕迹，因此，在检修过程中要调低亮度，如果亮度降不下来，应该检查ABL电路和显像管电路，甚至降低加速极电压，使屏幕上只出现能够看得见的一条暗线。

2. 检修行扫描电路的方法

1）直观检查法

采用这种检查方法时，应重点检查行输出变压器及其附近的元器件，看有无烧焦、变色、炸裂等。

2）在路电阻检测法

为了避免开机就烧元器件，在通电之前，要进行在路电阻检查，所谓“在路”，是指不拆下元器件，而在电路板上测量关键点的对地电阻，看是否符合正常值要求，看有无直流短路性故障存在。一般先测行输出管集电极对地电阻，将机械万用表红表笔接地，黑表笔接行输出管集电极，测得的电阻应在3kΩ以上，不同机型测得的阻值会有差异，但不能小于1kΩ，若小于1kΩ，则应重点检查以下元件：（1）行输出管c、e极间是否击穿；（2）阻尼二极管是否击穿；（3）逆程电容或S校正电容是否击穿或漏电；（4）行输出变压器是否击穿。如果行输出管集电极对地电阻正常，为了确保安全，还需要检查行输出变压器次级绕组各直流供电电路的对地电阻，以免因为次级负载太重而烧坏行输出管。检测时仍然将机械万用表红表笔接地，用黑表笔去测量。一般情况如下：① 加速电压输出端对地电阻应大于 3MΩ；② 190～200V 视放供电端对地电阻应大于 250Ω；③ 12～25V 各低压供电端对地电阻应大于 250Ω。如果某一路输出端对地电阻太小，则应检查该路整流二极管是否击穿，滤波电容是否严重漏电，负载是否有短路或损坏。

3）直流电流检测法

如果以上两步检测均未发现故障点，则可以试通电作进一步检测。由于故障原因不明，通电时应持谨慎态度，手不离开电源开关，以便随时断电。为了进一步弄清故障，最好是在通电时监测行输出级电流，可将电流表串接在行输出变压器初级绕组进线端测，也可以在行输出变压器初级进线端的限流电阻两端并接电压表，测量该电阻两端电压，然后用欧姆定律计算出行输出级电流。一般来说，37cm 彩色显像管的行电流为 300～350mA，47cm 彩色显像管的行电流为 350～400mA，54cm 彩色显像管的行电流为 400～500mA，一般屏幕越大行输出级电流就越大，维修中要注意积累经验，如果检测中发现行输出级电流很大，甚至超出正常值一倍以上，就应考虑行输出变压器是否匝间局部短路；行偏转线圈是否局部短路；行、场偏转线圈之间是否有漏电。在原因不明的情况下，每次通电时间要短，并注意观察通电时间内有无异常反映。

4）直流电压检测法

在进行电压检测时，应首先测量行输出管基极电压，在行扫描电路工作正常时，行输出管基极应为负电压，一般为–0.3～–0.5V，若行输出管基极无负压，则为行激励脉冲没有到达行输出管基极，应重点检查行振荡和行激励级；若行输出管基极有负压，则应重点检查行输出级。可进一步测量行输出管集电极电压，行输出管的集电极电压近似等于行输出级供电电压，若行输出管集电极无电压，则应检查限流用的熔断器电阻是否熔断，行输出变压器初级是否开路，若发现熔断器电阻熔断，一般是由于行输出级电流太大造成，应查明原因后才可以再次通电。

由于多数彩色电视机在扫描集成块内都设置有 X 射线保护电路，因此，在试通电时，如果行输出级不工作，则应首先查一查 X 射线保护电路是否起控，由于 X 射线保护电路起控，需要一定时间，所以，可以测量开机瞬间关键点的电压是否正常来判断，在排除 X 射线保护电路起控后，再检查其他电路。

5）dB 电压检测法

dB 电压检测法就是用万用表的“dB”挡来判断有无脉冲电压的测试方法，又称非正弦波交流电压检测法，是在没有示波器的情况下判断有无交流信号的方法。具体的方法是用万用表的“dB”挡（交流电压挡），红表笔插到“dB”孔测量，没有“dB”孔的万用表就用一只 0.1μF 到 0.47μF 的电容器，耐压要大于被测量电路的峰值电压，电容器的一端焊接到电路的“地”上，另一端接到黑表笔，红表笔接测试点，用交流电压挡测量某点对“地”的脉冲电压。注意用“dB”法测量到的“dB”电压值，只是用来估计脉冲电压的幅度或者判断有无交流信号的存在，并不是信号电压的高低。

用“dB”挡可测量集成扫描电路的行频脉冲输出脚输出的行频脉冲、行激励级集电极的行频脉冲、行输出管基极输入的行频脉冲、行输出管集电极的逆程脉冲（这里的“dB”电压为几百伏，测量时要注意“dB”挡内的隔离电容器的耐压问题）。通过测量这些点的“dB”电压，就可以估计行频脉冲的幅度和有无。通过测量场扫描中场输出级、场偏转线圈上的“dB”电压，据此也可以知道场扫描有没有形成场频脉冲锯齿波。这是在业余情况下测量脉冲电压的好方法，经常测量积累经验和测试数据，以便今后维修。如行激励级集电极的“dB”电压，若激励级供电100伏以上，则集电极的“dB”电压就应该为70V到130V；若供电电源为50V以下，则集电极的“dB”电压就小于50V。行输出管基极的“dB”电压一般为3V左右。

6）示波器关键点波形测量法

电视机行、场扫描电路从振荡级到激励级，再到输出级都存在着信号的传递，可以通过测量这些点有没有信号波形的传递及波形的形状和幅度，就能够清楚地知道电路的工作状态。

以上的维修方法并不是在维修每个故障都会用到，应灵活应用。

3．行扫描电路的关键检测点

行扫描电路的关键检测点如图4-16所示。

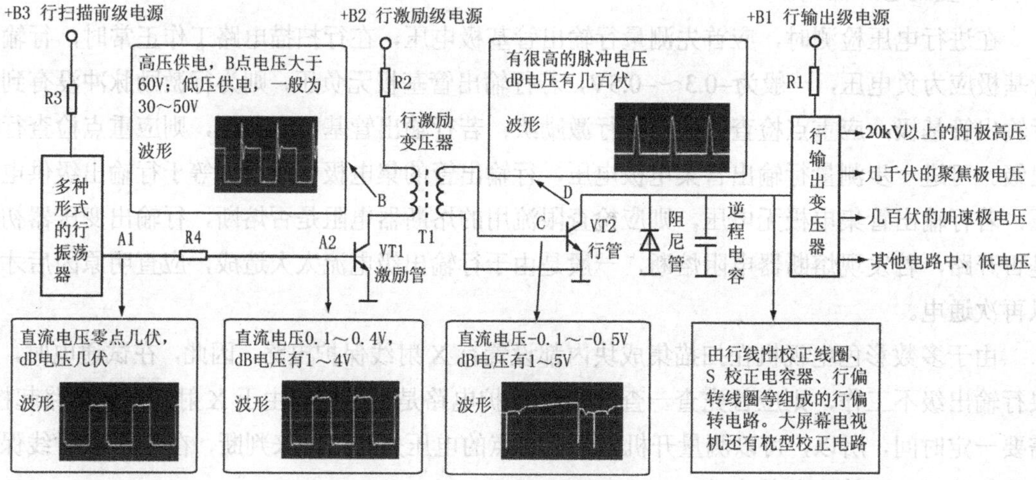

图4-16　行扫描电路的关键检测点

1）集成电路的行脉冲输出引脚（A1点）

集成块内经行激励电路整形、放大后的行频脉冲，从集成块的行脉冲输出引脚（A1点）输出，直接耦合至行激励管VT1的基极。由于该脚至VT1基极采用的是直接耦合形式，故用万用表测量行激励管VT1基极直流电压的大小就可以判断A1点是否有行频脉冲输出。正常时A1点直流电压为零点几伏。当A1点无行频脉冲输出时，A1点直流电压为0V。因此，从A1点直流电压的测量就可以确定故障在A1之前的电路，还是在A1之后的行激励与行输出电路。另外，A1点有无行脉冲输出也可用万用表dB挡（或直流电压挡附加行频检波器）测量以及可用示波器观察输出信号波形来判断。

2）行激励管集电极（B 点）

行激励管 VT1 集电极（B 点）的直流电压应明显低于它供电的电源电压（有些采用一百多伏供电，而有些采用几十伏供电），而又往往高于 10V。若该点直流电压正常，则表明行激励及行振荡电路基本正常；若 B 点直流电压等于给它供电的电源电压，则表明行激励管 b-c 结开路或行振荡电路停振；若 B 点直流电压等于 0V，说明行激励管供电有问题，或行激励变压器初级开路，也可能是 VT1 已击穿短路。用万用表 dB 挡测 B 点时，指针应有较大角度的偏转；若不偏转，说明 B 点无行脉冲输出。

3）行激励管基极（C 点）

C 点是行激励变压器的输出端，也是行激励管的基极。正常时，该点的直流电压应为负值。测量该点直流电压时，若表针反偏，说明该点有行脉冲，否则无行脉冲。用万用表 dB 挡或示波器也能检测该点有无行脉冲，但 C 点脉冲应明显低于 B 点。

4）行激励管的集电极（D 点）

行激励管的集电极（D 点）的直流电压基本等于+B1 电压，同时有很高的 dB 脉冲值。通过测量该点的直流电压可以判断行激励管的供电是否正常；通过测量该点的 dB 脉冲可以判断行输出电路是否工作。判断行输出级是否正常工作还有以下一些方法：直接观察显像管灯丝是否点亮；用示波器测量行输出变压器灯丝绕组是否有二十多伏峰-峰值的行逆程脉冲。以上方法只要选择一种，就可判断出行输出级是否正常工作。

5）判断行输出变压器是否有高压的方法

（1）用专用高压测试表笔，直接测量显像管高压嘴内的高压。

（2）手持较长纸条，使纸条自然下垂，离荧光屏 3～5cm 的距离，然后再打开电视机的电源开关，观察纸条是否被吸至荧光屏上，如能则说明有高压，否则无高压。

（3）手持试电笔接近行输出变压器的高压输出线（应保持一段距离），试电笔氖管如发光，表明有高压，否则为无高压。

4. 行扫描电路常见故障分析与检修

行扫描电路的常见故障有：无光栅、无伴音；垂直一条亮线；行幅不足；图像行中心偏左或偏右；行不同步；光栅暗等。

1）无光栅

（1）故障分析。

无光栅故障是行扫描电路最典型、最常见的故障。其故障部位很多，有行扫描电路、高压及束电流自动保护电路、电源、视频放大电路及显像管电路。这里只分析行扫描引起的无光栅。

对于无光栅故障的观察一定要仔细，要开大亮度来看，有没有很暗淡的光点、亮线，有就不属于无光栅故障。无光栅也无一个亮点是因显像管不具备发光的条件，是没有显像管工作需要的高压、中压及灯丝电压，这些电压都需要行扫描电路提供。行振荡、行激励、行输出电路都有可能产生此故障。可能的故障部位及原因如下。

① 行振荡器停振，没有行频脉冲信号送到后级，后级无法正常工作。

② 行激励级损坏，常见行激励管损坏、行激励管集电极电阻器损坏、激励变压器损坏等。

③ 行输出级故障。这是最常见的原因，因为行输出级工作在高电压、大电流的条件下，行输出级出故障的机率必然就大。常见的有行输出管、阻尼二极管、逆程电容器、S 校正电容器、行输出变压器等击穿或者短路，这些都会导致无光栅故障，往往同时会导致行输出级的供电电压下降，因此要注意区分是电源故障还是行输出级故障。

（2）检修思路和方法。

当电视机出现无光栅故障时，由于故障范围比较宽，要注意区分故障是否在行扫描电路中。对于公共通道、伴音电源由开关电源直接提供的机型来说，如果伴音正常，证明电源电路是基本正常的，而没有光栅，故障就在行扫描电路及显像管和显像管的附属电路；如果是三无（无光栅、无图、无声）故障，就要考虑电源是否有故障，很多时候是因为行扫描电流过大，导致电源也工作不正常。对于公共通道、伴音电源由行输出变压器提供的机型来说，如果伴音正常，证明行扫描电路是基本正常的，而没有光栅，故障一般在显像管和显像管的附属电路；如果是三无故障，故障应在电源或行扫描电路。要判断电源工作是否正常，办法很简单，就是用假负载代替行输出级，若电源输出电压恢复正常，则故障在行输出级。具体做法：一是，断开行输出级，往往都有一只限流电阻器或者一个滤波电感器，直接断开它就可以了，用假负载代替（比较好的是用一只 60～100W/220V 的白炽灯，发光的强弱就能够初步估计电压的高低，一端接地，一端接行输出级供电端）行输出级；二是，如果你不愿意去找限流电阻等这些元件，更简单的就是找到行输出管，短接行输出管基极与发射级，让行频脉冲信号不能够送到行输出管，把假负载接到集电极与地之间就可以了。

行扫描电路引起的无光栅故障检修，首先，用在路电阻检测法，检查有没有短路性故障，排除短路性故障才进一步通电检查，其次，用电流检测法看行输出级有没有交流短路故障，再用关键点电压检测法、dB 电压检测法、示波器关键点波形测量法，找到故障部位，确定故障元件。

（3）检修步骤。

下面就结合图 4-16 讲述。

① 用直观检查法看限流电阻器、行输出变压器、行输出管、阻尼二极管、逆程电容器等有没有明显的损坏痕迹。

② 用在路电阻检测法检查行输出管集电极（D 点）对地电阻值，应该大于 3kΩ，如果小于 3kΩ，就要检查行输出管、阻尼二极管、逆程电容器、S 校正电容器、行输出变压器等元件是否有短路或者漏电现象。有，就更换或者处理。

③ 通电测行输出级供电点+B1 处的电流，正常情况应该在几百毫安范围内，如果太大就意味着行输出级有交流短路现象，常见的是行输出变压器线圈局部短路、行偏转线圈局部短路等，建议替换后重测。如果电流小，则进入下一步检测。

④ 测量关键点直流电压、dB 电压及波形（实际应用时可以用其中的一种或者两种，不是都要求用到），判断故障所在电路的大致范围。

a. 测量行激励级基极（A2 点）的直流电压、dB 电压、波形，判断故障在行扫描前级还是在行扫描后级。A2 点测量的参数正常，说明故障在行扫描后级电路；不正常，故障就在行扫描前级及行扫描前级与行激励级基极间的耦合回路中，可进一步测 A1 点，就能够确定故障的位置了。

b. 集成电路的行振荡器的检查。检查涉及到行扫描的几个关键引脚，一般是行扫描集成块的供电引脚+B3 电压，行振荡器引脚及外围元件（有的是振荡电容器，有的是石英晶体谐振器），检测这些引脚的直流电压和在路电阻值，外围元件正常就是集成块故障。行振荡器不能够输出行频脉冲，还要注意是不是因为 X 射线保护电路起控或者误动作，一是可以测量在开机瞬间有没有行频脉冲信号输出，有输出，就是保护电路动作造成，开机瞬间也没有行频脉冲输出就在行振荡器电路本身；二是断开保护电路重新测量，就是要注意断开行扫描后级电路（比如不给行输出级供电，就是断开+B1 与行输出级的连接，而改用假负载代替+B1 的负载，当然也可以直接断开行激励级的集电极供电），因为，不断开行扫描后级，就可能产生过高的电压损坏其他元件等。行振荡器没有正常工作，行扫描后级也没有办法工作，当然，就无光栅了。

c. 行激励级检查。从工作点来看发射结是浅正偏的，就是没有达到导通电压，集电极电流又不为零，也就是行激励管集电极电压（B 点电压）小于行激励级供电电源电压+B2，这个就是该级工作在开关状态的明显标志。通过检测 A2 点、B 点、+B2 的电压就能够判断行激励级的工作状况了。结合 dB 电压和波形测量就更快更准。行激励级没有正常工作，行输出级就得不到行频脉冲，所以，会导致无光栅。

d. 行输出级检查。行输出管的导通靠的是行激励变压器次级的感应电压来工作的，测量到行输出管基极电压为负值，就说明行频脉冲送到了行输出管的基极，这个负压越高，激励信号就越强，行输出级也是工作在开关状态的（发射结电压没有达到导通电压，甚至负偏，集电极电流不为零）。导致无光栅故障，多为行输出管损坏、逆程电容器击穿、阻尼二极管击穿、S 校正电容器击穿、行输出变压器损坏、行偏转线圈有短路等，导致行输出级不能正常工作，不能够提供给显像管正常工作电压。

e. 行输出变压器的检查。这个是许多初学者感到非常头疼的元件，其实，它和其他的变压器具有相同的特性，就是变压器绕组之间是相互联系的，又是相互独立的。相互联系是因为它们都接受同一磁场的作用，一般来讲，一个绕组的电压正常，其他绕组的电压就应该是正常的，除非这个绕组自身有故障或者这个绕组的负载有故障，实际上这个绕组有短路或者这个绕组的负载电流过大，都会在其他绕组中得到反映，就是其他绕组的电压也会随之下降。相互独立是说它们的绕组在内部是独立的，各自生成各自设计的电压参数，在行输出变压器代换时，对于有的绕组的电压可以修正或者通过绕制新的绕组（绕制到行输出变压器露出来的磁芯上，然后连接到电路中就可以了）来产生。用同型号的行输出变压器来进行替换，是最准确的检查方法。行输出变压器内部匝间短路，或绕组与绕组间击穿短路，只有更换同型号的行输出变压器。

2）光栅暗、光栅亮度不均

（1）故障分析。

光栅暗、光栅亮度不均故障的部位除行扫描电路外，还可能在显像管及显像管附属电路。

对于行扫描电路来说，由于显像管已经发光，说明行扫描电路能够工作，能给显像管提供各极电压，但电压较低，比如高压、中低压等。比较常见的原因有：

① 行输出级供电电压太低。行集电极脉冲电压为供电电压的 8～10 倍，如果供电电压低了，这个脉冲电压自然也就低了，由这个电压变压得到的各组电压也就会低，所以光栅会变暗。但是，同时行扫描的幅度也会降低，这是因为，行输出级供电电压降低，行锯齿波幅度必定也会降低。如果仅是光栅亮度暗，就不是这个原因。

② 逆程电容器容量太大，亮度会降低，但光栅的幅度要随之增大，且使用中的电视机，逆程电容器只会减小，不会增大，所以，这个原因只有在维修中才可能遇到。

③ 行输出变压器性能不良。比如行输出变压器有轻微的局部短路、漏电，就会导致高压、中压下降导致光栅亮度暗，但同时伴有行输出级电流增大、行输出管发热量大、行输出变压器发热等现象。

④ 行偏转线圈局部短路。造成行输出级负载增重，行输出级工作不良，影响各组电压的产生。

⑤ 中压整流、滤波电路不良，会出现光栅亮度不均。实际上是这个中压作为视频放大输出级的电源，由于滤波不良，纹波系数增大，使视频放大输出级的供电电压不稳，显像管的阴极电压在每行的开始端电压高，随后逐步降低，所以，光栅左右的亮度会有变化，形成亮度不均。一般可以看到该电解电容器有漏液、引脚锈蚀、断裂、外壳龟裂等。如果是中压整流二极管不良，一般就是反向特性变差。

⑥ 显像管的石墨层脱落严重，石墨层接地不好，影响高压的形成与滤波。这种情况不多见。

（2）检修思路和方法。

对于这样的故障要反复调节亮度、对比度，甚至调节一下加速极电压，看光栅的亮度有什么变化，观察光栅的幅度是不是也有变大或者变小的情况，采用电压检测法检查行输出级的供电电压+B1、行输出变压器输出的几组低压和中压是不是有降低的情况。

（3）检修步骤。

① 直观检查法，检查有没有元件（包括显像管外的接地和石墨层）外形有问题和损坏的痕迹，有就处理它。

② 测量供电电压+B1，看是否降低。

③ 测量行输出变压器产生的几组低压和中压，看有没有降低，以估计高压是否正常。

④ 测量显像管的供电电压，看灯丝电压是否降低，加速极电压是否降低，栅极与阴极电压是否可调且在正常范围。

3）行幅窄或者行幅宽

（1）故障分析。

出现行幅宽或者窄，证明已经形成了行频锯齿波，只是行频锯齿波的幅度大了或者是小了，以及行逆程脉冲电压高了或者低了。行扫描前级及行激励级电路工作是正常的，故障在行输出级。可能的原因有：

① 行输出级供电电压不正常。供电电压升高行幅增大，同时亮度也会有所提高；供电电压降低，行幅变窄，同时光栅的亮度也会有所降低。这个原因在前面的光栅暗的故障分析中已经讲到，这里不再赘述。

② 逆程电容减小、失效。逆程电容的大小将改变行逆程时间的长短，逆程时间的长短将改变行逆程脉冲电压的高低。逆程电容减小，直接的影响就是逆程脉冲电压升高，高压、中压等升高，使电子束从电子枪发射出来到达荧光屏的时间缩短，在相同偏转磁场的作用下，偏转的距离减小，导致行幅减小。高压的升高，到达一定程度 X 射线保护电路就会起控，形成无光栅故障。

③ 行输出变压器局部短路。导致行频锯齿波幅度减低，使得高压降低，会使电子束到达荧光屏的时间增长，行幅会变宽，同时亮度会降低。

④ 行偏转线圈及偏转回路元件变质。偏转线圈故障将使偏转线圈的偏转效率降低，偏转回路元件变质，输入偏转线圈的电流减小，形成的偏转磁场减弱，行幅减小。

⑤ 逆程电容器、阻尼二极管、行输出管等性能变差。都会影响锯齿波的幅度，影响光栅的幅度。

⑥ 枕形校正电路失常。对于大屏幕电视机设置有枕形校正电路，从电路的原理分析，枕形矫正电路直接影响送入行偏转线圈的锯齿波电流形状和幅度。所以，枕形校正电路发生故障对行幅的影响非常明显。但是，枕形校正电路故障影响行幅的同时，还会出现枕形失真。

（2）检修思路和方法。

要注意观察光栅的亮度是不是也发生了变化，有没有出现枕形失真的情况。可以用直流电压检测法，检查各个关键点电压。对于有枕形失真的电视机，又是带有总线控制，就应先进入总线进行调整，没有总线控制就调整相应的枕形校正电位器，调整不好才进行维修。

（3）检修步骤。

① 测量+B1 的电压是否正常，这个是行输出级工作正常的关键。

② 测量行输出变压器产生的几组低压和中压，看有没有变化，以估计电路中是否存在短路或者漏电的故障，如果降低了，就要考虑行输出级的几个元件（行输出管、行输出变压器、逆程电容器、阻尼二极管、S 校正电容器、偏转线圈）是不是漏电或者性能不良、偏转线圈和行输出变压器是不是有短路，这些元件最好采用替换法来解决。

③ 对于大屏幕电视机，行幅变大或者变小，又有枕形失真的情况下，应先检查枕形失真的维修，具体的就是先调整，再检查枕形校正电路的故障，在解决好枕形失真故障后行幅不正常的故障也基本就解决了。

4）行线性差

（1）故障分析。

行扫描的线性失真主要有：行输出管、阻尼二极管等元件导通的非线性及偏转线圈的磁场变化的非线性，导致的是光栅右边压缩；电磁偏转和显像管的曲率半径不同带来的两边延伸性失真和枕形失真。在电视机中专门针对每种失真，采取了对应的校正或者补偿措施。因此，影响电视机的行线性的原因有：

① 行线性校正线圈失效、调整不当。

② S校正电容器失效，或者电容量减小太多。

③ 行输出管、阻尼二极管的导通特性变差。

④ 行振荡器产生的行频脉冲脉冲宽度不对，导致行输出管导通的时间长短不对。

⑤ 枕形失真校正电路故障。

（2）检修思路和方法。

要注意观察光栅的线性不好是属于哪一类线性不好，是哪一个部分出现明显的失真，判断正确后针对失真的形成原因，找到故障部位。常常采用的办法是先考虑是不是调整不当造成的，应先试整。若经调整不能消除故障，再对可疑元件进行替换检查。如果考虑是行频脉冲的脉冲宽度不对，就只能够用示波器检测法检查行扫描集成电路输出的行频脉冲宽度了。

（3）检修步骤。

① 针对失真情况，找到对应的调整元件进行调整，注意调整时记住原来调整元件的位置，有必要做一个标记，总线调整的记住原来的参数数值，边调整边观察故障现象的变化，如果调整对故障现象没有影响，就停止调整，并且将调整元件调回原来位置，有总线调整的电视机，调整回原来的参数数值，故障就不在这个调整元件或者不是调整不良的问题了。

② 对可疑元件进行替换法检查。如果替换后故障现象没有什么改善，立即换回原来的元件，注意行线性校正线圈是有极性的元件，就是与偏转线圈之间有一个同名端关系，不要安装反了，线圈上是有标记的。

③ 用示波器检测法检查。检查行振荡器输出的行频脉冲的脉冲宽度，正常的脉冲宽度为18～20μs，这样才能够保证行输出管导通时间达到44～46μs，达到改善行扫描右边光栅的线性。不正常就检查振荡元件的参数是否发生了变化，但这种情况并不多见。

5）垂直一条亮线

（1）故障分析。

有垂直一条亮线，说明显像管各极的工作电压正常，行扫描电路工作基本正常，只是行偏转线圈中没有行频锯齿波电流，故障原因是行偏转回路故障。可能的原因有：

① 行偏转线圈和主板的连接件有开路性故障，或者行偏转线圈开路。

② 行线性调整线圈（磁饱和电抗器）开路。

③ S校正电容器开路。

（2）检修思路和方法。

这种故障都是元器件开路造成的，所以，对这些可能的元件进行检测，就能够找到故障元件之所在。主要采用在路电阻检测法。

（3）检修步骤。

① 用在路电阻检测法检查行偏转线圈的插件处的电阻值。这个电阻值就是检测到行偏转线圈的直流电阻值，正常情况下，只有1～2Ω。当行偏转线圈的接插件及引线有开路或者

接触不良、行偏转线圈开路等时，电阻值就会变大。

② 用在路电阻检测法，检查行线性调整线圈的电阻值，由于用的是比较粗的漆包线，且匝数比较少，所以，测量的电阻值几乎是为零。

③ 拆下 S 校正电容器，测量其电容量，看它是不是已经开路或者容量极小，有必要采用替换法试一试。

6）行不同步

（1）故障分析。

行不同步故障现象是，图像出现左右移动或者出现斜影条。产生这种现象的故障原因是电视机的行扫描相位或者频率与电视台发送的行频信号相位或者频率没有完全“同步”，可能原因有：

① 行振荡器的频率偏离正确的行频（15 625Hz）太远。超出了行同步捕捉范围，行同步电路不能使之同步。

② 行同步电路（AFC 电路）故障。

③ 行逆程脉冲回授电路故障。没有把行逆程脉冲送到行同步电路（AFC 电路）中形成比较信号，不能够完成锁相过程。

（2）检修步骤及方法。

① 调整行频。行振荡频率偏差较大与 AFC 不良都会出现行不同步现象。区别方法是：一边调节行频电位器，一边观察斜影条的方向和宽窄是否发生变化，调整时是向着把斜影条越调越宽的方向进行的。如果在调节行频电位器时可以使图像在水平方向上瞬间稳定，即说明 AFC 电路工作不正常；若图像在水平方向上不能瞬间稳定，则说明行振荡电路的振荡频率偏离 15 625Hz 太远，故障在行振荡电路。这种方法对集成块如外部设置有行频电位器的机型有效。如 TA7698AP，它的㉞脚外接的电位器就是行频电位器。当故障部位确定下来后，再对相关电路进行检查。

② 行 AFC 电路的检查可以用万用表测量输入端和积分滤波端的直流电压，以及用示波器（或万用表 dB 挡）测量 AFC 电路输入端的比较脉冲来进行。行逆程脉冲回授电路没有几个元件，也可以逐个元件进行检查。

③ 检查行振荡电路故障，可采用示波器（或万用表 dB 挡，或万用表附加行频检波器）测量集成块外接定时端子及行频脉冲输出端的信号波形（或电压）。如果不正常，应先检查集成块外接的行定时元件。在外围元件正常的情况下，再更换扫描集成块。对于行频脉冲由 4.43MHz 色副载通过分频形成的机型，应注意检查 4.43MHz 晶振是否存在频偏现象，以及检查行 AFC 环路滤波。

4.5.3 场扫描电路故障检修

1. 场扫描电路的关键检测点

场扫描电路包括场扫描前级和场输出级两部分。现在生产的彩色电视机，场扫描前级均采用集成电路，输出一个场频信号；场输出级采用集成电路功率放大器（安装在散热器上的大功率集成块），形成足够大的锯齿波电流，送到场偏转线圈，使电子束做上下的扫描运动。场扫描电路的关键检测点如图 4-17 所示。

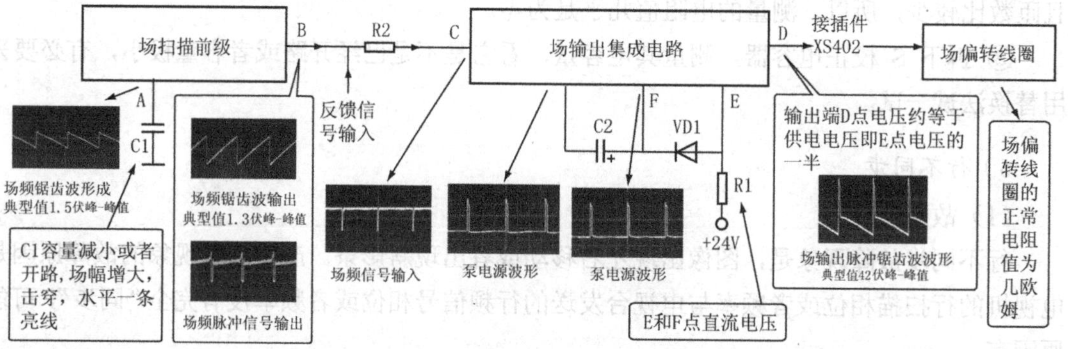

图 4-17　场扫描电路的关键检测点

1）场锯齿波形成电容端（A 点）

小信号处理集成电路的场锯齿波形成电容端（A 点），它内接场锯齿波形成电路，外接场锯齿波形成电容及 RC 充放电回路。该端子上场锯齿波信号可以反映场锯齿波形成电路及场触发分频电路工作的正确与否。用示波器或万用表附加场频信号检波器检测 A 点波形或电压，可以判断场锯齿波及场振荡电路是否正常。用万用表附加场频信号检波器检测时，该点电压典型值为 0.7V 左右。

2）场激励电路输出端（B 点）

小信号处理集成电路的场激励电路输出端（B 点），输出场频信号（输出信号有两种情况：有些集成块输出的是场频脉冲锯齿波信号，而有些集成块输出的则是场频脉冲信号），送至场输出电路。

一条水平亮线故障，故障可能范围很大，场扫描前级和场输出级都可能产生这种故障。因此，B 点是判断场扫描故障位于场扫描前级还是在场输出级的关键点。可用示波器或万用表附加场频信号检波器检测 B 点波形或电压，可以区分故障在场扫描的前级还是在后级电路。也可焊开 R2 的一个引脚，在 R2 另一端输入一个低频信号或用万用表 R×10 挡干扰此点，观察荧光屏上水平亮线能否拉开，上下闪动。若能拉开，则为场扫描前级电路故障；若一条水平亮线无变化，则为场输出电路故障。

3）场输出电路的输入端（C 点）

该点的检查方法与 B 点基本相同。

4）场输出电路的输出端（D 点）

该端直流电压约为供电电压的一半（即 $1/2V_{CC}$）。若该端直流电压偏离正常值，说明场输出电路有故障，有可能是外围元器件有问题，也可能是场输出集成块损坏，分立元件的场输出电路也可能是场输出管损坏。

另外，场输出电路的供电端、自举升压端，也应作为关键检测点。

2. 场扫描电路检修方法

早期的彩色电视机往往有可供调节的场频、场线性、场幅度、场中心等调节元件，还有维修开关，这些元件使用日久易出现接触不良甚至损坏，维修时可以轻轻地敲击或者调节一下这些电位器，注意观察故障现象是否有变化，如果有变化就证明有接触不良的问题存在，再找到故障元件进行更换。对于一条水平亮线故障，判断故障范围可以采用干扰法，检修中还可以用观察法、替换法、在路电阻检测法、电压检测法、波形检测法，要根据故障现象灵活运用。对故障的观察要仔细，并且要反复调节看故障是不是有变化，这些对判断故障的位置都非常重要，比如，场线性差的故障，光栅顶部压缩且有数条密集的回扫线，其故障原因是场输出级升压电路（泵电源电路）故障，导致逆程脉冲电压下降，形成上部回扫线，多为升压电容器不良，或者升压二极管不良，建议用替换法检查，因为，元件性能参数下降不容易测量出来；对于 OTL 场输出级，输出耦合电容器不良，也会导致上部或者下部压缩，但是顶部没有回扫线，也建议采用替换法；整个屏幕从上到下来看，有的地方密，有的地方疏，故障一般发生在场输出级与场激励级之间的反馈电路中，有场线性调节电位器的机型，就首先调节一下看能不能调节好，对于总线控制的电视机，则应该进入维修状态进行调整。

3. 场扫描电路常见故障分析与检修思路

场扫描电路常见故障现象有：水平一条亮线，场线性不良，场不同步等。

1）水平一条亮线

（1）故障分析。

水平一条亮线故障说明场偏转线圈里没有锯齿波电流，而行偏转正常。由此可知，电源及行扫描部分工作正常，故障只在场扫描部分。从场振荡器到场偏转线圈中任何一个单元电路发生故障都可能出现水平一条亮线。常见故障原因有：

① 场输出级的供电电路故障，导致场输出级没有正常的工作电源。场输出级供电往往都有限流电阻，看该电阻是否有过热的痕迹。

② 场输出集成电路引脚脱焊。因为场输出级功率大，电流也大，所以场输出电路很容易出现脱焊，故障率较高。这种故障形成一条亮线有一个过程，刚开始是连续工作一段时间后出现一条亮线，关机冷却一段时间再开机又能够正常工作一段时间，以后正常工作的时间越来越短，最终形成一条亮线，拍一下机壳又能够显示一下，这就是明显的接触不良故障。检修时应注意观察场输出集成块引脚是不是有脱焊或者虚焊，有必要在关机后用表笔或者镊子去碰一下集成块的引脚，看有没有松动的感觉。

③ 场振荡器停振。如场振荡器没有供电，场振荡器元件严重损坏，导致无法起振。现在的电视机行振荡和场振荡由一个芯片完成，有的甚至由芯片内同一个电路完成振荡，只有一个振荡器，场振荡信号是通过行频信号分频来得到的，出现这种故障的可能性比较小，如果的确是这部分故障，就只可能在场分频器电路。

（2）检修思路和检修方法。

首先，可以用干扰法从场输出级的输入引脚注入信号，看亮线能不能展开一点，如果展开了一点，那么故障在场扫描前级，即场振荡器和锯齿波形成电路，如果没有反应，故障就在场输出级电路。然后，就可以用电压检测法检测各个关键检测点的电压，用电阻检测法检查元件，包括集成块的好坏，还可以用波形检测法检查关键点的波形。首先检查场输出级的输入端有没有场频信号输入，有故障就在场输出级，没有故障就在场扫描前级。

（3）检修步骤。

下面就以超级芯片 LA76931 和 LA78040B 组成的场扫描电路（参见图 4-10 和图 4-11）为例，讲述本故障的检修步骤。

首先在 LA78040B 的输入脚①脚注入干扰信号，若屏幕上的水平亮线闪动，说明场输出电路是正常的，故障在场扫描前级电路，应检查 LA76931 与场扫描有关的部分（包括外围元件）；若屏幕上的水平亮线不闪动，说明由 LA78040B 组成的场扫描后级及场偏转电路有故障。由于行、场扫描公用一个扫描振荡电路，因此，出现一条水平亮线故障，故障点不可能在振荡器电路，而应在锯齿波形成及耦合回路中。也可以检查 LA76931 的⑰脚的场扫描锯齿波输出情况，确定故障在场扫描前级还是后级，然后针对不同的故障点进行检修。这类故障可按流程图 4-18 进行检修。

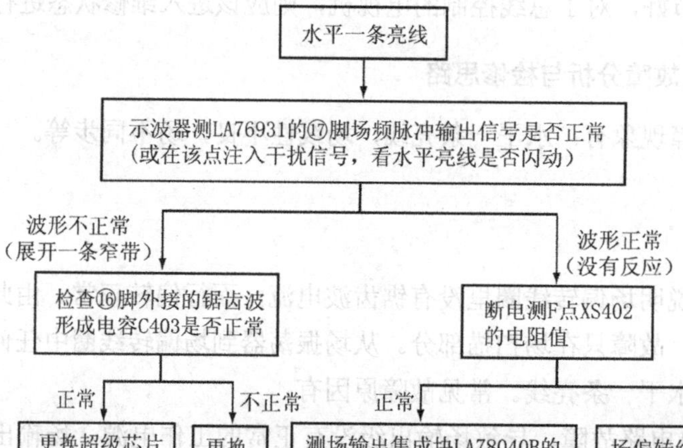

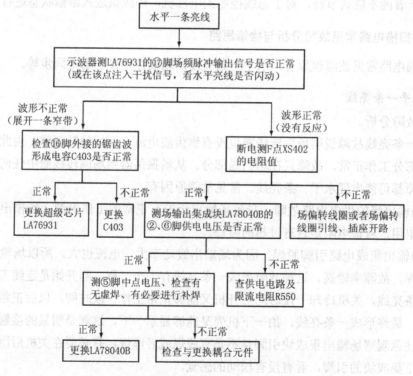

图 4-18 水平一条亮线的故障检修流程图（LA76931+LA78040B）

2）场幅不足

（1）故障分析。

场幅不足，说明场偏转线圈里的场偏转磁场不够强，也就是说送到场偏转线圈的锯齿波电流的幅度不够。导致场偏转线圈锯齿波幅度不够的常见原因有：

① 在锯齿波形成时幅度就不够。主要是锯齿波形成元件不良，比如锯齿波形成电容器

漏电，锯齿波形成电阻器阻值变化等。

② 对锯齿波的放大量不够。主要是放大器的反馈回路元件变质，或者给放大器的供电电压下降。

③ 耦合元件变质，导致对信号的衰减大。主要是耦合电容器容量下降不良或者隔离电阻器阻值变大等。

④ 场幅度调节电路不良，或调整不正确。在早期的电视机设置有场幅度电位器，使用日久后容易出现接触不良现象，可调节一下试试；对于采用总线调整的机型，应进入维修状态，试调一下场幅（V. SIZE）总线数据，看场幅能否调为正常。

（2）检修步骤。

仍然以LA76931超级芯片电视机（参见图4-10和图4-11）为例来讲述其检修步骤。

① 进入维修状态后试调场幅总线数据。若能调整正常，则为总线数据错误；反之，则为硬件故障，需要开机维修。对于不是总线控制的电视机，就没有这一步骤。

② 用示波器测量LA76931的⑰脚锯齿波幅度，从图4-10可知，幅度应该在1.3$V_{P\text{-}P}$左右，目的是判断故障在场扫描前级还是场扫描后级。幅度不足，就需要检查LA76931的⑯脚的锯齿波幅度，正常应为1.5$V_{P\text{-}P}$左右，否则就检查外接的锯齿波形成电容器C403是否不良，最好采用替换法检查。LA76931的⑰脚输出信号幅度正常，故障就在场扫描后级。

③ 检查后级供电电源是否正常，就是测量LA78040B的②、⑥脚电压是否在24V左右，如果电压低，就测24V的供电电源电压和限流电阻器R550是否变大；供电电压正常，就应该重点检查反馈电路元件是否变质。

④ 检查关键的几个影响幅度的反馈元件，特别是R459（1.5Ω）电阻值是否变大，这个电阻值变化对场幅度影响非常大。

⑤ 检查几个关键的耦合元件是否变质，耦合输出电容器（C457），最好采用替换法，隔离电阻器R451的电阻值是否变大。

3）场线性不良

这种故障是因为场偏转线圈中的锯齿波的线性不好造成的。导致场锯齿波线性不好的原因有：①锯齿波形成时线性不良，故障在锯齿波形成电路，主要就是锯齿波形成电容器性能不良；②场线性校正电路不良，场线性校正电路是一个反馈过程 ，这个反馈回路出现故障就会失去其对场线性校正的作用，这是比较常见的故障原因。

检修时，主要采用波形检查法进行检修，结合调整电路参数。故障涉及的电路元件不多，检修与调整方法基本与场幅不足相同，这里就不再赘述了。

4）场回扫线

场回扫线故障现象是在屏幕上出现从上到下有十几条白线，或者只有在屏幕的上方有数根密集的白线。出现场回扫白线，就意味着在场回扫期间电子束没有截止，在屏幕中留下了扫描的痕迹。电视机中消除场回扫线的办法一般是，从场输出级引出场逆程脉冲作为场消隐信号，送到消隐电路，加至视放缓冲管的基极（同时还加有由行输出级送来的行逆程脉冲），在场逆程期间，使视放缓冲管截止，即使场回扫期间电子束截止，这样屏幕上就不会出现场回扫线了。场回扫线故障是无场逆程脉冲送到消隐电路，或者场逆程脉冲幅度不够。

检查这种故障，应先检查场消隐电路。对于如图4-9电路来说，当R423、VD308任意开路时，都会使场逆程脉冲中断，出现本例故障。然后再检查逆程扫描供电电压是否正常。逆程扫描供电电压会导致逆程脉冲幅度大大降低，有的是泵电源电路，就要重点检查泵电源升压二极管和升压电容器（见图4-9中的VD403和C406），泵电源出现故障就没有升压，在输出电源供电脚就没有升压波形。

5）场不同步

这种故障的现象是，图像上下滚动不止，伴音正常。故障原因主要有两个：一是场振荡电路没有被场同步脉冲同步；二是场振荡频率偏移太大。

调节场频电位器，若能使图像瞬间稳定，则表明场振荡电路基本正常，只是场同步信号分离电路出了问题。对于黄河牌HC-47型彩色电视机，则查TA7698AP㉘脚与㊱脚间外接的场同步脉冲积分电路中的元件是否不良（参见图4-3）。

调节场频电位器，若图像不能瞬间稳定，则为场振荡频率偏移过大。对于黄河牌HC-47型彩色电视机，则查场同步电位器R351有无接触不良，C306是否失效，R308、R309有无开路或变值（参见图4-7）。

思考与练习题

一、填空题

1. 彩色电视机的行、场扫描电路的主要作用是向偏转线圈提供________，使束电流在荧光屏上扫描而形成光栅。

2. 扫描系统的组成包括________、________、________。

3. 彩色电视机的同步分离电路的作用是分离出________，使行、场扫描实现同步而使图像稳定。

4. 行扫描电路的组成包括________、________、________、________等。

5. 场扫描电路的组成包括________、________、________、________等。

6. 电视机出现水平一条亮线的原因包括________、________、________、________、________等电路出现故障。

二、判断题

1. 行输出电路的作用之一就是向行偏转线圈提供线性良好的锯齿波电压。（　　）

2. 复合同步信号的作用是保证图像和伴音信号间保持同步。（　　）

3. 电视接收机使用微分电路分离场同步脉冲。（　　）

4. 电视接收机使用积分电路分离行同步脉冲。（　　）

5. 行输出管工作在放大状态。（　　）

6. 场偏转线圈中的电流为锯齿形电流。（　　）

7. 利用微分电路可以把场同步信号从复合同步信号中分离出来。（　　）

8．场扫描电路中的锯齿波形成电路通常由 RC 元件组成。（ ）

9．场输出级一般工作在开关状态。（ ）

10．只要行场扫描电路工作正常，就可形成光栅。（ ）

11．同步分离电路出现故障后，会造成行、场不同步现象。（ ）

12．行扫描一般采用间接同步法，把行输出信号与外来同步信号相比较，根据输出的误差电压间接地控制行振荡器的频率和相位。（ ）

13．水平光栅枕形失真的校正，是利用场抛物波叠加到线性行偏转电流上来实现的。（ ）

三、选择题

第 1～12 题为单选题，第 13、14 题为多选题。

1．同步分离电路的作用是从彩色全电视信号中分离出（ ）信号。

（1）亮度信号　　（2）色度信号

（3）复合同步信号　　（4）复合消隐信号

2．从复合同步信号中分离出场同步信号的电路是（ ）电路。

（1）微分　　（2）积分

（3）触发器　　（4）PAL 开关

3．行偏转线圈中电流的波形是（ ）。

（1）方波　　（2）脉冲波

（3）锯齿波　　（4）正弦波

4．行振荡器产生的振荡信号波形是（ ）。

（1）正弦波　　（2）矩形脉冲波

（3）锯齿波　　（4）三角波

5．为给同步作用留有余地，场振荡器的自由振荡频率应（ ）50Hz。

（1）大于　　（2）远大于

（3）小于　　（4）等于

6．行偏转线圈中电流的波形是（ ）。

（1）方波　　（2）脉冲波

（3）锯齿波　　（4）正弦波

7．行输出管工作于（ ）状态。

（1）开关　　（2）放大

（3）截止　　（4）饱和

8．同步分离电路中的积分电路用于从复合同步信号中分离出（ ）脉冲。

（1）行同步　　（2）场同步

（3）复合同步　　（4）消隐

9．当电视机的（ ）时，景物画面在垂直方向上将出现比例失调现象。

（1）行扫描电流非线性　　（2）场扫描电流非线性

（3）行偏转线圈两端电压非线性　　（4）场偏转线圈两端电压非线性

10．当行输出电路中的行逆程电容容量减小时，会使逆程脉冲电压（　　）。

（1）升高　　（2）降低

（3）不变　　（4）不能确定

11．电视机屏幕上出现水平一条亮线，原因可能是（　　）故障。

（1）高频头　　（2）亮度通道

（3）行扫描电路　　（4）场扫描电路

12．彩电中“X 射线保护”电路在（　　）起保护作用。

（1）亮度过高时　　（2）高压过低时

（3）电视机工作时间过长时　　（4）中放通道电流放大时

13．检修电视机行扫描电路接触不良故障常采用（　　）法。

（1）干扰　　（2）断路实验　　（3）敲击

（4）摇晃　　（5）短路实验

14．行扫描电路的组成包括有（　　）。

（1）同步分离　　（2）行振荡器　　（3）行 AFC 电路

（4）行推动电路　　（5）行输出级

四、简答题

1．对扫描电路主要要求有哪些？

2．行扫描电路的任务是什么？

3．绘出行扫描电路的组成框图，简要说明其工作过程。

第5章
显像管电路及末级视放电路

5.1 彩色显像管及相关部件

5.1.1 彩色显像管显像原理

传统的彩色电视机，采用彩色显像管来重现彩色图像。彩色显像管是一种阴极电子射线管，简称 CRT，它是一种电光转换器件。

彩色显像管的荧光屏按一定规律排列着 3 种基色荧光粉，且每 3 个荧光粉小点组成一个像素，整个荧光屏面上约有 40 多万个像素，将三种基色粉点巧妙地组合在一起。这些荧光粉点在电子束的轰击下，分别发出红、绿、蓝 3 种基色光。为了使 3 注电子束只能打在相应的荧光粉点上，在离荧光屏约 10mm 处装有一个荫罩板（也称为选色板），荫罩板上开有许多小孔，每一个小孔对应一个像素，这样，红、绿、蓝 3 注电子束总是通过同一荫罩小孔分别打到各自的荧光粉点上。

受三基色控制的 3 注电子束，通过同步扫描磁场的作用，扫描整个屏幕时，随时间顺序变化的电信号又恢复成平面位置排列的基色图像。由于 3 注电子束的强弱与三基色信号的幅度成正比，而三基色信号又与景物中某像素三基色的含量成正比，所以，显像管屏幕上对应的像素任何时刻的色彩必然与景物上该点像素的色彩相同。这样，就在荧光屏上呈现出 3 幅基色光像镶嵌在一起的图像，经过人眼的混色效应，便完成了彩色图像的重现。

5.1.2 彩色显像管的结构特点

彩色显像管与黑白显像管比较有很多不同之处，主要体现在：

（1）彩色显像管有红、绿、蓝三个阴极，在荧光屏上涂有红、绿、蓝三种荧光粉。为了保证三个阴极发射出来的电子能准确轰击各自的荧光粉，在显像管内部安置一块薄薄的多孔荫罩板。

（2）由于彩色显像管内部有荫罩板，故到达荧光屏电子数量减少，光栅变暗。为此，需要提高加速极电压和高压阳极电压，同时，还要增大行、场偏转线圈的功率。

（3）彩色显像管高压很高，若因某些原因引起高压过高，一旦超过 27kV，会使荧光屏产生对人体有害的 X 射线，同时会使显像管老化，所以应加过压保护电路。另外，为防止光栅过亮，还应加自动亮度限制（ABL）电路。

（4）为了避免外界磁场影响电子扫描而出现颜色不正常，在显像管玻璃锥体内装有磁屏蔽罩。另外，为防止磁屏蔽罩及显像管附近铁磁性物质被磁化，在显像管外部绕有消磁线圈，在每次开机后，对显像管进行消磁。

（5）在显像管颈偏转线圈后安置了三组磁环，用于色纯与会聚调节。另外，为了防止光栅失真，在行、场扫描电路中一般加有枕形校正电路。

5.1.3 自会聚彩色显像管的结构

彩色显像管种类很多，并且在不断发展、改进、更新换代，到目前为止已经经历了三枪三束管、单枪三束管和自会聚管三个阶段。目前彩色电视机均采用自会聚管。下面就以自会聚彩管为例介绍彩色显像管的结构。

自会聚彩色显像管从外形结构来看主要包括显像管和管外的附属部件，如图5-1所示。

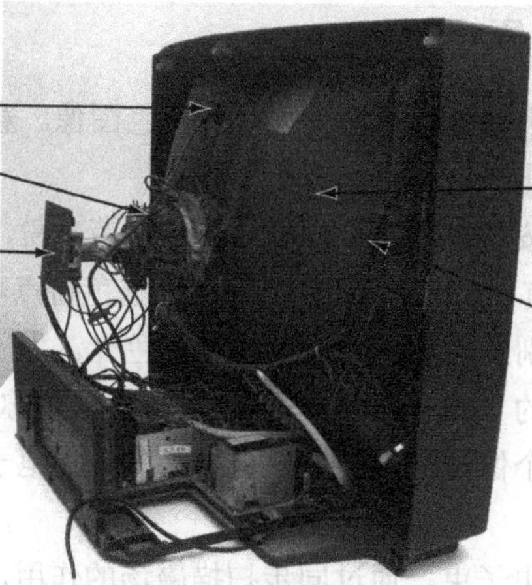

图5-1 彩色显像管实物相片

1. 彩色显像管

彩色显像管主要由电子枪、荧光屏、荫罩板和玻璃外壳组成，其内部结构示意图如图5-2所示。

1）电子枪

电子枪用于产生受控电子束。彩色显像管的电子枪如图5-3所示。电子枪又由灯丝、阴极、栅极、第一阳极（加速极）、第二阳极（高压极）、第三阳极（聚焦极）组成。

灯丝：用FF或HH表示，是由钨铝合金绕制成螺旋形而形成的。灯丝加上额定电压后点亮，对阴极进行加热。灯丝电压是由行输出变压器的灯丝绕组所提供的行频脉冲电压，其电压有效值通常为6.3V。

阴极：彩色显像管有三个阴极，分别用K_R、K_G、K_B表示。阴极做成金属圆筒，筒内罩着灯丝，筒端涂有金属氧化物，当阴极被灯丝加热后就能发射电子。阴极电压一般为100～180V。三个阴极电压分别由三个视放末级电路的工作状态决定。调节亮度，阴极的电压会发生变化；阴极电压还会随图像内容变化而变化。

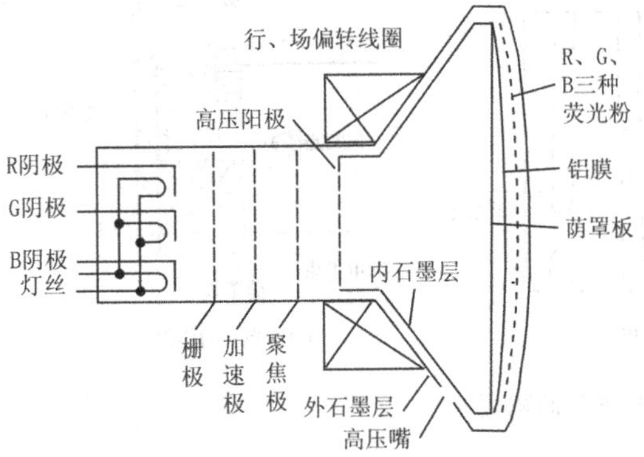

图 5-2　自会聚显像管内部结构示意图

图 5-3　彩色显像管的电子枪

栅极：栅极又称控制极，用 G1 表示，三个阴极共用一个栅极。栅极通常接地，电压为 0V。应用时要求栅极电位低于阴极，即 $U_{GK}=U_G-U_K$ 为负值。阴极电压越高，U_{GK} 的负值越大（指绝对值），则束电流越小，光栅越暗。

第一阳极：也称为加速极或帘栅极，用 A1 或 G2 表示。其作用是使电子束加速运动。加速极电压由行输出变压器提供，其电压一般为几百伏可调（调节行输出变压器上的加速电位器 SCREEN，即可改变加速极电压）。加速极电压越高，电子速度越快，光栅越亮。

第三阳极：也称为聚焦极，用 A3 或 G3 表示。其作用是使阴极发射来的很粗散的电子束聚成很细的电子束轰击荧光粉。聚焦极电压也由行输出变压器提供，其电压一般为 4～8kV。荧光屏尺寸越大，要求聚焦极电压越高，如 29、34 英寸大屏幕显像管，其聚焦极电压可能要求在 10 000V 以上。聚焦极电压的大小可通过调节行输出变压器上的聚焦电位器（标有 FOCUS 的电位器）来改变。聚焦极电压不正常，会出现光栅模糊、图像不清晰现象。

第二阳极（A2）和第四阳极（A4）：也称为高压阳极，用 HV 表示。其作用是使电子束进一步加速和聚焦。高压阳极电压也由行输出变压器提供，一般为 20～27kV。荧光屏尺寸越大，要求阳极高压越高。

另外，为了实现自会聚调整，在电子枪内还装有磁增强器与磁分路器。

2）荧光屏

荧光屏主要指屏面及涂在屏面玻璃内壁的荧光粉薄层。彩色显像管要能显示红、绿、蓝三种基色，在荧光屏表面应交叉涂上红、绿、蓝三种荧光粉条，在没有荧光粉条处涂有石墨用来吸收管内、外散光，以提高图像对比度，如图 5-4（a）所示。这三种荧光粉分别由红、绿、蓝三阴极发射过来的电子轰击而发出红、绿、蓝三种颜色的光，不同颜色的光组合就能得到另外的颜色，从而在荧光屏上显示各种颜色的图像。

3）荫罩板

离荧光屏约 1cm 处装有一块金属板，叫荫罩板，又称分色板，它与高压阳极相连，其上开有约 40 多万个荫罩孔，一个荫罩孔对应一组荧光粉条，如图 5-4（b）所示。其作用是保证红、绿、蓝三条电子束只能轰击与之相对应的荧光粉，如图 5-4（c）所示。

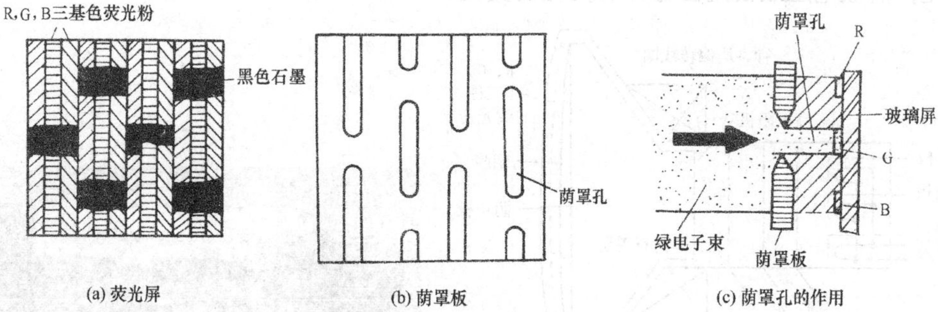

图 5-4　荧光屏与荫罩板

4）玻璃外壳

玻璃外壳由管颈、锥体和屏面组成。玻壳内抽成真空，以增强绝缘强度。锥体的内、外壁涂有导电石墨层，构成高压滤波电容。

显像管的尾部是显像管的引脚，尾板插在显像管的引脚上。

2. 附属部件

自会聚彩色显像管的附属部件主要包括精密偏转线圈、色纯和会聚磁环，如图 5-5 所示。但有些新型彩电，显像管已不再配用色纯和会聚磁环。精密偏转线圈套在显像管的管颈与锥体的交界处，它与显像管之间通过 3～4 个橡皮楔子固定，它与显像管的管颈之间通过一个带螺钉的金属环来固定。精密偏转线圈除了保证电子束做扫描运动外，还可以利用特制的环形精密偏转线圈产生的特殊磁场（行偏转线圈产生枕形磁场，场偏转线圈产生桶形磁场）来自动进行会聚校正，实现 R、G、B 电子束在整个屏幕上的良好会聚。

图 5-5　彩色显像管的附属部件

在偏转线圈后边，有三组磁环，两片二极磁环、两片四极磁环、两片六极磁环，用来进行色纯与会聚调节。

需要说明的是，在生产自会聚彩色显像管时，厂家将偏转线圈和调整用的磁环套在显像管颈上面，经过调整后，用橡皮楔子、固定胶带和锁紧环将它们固定在一起，这样就免去了使用中的会聚调整。

另外，在显像管的锥体上，还安装有消磁线圈，其作用是在开机瞬间，对显像管进行一次消磁。

5.2　末级视放及显像管附属电路

5.2.1　概述

末级视放及显像管外围电路通常装在一小块电路板（称为显像管尾板或视放板）上，因此也称为尾板电路。它通过插接的方式插在显像管尾部的引脚上，实物图如图 5-6 所示。尾板电路包含三部分：一部分是各电极的供电电路，各电极的供电均由行输出变压器提供；第二部分是视放末级电路；第三部分是显像管附属电路，如白平衡调整电路、关机消亮点电路等。

（a）分立元件的末级视放电路

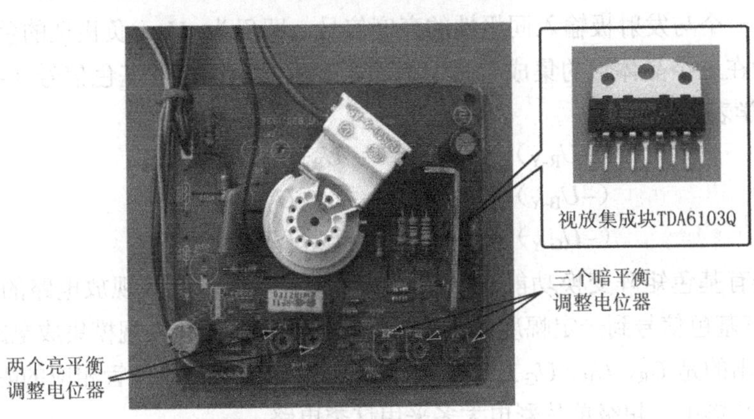

（b）集成化的末级视放电路

图 5-6　两种电路形式的视放板元器件组装结构

1．显像管各电极的供电电路

灯丝电压是由行输出变压器的一个次级绕组（灯丝绕组）提供的脉冲电压，阳极 20～27kV 电压和聚焦极几千伏电压由一体化行输出变压器的高压绕组产生的高压脉冲经整流滤波后输出，调节聚焦电位器 FOCUS 可获得最佳聚焦状态，加速极几百伏的电压是由行输出变压器的另一个绕组产生的脉冲经整流滤波后得到的，调节加速电位器 SCREEN，即可改变加速极电压。

2. 末级视放电路

末级视放电路也称视放末级电路，或视频输出电路，或基色视频放大电路，或色输出电路。

1）彩色电视机对末级视放电路的要求

（1）要求有足够的增益，使1V左右的视频信号电压能够放大到足够激励显像管正常工作的幅度（V_{P-P}＝60～100V）。

（2）要有足够的视频带宽（大于6MHz），以保证图像的清晰度达到要求。

（3）要求放大器的非线性失真和相位失真要小，能够不失真地放大视频信号。

（4）要便于进行黑平衡、白平衡调整。

2）末级视放电路的类型

末级视放电路可以分为两类，第一类是兼有基色矩阵变换功能的末级视放电路，第二类是不兼有基色矩阵变换功能的末级视放电路。

兼有基色矩阵变换功能的末级视放电路，它不仅是个视频放大器，而且是一个基色矩阵电路。如TA两片机就是采用了这类末级视放电路（参见图5-10）。三个视放管的基极分别输入U_{R-Y}、U_{B-Y}和U_{G-Y}色差信号，而在每个视放管的发射极都输入负极性的亮度信号（$-U_Y$）。这三个晶体管组成的电路，对色差信号而言，是共发射极放大器；对亮度信号而言，是共基极放大器。因此，色差信号经共发射极电路倒相放大，由三个晶体管集电极分别输出负极性的色差信号，即$-U_{R-Y}$、$-U_{B-Y}$和$-U_{G-Y}$。而亮度信号经共基极放大器放大，由三个晶体管集电极分别输出一个与发射极输入同极性的亮度信号，即仍为$-U_Y$。负极性的色差信号与负极性的亮度信号在三个晶体管的集成电路上叠加，产生出负极性的基色信号（$-U_R$）、（$-U_B$）、（$-U_G$），其数学表达式为

$$(-U_{R-Y}) + (-U_Y) = -U_R + U_Y - U_Y = -U_R$$
$$(-U_{B-Y}) + (-U_Y) = -U_B + U_Y - U_Y = -U_B$$
$$(-U_{G-Y}) + (-U_Y) = -U_G + U_Y - U_Y = -U_G$$

采用不兼有基色矩阵变换功能的末级视放电路的机器，末级视放电路的作用只是放大U_R、U_B、U_G三基色信号到一定幅度（基色矩阵变换在前面的超大规模集成电路中已经完成，由集成电路输出的是U_R、U_B、U_G三基色信号），分别送到彩色显像管相应的阴极，重现彩色图像。新型单片彩电、超级单片彩电大多采用这类电路。

末级视放电路根据所采用元器件的结构可分为两种形式：分离式和厚膜式。分离式末级视放电路，是由分立元件构成的三个结构相同的独立电路，每个独立电路对一种基色信号进行放大（或对一种色差信号进行矩阵变换和放大）。在大屏幕彩电中，常采用厚膜式末级视放电路，即采用视放集成电路。常用的视放集成电路较多，有些内部只含有一组末级视放电路，如TDA6101Q、TDA6110Q、TDA6101Q、TDA6111Q TDA6120Q等，需要三块相同的视放集成电路来分别对R、G、B三基色信号进行放大；有些内部集成了3组视频放大器，如TDA6103Q、TDA6107Q、TEA5101A、STV5111、STV5112等，只需一块集成电路即可完成R、G、B三基色信号的放大任务。另外，有部分视放集成电路还设置有黑电平自动检测功能，通过反馈环路实现自动暗平衡调整控制。

3. 显像管附属电路

彩色显像管附属电路是为了方便调试、提高图像质量和延长显像管使用寿命而设置的辅助电路，它主要包括黑白平衡调整电路、关机消亮点电路、自动消磁电路等。

1）黑白平衡调整电路

黑白平衡调整是指彩色电视机在接收黑白图像或接收彩色图像的黑白部分时，尽管荧光屏上三种荧光粉都发光，但是其合成光在任何对比度与亮度情况下都没有颜色。如果彩色显像管三注电子束的调制特性曲线完全一样，而且三种荧光粉发光效率也完全一样。则可以实现完全的黑白平衡。但是，实际上三个调制特性曲线的斜率和截止点均不相同，而且三种荧光粉发光效率也不相同（红荧光粉的发光效率最低，绿荧光粉的发光效率最高，蓝荧光粉的发光效率介于前二者之间）。因此，尽管输入到显像管的三基色电压的比例合适，但屏幕图像也不是黑白色的，而是偏某种颜色。因此，需设置黑白平衡调整电路，黑白平衡调整分黑平衡（暗平衡）调整和白平衡（亮平衡）调整。

（1）黑平衡调整。

在低亮度情况下，由于显像管三个截止电压不在同一点处，会产生不平衡现象，如图 5-7（a）所示。通常是通过改变末级视放管发射极电位，从而改变显像管三个阴极的直流电位，使三基色电信号的消隐电平分别移至各电子枪的截止电压点上来实现黑平衡调整的，如图 5-7（b）所示。对于图 5-10 中电路，黑平衡调整是通过调节 R557、R558、R559 改变三个末级视放管 Q505、Q507、Q509 发射极电位来实现的。

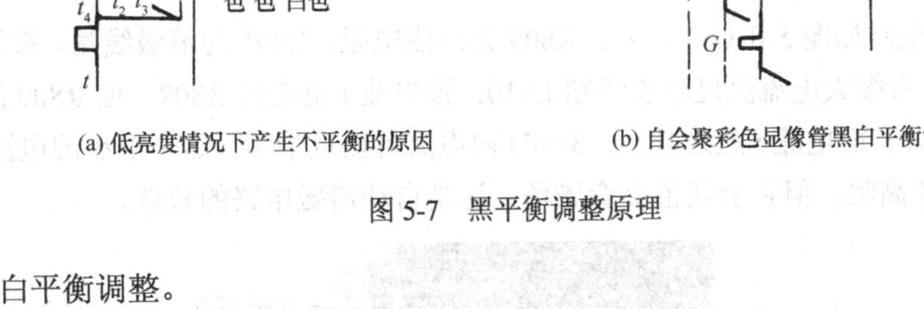

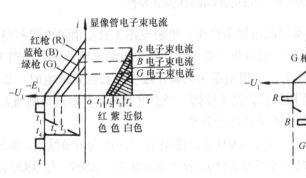

(a) 低亮度情况下产生不平衡的原因　　(b) 自会聚彩色显像管黑白平衡调整原理

图 5-7　黑平衡调整原理

（2）白平衡调整。

白平衡调整是在高亮度情况下的调整，使彩色显像管在接收高亮度黑白画面时，屏幕上不出现彩色。通常是通过改变三个基色激励信号幅度的大小比例来补偿电子枪调制特性和三种荧光粉发光特性的差异。要改变加至显像管阴极的三基色电信号幅度比，只需改变两个末级视放管增益的大小即可。一般只需调整两个基色信号的幅度即可达到要求。对于图 5-10 中电路，白平衡调整是通过改变 Q507、Q509 发射极电阻大小（即调 R252、R253）来改变这两个放大器增益来实现的。

需说明的是，现在很多单片、超级单片彩电，白平衡调整是在单片 TV 信号处理 IC、超级单片 IC 内部通过 I^2C 总线来实现的，末级视放电路就不需要再做任何硬件调整，故显像管尾板上找不到黑白平衡调整电位器。

2）自动消磁（ADC）电路

在彩色显像管内部，电子枪、荫罩板、栅网防爆箍和磁屏蔽罩等均为铁质部件，因内部、外部和杂散磁场（如地磁场）的作用，它们很容易被磁化。它们一旦被磁化，就有可能造成会聚和色纯不良，图像效果显著变差。因此，必须设置自动消磁电路即 ADC 电路，在每次开机瞬间对显像管及周围的铁质部件进行消磁。

常用的消磁方法是在显像管锥体外套一个 400 匝左右的消磁线圈，每次开机时有一个如图 5-8（a）所示的电流流过，在消磁线圈内产生一个交变的由大逐渐变小的磁场，达到消磁的目的。

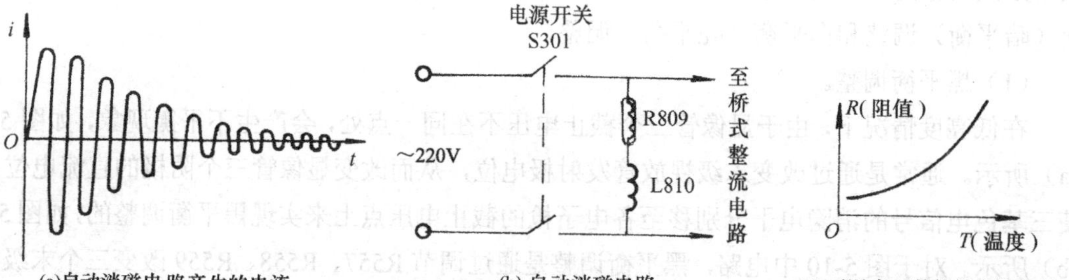

(a)自动消磁电路产生的电流　(b) 自动消磁电路　(c) 正温度系数热敏电阻特性

图 5-8　消磁电流和消磁电阻的特性

图 5-8（a）所示电流由自动消磁电路来产生。消磁电路主要由消磁电阻和消磁线圈串联构成，它接在交流 220V 两端。消磁电阻一般安装在开关电源电路部分，如图 5-9 所示。消磁线圈则安装在显像管的锥体上。消磁电阻为具有正温度系数的热敏电阻，其特性曲线如图 5-8（c）所示，它在常温下阻值仅为几十欧姆，当温度升高后，阻值急剧增大，从而使流过消磁线圈 L 的电流在几秒内迅速降到接近于零。

实际的消磁电路如图 5-8（b）所示，R809 为消磁电阻，L801 为消磁线圈。接通电源时，R809 阻值很小，有很大电流流过消磁线圈 L810，该电流 i 也流过 R809，使 R809 温度上升，其阻值也随之上升，而电流 i 随之减小，3～4s 内电流可接近于零。这个很小的电流 i 用来维持 R809 的高温和高阻，但它会残留交变磁场，这是自动消磁电路的缺点。

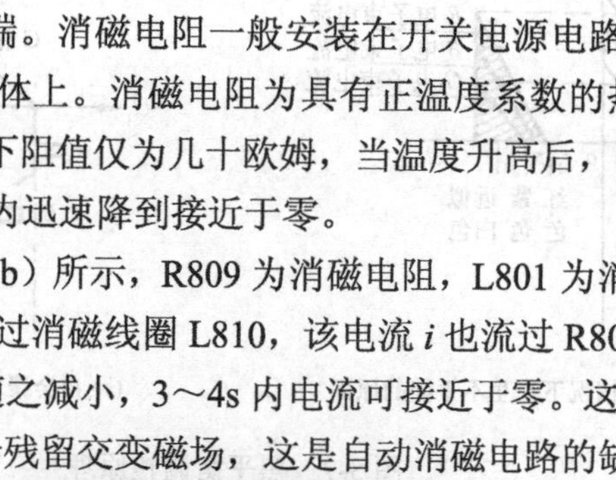

图 5-9　消磁电阻的安装图

5.2.2 末级视放和显像管附属电路实例分析

图 5-10 是典型的分立元件末级视放电路及显像管电路。该电路的主要特点是：① 末级视放电路采用分立元件组成，它由三个结构相同的独立电路组成，每个独立电路对一种色差信号进行矩阵变换和放大；② 属于兼有基色矩阵变换功能的末级视放电路，它不仅要完成矩阵变换，还要对三基色信号进行放大。

末级视放电路由末级视放管 Q505、Q507、Q509 及其周围的元器件组成。TA7698AP 的㉑、⑳、㉒脚输出的三个色差信号分别加至三个末级视放管的基极，TA7698AP 的㉓脚输出的亮度经 Q202 放大后加至三个末级视放管的发射极。三个色差信号在各自的末级视放管发射结与亮度信号相加，产生相应的基色电信号，经放大再分别经 R901、R902、R903 加至显像管的三个阴极。电路中，R557、R558、R559 是暗平衡调节电位器；R252 与 R253 是亮平衡调节电位器；C531、C532、C533 是高频补偿电容；V901A 是放电管，当显像管内部打火时，使阴极、栅极、加速阳极、聚焦阳极对地放电，以保护末级视放管；C902 是加速阳极供电电压的滤波电容，有消亮点的作用。

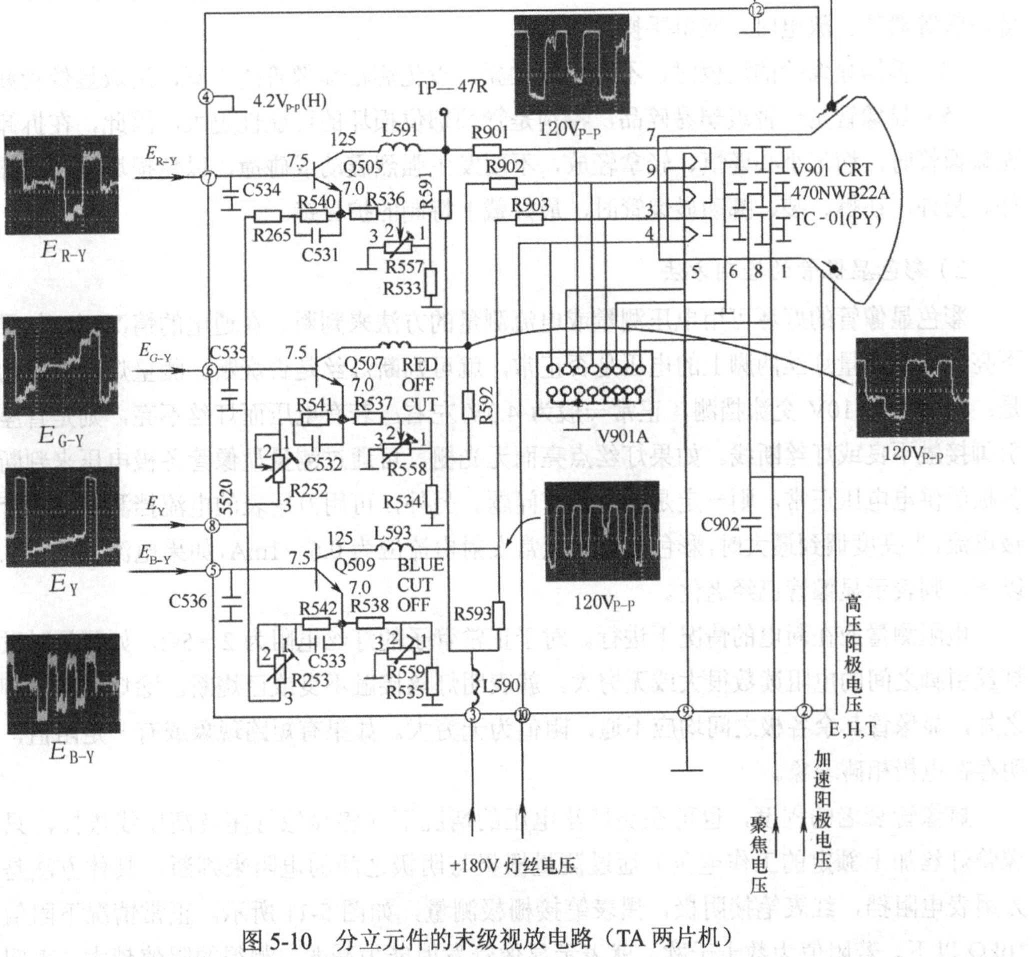

图 5-10 分立元件的末级视放电路（TA 两片机）

5.3 显像管和显像管电路故障分析与检修

5.3.1 彩色显像管的检测、故障分析

1. 彩色显像管的检测

1）检测彩色显像管的注意事项

（1）显像管阳极高压视显像管屏幕尺寸不同为20～27kV，无论通电与否，切忌用手对高压指指点点，以防电击。

（2）在测量显像管各极电压时，注意测试仪表的测量范围；测量显像管阳极高压时必须使用专用的高压测量仪器（如高压棒、高压表）进行测量。测量时，先将仪器负端固定在电视机地端，仪器正端的高压棒连接高压测试点后，再开机测量。切不可用两手分别拿一测试棒在带电的情况下直接测量。

（3）进行高压放电时，放电接地点应紧贴显像管锥体外面的金属编织带（地线），切不可接在高频头、散热器、屏幕罩等印制电路板上的接地点，以免高压脉冲击坏集成电路、场效应管等器件。放电时，应单手操作。

（4）拆卸显像管的尾板时，不可用力过猛，以免震松显像管的引脚，造成显像管漏气。

（5）显像管是一种玻璃易碎品，特别是管颈部位损坏的可能性更大，因此，在拆卸、装配显像管时，切记小心谨慎、轻拿轻放，不要发生强烈震动或碰撞，以免损坏或发生爆炸事件。另外，在拆、装、挪动显像管时，最好戴上特制的护目镜。

2）彩色显像管的检测方法

彩色显像管的好坏可用电压测量或电流测量的方法来判断。在通电的情况下，如果灯丝不亮，只要测量灯丝两脚上的电压是否正常，就可判断灯丝是否烧断。测量灯丝电压的方法是：用万用表10V交流挡测，正常一般为4.3V左右。若有电压而灯丝不亮，则是管座灯丝引脚接触不良或灯丝断线。如果灯丝点亮而无光栅，可通过测量显像管各极电压来判断，若各极的供电电压正常，则一定是显像管有问题。另外，可用万用表的电流挡测量显像管的阴极电流，当亮度调到最大时，彩色显像管正常发射电流应为0.6～1mA，如果电流指示在0.3mA以下，则表示显像管已经老化。

电阻测量应在断电的情况下进行。对于正常管子的灯丝电阻为2～5Ω，如测量时发现两灯丝引脚之间的电阻读数很大或无穷大，就表明灯丝接触不良或已烧断。除灯丝的两脚相通之外，显像管其余各极之间均应不通，阻值为无穷大。如果有短路现象或有一定阻值，则说明存在电极相碰现象。

显像管衰老的程度，也可在加灯丝电压的情况下（将显像管座及高压线拔掉，只给显像管灯丝加上额定的工作电压）通过测量栅极与阴极之间的电阻来判断。具体方法是：用万用表电阻挡，红表笔接阴极，黑表笔接栅极测量，如图5-11所示。正常情况下阻值应在10kΩ以下。若阻值为数十千欧，就表示显像管发射能力减弱，测得的阻值越大，表明其衰老越严重。

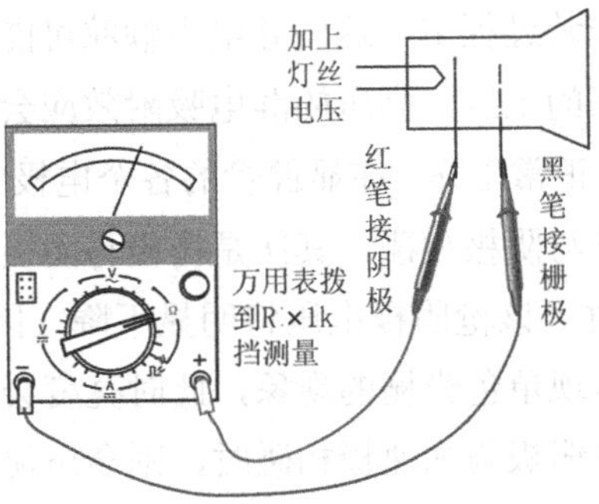

图 5-11　用万用表电阻挡检测显像管是否老化

2. 彩色显像管的故障处理方法

彩色显像管出故障，常会出现图像的彩色失真、图像质量下降、光栅异常、甚至无光栅等现象。由于显像管是彩色电视机最贵重的元件，所以一旦出了故障，必须验证确认，要避免误判。显像管出现问题，不要急于报废，有些故障如极间短路等可试着对其进行修复。下面介绍几种彩色显像管故障的处理方法。

1）漏气

这种故障一般表现为无光栅。打开机器后盖进行通电检查，如果看到显像管管颈内发出蓝紫色光，伴有"啪、啪"声，则说明彩色显像管已经破裂漏气。此故障一般无法修复，只能更换显像管才能解决。

2）老化

彩色显像管老化表现出的现象是：（1）开机后的一段时间荧光屏亮度较暗，图像也较浅淡、模糊不清，如开大亮度则聚焦变差，画面更加模糊，要过一段时间才能恢复正常；（2）开机时屏面呈一片绿色（或红色，或蓝色），要过一段时间彩色才能转为正常。

对于第（1）种情况，在检修时应把显像管老化和管座漏电的故障区分开来，可以先更换显像管座，看故障是否被排除。若故障被排除，则是管座的问题；若故障仍然存在，则是显像管老化。显像管老化，一般是其中一个或两个阴极衰老造成的，可通过测量显像管阴极发射电子的能力来判断。

通过检测，如果发现某一阴极衰老，可以进行激活处理，方法是：把灯丝电压提升到 9V 左右，并在栅极上加上 5V 左右正电压保持 4～7 分钟，重复此过程 2～3 次，即可激活相应的阴极。对于衰老严重的显像管，可将栅极电压提高到 10V 来激活。

若通过激活处理后，仍不能获得较好的效果，则可直接将灯丝电压提高到 8～10V，并在灯丝供电回路中串一个 2Ω/2W 的电阻，以防止开机浪涌电流对灯丝的冲击，这样做一般会获得良好的效果，但需重调一下聚焦电压。

3）碰极

显像管在制造过程中，由于工艺处理不当，会在管内残留导电的活动小颗粒，如石墨、金属碎渣。显像管在搬动、安装过程中，这些导电小颗粒可能掉落在电极之间造成短路。显像管工作时，电极上加有很高的电压，高压的静电吸附效应会把微小的导电颗粒吸附在电极之间造成极间短路，管子不能正常工作。在显像管的各个电极中，阴极与灯丝之间距离最近，因而碰极的最大可能性是灯丝与阴极相碰，其次是栅极与阴极、栅极与加速极相碰。

当灯丝与某一阴极相碰时，该枪阴极电压将明显下降（因为灯丝一端往往接地），此时束电流大大增加，导致屏幕出现单色光栅的现象，此时亮度会失控，且满屏回扫线。当栅极与阴极相碰时情况也如此。但栅极与加速极相碰时，则会出现光栅变暗和底色变差的现象，严重时，还会出现无光栅现象。

判断显像管碰极的方法很简单：（1）冷碰极，即显像管未工作时已碰极。这种情况很少，判断也容易，只要将万用表打在R×10k挡，测量显像管任何两极间（除灯丝两极）的阻值，正常时应为无穷大（不通），如果阻值变小或电极间相通，则表明电极相碰了。（2）热碰极。大多数热碰极显像管在开机工作，或工作一段时间后，光栅突然异常，变得很亮且有回扫线，或图像变得模糊不清等。这时相碰的两极电压接近，并都偏离正常值。为了进一步证实是显像管碰极，可把显像管管座拔下，使显像管脱离电路，这时再测量管座对应各脚的电压则是正常的，一旦插上显像管，则相碰两极电压又不正常。

当灯丝与阴极相碰时，可采用灯丝电压悬浮供电法：不用电路中的灯丝电压，切断它的接地端；用约一米左右的导线，在行输出变压器磁芯柱上绕3～5圈左右，串接一只1Ω熔断电阻，再接到显像管的灯丝上；接好后必须先测一下管座灯丝脚的电压，应与原来的基本相同，不能太大也不能太小（用万用表10V交流挡测，正常一般为4.3V左右，不可达到6.3V；灯丝电压为6.3V指的是行频脉冲电压有效值），否则会造成阴极中毒或灯丝烧断，如图5-12（b）所示。

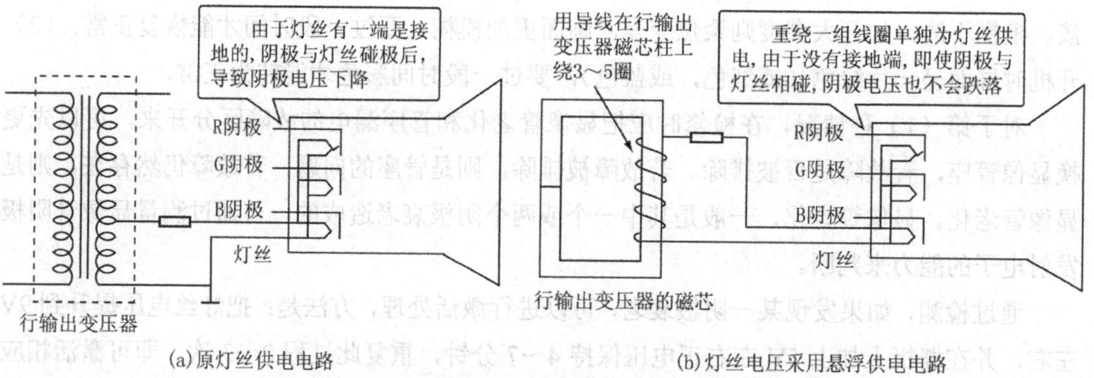

图5-12 灯丝供电电路

当栅极与阴极或栅极与加速极相碰时，可采用电击法（或称高压烧毁法）：可用一个100μF/400V的电解电容充上100～300V电压后，反复电击相碰的电极（利用瞬间电击将相碰电极之间造成短路的金属垃圾烧毁），直至将相碰处烧断为止。采用这个方法要特别小心，对显像管阴极电击时不能接触到灯丝引脚，否则会烧断灯丝导致显像管报废。这种方法修复率略高，但达不到60%。

4）断极

当显像管的某一阴极断开时，屏幕会缺少相应的基色；当栅极断开时会出现亮度变亮，且有回扫线，同时亮度失控的现象；当聚焦极断开时，会出现图像变得模糊不清（散焦）的现象；当高压阳极断开或加速极断开时，会出现无光栅现象。显像管断极通常是电极引线与引脚脱开。此故障一般无法修复，只能更换。

5）阳极帽周围打火

显像管锥体玻璃上圆形的阳极帽是高压输入端，它由铁合金制成。当材质差或处理工艺不当时，特别是在潮湿环境中使用，金属表面容易生锈，造成与高压卡子之间接触不良。另外，高压帽周围玻璃表面潮湿或有其他脏物，也会使玻璃表面电绝缘性变差。这两种原因都会引起阳极帽周围产生辐射状粉红色电弧，伴有"嘶……"的放电声，有时还能闻到一股臭氧味。打火现象会使加在荧光屏上的高压时通时断，图像出现抖动现象，严重时无法收看。

处理方法：用细砂纸轻轻地将阳极帽锈斑擦去，再用酒精将砂粒擦去，并用无水酒精将阳极帽周围玻璃表面擦洗干净，最好能在阳极帽周围直径为50mm内涂一层绝缘漆，就能克服上述弊病。

6）显像管内部打火

当显像管内部打火时，管内会出现紫红色光，有时还可听到打火时的"啪、啪"声，此时图像上会出现密集的白条或白点状干扰。打火现象常发生在高压阳极和加速极或聚焦极之间，其他电极间的打火现象较少见。

显像管打火，易造成外部电路损坏。如果打火不严重，只是偶尔出现，可采取加强外电路的保护措施来解决，或者降低打火电极的电压，这可能带来一些负面影响，但通过对电路进行适当的调整一般也会解决。如果打火很严重，那就只有更换显像管了。

3．彩色显像管的更换技术

如果经过仔细地检查，显像管各有关电路全部正常，确认故障是由于显像管本身造成的，已无法挽救，只好换新或代换显像管。更换彩色显像管时应注意以下几点：

（1）在更换彩色显像管时，最好是选择与原管型号相同的管子，这样可以减少电路的改动。如果无法配到与原型号的显像管，可以考虑使用性能相近的同类型的显像管进行代换，要注意核对引脚和有关参数，特别是聚焦极电压必须满足新管的要求，否则将造成严重散焦，影响清晰度。管颈粗细不同的显像管，一般情况下不能进行代换，因为管颈粗细不同的显像管，灯丝电流不同，行/场偏转线圈所需的功率不同，偏转线圈的结构和阻抗也不同，这些都会给代换工作造成困难。如果原机需要有水平枕形失真校正电路，而代换用的显像管不需水平枕形失真校正电路，它们的偏转线圈结构有差异，最好不进行代换。

在代换时还应检查两种显像管的引脚，看几何尺寸是否相同，各电极的引脚顺序是否一致，即考虑原显像管的管座能否继续使用。如果管座能够插到代换管上，只是引脚顺序不同，可将视放板上显像管引脚电路切断，重新用导线跳接；如果原机管座与代换显像管的引脚不合，根本插不进，则需新配显像管座及显像管座板，并将原显像管座板上的元器件全部转移到新显像管座板上。

（2）彩色显像管通常采用自会聚彩色显像管，其偏转线圈是由厂家配套供应的，并已事先调整到最佳状态。因此，一般调换彩色显像管时，应连同偏转线圈一起调换。如果只更换显像管，则更换后需要进行色纯与会聚的严格调整。

（3）偏转线圈不能松动，附件安装必须到位。在提取彩管及安装时，切勿用手抓管颈，也不要用手握偏转线圈，以免使固定的偏转线圈松动，或将偏转线圈上的磁环移位。否则，会造成色纯，会聚误差，影响彩色质量。更换显像管后，必须将显像管上的金属屏蔽线、消磁线圈同时安装好，决不能遗漏，否则会造成打火或色纯不良的故障。

（4）把彩色显像管固定好以后，需要进行以下工序：① 预热灯丝；② 机外消磁；③ 色纯调节；④ 会聚调整；⑤ 黑白平衡调节。另外，还需调节加速极电压和聚焦电压。

4．色纯与会聚的调整

1）色纯

色纯是指单色光的纯净程度。具体讲就是，三注电子束在整个扫描过程中只轰击与它相应的荧光粉条。因此，只有红电子束扫描时，屏幕呈全红色；只有绿电子束扫描时，屏幕呈全绿色；只有蓝电子束扫描时，屏幕呈全蓝色。

2）会聚

会聚是指三注电子束在整个扫描过程中，均同时穿过同一荫罩孔轰击同一组荧光粉条。屏幕中心处的会聚叫静会聚，屏幕四周的会聚叫动会聚。

3）色纯与静会聚调整

制作彩色显像管荧光粉条采用紫外线曝光腐蚀的方法。紫外线光源放在理论设计的偏转中心处，光源的位置叫曝光中心，有三个曝光中心。电子枪安装时会产生微小偏差，实际的偏转中心会偏离理论设计的偏转中心（即曝光中心）处，从而使色纯与静会聚不良。色纯与静会聚的调整就是通过三组磁环产生的附加磁场，将实际的偏转中心移至曝光中心处。

二极性磁环可使三个电子束同向等距移动；四极性磁环对中心处的 G 电子束无作用，而使两边的 R 与 B 电子束做反向等距移动；六极性磁环对中心处 G 电子束无作用，可使两边的 R 与 B 电子束做同向等距移动，如图 5-13 所示。

4）动会聚调整

它是由行枕形磁场、场桶形磁场及磁分路器与磁增强器共同完成的。人们在进行动会聚调整时，只需调节偏转线圈倾斜角度、三个橡皮楔的位置及插入偏转线圈的深度。目前，显像管出厂时都配有相应的已调好的偏转线圈，无须再进行调整。

5．黑白平衡调整

如果屏幕图像出现偏色现象，应检查黑白平衡调整电位器 R557～R559（暗平衡调节电位器），R252 与 R253（亮平衡调节电位器）以及 R536～R538 等元件，然后进行黑白平衡调整。

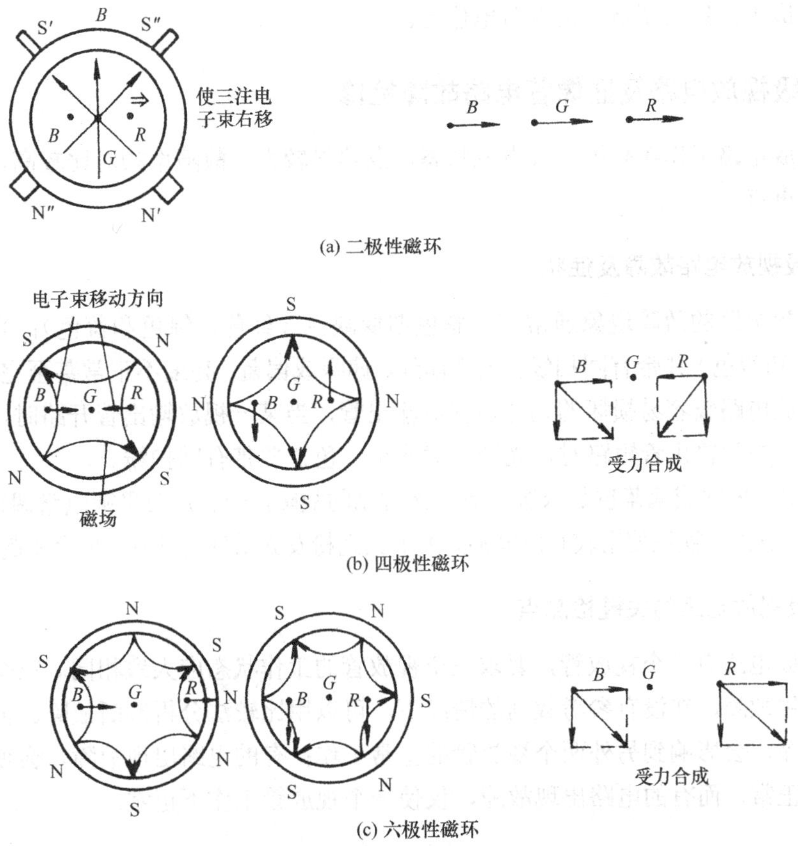

图 5-13　色纯和会聚磁环的作用

调整步骤如下：

（1）接收电视信号，调色饱和度至最小使图像无色，调亮度使亮度最小，再调加速阳极电位器使屏幕不出现光栅。

（2）将暗平衡调整开关即维修开关拨至“维修”位置，这时场扫描电路停止工作，亮度信号切断，荧光屏出现水平一条亮线（对于没有暗平衡调整开关的电视机，可将场偏转线圈开路），对比度与亮度调至最小。

（3）将暗平衡调整电位器（见图 5-10 中的 R557～R559）调至中间位置，再缓慢调加速阳极电位器使屏幕出现一条补色亮线（即黄色、紫色或青色亮线），然后微调相应的基色的暗平衡调整电位器，使水平亮线消失。

（4）再调加速阳极电位器，使屏幕出现微弱的水平亮线，然后调节三个暗平衡调整电位器，使水平亮线呈白色。

（5）将暗平衡调整开关置“正常”位置，调节加速阳极电位器和亮度调节电位器，使屏幕出现亮度正常的黑白画面，再调节绿激励与蓝激励电位器（见图 5-10 中的 R252～R253），使图像明亮部分无彩色。

上述的调整反复进行多次，直至在各种亮度与对比度下都无彩色为止。

在进行暗平衡调整时，为了快速简便，可不让屏幕出现水平一条亮线，而只需将对比度与亮度调至最小，然后调暗平衡调节电位器。

5.3.2 末级视放电路及显像管电路故障检修

末级视放电路工作在高压、大电流状态，发热量较大，故障率相对比较高，也是彩电检修中的一个重点。

1. 末级视放电路故障及症状

末级视放电路的故障现象通常有：彩色图像缺色（红色、绿色和蓝色）；光栅呈单一色（红色、绿色和蓝色）并带有回扫线；光栅偏红、偏绿或偏蓝；亮度不正常甚至完全无图像等。

末级视放电路较容易损坏的元件是视放输出管，当某一视放输出管开路时，则图像缺该基色；当某一视放输出管短路时，光栅呈对应单一色，并带有回扫线。

光栅偏红、偏绿或偏蓝也是末级视放电路常见的故障，一般是白平衡电路调整不当或微调电位器不良。彩色电视机使用较长时间后，由于荧光粉发光效率的变化，也会引起白平衡不良。

2. 末级视放电路的关键检测点

末级视放电路有三个视放管，要求三个视放管的工作状态应大致相同。三个视放管一般不会同时发生故障，在没有参考数据的情况下，可以用比较法分析判断故障。但应注意，某一视放管击穿，会影响到另外两个视放管的正常工作；有的电路出现故障，会使三个视放管的工作均不正常，而有的电路出现故障，仅使一个视放管工作不正常。

1）末级视放电路的供电电压

末级视放电路的供电电压一般为190V左右。该电压供给方式有两种：一种是由行逆程脉冲经整流、滤波产生约190V的供电方式；另一种是由开关电流直接提供约190V的供电方式。若供电电压丢失，会使显像管三个阴极电压降低到近0V，会出现满屏白光栅，并带回扫线的故障现象（由于电子束电流过大，因此有些彩电会出现自动保护，并转为无光栅无图像）；若该供电电压滤波不良，会出现屏幕一边亮、一边暗的现象。

2）三个视放管的集电极或视放集成电路R/G/B驱动信号输出端

在检修无光栅、缺基色和满屏单色光栅等故障时，通过检测三个视放管的集电极（或视放集成电路R/G/B驱动信号输出端，下同）电压是否正常，可以区分是显像管及显像管座不良，还是电路上的问题，有助于确定故障根源。正常时，三个视放管的集电极应基本相等，且在80～160V范围内。三个视放管中任一管c-e击穿，则其集电极电压下降很多，使得对应的显像管阴极电压也随之下降很多，该枪的束流变得很大，荧光屏上出现该基色的单色光栅；三个视放管中任一截止，则其集电极电压升高为约190V视放电压，使得对应的显像管阴极电压升高，该枪截止，造成图像上缺该基色。当集电极的直流电压不正常时，应将显像管座连同视放板一起拔下，再测量集电极电压是否正常，若正常，那是显像管不良；若还不正常，那就是视放板或主板上的故障。

用示波器测视放管集电极或视放集成电路R/G/B驱动信号输出端，可以观察其输出波形是否正常。

3）三个视放管的基极或视放集成电路 R/G/B 信号输入端

正常情况下，三个视放管的基极（或视放集成电路 R/G/B 信号输入端，下同）电压应基本相等，它们的电压值应与解码集成块输出端的电压值基本相等。由于末级视频放大器是直流耦合放大器，其直流工作点是由解码块的 R、G、B（或 R−Y、G−Y、B−Y、Y）输出引脚直流电压确定的。当视放管的基极或视放集成电路 R/G/B 信号输入端电压不正常时，较大的可能是解码块损坏，其次是视放输出管损坏。也可用示波器测视放管基极或视放集成电路 R/G/B 信号输入端波形，以判断其输入是否正常。

4）视放管发射极电压

检修亮度失控、光栅过亮（或过暗）故障，对于视频输出兼基色矩阵电路的机型，应检查视放输出电路亮度信号输入端的直流电压是否正常，以判别是亮度通道故障还是视放输出电路故障；对于单功能式视频输出电路的机型，应检查视放板+9V（或+12V）供电电压，该电压异常会造成视放管发射极电压不正常。

对于视放集成电路，除检查电源端、R/G/B 信号输入端、R/G/B 驱动信号输出端外，还应检查反馈信号输入端（即同相信号输入端）以及黑电流检测信号输出端。

5）辅助检测点

非总线控制的彩电，视放板上有五个电位器，用于调节白平衡。在检修底色偏色故障时，往往需要检查和调节这五个电位器。

对于总线控制的彩电，白平衡调整是通过 I^2C 总线数据（主要包括 RC/ GC/ BC 项，即红/绿/蓝截止电压设定、GD/BD 即绿/蓝驱动增益设定项，以及 U.BLK/V.BLK 即 U /V 信号黑电平调整）对集成块内 RGB 驱动电路进行控制实现的，已省去了传统彩电中的白平衡调整电位器。在检修底色偏色故障时，就应检查和调整以上项目的总线数据。

3. 显像管电路的关键检测点

要使彩色显像管正常显示彩色图像，必须具备两个条件：一是彩色显像管本身良好；二是外围电路工作正常。显像管电路的任务是向显像管各极提供正常的工作电压和信号，保证显像管正常发光和显示。

1）显像管管座的故障

显像管管座不良，常见的是管座上的聚焦极插脚由于环境潮湿及尘垢，造成插座上聚焦极对地绝缘电阻下降，或者塑料材料绝缘电阻降低。这种故障现象是，刚开机时图像暗、模糊，且图像上混杂着色块，伴音正常，机器工作一段时间后，图像逐渐变得清楚，彩色恢复正常。检查这种故障，可以将视放板拔下，把管座上聚焦极的盖子打开，用万用表 R×10k 挡测量聚焦极与邻近极间的绝缘电阻。正常时，表针应不动；否则，则为管座不良。对于尘垢引起的管座不良，可以用酒精仔细地擦管座聚焦极周围，擦干净后管座仍可使用。对于管座材料因种种原因使其绝缘电阻下降的，则需更换新的管座。需注意的是，有些机型的彩电使用的显像管管座，有一个显像管引脚插孔是虚脚（即无金属引脚），如果更换的管座有引脚，应将对应的引脚剪掉。

2）灯丝电源电路的故障

如果荧光屏无光或光暗，检修时应观察显像管的灯丝是否发红，如果灯丝不亮，则可能是行扫描不工作或是没有灯丝电压，也可能是灯丝熔断了。可将万用表置于交流10V挡，测量灯丝电压，正常时应在2.8～4.2V之间。如果灯丝电压为零，或较正常值低得多，这说明灯丝电源电路发生了故障。可能是行输出变压器中灯丝绕组接线断、虚焊，也可能是主板与视放板上灯丝供电线连接插件接触不良以及供电回路中限流电阻开路等造成的，要逐个进行检查。如果灯丝电压正常，而灯丝不亮，则可能是显像管灯丝引脚与管座接触不良，或者显像管灯丝已断。只要用万用表R×1挡测量灯丝电阻即可作出判断，正常时灯丝电阻很小，一般在2～5Ω。要注意的是，灯丝与行输出变压器灯丝绕组是并联的，所以要拨下显像管座后直接测量。如果阻值很大，则灯丝已经开路。

3）加速极电路的故障

加速极所加的电压在工作中是不变的直流电压。当加速极无电压或电压过低时，会出现无光栅故障。如果测得加速极无电压或过低，应将尾板拔下来再测，若电压恢复正常，则为显像管内部加速极短路；如果仍无电压或电压低，先更换加速极滤波电容，若仍无电压或电压低，此时可试调一下行输出变压器上的加速极电压调整电位器，如果能恢复正常，则是加速极电压调整不当，否则，应更换行输出变压器。有时加速极电位器的碳膜断裂打火，在荧光屏上会出现水平的打火条纹干扰。

4）聚焦电路的故障

聚焦极电压一般为6～8kV。聚焦极电压偏低或偏高都会使聚焦变差。改变聚焦极电压，可以调节聚焦好坏。调节行输出变压器上的聚焦极电压电位器，可使加速极电压在一定范围内改变。检查显像管聚焦不良故障时，可先重新调整聚焦极工作电压，看对显像管聚焦有无影响。如果有变化，则调整聚焦极电压到图像最好即可；如果无变化，可能是行输出变压器上的聚焦电位器有问题或显像管内部故障，需要做进一步的检查。

5）阳极高压电路的故障

阳极高压电路为20～27kV（视显像管尺寸而异）。如果无阳极高压或电压过低，则显像管无光或光栅很暗；电压上升，光栅变亮。阳极高压下降时，若扫描电路的电压不变，图像的幅度就会变大。若加速极电压正常，可用手背靠显像管荧光屏表面，看有无“吸手”感觉，若有，说明有高压；若没有，说明无高压。

6）阴极电路的故障

正常时显像管三个阴极电压在120～160V之间。无信号时，三个阴极电压偏高，且基本相等（显示蓝屏时，蓝阴极电压略低于另外两个阴极）。如果某阴极偏离，则说明该阴极部分有故障。有信号时，三阴极电压会随图像内容变化而变化，最大变化达40V以上。

如果三个阴极电压都不正常，则应检查视放电路的+180V是否正常，送到视放板的Y信号或+8V是否正常，若其中的一个或两个阴极电压不正常，则应检查对应的阴极与视频输出管集电极之间的隔离电阻是否开路以及检查对应的视频输出管工作是否正常。

在阴极电路中，常由于显像管内的瞬间打火或工作过程中瞬时电压波动造成视放管的击穿。为了防止发生这类故障，在显像管的各电极电路中，都设有放电间隙或辉光放电管等保护电路，如果发生了视放管击穿损坏故障，维修中应对上述保护电路进行检查。

4．常见故障检修思路

1）有伴音、无光栅

此类故障一般有两种情况，一种是开机光栅就一直不亮，而伴音正常；另一种是开机后光栅迅速变得极亮，并伴有回扫线，随后又马上熄灭，屏幕上无光栅，而伴音始终正常。有伴音，说明开关电源和公共通道是正常的。要使显像管发光，除要求显像管本身正常外，还要求其供电电压正常，具体要求有以下几点：（1）有阳极高压；（2）有加速极电压；（3）有灯丝电压；（4）有正常的阴栅电压。

前三种电压只取决于行扫描电路，而第四种电压，即阴栅电压还与亮度通道有关。对于显像管栅极接地的机型，阴栅电压正常与否就取决于阴极电压。在阳极高压、加速极电压、灯丝电压都正常时，光栅的亮暗就主要取决于阴极电压的大小。一般情况下，显像管阴极电压为 125V 左右，此时光栅亮度适中。当阴极电压在 80～160V 之间变化时，光栅从最亮变到无光。当阴极电压大于 160 V 时，显像管束电子流截止，屏幕表现为开机后一直无光栅；当阴极电压低于 80 V 时，由于束电子流过大，会导致过流保护电路动作，也会造成屏幕上无光栅，但此时的现象是光栅先是很亮，随后瞬间消失造成屏幕上无光栅，这是由于保护电路取样到过流信号时立刻切断了行输出电路所致。

对于一开机就无光栅的故障检修，可先根据显像管座各脚电压的变化判断故障部位，若测得显像管的阳极、加速极、灯丝等电压正常而三个阴极电压偏高时，说明无光栅的原因是束电子流截止所致，重点检查引起阴极电压偏高的亮度通道。对开机后先亮然后无光栅故障的检修，由于保护电路已动作，所以检测特点是显像管各引脚电压均为零，此时阴栅电位相同。为确定是否由于阴极束电流过大引起保护电路动作，可在开机瞬间检测阴栅电压。若发现一开机时阴栅电压极小（小于 60 V），一般可认为是过流保护引起行扫描无输出，此时，应着重检查视放末级或亮度通道，找出引起阴栅电压下降的原因。

2）图像缺某基色

下面以 TA 两片机（参见附图 B）为例介绍。

电视机接收彩色图像时，缺少某种基色，该故障分三种情况：一种是缺红色，接收彩条信号时，彩条颜色顺序变为绿、青、绿、青、蓝、黑、蓝、黑，故障部位在 TA7698AP㉑脚至显像管⑦脚阴极间的末级视放电路，应检查 Q505、R557、R901 等元件；另一种是缺绿色，接收彩条信号时，彩条颜色顺序变为紫、红、蓝、黑、紫、红、蓝、黑，故障部位在 TA7698AP⑳脚至显像管⑨脚阴极间的末级视放电路，应检查 Q507、R558、R902 等元件；第 3 种是缺蓝色，接收彩条信号时，彩条颜色顺序变为黄、黄、绿、绿、红、红、黑、黑，故障部位在 TA7698AP㉒脚至显像管③脚阴极间的末级视放电路，应检查 Q509、R559、R903 等元件。该故障的检修程序如图 5-14 所示。

3）屏幕呈某种基色光栅

电视机开机后，屏幕呈某种基色光栅，亮度很亮，且有数十条回扫线，产生该故障的原因是显像管某一阴极电位偏低，使相应的电子束流过大造成。下面以 TA 两片机（参见附图B）为例介绍。

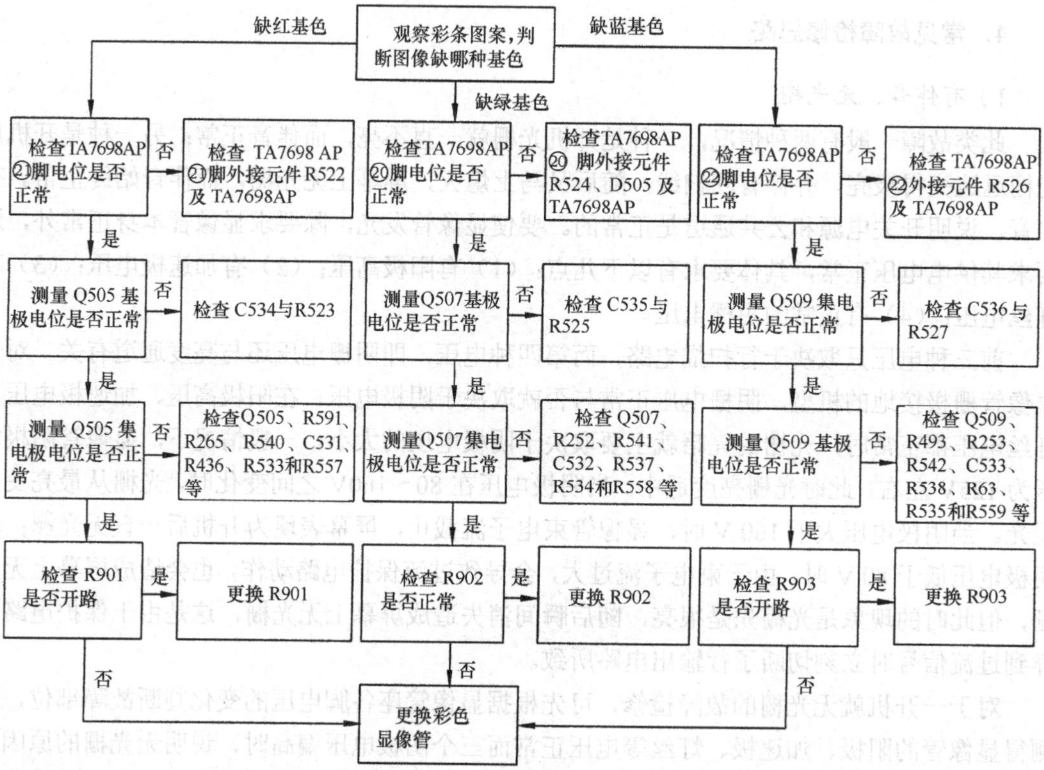

图 5-14 图像缺某基色故障的检修程序

如果光栅呈红色，应检查 Q505 的 c 极与 e 极间或 c 极与 b 极间是否短路和 R591 或 R901 是否开路；如果光栅呈绿色，应检查 Q507 的 c 极与 e 极间或 c 极与 b 极间是否短路和 R592 与 R902 是否开路；如果光栅呈蓝色，应检查 Q509 的 c 极与 e 极间或 c 极与 b 极间是否短路和 R593 与 R903 是否开路。在电路无故障时，应检查显像管管座是否短路，再检查彩色显像管阴极与栅极或灯丝是否短路。如果阴极与灯丝间短路，可以将灯丝引线断开，各串入一个约 0.56μF 以上的电容器，将灯丝与地断开，仅交流接地。还可以采用悬浮灯丝供电，即将原灯丝回路与电路板脱离（将灯丝接地划开）后，用胶皮导线在行输出变压器磁芯上绕 2～3 匝，接入灯丝回路，此时用万用表 10V 交流挡测灯丝电压为 4.3V 左右，不可达到 6.3V，否则会烧断灯丝或使彩色显像管加速老化。该故障的检修程序如图 5-15 所示。

4）*光栅局部出现色斑（色纯不良）*

光栅局部出现彩色色斑故障现象是：接收黑白信号或接收彩色信号而将色饱和度调至最小，屏幕局部底色不均匀或出现静止的一块或几块带有某色彩的斑痕区域；若接收彩色信号时，增加色饱和度，该区域的彩色图像明显失真。

光栅局部出现色斑是彩色显像管色纯不良的表现。引起彩色不纯的原因主要有：（1）机外磁场的影响，如彩色电视机旁边放有音箱等磁性物体；（2）机内部件如扬声器漏磁太大；（3）消磁电路有故障，不能起到正常消磁作用；（4）显像管色纯调节不良；（5）显像管内的荫罩板变形。

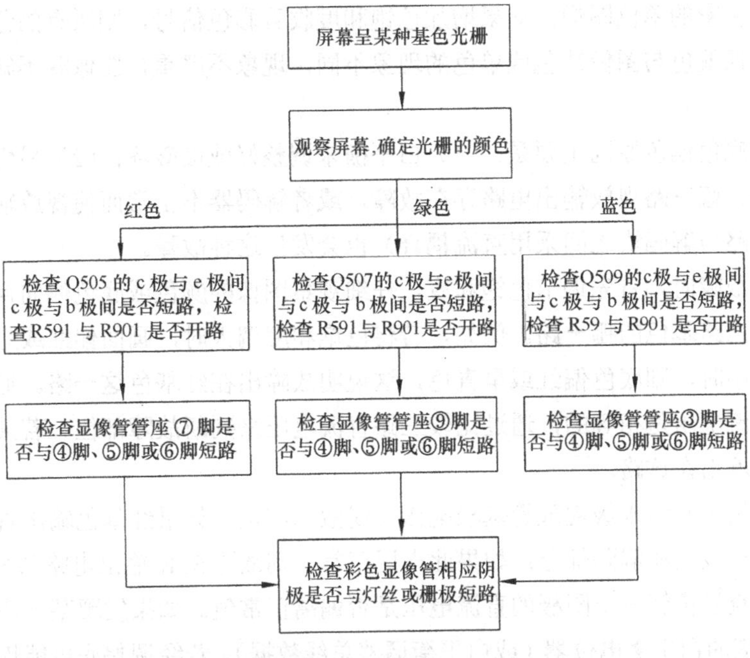

图5-15　屏幕呈某种基色光栅故障的检修程序

检查时，首先在开机瞬间留心听荧光屏四周是否有“沙、沙”声音。如果有，就说明自动消磁电路工作正常；如果听不到这种声音，那就是机内消磁电路未工作。这有两种可能的故障：一是消磁线圈插件松动或接触不好；另一种可能是消磁电阻开路或性能不良。消磁电阻为正温度系数热敏电阻，正常时冷态（未开机时）的电阻为十几至二十几欧，开机后温度急剧升高，阻值立即变大。如果冷态电阻在50Ω以上，开机数分钟后，用手触摸一下消磁电阻的外表面温度接近室温，则可判断消磁电阻不良。若机内消磁正常，应排除机外一切磁性物体，然后采用人工消磁法消磁，看能否排除故障。若仍不能排除故障，则应考虑机内扬声器是否漏磁，可以将场声器拆下来，再看故障是否消除。如果消除，就应更换漏磁小的扬声器。若以上措施均无效，那就应检查显像管管颈上的色纯调整磁环是否松动，如松动应重新调整色纯（即调显像管管颈上的色纯磁环）。色纯调整比较复杂，不过色纯磁环失调的情况很少出现。若还不行，就应更换显像管试验了。

5）图像模糊散焦

当图像模糊故障现象出现时，若伴音正常，故障部位在聚焦电路或行输出电路。若开机数分钟或数十分钟后，图像渐渐清晰，则为显像管管座性能不良（多为聚焦极放电腔受潮漏电），只要更换显像管管座即可排除故障。若图像始终不清晰，可以试调行输出变压器上的聚焦极电压调节电位器，使图像变得清晰。若调节几分钟后，图像又变得模糊起来，则为行输出变压器性能不良，应更换行输出变压器。若执行上述程序仍不能排除故障，则为彩色显像管不良。

6）图像底色偏色

在收看黑白信号或彩色信号时，将色饱和度关至最小的情况下，出现的不是黑白图像，而是偏向同一色彩的单色图像，如果增加色饱和度收看彩色信号，则所有的色调都有不同程度的失真。图像偏色与图像缺色或单色的现象不同，现象不严重，图像既不缺色，也不是单色。

引起图像底色偏色原因主要是：（1）白平衡未调整好或被破坏；（2）显像管某枪衰老。另外，红、绿、蓝三路视放输出电路存在故障，或者解码器不正常而使视放输出电路工作点偏移（视放电路与解码块之间采用直流耦合）也会发生这种故障。

检修此类故障时，首先调节色饱和度，仔细观察图像的颜色或底色偏向何种颜色，以判断故障发生在三路基色的哪一路。例如，若将色饱和度调大时，画面偏红或呈青色；若将色饱和度关至最小时，则底色偏红或呈青色，这说明故障出在红基色这一路。通常红、绿、蓝三路各点的直流电压是相等的，通过比较三路直流电压来判断故障部位。若某路电压有明显差别，则故障就出在这路。

然后用万用表测量末级视放管基极电压发现故障部位。如果红基色输出管的基极偏离正常值，则故障一般出在解码部分；如果此电压正常，则故障在R输出电路部分。

再分别检查显像管三个阴极的直流电压是否偏离正常值。如果发现某一阴极电位偏离较大，应调节相应的白平衡电位器（或白平衡调整总线数据）。若经调整底色能恢复正常或有变化，则属白平衡调整不当，电位器接触不良或损坏（或白平衡调整总线数据设定不合适）；若调整无效，则故障出在该基色输出管或相应的电子枪（衰老或灯丝与阴极间漏电）。

思考与练习题

一、填空题

1. 彩色显像管的电子枪主要由________、________、________、________、________等组成。
2. 彩色显像管的供电电路向显像管提供________，使它发光。
3. 彩色显像管荧光屏的后面安置了一块________，作选色用。
4. 白平衡调整一般分为两步：________调整和________调整。
5. 亮平衡调整是采用调整末级视放管的________，即改变视放级增益来实现的。
6. 关机瞬间使________极间有一个正电压，从而产生较大的电子束电流，迅速中和高压电容上电荷。

二、判断题

1. 如果彩色显像管的某一个阴极电压升高使它截止，将产生无光栅故障。（ ）
2. 彩色显像管上光栅或图像的中心位置利用偏转线圈上的磁环进行调节。（ ）
3. 彩色显像管中三注电子束必须轰击各自对应的荧光粉，才能重现彩色正确的图像。（ ）
4. 彩色显像管会聚不良将会出现彩色失真现象。（ ）
5. 彩色显像管的24kV阳极高压是由市频电压经变压、整流和滤波后直接供电的。（ ）
6. 彩色显像管有三个电子枪，它们分别射出具有红、绿、蓝三种颜色的荧光粉，轰击荧光屏，从而使荧光屏呈现不同的色彩。（ ）

7．自会聚彩色显像管的三个阴极分别有自己的控制栅极、加速极和高压阳极。（　　）

8．荫罩板处在荧光屏的前面，其目的是遮挡住红绿蓝三个电子枪射向荧光屏的三条电子束。（　　）

9．自会聚彩色显像管采用动会聚自校正型偏转线圈，它利用高度均匀磁场分布校正会聚误差。（　　）

10．彩色显像管设计时，应使三条电子束无扫描时在屏幕中央部位会聚为一点。（　　）

11．静会聚的调整是用在管颈处两对校正磁环来进行的。（　　）

12．色纯度调整就是要保证红绿蓝三种荧光粉的颜色纯正。（　　）

13．截止型关机亮点消除电路是在关机后短时间内，在栅—阴极之间维持一个很高的负偏压，强迫电子束截止。（　　）

14．高压泄放型关机亮点消除电路，在关机瞬间，提供一个大的束电流，使高压电容迅速放完电，不再吸引阴极电子射向荧屏。（　　）

15．彩色电视机的白平衡不好，在显示彩色图像时就会出现偏色。（　　）

16．暗平衡调整是调整显像管三条电子束的调制特性。（　　）

17．亮平衡是调整三条电子束截止点的不同。（　　）

18．红荧光粉的发光效率最高。（　　）

三、选择题

第 1～13 题为单选题，第 14、15 题为多选题。

1．自会聚彩色显像管的场偏转采用（　　）磁场。

（1）枕形　（2）桶形　（3）均匀　（4）非均匀

2．彩色电视的 180V 视放电源电压为 0V 时的故障现象是（　　）。

（1）无光栅　（2）光栅亮有回扫线

（3）图像变亮　（4）图像变暗

3．显像管的 6.3V 灯丝电压是由（　　）供给的。

（1）逆程变压器　（2）交流降压变压

（3）整机稳压电源　（4）视频放大器

4．自会聚彩色显像管的暗平衡调整是改变三个末级视放管的（　　）直流电位。

（1）发射极　（2）基极　（3）集电极

5．亮平衡调整可以设法调整三个色度信号激励（　　）的大小比例。

（1）幅度　（2）相位　（3）频率　（4）调制特性

6．视频放大器频带过窄，则会使图像细节（　　）。

（1）轮廓模糊　（2）边沿重影　（3）镶边　（4）丢失背景亮度

7．当彩色电视机屏幕上的光栅底色偏绿时，说明存在（　　）故障。

（1）色纯度不良　（2）白平衡不良

（3）会聚不良　（4）显像管被磁化

8．彩色电视机显像管灯丝断会出现（　　）。

（1）无彩色　（2）无图像

（3）无光栅　　（4）图像不稳定

9．当电子枪轴线与显像管轴线不重合，将会出现（　　）现象。

（1）桶形失真　　（2）枕形失真

（3）光栅收缩　　（4）光栅中心不在荧光屏中心

10．彩色电视机蓝色电子枪由于故障而使蓝电子束截止，屏幕将呈（　　）色。

（1）红　　（2）绿　　（3）黄　　（4）紫

11．彩色电视机显像管栅极断路会出现（　　）。

（1）无光栅　　（2）无图像

（3）光栅变暗　　（4）无色

12．当彩色显像管会聚不良时，将会出现（　　）。

（1）彩色失真　　（2）偏色

（3）无彩色　　（4）彩色镶边

13．消磁电阻开路引起的故障现象是（　　）。

（1）图像偏色　　（2）图像模糊

（3）图像彩色混乱并失真　　（4）图像正常

14．彩色电视机的图像缺少红基色，故障的可能原因有（　　）。

（1）红末级视放管断路　　（2）红末级视放管短路

（3）红色电子枪严重衰老　　（4）红亮平衡或暗平衡电位器开路

（5）红末级视放管无供电电源

15．显像管老化后将会出现（　　）。

（1）图像模糊不清　　（2）图像重影　　（3）出现色斑

（4）彩色不鲜艳　　（5）开机初期底色偏于某一种颜色

四、简答题

1．简述彩色显像管的荫罩板结构及选色原理。

2．内外石墨层有什么作用？

第6章 高频调谐器及外围电路

6.1 高频调谐器及外围电路原理

高频调谐器俗称高频头，它的作用是将从天线上感应接收到的电信号，经过选择，放大，然后混频，变为中频电视信号，送给中频放大器。彩色电视机一般采用 V/U 一体化全频道电子调谐式高频头（简称电调谐高频头）。

高频调谐器虽然作为一个独立的部件，并通过引脚安装在主电路板上，但是，应用时只靠高频头本身，不能独立完成调谐的任务。为了使高频头能正常工作，还增加了一些附加电路，如频段切换和调谐电压产生电路，稳定本振频率的自动频率微调（AFT）电路等。人们常把高频调谐器及其外围电路统称为高频调谐电路。

6.1.1 电调谐高频头的特点

彩电中的电调谐高频头与黑白机中常用的机械式高频头的最大区别是调谐方式不同。机械式高频头利用鼓形转换开关换接不同线圈来改变接收频道，并利用微调电容来调谐，其体积庞大、触点多、易磨损而引起接触不良。电调谐高频头是利用直流电压来控制开关二极管的导通和截止，从而变换频段的；利用直流电压来改变变容二极管的电容量实现选择频道，因此不需要机械转换结构，具有结构简单，可靠性高的优点，又由于是直流电压控制，安装也十分方便，此外，它还为实现自动选台、遥控等提供条件。电调谐高频头与机械式高频头的另一个区别就是选用了微型元器件和贴面焊装工艺，如图 6-1 所示，使高频头的体积不断缩小，稳定性不断提高。

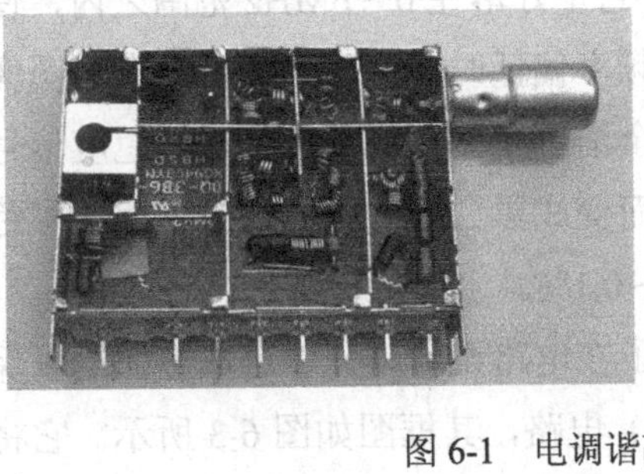

图 6-1　电调谐高频头的内部结构

6.1.2 彩色电视机对高频头的性能要求

在彩色电视机中，高频头要同时传送亮度信息、伴音信息和色度信息，故彩色电视机对高频头的性能指标要比黑白电视高频头的更高，它们的主要区别在于：

1）频率特性要求高

图 6-2 为彩色电视高频头频率特性，其中要求曲线在通频带内具有平坦的频率特性，通频带曲线的不平度小于 10%，而黑白电视机一般要求小于 30%。由于在彩色电视机中，色度信号与亮度信号以频谱交错方式（色度信号插在亮度信号频谱之中）共用一个频带进行传送，为了保证两者原有的正确比例关系，故要求通带内曲线的不平度小于 10%。否则将引起两方面的后果：一是亮度信号与色度信号的幅度比例变化对色饱和度影响较大，实验证明，当两者相对电平变化约 20%时，图像饱和度立即变坏；若色副载波附近的增益较图像载波低得多时，还有可能使自动消色电路动作，色度通道自动关闭，导致图像无彩色，显示黑白图像。二是若在色度信号通带内增益有突变，将会产生色度信号的过渡性失真，导致色调失真。

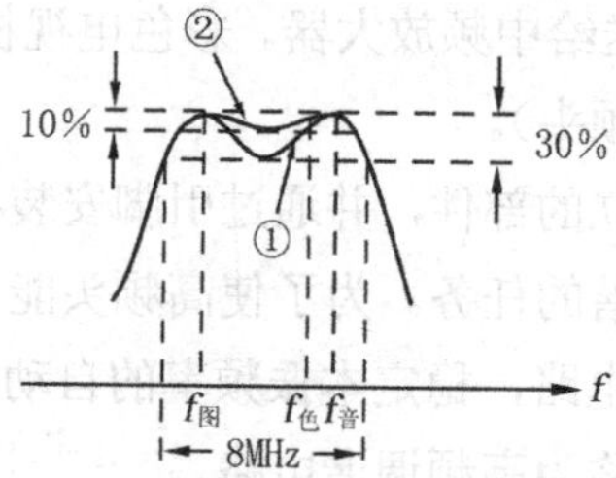

图 6-2 彩色电视高频头频率特性

2）本机振荡频率稳定度要高

对于黑白电视机，本机振荡频率即使偏移 0.2%，也不会引起图像质量的明显下降。对于彩色电视机则不然，色度信号安插在亮度信号频谱的高端，只要本振频率偏移 0.1%以上，就会对图像质量产生显著的影响。如当本振频率过高时，亮度信号的低频分量衰减，伴音中频信号加大，这不但会引起图像对比度的下降、伴音干扰图像，而且还可引起彩色电视机特有的声—色干扰。声—色干扰产生的原因是：彩色中频电视信号中含有色度中频信号（33.57MHz），在图像中频检波时由于检波器的非线性作用，不但检出了 0～6MHz 的视频图像信号，混频出 6.5MHz 的第二伴音中频信号，而且还会差拍出 2.07MHz（33.57MHz–31.5MHz=2.07MHz）的干扰信号，它正好落在 0～6MHz 范围之内，使图像的色度随伴音的强弱而波动，造成图像不稳。如当频率偏低时，情况则相反，会使图像清晰度下降，色饱和度下降，还会影响色同步，甚至完全消色。本振频率再低时，色度信号减弱太厉害，机内消色电路将起作用，画面将完全失色而变成黑白的。因此，为了保证彩色图像的稳定，本机振荡的频率漂移一般必须小于 0.05%～0.1%。

彩色电视机为了保持本振频率的稳定，除了在电路设计与元件选取方面给以保证外，还要在电视机内设置自动频率微调（AFT 或 AFC）电路，其框图如图 6-3 所示。它将末级中放电路输出的一部分中频信号送到一个中心频率为图像中频载频（38MHz）的鉴频器中，当本振频率$f_{本}$正确时，图像中频载频$f_{中}$为 38MHz，鉴频器输出的控制电压 U_{AFT}=0V，对本振电路无校正作用；当本振频率偏移时，鉴频器会根据偏离情况（大于 38MHz 或小于 38MHz），输出大于零或小于零的 AFT 控制电压 U_{AFT}，去校正本振电路的振荡频率。

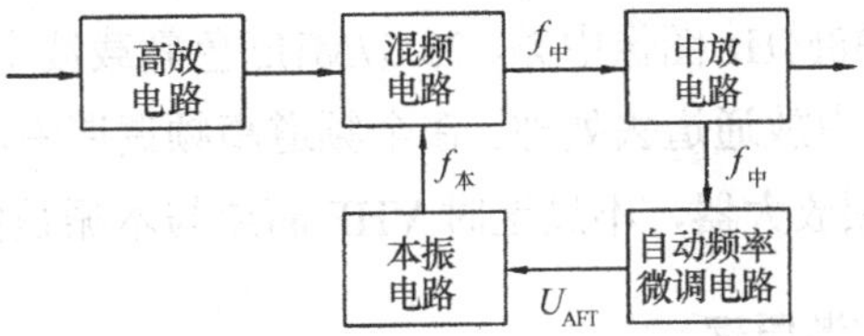

图 6-3　自动频率微调（AFT）电路与相关电路

6.1.3　电调谐高频头的组成和工作原理

1．电调谐高频头的组成

尽管电调谐高频头与机械式高频头的调谐方式不同，但它们的电路结构和信号流程却是基本相同的。图 6-4 为电子调谐全频道高频头的方框图，看上去与黑白电视机中的 V 头和 U 头组合起来非常相似，也包括输入回路、高放电路（VHF 高放与 UHF 高放）、本振电路（VHF 本振与 UHF 本振）和混频电路（VHF 混频也兼作 UHF 预中放）。

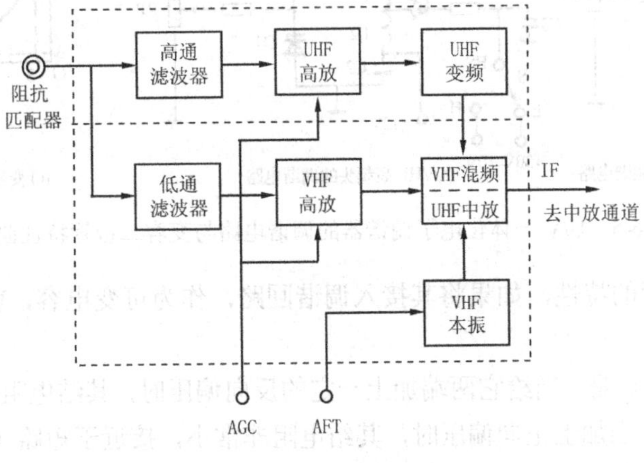

图 6-4　电调谐高频头组成方框图

各部分电路的主要功能是：

1）输入回路

从天线输入信号中选出所需频道的电视信号，送到高频放大器的输入端，并有效地抑制掉不需要的干扰信号。

2）高频放大电路

对输入回路选出的某一频道的电视信号进行有选择地放大。

3）本机振荡电路

产生一个高频等幅正弦波振荡信号，其频率比图像载频高一个固定的中频38MHz。

4）混频电路

将高放级送来的高频电视信号与本机振荡器送来的高频等幅正弦信号进行混频，得到载频固定的中频信号（包括38MHz图像中频、33.57MHz色副载波中频和31.5MHz第一伴音中频），然后将中频信号送到中放通道去处理。在全频道高频调谐中，当接收UHF频段信号时，VHF混频器兼作UHF中频放大器，不过这时VHF高放与本振是停止工作的。

2. 电调谐高频头的调谐原理

电调谐高频头最显著的特点是利用变容二极管调谐，开关二极管切换高、低波段的方法。为理解电调谐原理，先简单介绍一下变容二极管与开关管的特性。

变容二极管是一个特制的PN结，它的结电容有很大的容量变化范围，在不同的直流偏置下具有不同的电容值，因此称为变容二极管。

变容二极管具有以下特性：变容二极管不是在正向偏置下工作，正常工作时总是加有反向偏置，其容量与反向偏压的关系是非线性的，通常按指数规律变化，如图6-5（c）所示。

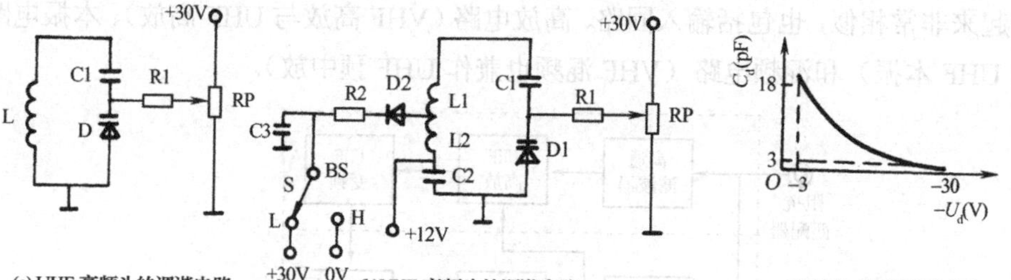

图6-5 U/V一体化电子调谐器的调谐电路与变容二极管特性曲线

根据变容二极管的特性，如果将其接入调谐回路，作为可变电容，就可以实现回路的电调谐。

开关二极管的特点是，当给它两端加上一定的反向偏压时，其结电阻非常高，接近于开路（相当于开关OFF），当加上正向偏压时，其结电阻非常小，接近于短路（相当于开关ON）。利用开关二极管的这种“开、关”特性，可作为电子开关，用于调谐器中作为波段转换开关。

利用变容二极管代替LC调谐电路的电容，即可做成电调谐电路，如图6-5（a）、（b）所示。图6-5（a）是UHF高频头电路中的调谐电路，图6-5（b）是VHF高频头电路中的调谐电路。

图6-5（a）中D为变容二极管，C1为隔直电容，R1是限流隔离电阻，RP是频道调谐电位器。因为要在变容二极管上加直流偏压，以实现电调谐，必须加入隔直电容，否则电感L会将直流偏置短路。通常C1取值较变容二极管的结电容值C_j大得多，因此对回路的影响极小，可以忽略，故由LC_j构成谐振回路。调节频道调谐电位器RP，可改变变容二极管D两端的直流电压，即可使D的结电容值C_j变化，以改变LC电路的谐振频率，因此称为电调谐。

对于UHF高频头，调节RP可以完成13～68频道之间的调谐。对于VHF高频头，如果也采用图6-5（a）所示的调谐电路，则不能从1频道调到12频道（因为变容二极管容量变化的比值不能满足 1～12 频道的覆盖要求），所以电调谐高频头又将 VHF 频段分为两部分，即 VHF-L（1～5 频道）和 VHF-H（6～12 频道）。图 6-5（b）中开关二极管 D2 就是起将 VHF 频道分成两段的切换作用。由图 6-5（b）可以看出，VHF 高频头的调谐电路仍用一只变容二极管 D1，通过控制 BS 端的电压，使开关二极管 D2 截止或导通，改变谐振回路中电感 L 的大小，达到切换 VHF-L 与 VHF-H 频段的目的。当频段开关 S 拨至 L，BS 端电压为+30V 时，则开关二极管 D2 截止，电感 $L=L_1+L_2$，谐振频率下降，可接收 VHF-L 频段电视节目；当开关 S 拨至 H 时，BS 端电压为 0V，开关二极管 D2 导通，电感 L2 被交流短路，$L=L_1$，则谐振频率上升，可接收 VHF-H 频段电视节目。图中的 C2、C3 是交流旁路电容。

6.1.4　电调谐高频头的种类

彩电中使用的是电调谐高频头，其种类较多，在更换时需注意原高频头是哪种类型的。

1. 按调谐原理分类

彩电中使用的高频头，按调谐原理的不同，可分为电压合成式（VS）高频头和频率合成式（FS）高频头两大类。电压合成式高频头的型号很多，如 TDQ-2、TDQ-3、TDQ5B6M、ET-5CE-V01 等。频率合成式高频头如 EC346LX1、TDF-3M3S、TDQ-6B1-MA 等。普通彩电中大量采用的仍是电压合成式高频头，而高档彩电中多采用频率合成式高频头。

2. 按是否能接收增补频道节目分类

早期的彩电中所采用的老式高频头，如 TDQ-2 高频头、最早生产的 TDQ-3 高频头（后期生产的 TDQ-3 高频头是 CATV 高频头）。这种高频头只能接收用正规频道传送的各套（1～68 频道）电视节目，而不能接收用增补频道传送的电视节目。增补频道是指在 5～6 和 12～13 频道之间的闲置频率范围内设置的电视频道，它用于有线电视系统，总共可以设置 37 个增补频道。

CATV 高频头（CATV 是有线电视系统的符号）也称为增补频道高频头，如 TDQ-3B6、TDQ-5B6M、CGL-5V6、VS1-1G5-DK、ET-5CE-V01 等。CATV 高频头是随着有线电视的发展而开发的。CATV 高频头不仅能接收全部正规频道传送的电视节目，而且还能接收用增补频道传送的电视节目。早期生产的 300MHz CATV 高频头能接收 16 个增补频道电视节目，后期生产的 470MHz CATV 高频头能接收 37 个增补频道电视节目。目前，彩电中基本上都是采用 470MHz CATV 高频头。

另外，高频头还有一些分类。按天线信号引入接口长度的不同可分为长颈高频头和短颈高频头。对于电压合成式高频头而言，按供电电压来分，有+12V 供电、+9V 供电和+5V 供电之分。早期彩电采用+12V 或+9V 供电的高频头（如 TDQ-3、TDQ-3B6 等），现在基本上采用的是+5V 供电的高频头（如 VS1-1G5-DK、TDQ5B6M、ET-5CE-V01 等）。

6.1.5　高频头各引出脚的功能

高频头内部电路及结构较复杂，并采用贴片元件，维修有一定困难，内部元器件损坏后一般采用整体更换的方法，因此，这里不再详细介绍其内部结构和各组成部分的工作原理，而只对目前常用的电压合成式CATV高频头引脚功能和信号来向和去向作些说明。

常用的电压合成式高频头（常称为普通高频头）有6～10个引脚，不同型号的高频头，引脚命名可能不同。图6-6是常用的两种高频头引脚命名。

（a）TDQ-3高频调谐器（短颈）引脚符号

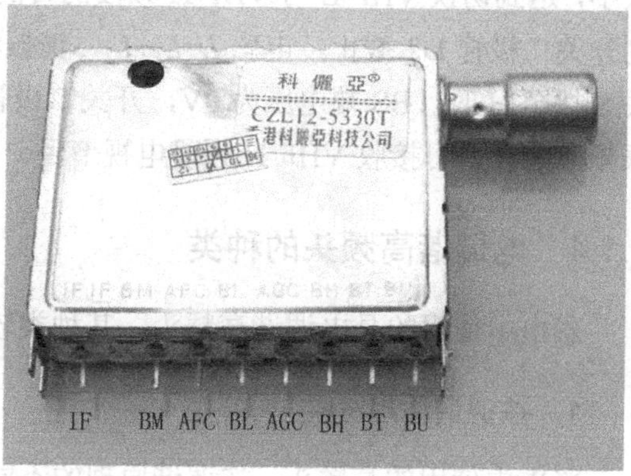

（b）科儷亚CZL12-5330T高频调谐器（长颈）引脚符号

图6-6 常用高频头引脚符号

（1）BM（或+B，或VCC、MB）端：是高频头的供电端。无论接收哪一个频段的电视节目信号，此端子上都应加上正常的工作电压。高频头的工作电压有12V、9V、5V之分。

（2）AGC（或标为RF AGC）端：此端子是中频通道送来的高放自动增益控制（RF AGC）电压输入端。此端子输入的电压用于控制高频头内高放电路的增益。

（3）频段转换控制端：我国无线发射的电视频道分为VHF-L、VHF-H、VHF-U三个频段（也称波段），分别简称L、H、U段。L段覆盖1～5频道；H段覆盖6～12频道；U段覆盖13～68频道。高频头接收哪一频段的电视节目是由加在频段转换控制端的电压来确定的。高频头的频段转换控制端有3个（如TDQ-3、VS1-1G5-DK等）或者2个（如TEL-E4-805A、CGL-5V6等）。对于3个频段转换控制端的，通常标为VL、VH、U或BL、BH、BU；对于2个频段转换控制端的，通常标为L/H、U/V（这种高频头内部含有频段译码器）。

（4）VT或BT端：此端子是高频头调谐电压输入端。调谐电压通常为0～30V。改变VT（或BT）电压，就能改变高频头内部选频电路频率，从而选择不同频道。

（5）IF端：此端子是高频头的中频信号输出端。

（6）AFT端（或标为AFC端）：此端子是高频头的自动频率控制电压输入端。有些高频头有这个端子，而有些高频头省去了这个端子。对于有AFT端的高频头，该端子外接电路有两种电路结构形式：一种是中放电路送来一个AFT电压加到高频头的AFT端，校正高频头本振频率（因为电视机工作时，电源电压或温度的变化会使高频头本振频率产生漂移，造成高频头输出的中频发生偏离，会引起图像色饱和度变化，伴音噪声增加，图像上有噪波，甚至无图无声，即跑台），从而保证本振频率稳定不变，使高频头输出的中频稳定，避免出现跑台故障，这是非遥控彩电所采用的电路结构形式；另一种电路结构形式是用分压电阻对12V

电源电压进行分压后得到一个 6V 左右的固定偏压（对 12V 高频头而言），加到高频头的 AFT 端，这是部分遥控彩电所采用的电路结构形式（这种遥控彩电采用数字式 AFT 方式，AFT 电压加到微处理器，微处理器将 AFT 电压叠加到 VT 电压上，频道调谐和自动频率微调合二为一）。

6.1.6 高频头外围电路

高频头虽然作为一个独立的部件，并通过引脚安装在主电路板上。但是，应用时只靠高频头本身，不能独立完成调谐的任务，为了使高频头能正常工作，还增加了一些附加电路，如频段切换和调谐电压产生电路，稳定本振频率的自动频率微调（AFT）电路等。遥控彩色电视机中，高频头的工作状态受到微处理器的控制，因此，电视频道的调谐（搜索）和记忆，必须由微处理器、高频头以及有关电路共同配合作用才能完成。电调谐高频头性能的好坏和技术指标的高低，遥控选台电路的工作情况都将直接影响到彩电能否接收到电视节目信号，收到电视节目的多少以及接收到的图像、彩色和伴音质量的好坏。

1. 电压合成式高频调谐系统原理

中小屏幕彩电和普通大屏幕彩电大多采用电压合成式高频调谐器，其电路原理图如图 6-7 所示。选台电路应由四部分组成，即由调谐电压（BT）控制、频段选择、电台识别信号和频率自动微调等接口电路组成。

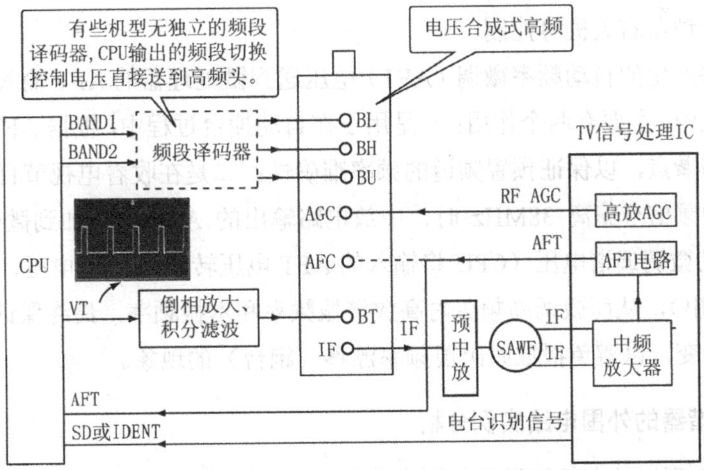

图 6-7　电压合成式高频调谐系统原理图

电压合成式高频调谐器工作原理是：以接收 1 频道为例，当按下键盘上的“1”按键（假如存储的 1 号台就为 1 频道节目时），按键信号送入 CPU，CPU 一方面送出频段切换控制电压去频段译码器，让它输出+12（或+5V）电压给高频调谐器的 BL 端，该电压使调谐器内部电路工作在 VL 段；于此同时，CPU 还送出一定宽度的方波信号（即 PWM 脉冲），经倒相放大后，再经积分电路滤波，将方波信号转换成直流电压并送到调谐器的 BT（有的标为TU）端，该电压控制调谐器内部振荡及有关选频电路，使它们的工作频率与1频道高频电视信号一致。高频调谐器从天线送来的电视信号中选出1频道节目信号，并进行放大和混频处理，得到中频信号（包括38MHz图像中频、33.57MHz色副载波中频和31.5MHz第一伴音中频），从高频头的IF端输出送到图像中放电路。若高频调谐器内部本振频率发生漂移，38MHz图像中频信号频率也会发生变化，中频电路的AFT电路对图像中频信号处理后会输出U_{AFT}误差电压去调谐器AFT端（遥控彩电，中频电路输出U_{AFT}误差电压送微处理器AFT端），控制内部本振电路，使本振电路频率回到正常值。另外，中频通道设有AGC检测电路，当输入信号增大到超过某一值后，AGC检测电路通过对视频信号进行检测，得到一个与视频信号成正比的AGC直流控制电压，先使中放AGC电路起控，降低中放增益；当输入信号太大，超出中放AGC的控制范围后，才输出高放AGC（即RF AGC）电压并送到高频头的AGC端，使高放AGC起控，降低高频头内的高放电路增益。这样，当输入信号在某一容许范围内时，使中放通道输出的视频信号基本保持在一定的范围之内，以保证图像稳定、清晰。

在自动搜索选台时，选台系统会自动进行频段变换和调谐电压的变化，选出电视节目后便自动停止，并把频段信息和调谐电压的信息自动存储在存储器中，然后继续再搜索，直到把所有正在播放的电视节目都调出来，并全部存入存储器中为止。

输入到微处理器的电台识别信号，用于微处理器判定机器目前是否接收到信号，以便执行相应的控制，例如自动搜索时执行搜到电视节目放慢搜索速度，播放时执行无信号蓝屏静噪和无信号十分钟左右关机等控制。

由中放电路产生的自动频率微调（AFT）电压送到微处理器的AFT输入端。AFT信号在遥控彩色电视机中，主要有两个作用：一是用于在自动搜台过程中，根据AFT电压的变化量，确定整机最佳调谐点，以保证预置频道的频率准确性；二是在收看电视节目过程中，当高频头输出的图像中频信号偏离38MHz时，中放电路输出的AFT电压加到微处理器CPU，经CPU处理后自动微调调谐电压（CPU将输入的AFT电压转换为ΔVT电压，并在内部叠加至VT电压上后输出），从而微调高频头内高放谐振频率和本振频率，最终保证38MHz中频信号的频率保持不变，以避免播放时出现频率漂移（跑台）的现象。

2. 高频调谐器的外围电路实例分析

熊猫牌2528型机的高频调谐器外围电路如图6-8所示。

1）频段切换控制电路

由微处理器N101的㊶、㊷脚输出的2位频段切换控制数字信息（高/低电平），加到频段译码器N103（LA7910）的④、③脚。LA7910是一个2——4译码器，其真值表如表6-1所列。N103的①、②、⑦脚三路译码输出作为VHF-L、VHF-H、UHF三个频段的控制电压，分别加到调谐器U101的BL、BH、BU端，进行频段切换。

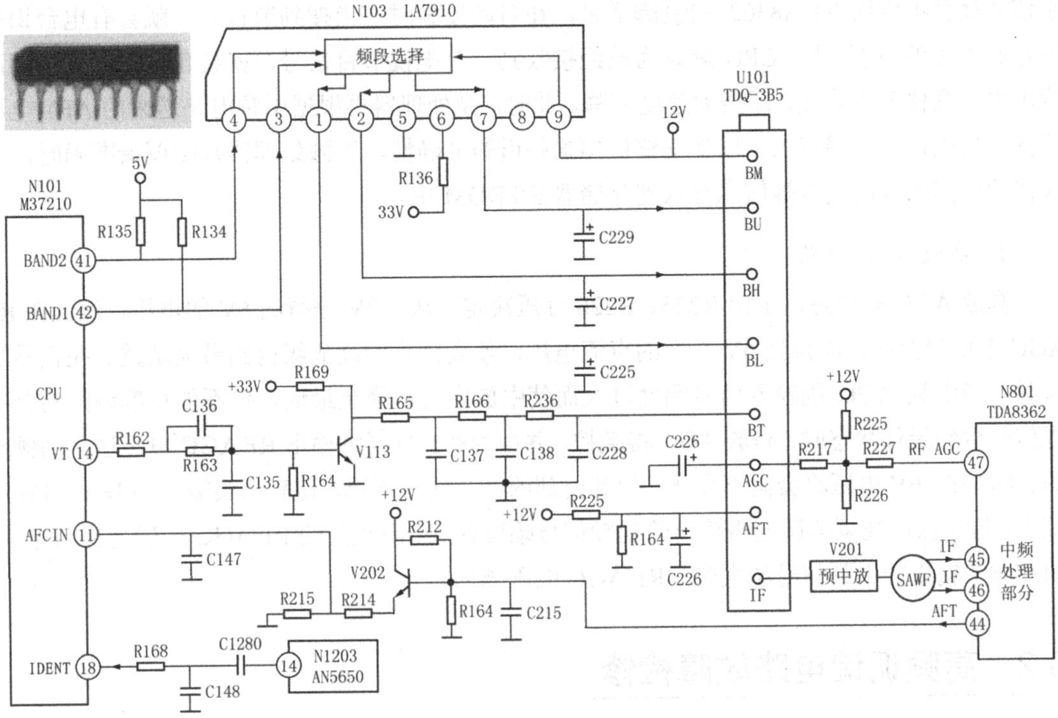

图 6-8　熊猫牌 2528 型机的高频调谐器外围电路

表 6-1　LA7910 译码器真值表

输　入		输　出			
③脚	④脚	①脚	②脚	⑦脚	⑧脚
L	L	H	L	L	L
H	L	L	H（+12V）	L	L
L	H	L	L	H（+12V）	L

2）调谐电压形成电路

微处理器 N101 的⑭脚为调谐电压控制端。当电视机进行搜索选台时，N101 的⑭脚输出调宽脉冲（PWM），首先经由 R162、C138、R163、C135、R164 组成的 RC 网络滤波后，送至调谐电压形成电路中的电压转换管（也称倒相放大管）V113 的基极。调谐电压的电源供电，由整机电源输出的 130V 电压，经 R718 降压，N705（33V 稳压管）稳压，C708 滤波，产生 33V 的电压，经 R169 加到 V113 的集电极。当 N101 的⑭脚输出 0～4.8V 变化的电压加到 V101 基极时，使 V113 的导通状态受到控制，从而改变 V113 的导通内阻对 33V 形成不同的分压，在 V113 集电极得到 0.5～30V 的变化电压，再经由 R165、C137、R166、C138、R236、C228 组成的 RC 滤波电路滤波后，形成直流控制电压加到高频头的 BT 端，进行电视频道选择。

3）电台识别信号（SD 或 IDENT）和自动频率微调（AFT）电路

微处理器 N101 的⑱脚为电台识别信号（SD 或 IDENT）输入脚，该脚输入的同步信号，用作同步脉冲计数，确认是否接近电视台频率。同步信号由 N1203（AN6550）的⑭脚送来，产生过程涉及到视频通道。微处理器 N101 的⑪脚为 AFT 信号输入端，AFT 信号由单片 TV

小信号处理集成块 TDA8362 的㊹脚送来。在自动搜索时，当搜到节目后，就会有电台识别信号送入 CPU 的⑱脚，CPU 就认为已经接收到一个电视节目信号，就会自动使⑭脚的调谐输出电压变化速度放慢，即搜索速度下降。此时，微处理器再根据中频电路送来的 AFT 电压的变化量确认最佳调谐点，以保证整机预置频道的准确性。当微处理器判断调谐准确时，将最佳调谐点的调谐电压等信息存入到存储器 E^2PROM 中。

4）高放 AGC 电路

高放 AGC 的静态电压由 R225、R226 分压决定，从+12V 分得约 6V 的电压，保证在 RF AGC 电压起控前，能得到 6V 左右的直流电压，使高频头的高放级得到最大增益。在正常收看时，当中频 AGC 因输入信号幅度过大而使中放增益已降至最低，仍不能使解调后的全电视信号达到最佳状态时，高放 AGC 将起控，并由 N801 的㊼脚输出 RF AGC 电压送至高频头的 AGC 端，6V 电压将会向下变化，使其内部的高放增益下降，使高频头输出的 IF 信号幅度减小，最终保证视频解调电路输出的视频信号幅度稳定。高频头的 RF AGC 一般为反向电压，即高频头输出的中频信号越大时，RF AGC 电压越低。

6.2 高频调谐电路故障检修

6.2.1 高频调谐电路的故障现象

高频调谐电路出现故障时，一般表现为如下几种现象：

（1）无图像、无伴音，各个频段都收不到电视节目；

（2）整机灵敏度低，画面不清晰（无彩色），有雪花噪声干扰；

（3）图像漂移（即跑台现象）；

（4）收不到某波段的节目；

（5）某一频段中的高端或低端收不到电视节目等。

6.2.2 高频调谐电路的关键检测点

高频调谐器内部损坏或高频调谐器的外围电路发生故障均可出现以上现象，在检修时应加以区分。若是高频调谐器内部有问题，一般采用更换的方法解决，而不予修理。

高频调谐器及外围电路即高频调谐电路，这部分电路的关键检测点如图 6-9 所示，下面介绍各关键点的检测方法。

1．高频调谐器和波段译码器的供电电压

高频调谐器的供电“BM”端子、波段译码器的供电“VCC”端子，这两点的供电电压是否正常对高频调谐电路能否正常工作起着关键作用，若供电电压丢失，高频调谐器就会停止工作，出现收不到节目的现象，此时荧光屏上只有淡淡的雪花点，有蓝屏功能的机器将出现蓝屏现象。高频调谐器的供电电压有+5V 与+12V 之分。

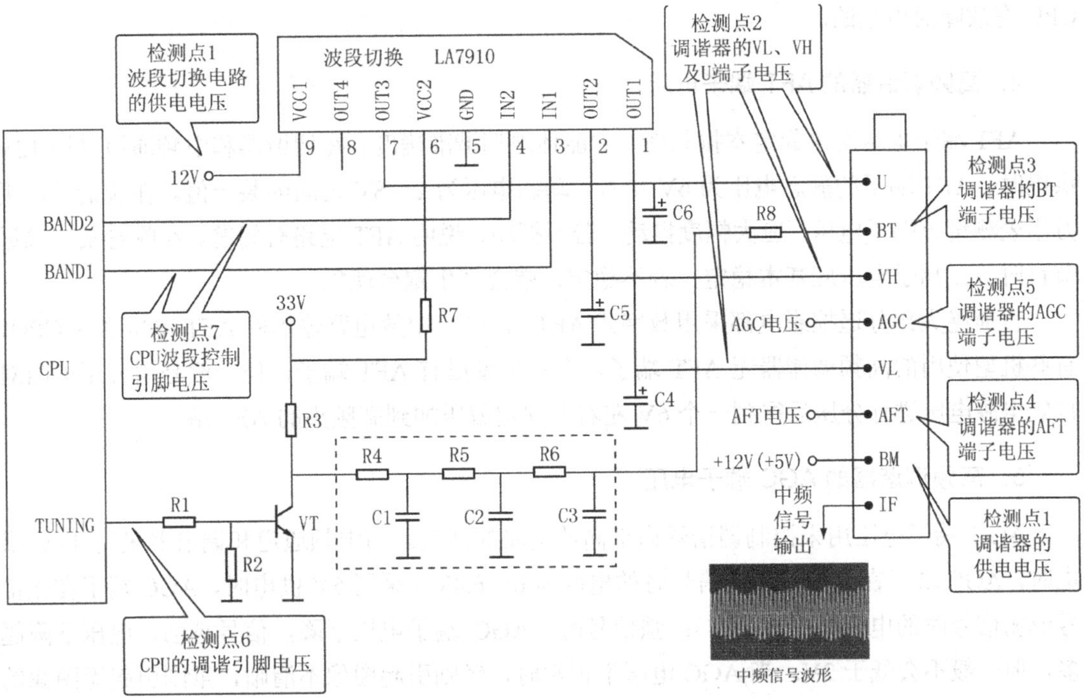

图 6-9　高频调谐电路的关键检测点

2．频段切换电压（VL、VH 及 U 端子电压）

这三个端子的电压与机器的工作波段相对应。若机器工作于 VL 波段，则 VL 端子就为高电平（等于调谐器的供电电压）；同理，若机器工作于 VH 或 U 波段，则 VH 或 U 端子就为高电平。任何时刻，这三个端子只能有一个为高电平，且这三个端子电压能按波段的不同而进行转换。例如，将机器置 VH 波段时，VH 端子就应转换为高电平，若不能转换，就会出现收不到 VH 段节目的现象。对于只有 L/H 和 U/V 两个频段切换引脚的高频调谐器，正常时应为一高一低或两者都为高电平。

3．调谐电压（BT 或 VT 端子电压）

该端子电压用来控制机器的工作频道，当机器位于某波段时，若该端子电压低，机器就工作于该波段的低频道；若该端子电压高，机器就工作于该波段的高频道。在某个波段的最低频道时，BT 端子电压往往接近 0V；在某个波段的最高频道时，VT 端子电压往往接近 32V。

在搜索节目时，VT 端子电压会从 0V 向 32V 变化，每一个波段均如此。因此，可以根据这一特点来判断有无调谐电压送至 BT 端子。在调谐时，若 BT 电压不变，说明无调谐电压送至 BT 端子，此时出现收不到节目的现象。在收看某一频道节目时，BT 端子电压应稳定不变。若 BT 端子电压不稳，就会出现跑台现象；若调谐时 BT 电压变化范围变窄，会出现收台少的现象，当 BT 电压不能降到规定值（一般为零点几伏），可能出现低端节目收不到，当 BT 电压不能升到规定值（一般为 30V 左右），可能出现高端节目收不到。

BT 电压异常，有可能是调谐器 BT 端子内部电路漏电，也可能是调谐电压形成电路或

CPU有故障而引起的。

4. 高频调谐器的AFT端子电压

AFT端子电压用来稳定本振频率，它能体现调谐准确度。在调谐器和中频通道采用12V供电时，AFT端子的静态电压为6V左右，动态电压为2～8V之间的某一值。在调谐时，用万用表测量该端子电压，应大幅度摆动，若不摆动，说明AFT电路有问题。在收看某一频道节目时，该端子电压应基本稳定，若不稳定，就会产生跑台现象。

目前绝大部分遥控彩电都采用数字式AFT方式中，中放电路输出的AFT电压送往CPU，有些机型使用的高频调谐器无AFT端子，有些机型虽有AFT端子，但一般是用分压电阻对12V电源电压进行分压后得到一个6V左右的固定偏压加到高频头的AFT端。

5. 高频调谐器的AGC端子电压

AGC端子电压用来控制调谐器内部高放电路的增益。当中频通道和调谐器采用12V供电时，AGC端子在无信号或弱信号时的电压为6～6.4V（采用5V供电时，AGC端子在无信号或弱信号时的电压为3.5～4V）；强信号时，AGC端子电压下降，信号越强，电压下降越多，但一般不会低于2V。当AGC电压不正常时，轻则引起图像不清晰，重则引起无图像的现象。

6. CPU的调谐端子电压

CPU的调谐端子一般标有“VT”（或“BT”、“TUNER”、“TUNING”）的字样。在调谐时，CPU的调谐端子电压应在0～5V之间变化，若不变化，说明CPU内部或调谐端子外部电路有故障。在收看某频道节目时，调谐端子电压应稳定不变，若不稳定，则会出现跑台现象。

7. CPU的波段控制引脚电压

CPU的波段控制引脚有两个或三个，分别标为BANDl、BAND2或VL、VH、U。在切换波段的过程中，这两个或三个引脚的电压组合要能跳变，若不能跳变，说明CPU内部有问题。

6.2.3 高频调谐电路的常见故障分析和检修思路

1. 无图像、无伴音，各频段均收不到电视节目

如果光栅正常，但无图像和伴音，说明扫描电路工作正常，故障应发生在公共通道。但故障是否在高频调谐器及外围电路，还需进行判断。判断方法如下。

绝大多数遥控彩电设有蓝屏功能，当碰到无图像、无声故障时，应先取消蓝屏功能，再根据故障现象判断故障范围（有关蓝屏的取消方法，将在遥控电路的检修中进行介绍）。

取消蓝屏功能后，焊开高频调谐器中频输出点与中放的接点，用万用表或金属工具碰触中放通道的中频信号输入端，如果光栅上有明显的噪粒闪动，表明中放通道基本正常，故障很可能在高频调谐器及外围电路。这部分电路的检修流程如图6-10所示。

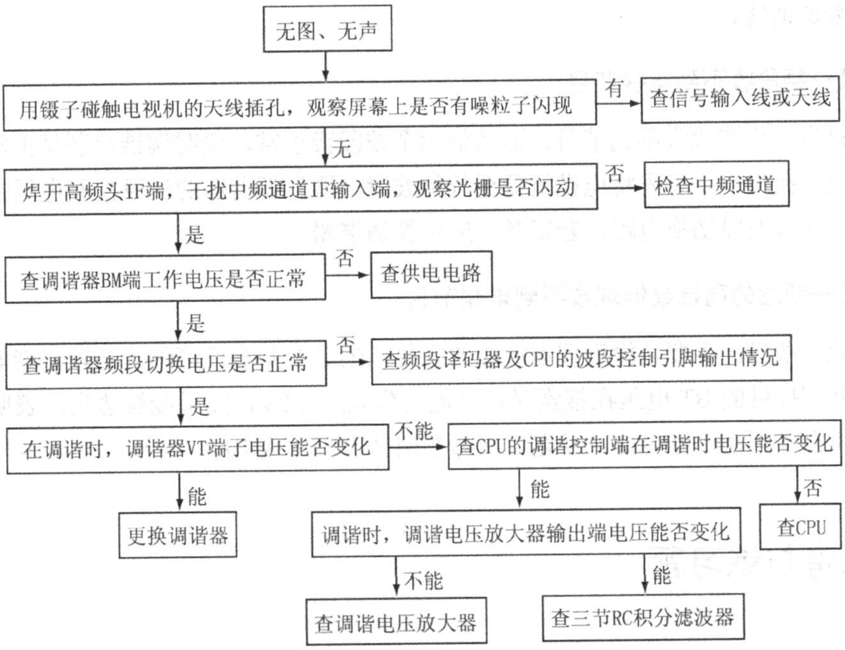

图 6-10　高频调谐电路导致的无图像、无声故障检修流程

2. 整机灵敏度低、画面不清晰、有雪花噪声干扰

造成此类故障的主要原因及排除故障方法如下：

（1）接收的信号太弱，应对信号输入线或天线进行检查。

（2）AGC 电压不正常，导致高放 AGC 启控过早。静态时，调谐器的 AGC 电压应为 6～6.4V（针对 12V 供电的调谐器而言），若太低，说明高放 AGC 启控过早。

（3）调谐器本身问题，如本振频率偏移、灵敏度下降等，应更换调谐器。

3. 跑台（逃台）

跑台也称为逃台，或频漂，或图像漂移。它的故障现象是：刚开机时彩色、图像和伴音均正常，但连续收看时间一长，图像彩色、伴音质量逐渐变差，随后消失。有时重调频率微调后，又可捕捉到图像和伴音，过一段时间后再次跑台。

图像漂移是因调谐器的 BT 端子电压不稳定或 AFT 端子电压不稳定造成的。可先收看一套节目，用万用表监测调谐器 BT 端子电压，看是否随时间变化。

（1）外部电路故障：将调谐器的 BT 脚和 AFC 脚暂时与线路脱离开，再测外部提供的 BT 电压是否波动，若电压仍然不稳，可确定是由外部电压故障引起的，应重点对三节 RC 积分滤波器中的电容进行检查。如果 AFT 电压不稳定，应重点检查中频通道的 AFT 中周及图像中周。

（2）高频调谐器内部故障：若高频调谐器的 BT 脚与外电路脱离开后，测试外部提供的 BT 电压回升，且十分稳定，说明电压波动是由于高频调谐器内部故障引起的。可用万用表判断高频调谐器的 BT 脚是否漏电。高频调谐器内部漏电引起的跑台，其故障率较高，一般应更换高频调谐器。

4．某一频段收不到电视节目

由于只有一个波段收不到节目，而其他两个波段皆正常，说明调谐控制是正常的，应重点检查波段切换电压。可先将电视机调至故障波段，测量调谐器的波段控制电压是否正常。若不正常，应查波段切换电路；若正常，应更换调谐器。

5．某一频段的高端或低端收不到电视节目

对于此类故障，主要是检查调谐电压的变化范围是否变窄。可焊开高频调谐器的BT引脚，测量外部提供的BT电压在搜索时是否能达到0.5～30V，如果能够达到，表明选台电路正常，故障在高频调谐器内部；反之，故障在调谐电压形成电路。

思考与练习题

一、填空题

1．全频道电子调谐器内部可分为________和________两部分。

2．高频调谐器输入的U_{AFT}的作用是________，实现自动频率调整。

3．高频头的基本组成包括________、________、________等。

4．电调谐高频头用改变________偏压的方法进行调谐。

5．电调谐式高频头中，通常采用开关二极管进行________的切换。

二、判断题

1．高频调谐器的作用是将接收到的高频电视信号解调为彩色全电视信号和第二伴音中频信号。（　）

2．高频调谐器输出的信号是中频图像信号和中频伴音信号。（　）

3．所谓VHF/UHF一体化全频道电子调谐器是指高频调谐器内VHF频段和UHF频段共用同一个电路。（　）

4．电调谐高频调谐器的频段切换是靠改变调谐电压来实现的。（　）

5．UHF波段需分成二个波段调谐，因为一只变容二极管的变容比不足以覆盖UHF各频道。（　）

6．通过改变调谐电压，可以实现电视频段间的切换。（　）

三、选择题

第1～2题为单选题，第3～6题为多选题。

1．高频头的带宽要求是（　）MHz。。

（1）4.43　（2）6　（3）6.5　（4）略大于8

2．VHF/UHF一体化全频道电子调谐器中VHF混频器始终在（　）接收中处于工作状态。

（1）全频道　（2）UHF波段

（3）1～15 频道　（4）6～12 频道

3．电视机高频调谐器的组成包括（　　）。

（1）接收天线　（2）高频放大器　（3）本机振荡器

（4）混频器　（5）输入回路

4．高频头输出的信号中，有用的中频信号频率有（　　）。

（1）30MHz　（2）31.5MHz　（3）33.57MHz

（4）38MHz　（5）39.5MHz

5．对电视机高频调谐器故障检修时可采用（　　）等方法。

（1）干扰法　（2）测量电压法　（3）专用仪器检查法

（4）替换法　（5）测量电流法

6．某电视机在收看过程中出现“跑台”现象，故障的可能原因是（　　）。

（1）调谐电压不稳　（2）AFT 电路故障　（3）中放电路故障

（4）解码器故障　（5）显像管老化

四、简答题

1．根据图 6-11 所示的电调谐回路，说明 VHF-L、VHF-H 波段的切换原理，C1、C2 可看做交流短路。

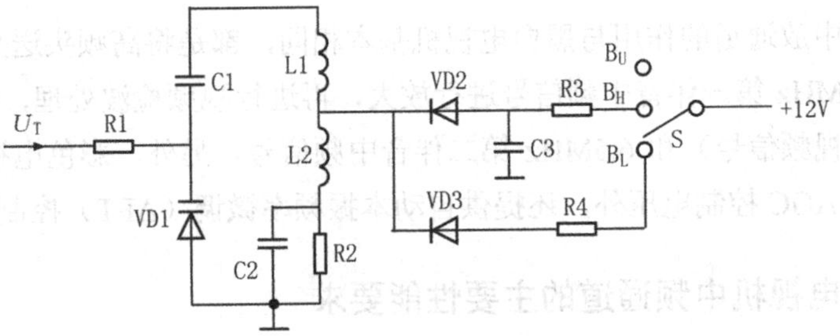

图 6-11　电调谐回路

2．说明电调谐高频调谐器一般有哪七个输入电压，它们的作用各是什么？

第7章 中频电路

7.1 中频电路的功能和结构

7.1.1 中频电路的作用

从高频头中频信号输出端开始到预视放为止，这一段公共通道称为中放电路，也称为中频通道或图像中频通道。

彩色电视机中放通道的作用与黑白电视机基本相同，都是将高频头送来的 38MHz 图像中频信号和 31.5MHz 第一伴音中频信号进行放大，再进行视频检波处理，得到 0～6MHz 彩色全电视信号（视频信号）和 6.5MHz 第二伴音中频信号。另外，彩色电视机中放通道除为高频调谐器提供 AGC 控制电压外，还提供自动本振频率微调（AFT）控制电压。

7.1.2 对彩色电视机中频通道的主要性能要求

彩色电视机中放通道与黑白电视机不同的地方是，除了放大 38MHz 的图像中频信号和以较小的增益放大 31.5MHz 的第一伴音中频信号外，还要不失真地放大以 33.57MHz 为副载波的色度中频信号，因此，彩色电视机在频率特性、电路性能等方面要求较黑白电视机为高。

1）中频增益要高

中频通道的增益将直接影响到整机的灵敏度，一般要求中频通道的增益为 60～65dB。集成化中放通道，大多采用声表面波滤波器（SAWF）形成中频放大电路的幅频特性。由于 SAWF 存在–24～–18dB 的损耗，故往往采用增加一级预中放来进行补偿，其增益大约是 20～25dB。这就要求集成电路部分的增益应保持为 60～65dB。集成化中频通道中，大多采用同步检波器作为视频检波，因其本身有 20dB 左右的增益，这就使得集成电路中放的增益可低一些，一般在 50dB 左右，也能满足要求。

2）应具有符合要求的中放幅频特性

中放幅频特性曲线表示的是中频放大电路对中频信号中各个频率分量的放大能力。其中，横坐标表示信号频率，纵坐标表示放大器对不同频率信号的放大倍数或增益。目前，大多数彩电采用相频特性较好的窄频带型中频放大电路，其幅频特性曲线如图 7-1 所示。窄频带中放幅频特性的主要要求是：

图像中频（f_p=38MHz）应在最大幅度的 50%处，若以最大幅度为 0dB，则 f_p 应在–6dB 处，以适应残留边带发送方式。

彩色副载波中频（f_c=33.57MHz）也在最大幅度的 50%处（在另一斜坡的中点），这是由于窄带所限。在这种窄带型中放特性中，由于色副载波幅度减小且色度信号两边带不对称，因此解码器色度通道中要对衰减部分进行补偿。

对于伴音中频（f_s=31.5MHz），为了防止伴音与图像之间的串扰，尤其是为了防止彩色电视机所特有的声色干扰，即伴音中频与色副载波中频的差拍干扰（33.57MHz–31.5MHz=2.07MHz），中放电路对伴音中频的放大倍数较小。其衰减量的大小视视频检波形式不同而有差异，如用一般的二极管检波，则衰减量应在 50dB 以上，若采用双差分同步检波器（集成电路彩电用），则由于同步检波器产生的差拍干扰很小，伴音中频衰减 26dB 也就够了。

为抑制邻频道干扰，对于上一邻频道的图像差频（30MHz）和下一频道的伴音差频（39.5NHz）均应衰减 40dB 以上。

3）要具有良好的 AGC 特性

彩色电视机的 AGC 电路要求较黑白机为高，多采用峰值式 AGC 电路；AGC 电路的作用范围要足够大，一般要求中放 AGC 控制能力大于 40dB，这样，在转换频道或中频放大器发生过调时，伴音中频和色副载频之间不致发生交扰调制。

另外，为了重现逼真的彩色图像，要求亮度信号和色度信号必须较严格地在相应的位置上正确地重现出来，中放通道还应满足一定的相频特性。

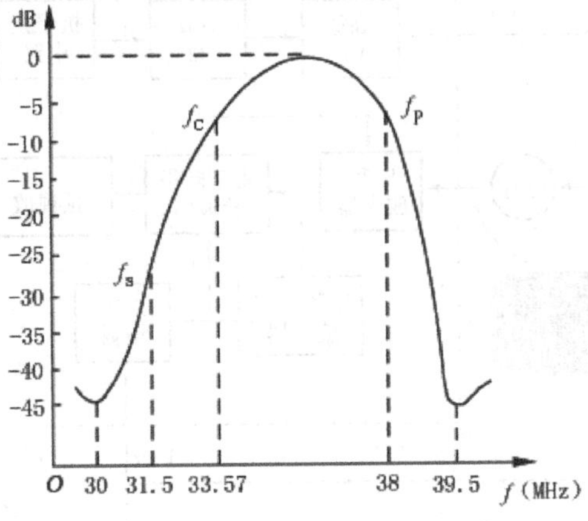

图 7-1　中放幅频特性曲线

7.1.3　中频电路的组成

典型的中频电路元器件组装结构如图 7-2 所示。彩色电视机的中放电路主要由预中放电路、声表面波滤波器（SAWF）和集成化中频处理电路组成。

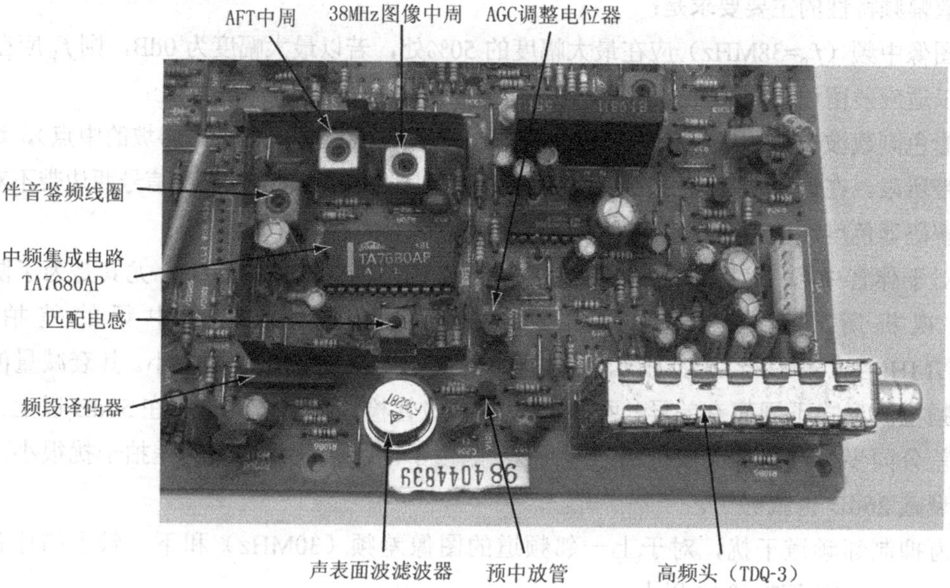

图 7-2 独立的中频电路（TA 两片机）

彩色电视机的中放电路与黑白电视机基本相同，不同的是彩色电视机多了一个 AFT 电路。彩色电视机的中放电路组成方框图如图 7-3 所示，由图可知，它由预中放电路、声表面波滤波器（SAWF）、中频放大器、视频同步检波器、AGC 电路、抗干扰电路、预视放等组成。

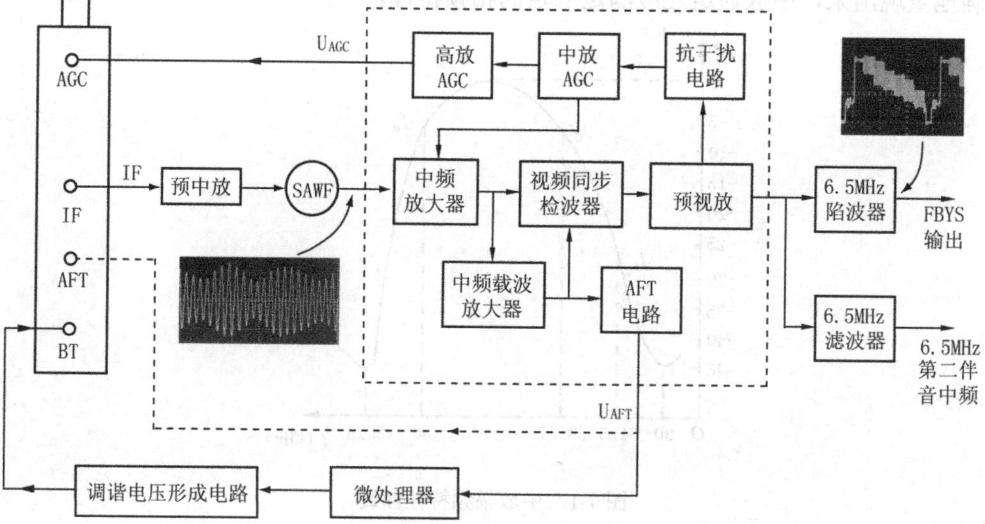

图 7-3 中频电路组成方框图

中放通道已实现集成化，一般由两部分组成，一是预中放和声表面波滤波器（SAWF），二是由集成块组成的中频电路。五片机、四片机专门用一块图像中频集成电路（即中放集成电路）如 AN5132、TA7611（或 TA7607）与声表面波滤波器（SAWF）相配合，完成中放通道的全部功能。两片机则是将图像中频通道与伴音通道的小信号处理用一块中规模集成电路如TA7680、M51354来完成的。单片机、超级单片机，则是将图像中频电路、伴音通道的小信号处理电路、视频信号处理电路、色度信号处理电路及行场扫描小信号处理电路等电路用一块大规模集成电路如 TDA8362、LA7688、LA76818、TB1238、OM8838/39、LA76931、TMPA8893等来完成的。

高频头输出的中频信号（IF）加至中频前置放大器（即预中放电路）进行放大，以补偿声表面波滤波器（SAWF）的插入损耗。中频信号经过SAWF后，输入中频集成电路的中频放大器，经具有 AGC 特性的中频放大器放大后，分三路输出，一路送往视频同步检波器，另一路送中频载波放大器。集成中频电路中的视频检波电路，一般采用线性好、检波效率高的低电平同步检波电路。由视频同步检波器输出的彩色全电视信号（FBYS）及6.5MHz第二伴音中频信号经过视频放大与杂波抑制电路后，一路经6.5MHz陷波器输出FBYS信号送往彩色解码电路及同步分离电路，另一路经6.5MHz带通滤波器取出6.5MHz第二伴音中频信号送往伴音通道。

视频放大器输出的视频信号，另一路送往AGC电路得到AGC电压，再加至中频放大器进行增益控制，又由高放AGC电路延迟放大，输出RF AGC电压，以控制高频头高放管的增益。AGC电路中还设置了抗干扰电路，以提高AGC电路的抗干扰能力。

中频放大器输出的中频信号，另一路输入至中频载波放大器，取出中频载波信号，一路送往视频同步检波器实现同步检波；另一路送往自动频率调整（AFT）电路，与移相 90°的中频载波信号一起，通过AFT电路得到AFT误差电压（也称为AFC误差电压）输往高频头的本机振荡电路，进行自动频率调整，使本振频率稳定。遥控彩电中，中频电路输出的AFT误差电压送往微处理器的AFT引脚，用于自动搜台过程中确定最佳调谐点，以保证预置频道的频率准确性，在收看电视节目过程中，自动微调调谐电压，从而微调高频头内高放谐振频率和本振频率，最终保证38MHz中频信号的频率保持不变，以避免播放时出现频率漂移（跑台）的现象。

7.2 中频电路实例分析

本节以TA两片机的中频电路为例。

7.2.1 中频集成电路 TA7680AP 简介

TA7680AP 为彩色电视机图像中频和伴音小信号处理集成电路。其中图像中频处理部分包括图像中放、视频检波、视频放大、黑白噪声抑制、中放AGC检波、高放AGC和自动频率微调（AFT）等功能电路；伴音小信号处理部分包括伴音中频放大、鉴频、电子音量控制和音频前置放大等电路。该集成电路的集成度高，性能稳定，可靠性高，功能齐全，外接元件少。TA7680AP 具有反向高放 AGC 电压输出，适用于场效应管高频放大器的调谐器。TA7680AP 为㉔脚扁平双列直插式封装式集成电路，其内部电路方框图和应用电路如图 7-4

所示，各引脚功能及参考电压如表 7-1 所示。

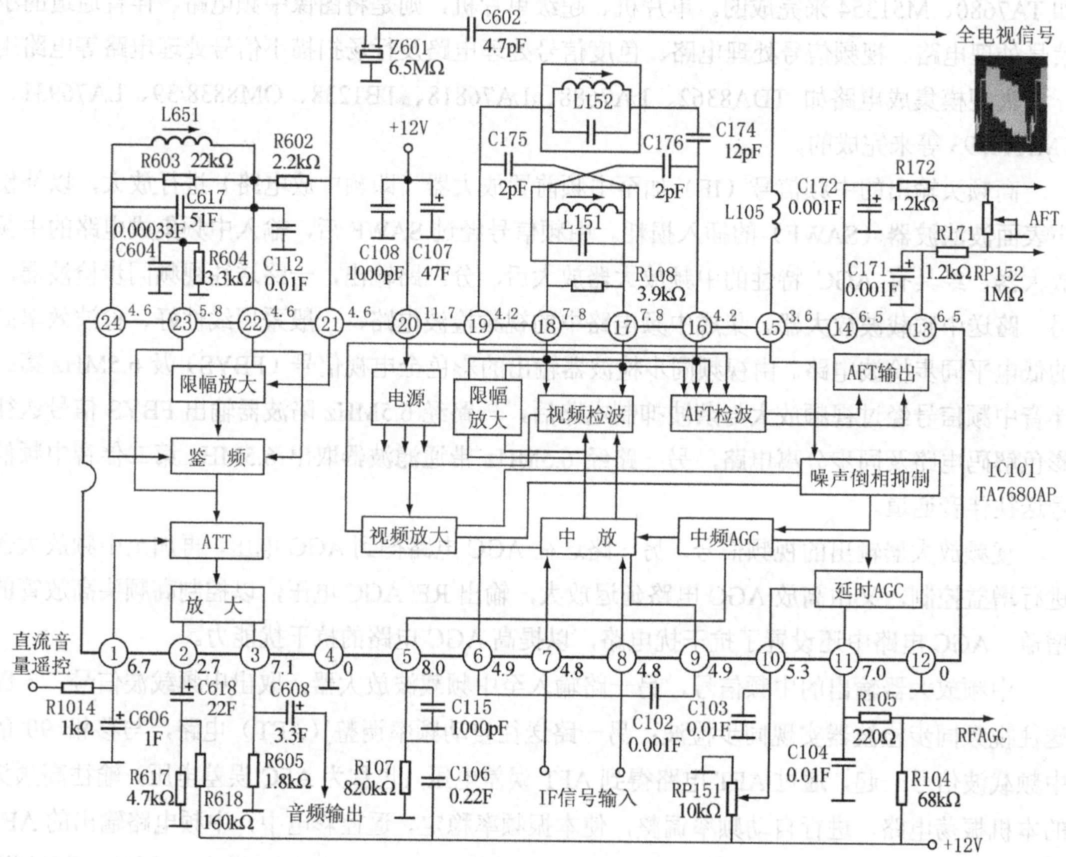

图 7-4 TA7680AP 内部方框图和应用电路

表 7-1 TA7680AP 引脚功能、参考电压、对地电阻

引 脚	功 能	参考电压（V）	
		无信号时	有信号时
①	外接音量电位器，内接电子音量控制电路（ATT）	4.7	4.7
②	音频放大器负反馈输入，内接音频放大器（SOUND AMP）	2.7	2.7
③	音频信号输出，内接音频放大器	7.3	7.3
④	伴音系统接地	0	0
⑤	外接中放 AGC 滤波电路与录像开关（VTR），内接视频放大器（VIDEO AMP）	10.5	7.3
⑥	外接中频放大电路的交流旁路电容，内接中频放大电路（IF AMP）	4.8	4.9
⑦	中频信号（PIF）输入，内接中频放大电路	4.4	4.8
⑧	中频信号输入，内接中频放大电路	4.4	4.8
⑨	外接交流旁路电容，内接中频放大电路	4.8	4.9
⑩	外接高放 AGC 延迟量调节电位器，内接高放延迟 AGC 电路（DELAYED AGC）	6	6
⑪	高放 AGC 电压输出，内接高放延迟 AGC 电路	7.3	7.3

续表

引　脚	功　能	参考电压（V）	
		无信号时	有信号时
⑫	图像中放通道接地	0	0
⑬	自动频率微调（AFT）电压输出，内接 AFT 输出电路（AFT OUT）	7.2	6.5
⑭	自动频率微调电压输出，内接 AFT 输出电路	5.3	6
⑮	视频信号输出，内接视频放大（VIDEO AMP）与消噪（NOIS INVERTER）电路	4	3.7
⑯	外接 AFT 移相电路，内接 AFT 检波（AFT DEL）电路	4.2	4.2
⑰	外接图像中频载频选频回路，内接视频检波（VIDEO DET）电路	7.9	7.9
⑱	外接图像中频载频选频回路，内接视频检波电路	7.9	7.9
⑲	外接 AFT 移相电路，内接 AFT 检波电路	4.2	4.2
⑳	外接+12V 电源，内接偏置电源（POWER REGU）	12	12
㉑	第 2 伴音中频信号输入，内接伴音中频放大电路（SIF AMP）	4.4	4.4
㉒	第 2 伴音中频信号输入，内接伴音中频放大电路	4.4	4.4
㉓	外接去加重电容器，内接调频检波器（即鉴频器 CFM DET）	6.7	6.2
㉔	外接鉴频回路，内接鉴频器	4.4	4.4

7.2.2 中频电路各单元电路分析

1. 预中放电路和声表面波滤波器（SAWF）

预中放电路也叫前置放大器，它的作用是对中频信号进行放大，以补偿后面声表面波滤波器的插入损耗。本级放大器为共射单调谐放大器，增益设计在 16～20dB。

此部分电路如图 7-5 所示，由高频头输出的中频信号经 C161 加至预中放管 Q161 的基极。R162 与 R163 是 Q161 偏置电阻，R166 是 Q161 发射极负反馈电阻，Q161 工作电流约 15mA。L162 是高频扼流圈，R165 是阻尼电阻，它们与 Q161 输出电容组成中频宽频带并联谐振回路。选频放大后的信号由 Q161 集电极输出，经 C163 耦合加至声表面波滤波器 Z101。预中放电路供电的电源退耦电路由 R164 与 C162 组成。

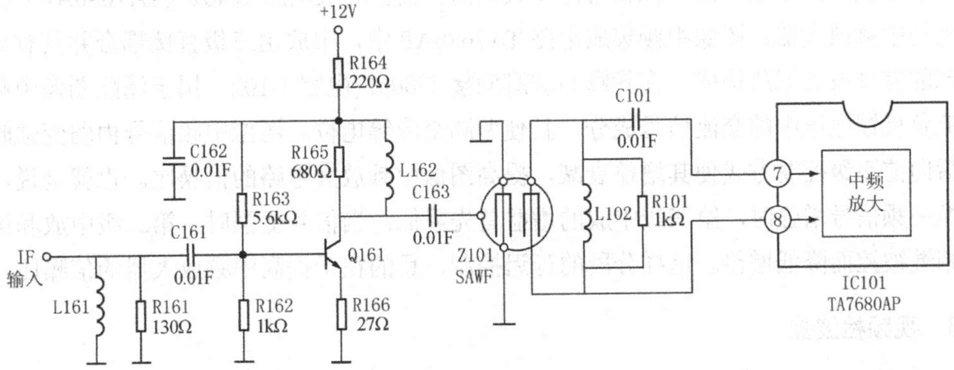

图 7-5　预中放电路与声表面波滤波器

声表面波滤波器处在前置放大之后，中频放大之前。它的作用是对需要的全电视信号进行滤波。它决定着电视机的接收质量、灵敏度以及选择性等重要指标。同时，该器件也是提高整机可靠性，实现中频电路全固体化的关键器件之一。

声表面波滤波器的电特性经过专门设计，它在很大程度上影响整个中频通道的特性。它具有特定的通带形状，各载波频率点有给定的电平要求（即考虑到由图像载波f_P和彩色副载波f_C信号对图像信号质量的影响，要求它们的电平位置在-6～-3dB左右（以最小损耗为参考电平），为防止伴音—图像信号交叉调制在颜色载频处的干扰（伴音串色），必须选择伴音电平在-25～-15dB之间。还要求深的邻近信道图像和伴音载波抑制比，以及良好的带外抑制，良好的带内群延迟特性。

以前，这种滤波器都是用5～6级LC滤波器完成。但LC滤波器存在两个主要问题：一是它属于最小相移滤波器，难于同时满足所要求的幅频和相频特性，二是LC滤波器对前后电路的阻抗匹配要求高，因此需要反复的电路调整才能获得好的总滤波特性。此外，LC滤波器所用的元件多、体积大、可靠性差。随着电视机集成电路化，图像中频滤波器都已普遍采用了声表面波滤波器。

为了补偿声表面波滤波器的插入损耗，已加了一级前置放大器。为了进一步减少插入损耗，通常接入串联电感或并联电感与叉指换能器的静态电容共同作用谐振在通频带的中心频率上，使输出达到最大。图7-5所示中L102就是起匹配作用的。

声表面波滤波器在实际应用中，输出端是匹配的，但在SAWF输入端是失配的，这是为了防止SAWF内部因三次回波反射等引起的寄生信号。R101是阻尼电阻，以便获得足够的带宽。SAWF具有带通特性，可在不需要作任何调整的情况下，得到满意的中频特性。

图7-5所示中，声表面波滤波器将中频信号滤波后，由匹配电感L102和C101加到中放集成电路TA7680AP⑦脚和⑧脚，让中频信号进入集成电路内部进行放大。

2．图像中频放大器

在分立元件中放电路中，中放增益应大于70dB，而在集成中放电路中，中放增益也应大于50dB以上。由于图像中频为38MHz，因此图像中放电路应是一只高增益宽频带放大器。

声表面波滤波器输出的中频信号经C101耦合加至集成电路IC101（TA7680AP）⑦脚和⑧脚内的中频放大器。图像中频集成电路TA7680AP中，中放由三级直接耦合并具有自动增益控制的差分放大器所构成。在⑥脚与⑨脚间接1000pF电容C102，用于滤除图像中频放大器直流负反馈电压中的交流信号成分，且使两脚交流等电位。图像中频信号由弱变强时，采用由后向前逐级控制方式使其增益衰减，提高图像中频放大电路的信噪比。也就是说，当输入图像中频信号增强时，第三级中放的增益首先降低；当信号更强时，第二级中放和第一级中放相继被控而降低增益。这样分段的延迟控制，目的在于提高中频放大器的信噪比。

3．视频检波器

在分立元件电视机中，都采用二极管视频检波器，从调幅的图像中频信号中检出视频全电视信号（图像中频信号的包络）。虽然二极管检波器电路简单，无须调整，但它存在许多缺点：如检波效率低，小信号失真大，输入、输出阻抗较小，产生高次谐波影响中频放大器的稳定性。因此集成电路视频检波器不采用二极管检波器，而采用双差分同步检波电路。

双差分视频同步检波电路是一种低电平检波电路，输入调制信号只要达到 50V（峰-峰值）的幅度，就可以进行直线性检波。而二极管（或三极管）检波电路的输入信号要达 1V（峰-峰值）才能进行直线性检波。由于同步检波的线性好，色副载频与第二伴音中频之间的差频干扰（对于我国 PAL 制彩电为 2.07MHz）和调制信号的二倍频成分很小，因而这种检波方式多年来一直在集成电路中普遍采用。

同步检波器实质上是一个乘法器，它有两个输入信号，一个是待解调的调幅波信号（即图像中频电视信号），另一个是与要解调的调幅波同频同相的脉冲信号。因这里要解调的调幅波是一般调幅波，含有其载波成分，所以可用一个载波选频放大器加限幅二极管来获得所需的第二种信号，即同相的 38MHz 方波信号。视频检波器的框图如图 7-6 所示。图中，外接的 L151 是 38MHz 选频回路（也称为 38MHz 图像中周），R108 是阻尼电阻，可以展宽频带。

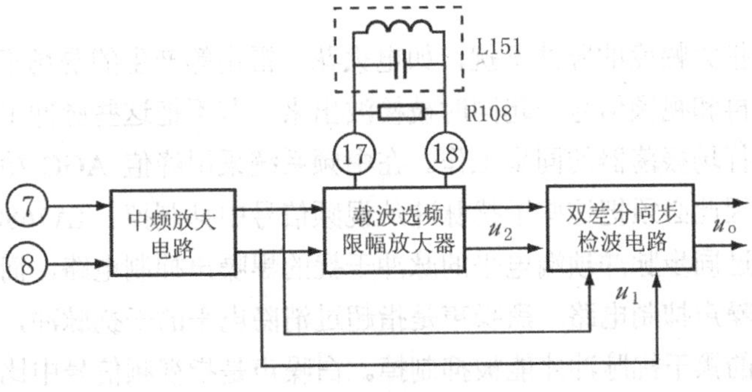

图 7-6　视频检波电路框图

同步检波的原理可用数学方法简单证明。

设调制信号为 u，载波信号为 $U_m\sin\omega t$，则调幅波为 $u_1=(U_m+u)\sin\omega t$；并设加至同步检波器的信号为 $u_2=U_m\sin(\omega t-\theta)$；$\theta$表示 u_1 与 u_2 的相位差。因同步检波器实质是乘法器，所以有

$$u_o=-Ku_1\cdot u_2=-KU_m(u+U_m)\sin\omega t\cdot\sin(\omega t-\theta)$$

$$=KU_m(u+U_m)\left[\frac{1}{2}\cos(2\omega t-\theta)-\frac{1}{2}\cos\theta\right]$$

$$\text{因此}\ u_o=\frac{1}{2}KU_m(u+U_m)\cos(2\omega t-\theta)-\frac{1}{2}KU_m^{\ 2}\cos\theta-\frac{1}{2}KU_m u\cos\theta \qquad (7\text{-}1)$$

式（7-1）中，第 1 项为载波的二次谐波，可用低通滤波器滤除；第 2 项为直流分量；第 3 项为原调制信号 u 与 $\frac{1}{2}KU_m\cos\theta$ 常量的乘积。当 $\theta=0$ 时，$\cos\theta=1$，检波器有最大输出，微调 L151 可使 $\theta=0$，检波输出最大。

同步检波器在输出彩色全电视信号的同时，也输出第二伴音中频信号。它与二极管大信号检波器相比，具有检波效率高（约有 20dB 增益），检波失真小，对外辐射干扰小，所需检波输入信号的幅度小，伴音与彩色副载波的差拍干扰小等优点。

4．视频放大器（预视放）

检波输出的视频全电视信号将输送到彩色解码、伴音系统以及行场同步分离电路，作进一步处理。为了加强检波输出系统的负载能力，在集成中频系统检波输出后的信号都经过预视放级进行放大。预视放级一般应有2倍至5倍的信号电压增益，其末级一般是射极跟随器输出极，使其输出电压峰-峰值为 $1V_{P-P}$ 至 $3V_{P-P}$ 的全电视信号，并有推动上述多个负载的能力。预视放各级间是直流耦合的直流放大器，为了使输出直流电平稳定，温度漂移小，应选择直流漂移小的电路作为前置级，预视放电路应具有6MHz的视频带宽，且又是一个低通滤波器，可以进一步滤除视频检波后的高频谐波分量。

视频检波器输出的彩色全即从 TA7680AP 的⑮脚输出。⑮脚视频输出信号的幅度为 $2.5V_{P-P}$ 左右。输出信号的极性为同步头朝下。

5．消噪电路

这里的噪声是指大幅度的脉冲干扰，如电火花、雷击等产生的磁场干扰，通过高频调谐器和中频放大后，再和视频信号一起同时被检波出来。若不把这些脉冲干扰去掉，进入同步分离电路后将破坏行场振荡器的同步工作。在中频系统采用峰值 AGC 检波时，将严重破坏中放电路的工作。因此必须把这些干扰脉冲从视频信号中抑制掉。TA7680AP 的噪声抑制电路不但具有抑制超过同步脉冲顶端电平的脉冲干扰的黑噪声抑制电路，而且还具有能抑制白噪声脉冲干扰的白噪声抑制电路。黑噪声是指超过消隐电平的干扰脉冲，一般地说，只有超过同步头电平较多的黑干扰脉冲才能被抑制掉。白噪声是指视频信号中比白电平更白的干扰脉冲。

6．AGC 电路

自动增益控制（AGC）电路的作用首先是检测预视放输出的视频信号的幅度，一般检测出视频信号同步头顶端所处的电平即可知道视频信号的幅度。当同步头顶端超过某一电平时的电压被检测出来，经过 IF AGC（中放 AGC）放大器放大后去控制中频放大器的增益。当中放增益被控制到一定值时，将 AGC 检出电压经过 RF AGC 放大器放大后去控制高放的增益。RF AGC 电压应比 IF AGC 电压延迟若干相位后才起控。故称延迟 RF AGC。

TA7680AP 集成电路中放 AGC 检波采用峰值检波电路，它是按视频输出信号的同步头顶端电平（以后简称同步头电平）作为参考电平，检出控制电压去控制三级中放的增益的。检出电压不随图像的内容而变。峰值检波反应速度快，稳定可靠，且线路简单不需要调整。由于本电路对黑噪声脉冲有较好的抑制作用，其抗干扰性能也较好，因而它比键控式 AGC 电路使用更为普遍。

TA7680AP⑤脚外接电容 C115，为中放 AGC 电路滤波电容。中放电路的时间常数，由⑤脚外接的 RC 元件数值决定。⑤脚直流电压能在 1.5～4V 之间变化，以反映出输入信号弱与强的变化。在信号较弱时，⑤脚电位最大，中放电路增益最高；当信号增强到一定值后，⑤脚电位随着信号的增强而下降，中放电路增益也随之下降，这是负向 AGC 控制。中放电路采用分段式的延迟控制，即在强信号输入时，第三中放的增益首先减小，其后是第二中放，最后是第一中放。

中放 AGC 电路输出的 AGC 控制电压一路加至中放电路，另一路加至高放 AGC 电路（AGC）电路。

高放 AGC 采用延迟式 AGC 电路。当接收的电视信号较弱时，高放 AGC 不起控，集成块⑪脚反向高放 AGC 电压为最高。当接收的电视信号增强到一定值后，高放 AGC 起控，⑪脚电压随着信号的增强而下降。⑪脚输出的反向高放 AGC 电压可配接采用双栅极场效应管和 PNP 型 AGC 管作为高放管的高频调谐器。调节⑩脚外接的电位器 R151 可改变⑩脚电位，达到调整高放延迟量的目的。⑪脚外接的 C104、R105、R104 是高放 AGC 电压的滤波电路。该电路高放的起控电压约为 6.5～7V。

7. AFT 电路

1）AFT 电路在电视机中的作用

在电视机中，信号从天线进入高频调谐器，经本振进行混频后进入中放，最后进行视频检波输出视频全电视信号。整个通道的通带特性主要取决于图像中频系统的通带特性。图像中频系统的通频带特性要求图像中频（38MHz）及彩色副载波中频（33.57MHz）处在−6dB 处，为使收看节目在最佳工作状态，必须要精细地调节调谐器本振微调，使本振频率 f_0 和外来图像载频混频后正好为图像中频 38MHz。但由于使用者在调节时不可能正好调在最佳状态，因此往往影响图像质量。尤其在接收彩色信号时，本振频率的偏离将引起色信号过弱，彩色不稳定甚至取不出彩色信号。另一种情况是即使开始已调在最佳工作状态，但由于本振频率在工作时随环境温度的变化等将产生一定的漂移，因此也会渐渐远离最佳工作状态，引起工作不稳定造成在收看同一节目时要多次调谐，直接影响图像质量。

AFT 电路就是为了克服这一缺点而设置的。经视频检波后得到的图像中频 38MHz 信号进入 AFT 电路。AFT 电路的主体是一个鉴相器电路。鉴相的主要作用是，当此中频载波频率和标准值（38MHz）一致时就输出一个零电压误差信号，若此中频偏离标准时就输出一个正的或负的误差信号，此误差信号经直流放大后去控制可变电抗本地振荡器进行频率微调，使中频信号频率自动回到标准值。从而使本振频率稳定，以保证图像和伴音的质量。

2）AFT 电路原理

TA7680AP 的 AFT 电路采用双差分鉴相器，它与视频检波用的双差分检波电路相似，但它的两路输入信号对于图像中频相差 90°，且都不包含视频调制成分。其中一路直接取自视频检波电路的限幅放大级，即⑰、⑱脚的信号，另一路信号由⑰、⑱脚的信号经外接 LC 移相电路后耦合到⑲脚和⑯脚。90° 移相电路的移相特性如图 7-7（b）所示。AFT 鉴相系统的构成如图 7-7（a）所示。设图中限幅放大级的输出信号为 $u_1=U_1\sin\omega t$，经移相后的信号 $u_2=U_2\times\sin(\omega t-\theta)$，则输出电压为

$$\begin{aligned}u_o&=-Ku_1u_2=-KU_1U_2\sin\omega t\cdot\sin(\omega t-\theta)\\&=-\frac{1}{2}KU_1U_2\cos\theta+\frac{1}{2}KU_1U_2\cos(2\omega t-\theta)\end{aligned}\qquad(7\text{-}2)$$

式（7-2）中，第 2 项为载频的二次谐波分量，可用低通滤波器滤除，第 1 项为直流分量。

滤除谐波分量后的输出电压为

$$U_o = -\frac{1}{2}KU_1U_2\cos\theta \tag{7-3}$$

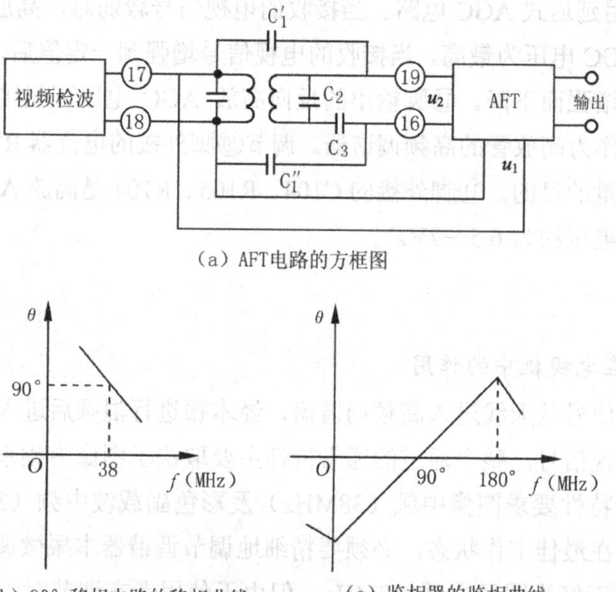

（a）AFT电路的方框图

（b）90° 移相电路的移相曲线　（c）鉴相器的鉴相曲线

图 7-7　AFT 电路的方框图及电路的特性曲线

由公式（7-3）可以看出，U_o与θ 具有余弦关系。可以证明，当 u_1 与 u_2 为大信号矩形脉冲时，则 U_o与θ 的关系如图 7-7（c）所示，这就是鉴相特性曲线。

当θ= 90° 时，鉴相器输出为零。如果 u_1 与 u_2 的相移偏离 90°，鉴相器就有输出。可见这个系统的工作原理是：先通过移相电路把频率的变化交换成相应的相位变化，然后利用双差分电路的鉴相特性，将相位的变化转变成相应电压的变化。而这个电压就是用来稳定本机振荡频率的 AFT 电压。

图 7-4 电路中，集成电路 TA7680AP⑯脚和⑲脚外接由 L152（称为 AFT 线圈或 AFT 中周）、C174、C175、C176 组成的 AFT 移相电路。当高频调谐器的本振频率正确时，经混频后的中频频率也是正确的，此时经移相电路后作用于⑯、⑲脚间的中频电压与⑰、⑱脚间的中频电压相位相差 90°，鉴相器无误差电压输出；当本振频率偏移时，图像中频也偏离标准值 38MHz，此时⑯、⑲脚间的电压与⑰、⑱脚间的电压相位差不是 90°，鉴相器输出相应的 AFT 控制电压。

AFT 控制电压由⑬脚、⑭脚输出，⑬脚与⑭脚外接的电容器 C171 与 C172 用来滤除鉴相器输出的高频成分。接于⑬脚、⑭脚之间的电位器 R152 是平衡调节电位器，调节它可使静态时⑬脚与⑭脚电位一致，用以克服 AFT 电路中输出端差分放大器的静态误差。

用于遥控彩电时，TA7680AP⑬、⑭脚经接口电路与微处理器 AFT 通/断控制功能电路相接，如图 7-8 所示。

当 AFT 控制处于“通”状态时，微处理器 M50436-560SP 8 脚为低电平，V713 与 V714

截止，TA7680AP⑬脚输出的误差校正电压由 R113、XS001、XS706、R777 直接送至高频调谐器的 AFC 端，实现 AFT 控制。

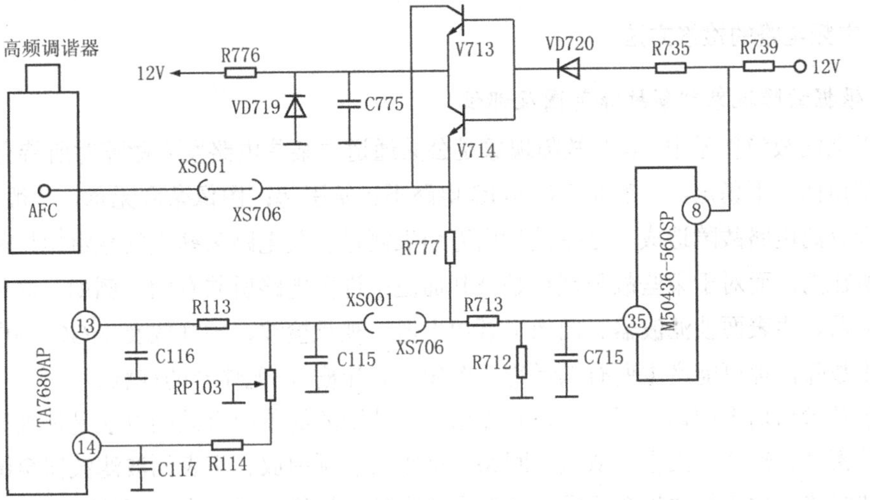

图 7-8　遥控系统的 AFT 接口电路

当 AFT 控制处于“断”状态时，微处理器 M50436-560SP⑧脚呈高电阻状态，12V 电压经 R739、R735、VD720 送至 V713、V714 的基极。当 TA7680AP⑬脚电压低于 6.5V 时，V714 饱和导通，使 V713 截止，使高频调谐器 AFC 端置于 6.4V 电压。当⑬脚电压高于 6.5 V 时，V714 截止，V713 饱和导通使高频调谐器 AFC 端置于 6.6V 电压。当 AFT 电路处于“断”状态时，AFT 路失去控制功能。

AFT 通/断转换控制，主要用于自动搜索选台时，判断是否达到最佳调谐点。当处于最佳调谐点时，TA7680AP⑬脚输出电压为 6.5V，经 R113、XS001、XS706、R713 送至 M50436-560SP 的㉟脚，然后转换成控制信号从 M50436-560SP㉝脚输出，实现 AFT 控制电路通/断的控制。

8. 电源供电电路

TA7680AP 内部电路的工作电压由⑳脚供给。在 12V 直流电压供给电路中接有 C219、C308 和 C322，它们用来消除供电电源中的高、低频成分，避免由电源内阻耦合而可能产生的各种寄生振荡。⑫脚为图像中放部分的接地端。

7.3 中频电路故障检修

7.3.1 中频电路故障检修方法

1. 中频电路常见故障现象

（1）无图像、无伴音、有光栅。

（2）图像淡（有的机器无彩色）、雪花噪粒子明显。

（3）图像淡及行、场不同步。

（4）图像上部扭曲、不稳定。

（5）图像杂乱无章（行、场均不同步）。

2. 中频电路的检修方法

1）根据故障现象判断故障范围及部位

在以上的故障现象中，有些故障现象是公共通道内某些电路发生故障时所特有的，例如，图像上部扭曲、不稳定，一般是RF AGC电路不正常引起；图像杂乱无章，一般由AGC电路或同步分离电路故障造成，这些故障用万用表测量有关电路某些点的直流电压是较容易发现故障所在的。而对于某些故障现象是公共通道中许多电路所共有的，例如，高频头、前置中频放大器、声表面波滤波器、图像中频放大器、视频检波、预视放及AGC等电路中任一部分发生故障，都可能产生所有频道均无图像（有光栅）、无伴音的症状。

检查各频道均无图像、无伴音、有光栅故障范围的简单而有效的办法是仔细观察光栅上噪粒子的密度、深浅及大小。从天线回路、高频头、预中放、声表面波滤波器至图像中频放大及检波电路，故障部位越在后面，光栅上的噪粒子越稀、淡、小；而故障部位越在前，光栅上的噪粒子越密、浓、大。若天线回路或RF AGC电路出故障，出现无图像、无伴音、有光栅现象时，噪粒子成为很密而浓的黑底白噪粒子、噪粒子圆而突出；若高频头VHF混频电路或预中放电路、声表面波滤波器出故障，出现无声、无图现象时，噪粒子为白底黑噪粒子，噪粒子稀、淡、小；若图像中放或检波电路出故障，出现无图像、无伴音时，光栅上将无噪粒子出现，而是一片白光栅。由此，可以很方便地把故障范围缩小。

遥控彩色电视出现无图无声、跑台等故障时，除考虑公共通道（包括高频调谐电路和中频电路）的故障外，还要考虑CPU是否正常，CPU的工作条件是否正常。

2）干扰法

当故障范围较大，如出现无图像、无伴音，有较稀、淡的噪粒子时，要判断故障的所在，最方便的方法是万用表干扰法。用万用表R×1k（或R×100）挡，一只表笔接地，另一只表笔依次触击图像中频集成电路信号输入端、预中放管集电极、基极（此时，需断开高频头IF输出端），分别观察荧光屏上是否有噪粒子闪动，就可以进一步缩小故障寻找的范围。中频通道的故障现象一般要求在取消蓝屏（或厂家设置的开机画面）后才能看得清，因此中频通道发生故障时，最好先取消蓝屏（或厂家设置的开机画面）。

若表笔触击图像中频集成电路信号输入端，光栅无反应，则为图像中频电路故障；反之，为图像中放之前的电路有故障。接着用表笔触击预中放管集电极，光栅若无反应，则为声表面波滤波器开路或短路；反之，则为其之前电路有故障。再用表笔触击预中放管基极，看光栅有无反应。有反应，则为高频头及外围电路的故障；反之，则为预中放电路故障。

需要注意的是：无声、无图、有噪粒子（较浓、密或较浅、淡）的故障与图像淡、雪花噪粒子明显的故障有一定的联系。有些故障在接收信号较弱的电视台信号时，出现无声、无图、有噪粒子现象，而在接收较强的电视台信号时可能出现图像淡、雪花噪粒子明显的故障现象。例如，天线回路接触不好、预中放电路不良、声表面波滤波器不良、RF AGC不正常，都可能出现在强信号频道能收到图像，但雪花噪粒子明显；而弱信号频道则收不到图像及伴音，但光栅有噪粒子。

因此，遇到有些频道无图、无声、有光栅而有些频道图像淡、雪花噪声显著的故障时，故障的原因及检修方法都与上述所有频道均收不到图像及伴音且有噪粒子的故障相同。

出现 VHF（或 UHF）中所有频道都无图无声、有噪粒子或图像淡、雪花噪声显著，而 UHF（或 VHF）频道接收正常，这种故障一般是高频头不良。

对于图像淡、雪花噪声显著的故障，若不是集中在 VHF 频段或 UHF 频段，则故障范围与无图、无声、有噪粒子故障大致上相同，即天线回路、预中放电路、声表面波滤波器及 RF AGC 不正常。

7.3.2　中频电路的关键检测点

中频电路的关键检测点如图 7-9 所示，各关键检测点检测方法如下。

1. 预中放和声表面波滤波器检测

预中放级除要保证其直流工作点外，还应要求交流回路无故障。因此，检查时首先检查预中放管 VT 各极电压，以推断该管是否工作于放大状态。若该管电压异常，查其供电和偏置元件，使其各极电压恢复正常即可，但有时也可能是预中放管本身损坏。如果该管各极电压正常，还应检查集电极负载电感 L1 是否开路，当其开路，将使预中放级增益下降，出现图像淡、无彩色、雪花噪粒子明显的现象。

SAWF 损坏或特性不良所表现出的故障现象多种多样，常见故障现象有：无图像、无伴音（内部短路或断路）；灵敏度低（内部损耗过大或漏电）；接收图像有重影或图像与声音不一致（频率特性变差）；图像无彩色（色度中频吸收过量）；图像杂乱不同步（频带过窄）等。

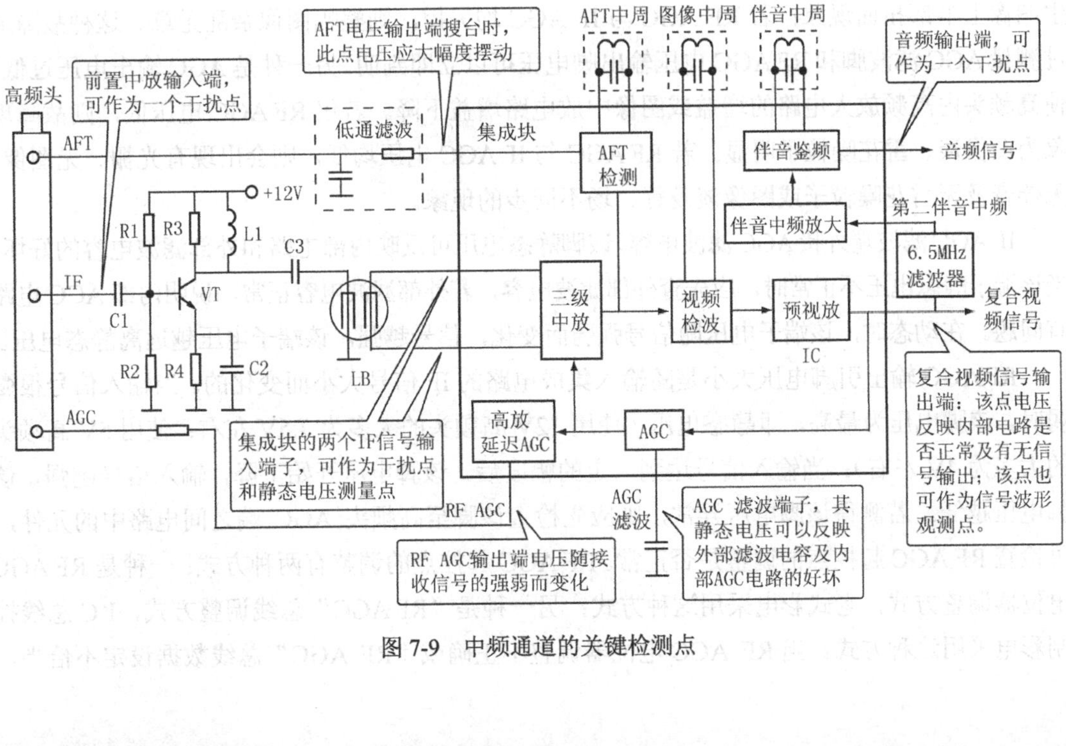

图 7-9　中频通道的关键检测点

若怀疑 SAWF 内部开路，可用一只 0.01μF 的瓷片电容跨接在声表面波滤波器的输入端与任意一个输出端之间，若此时图像、声音出现，说明声表面波滤波器有问题。SAWF 性能不良，应采用替换法检查。

2. 集成电路的图像中频处理部分检测

1）中频信号输入端

中频信号输入端一般有两个，正常情况下两端的直流电压完全相符。当用万用表 R×1k 挡在这两端注入干扰信号时，屏幕上应出现明显的水平干扰条纹，且扬声器中应出现明显的噪声干扰。如果两个输入端直流电压有差异或异常，一般便可肯定输入回路有开路或某脚脱焊。如两端子电压相等但偏离正常值较多，则有可能是电源电压异常，或外部接点对地短路或 SAWF 漏电等。否则应怀疑中放集成电路损坏。

2）视频信号输出端

从集成电路的视频信号输出脚所输出的信号是否正常，可以判断整个公共通道工作的正常与否。该脚输出信号是正极性（同步头向下）的视频信号，包含有直流分量，该脚输出的视频信号幅度越大，其直流分量也越低。利用该脚直流电压的这种变化规律可以用万用表测量该脚在接收电视信号（动态）与无信号（可置于空频道，即静态）时的直流电压的变化，判断是否有视频信号输出。若动态与静态的电压无变化，说明无视频信号输出。若有示波器，可用示波器观察该脚输出信号的波形来判断整个公共通道的工作是否正常。

3）IF AGC 滤波端和 RF AGC 电压输出端

AGC 电路发生故障，一般有两种情况：一种是 AGC 输出电压过高（彩电高频头大多采用负向 AGC），使 RF AGC 或 RF AGC 与 IF AGC 都失控。一般若只有 RF AGC 失控，仅产生图像上半部扭曲现象；若 RF AGC 与 IF AGC 均失控，则整幅图像杂乱无章。这种故障通过测量 AGC 滤波脚和 RF AGC 电压输出脚电压可以立即判明。另一种是 AGC 输出电压过低，使高频头内高频放大电路的增益或图像中放电路增益下降。若仅 RF AGC 电压低，则故障现象为图像淡、雪花噪粒子明显；若 RF AGC 与 IF AGC 电压均低，则会出现有光栅、无图像、无伴音及无雪花噪粒子或图像淡及行、场不同步的现象。

IF AGC 滤波端外接 AGC 滤波电容，该脚静态电压可反映内部电路和外部滤波电容的好坏，当该端子静态电压不正常时，应先查外部滤波电容，若外部滤波电容正常，说明内部 AGC 电路有问题。在动态时，该端子电压随信号强弱而变化，信号越强，该端子电压越远离静态电压。

RF AGC 输出引脚电压大小是随输入集成电路的 IF 信号大小而变化的。当输入信号很微弱时，该脚电压为最高，即静态电压（使用 12V 高频头的大多为 7.5V 左右；使用 5V 高频头的大多为 4V 左右）；当输入信号达到一定的幅度后，该脚电压开始下降，输入信号越强，该脚电压越低。若测得该脚电压异常，则应先检查该脚至高频头 AGC 端之间电路中的元件，再检查 RF AGC 起控点的调整是否正常。RF AGC 起控点的调整有两种方式：一种是 RF AGC 电位器调整方式，老式彩电采用这种方式；另一种是“RF AGC”总线调整方式，I^2C 总线控制彩电采用这种方式。当 RF AGC 电位器调整不正确或“RF AGC”总线数据设定不恰当，就会出现RF AGC电压太低或太高的情况，从而导致RF AGC起控太早或太晚。当RF AGC起控太早，就会造成整机灵敏度下降，在接收弱信号电视节目时图像雪花噪粒子严重；当RF AGC起控太晚，就会造成接收强信号频道时图像上部扭曲或整幅图像不稳。

4）AFT电压输出端

AFT 电路出现故障，将造成无 AFT 输出电压或输出错误，会导致跑台故障。遥控彩电还会出现自动搜索不存台的现象。

判断是否是AFT电路故障的方法是：通过遥控器操作，将“AFT 开/关”项设置为“关”状态（有些机型采用AFT机械式开关，则将此开关拨到OFF位置），用手动调谐调节图像，若图像能变清晰，则为AFT电路故障；否则，就不是AFT电路故障。

AFT输出引脚的静态电压由外接电阻分压确定，自动搜索时和播放时在静态电压上下波动。该点电压能反映AFT电路及图像中周的好坏，在搜索节目时，该点电压随节目的出现与否而大幅度摆动，若不摆动或摆幅很小，说明AFT中周或图像中周的谐振频率发生偏移，此时易出现跑台现象。

超级单片IC和有部分单片TV小信号处理IC没有AFT信号输出端子，AFT信号是靠I^2C总线来传送的。

7.3.3 中频电路常见故障分析与检修

1. 无图像、无伴音

遥控彩色电视机出现无图像（有光栅）、无伴音现象的故障原因很多，故障涉及面较广，除公共通道（包括高频调谐电路和中频电路）外，还可能是TV/AV信号切换电路、遥控系统的记忆存储电路有故障。对于多制式彩色电视机，当多制式第二伴音中频带通滤波和陷波电路发生故障，也可能出现无图像、无伴音现象。这里主要介绍中频电路导致的无图像、无伴音故障检修方法。

由中频通道引起的无图像、无声故障具有一个特点，那就是干扰前置中放的输入端时，屏幕上无反应；但干扰复合视频信号输出端时，屏幕有反应。

当中频通道有故障时，先干扰中频集成块的输入端，若屏幕有明显的反应，说明故障在前置中放和声表面波滤波器中，此时可用一只0.01μF的瓷片电容跨接在声表面波滤波器的输入端与任意一个输出端之间。若图像、声音出现，说明声表面波滤波器有问题，若故障依旧，则查前置中放。由于前置中放是由三极管构成的，故通过测量三极管的各极电压就能很快发现问题。

若干扰中频输入端时，屏幕无反应，说明故障在中频集成块及其外围元器件上。此时，应对复合视频信号输出端、AGC 滤波端及中频输入端电压进行检查。若电压不正常，则先查外围元器件，若外围元器件无问题，则查图像中周。若图像中周也正常，就得更换中频集成块。

2. 跑台

碰到这种故障时，应先观察全自动搜索时能否自动存台。若能存台（屏幕上的节目号能跳变），说明跑台是因高频调谐电路引起的，应对高频调谐器及调谐电压形成电路进行检查。若不能自动存台，说明跑台是由中频通道引起的。实践证明，绝大多数跑台故障是因中频电路中的 AFT 中周（单片 TV 信号处理 IC 没有专用的 AFT 中周）和图像中周内附的管状电容漏电，引起中周的谐振频率发生变化，从而导致跑台故障。可将这两个中周从电路板上焊下来后，仔细观察检查内附电容是否发黑。如果发黑，说明该电容漏电，应拆除小管状电容，查资料换同容量的电容，或者干脆换新的正品免除调试中周（这种中周出厂时经过严格较准，一般上机后不需要统调）。如果不是中周的问题，则检查中放电路 AFT 输出端至 CPU 的 AFT 输入端之间电路。若 AFT 外围电路无问题，调节 38.0MHz 中周以及 AFT 中周无效，大多为中频集成电路（或 TV 信号处理 IC）内部的 AFT 电路损坏，可换集成块试之。

3．灵敏度低

这种故障的现象是，彩色浅淡而不稳定，图像清晰度差，黑白对比度小，同时伴有噪声粒子。

这种故障与无声、无图像、有噪粒子（较浓、密或较浅、淡）的故障有一定的联系。有些故障在接收信号较弱的电视台信号时，出现无声、无图像、有噪粒子现象，而在接收较强的电视台信号时可能出现图像淡、雪花噪粒子明显的故障现象。

这类故障通常是高频调谐器质量不良、前置中放有故障、中放电路增益低、高频调谐器 AGC 电压调整不正确及图像/伴音中频解调电路有问题等引起的。也不排除天线输入端接触不良及天线（或闭路系统）有问题而导致电视机的输入信号太弱原因。这类故障可按流程图如图 7-10 所示进行检查。

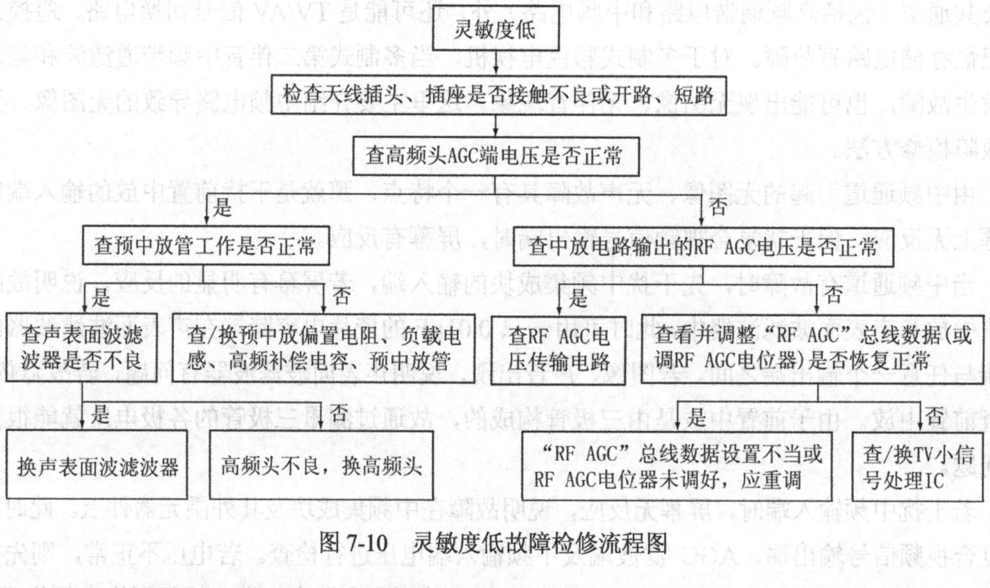

图 7-10　灵敏度低故障检修流程图

4．图像上部扭曲、不稳定，但伴音正常

这种故障现象是接收电视信号时，伴音正常、图像对比度强，但图像上部扭曲、有站不稳的感觉。

图像对比度强，说明图像视频检波输出的视频信号幅度较大；图像上部扭曲，说明在场同步头后的几行行同步头被切割而造成每场开始的一些行失步。行同步头被切割是由于 RF AGC 电压失控，从而造成高频头、中高放级输出信号太强，使图像中放工作于非线性区所致。

对于如图 7-4 所示电路来说，主要是 RF AGC 电位器 RP151 虚焊、接触不良或 RP151 未调好。检查这种故障，可以用手压 RF AGC 电位器，看图像是否有变化。若有变化，则为 RP151 虚焊或接触不良。再调节 RP151 试试，看故障能否消失。若能调好，则是 RP151 未调好（调 RP151 的方法是，接收一个信号较强的频道，顺时针方向转动 RP151，直至图像开始扭曲，然后再退回一点即可）。接下来检查 RF AGC 滤波电容 C104 及高频头 AGC 引脚外接的 AGC 滤波电容，可用替换法试验。若换上后图像恢复正常，则为 RF AGC 滤波电容。以上检查均为正常，则测量 TA7680AP 的⑩、⑪脚电压是否正常，若不正常，则为集成块内 RF AGC 电路故障，使 RF AGC 输出电压失控，应换集成块试之。

5. 图像重影

图像重影故障现象是水平方向出现多个不完全重叠的图像。该故障现象和彩色图像与黑白图像不重合故障现象极为相似，应仔细判别。检查时，先将色饱和度调至最小，看黑白图像是否还存在重影，即可作出判断。若将色饱和度调至最小，黑白图像还有重影，但无彩色镶边，则属于图像重影故障；若将色饱和度调至最小，黑白图像没有重影，也无彩色镶边，则是彩色图像与黑白图像不重合故障（故障原因是亮度信号与色差信号不是同时到达基色矩阵电路而导致的，此类故障将在后面的内容中介绍）。

图像重影故障一般为声表面波滤波器性能不良引起，检查时，可采用跨接法，即用一只容量为 1000pF 的电容跨接在声表面波滤波器输入与输出端之间或直接替换声表面波滤波器加以判断。对于使用室外天线接收的机器，应考虑到接收环境的影响而引起的重影现象，主要是电视天线不良，或安装位置、高度、方位不当而引起的，使得天线接收了直射电视信号和经障碍物反射来的同一频道的电视信号。应想方设法尽可能减少反射的电视信号接收。

思考与练习题

一、填空题

1. 彩色电视机中频电路的作用是对中频信号进行放大、检波产生________，并混频产生________。
2. 中放电路的主要组成部分包括________、________、________、________、________、________等。
3. 集成电路 TA7680AP 具有________、________、________、________、________和________等功能。
4. 电视机出现无图像无声故障时，主要故障电路应在________、________、________等。

二、判断题

1. 声表面波是沿着弹性固体表面传播的机械波。（　）

2．由于SAWF具有小型化、可靠性高、稳定性好、不用调整等特点，因而被大量用在彩色机中频信号处理中作高通滤波器。（ ）

3．通常中放AGC控制范围为40dB。（ ）

4．峰值式AGC，是采用峰值检波器，检波输出的AGC电压主要由图像内容变化情况决定。（ ）

5．AGC电路为了实现控制灵敏度高，通常将中放和高放同时起控。（ ）

6．声表面波滤波器的作用是形成中频幅频特性曲线。（ ）

7．在中放通道中，伴音中频与图像中频具有同样的放大增益。（ ）

8．AGC电路的控制对象是末级视频放大器。（ ）

9．AFT电路出现故障后，将可能引起无图像无声的故障现象。（ ）

10．AFT电路出现故障后，可能会导致无彩色现象。（ ）

三、选择题

第1～7题为单选题，第8～11题为多选题。

1．视频检波器的输出第二伴音信号为（ ）MHz。

（1）6 （2）6.5 （3）31.5 （4）38

2．视频检波器输出图像信号为（ ）MHz。

（1）0～6 （2）6.5 （3）31.5 （4）38

3．AGC电路是指（ ）电路。

（1）自动频率调整 （2）自动增益控制

（3）自动电平控制 （4）自动亮度限制

4．电视接收机中放幅频特性曲线在图像载频上下（ ）范围内。

（1）0.60MHz （2）0.65MHz

（3）0.70MHz （4）0.75MHz

5．声表面波滤波器的作用是（ ）。

（1）吸收6.5MHz信号 （2）吸收29MHz信号

（3）吸收38.5MHz信号 （4）一次性形成中放特性曲线

6．AFT电路的控制对象是（ ）电路。

（1）高频放大器 （2）高频头中的本振

（3）中频放大器 （4）视频放大器

7．在电视机中，一般要求高频头具有（ ）dB的AGC控制范围。

（1）10 （2）20 （3）40 （4）60

8．在电视接收机信号处理电路中，属于伴音和图像共用经过的电路有（ ）电路。

（1）高频放大 （2）中频放大 （3）混频

（4）视放 （5）鉴频

9．电视机中放幅频特性曲线中，需要吸收的频率点是（ ）。

（1）30MHz （2）31.5MHz （3）33.57MHz

（4）38MHz （5）39.5MHz

10. 电视机中放通道的组成包括（　　）。

（1）输入回路　　（2）中频放大器　　（3）视频检波器

（4）ANC 电路　　（5）同步分离电路

11. 一台彩色电视机，出现有光栅、无图像、无伴音，且荧光屏上雪花噪声点较弱，检修此故障时可采用的方法有（　　）。

（1）中频信号注入法　　（2）干扰信号注入法　　（3）电容短路法

（4）电流测量法　　（5）替换法

四、简答题

1. 绘出中频通道的幅频特性曲线，并说明为什么？

2. SAWF 应用电路有哪些特点？

3. 同步检波器有什么主要特点？

4. 对 AGC 电路主要有哪些性能要求？

第 8 章 解码电路

8.1 解码电路的基本工作原理

彩色电视机的解码电路也称亮度、色度信号处理电路，或者称彩色解码器。解码电路是彩色电视机特有的电路，其作用是对中频电路输出的彩色全电视信号（FBYS）进行解码，还原产生三基色电信号 U_R 、U_G 、U_B 。彩色解码电路的构成与彩色电视彩色制式密切相关。我国彩电采用 PAL 彩色制式，先后涌现了两代解码电路，20 世纪 90 年代中期以前的彩电采用第一代解码电路（即传统的解码电路），20 世纪 90 年代中期之后的彩电采用第二代解码电路。这两代解码电路的结构形式及对色度信号的解调过程略有不同。本节重点介绍第一代解码电路。

8.1.1 解码电路的组成与信号流程

我国的电视广播采用 PAL-D 制进行传输，因而早期生产的彩色电视机大多数都是按接收 PAL-D 制信号设计的，这里主要讨论适合我国彩电制式的 PAL-D 制彩色解码电路。PAL-D 制（下文简称 PAL 制）彩色解码电路的框图如图 8-1 所示。

由图 8-1 可见，PAL 解码电路主要由亮度通道、解码矩阵、色度通道（即色度信号解调电路）及副载波恢复电路四部分组成，后两部分合称为色度信号处理电路。

解码电路的信号流程是：由视频检波送来的 0～6MHz 彩色全电视信号分为两路：一路去 4.43MHz 陷波器，滤除 4.43MHz 色度信号，剩下亮度（U_Y）信号，经延迟、放大和补偿后送至矩阵电路；另一路经 4.43MHz 带通滤波器选出 4.43MHz 色度信号（含色同步），又分成两路，一路经色度放大后，再经延迟解调电路对色度信号进行解调，分离出 F_U 、F_Y 信号，分别到 U 同步检波器，U 同步检波器在 0° 副载波作用下，从 F_U 信号中检出 U_{B-Y} 信号，V 同步检波器在±90° 副载波作用下，从 F_V 信号中检出 U_{R-Y} 信号，两色差去解码矩阵电路。U_{B-Y} 和 U_{R-Y} 信号在矩阵电路中相混合得到 U_{G-Y} 信号，然后三个色差信号分别与亮度（U_Y）信号混合，得到 U_R 、U_B 、U_G 三基色信号加到显像管阴极，控制三阴极发射电子，显示彩色图像。

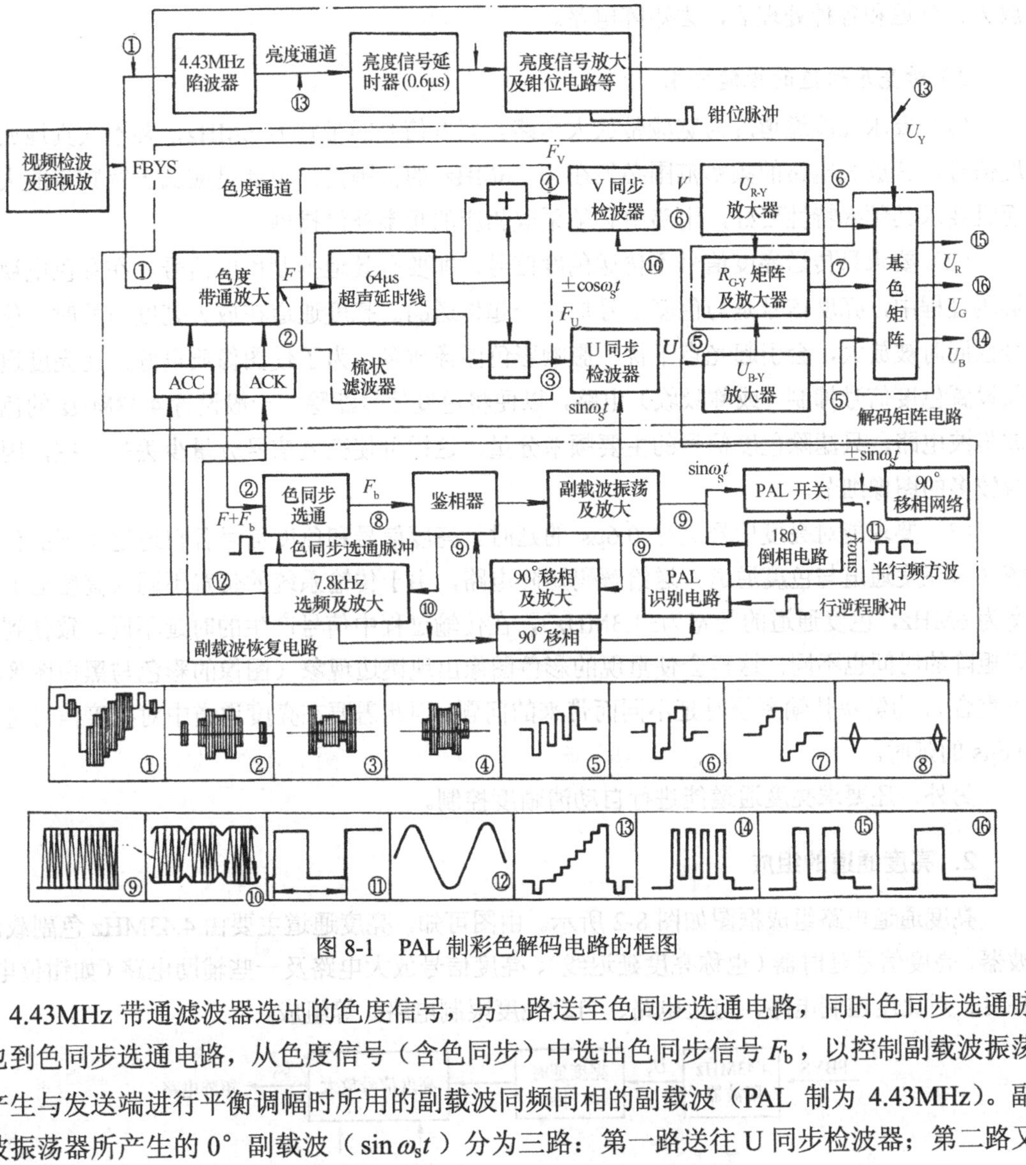

图 8-1 PAL 制彩色解码电路的框图

4.43MHz 带通滤波器选出的色度信号，另一路送至色同步选通电路，同时色同步选通脉冲也到色同步选通电路，从色度信号（含色同步）中选出色同步信号 F_b，以控制副载波振荡器产生与发送端进行平衡调幅时所用的副载波同频同相的副载波（PAL 制为 4.43MHz）。副载波振荡器所产生的 0° 副载波（$\sin\omega_s t$）分为三路：第一路送往 U 同步检波器；第二路又分为两路，其中，一路加至 PAL 开关，另一路经倒相成 180° 副载波（$-\sin\omega_s t$）后也加至 PAL 开关，PAL 开关在半行频方波的控制下，输出逐行倒相的 0° 和 180° 副载波（即 $+\sin\omega_s t$），再经 90° 移相成±90° 副载波（即与 $\sin\omega_s t$ 副载波正交并逐行倒相的副载波 $\pm\sin\omega_s t$），送往 V 同步检波器；第三路经 90° 移相成 90° 副载波，送往鉴相器，在鉴相器中与色同步信号相比较，得到误差电压去控制振荡器频率和相位。

8.1.2 亮度通道

1. 亮度通道的作用和性能要求

1）亮度通道的作用

亮度通道的作用是，从中放通道输出的彩色全电视信号中选出亮度信号，然后将其进行放大、延迟和各种处理后，去矩阵电路。

2）对亮度通道的性能要求

（1）要求亮度通道应为宽频带放大电路。亮度信号的带宽为 6MHz，要不失真地放大亮度信号，其放大电路的频率范围必须在 0～6MHz 的范围内，也就是应属于宽频带放大器。而且要求其频率特性要好，电路中必须采取相应的频率补偿措施。

（2）要求只传送亮度信号不传送色度信号，即要有效地抑制色度信号。在彩色电视机的解码过程中，亮度信号是与色度信号加在一起传送的。亮度通道在放大亮度信号时，色度信号也同时被放大，会引起光点干扰，影响彩色图像质量。为了使图像质量好，在亮度通道必须设置色度信号抑制（或称吸收）电路，以便将色度信号滤除。一般设置 4.43MHz 的色副载波陷波电路，只滤除色度信号的主要频率分量，这样可使亮度信号分量少丢失一些，因此获得较多的图像细节。

（3）要求能对亮度信号进行 0.6μs 的延时。亮度信号和色度信号各自通过不同的传输系统（即亮度通道与色度通道）送给解码矩阵电路，由于传输系统的带宽不同（亮度通道的带宽为 6MHz，色度通道的带宽为±1.3MHz），在传输过程中信号产生的时延不同，致使到达解码矩阵的时间也不同，这样会使重现的彩色图像出现镶边现象（图像的彩色与黑白图像轮廓不重合）。为解决传输系统时延不同而带来的问题，因此需要在亮度通道中对亮度信号进行约 0.6μs 的延时。

另外，还要求亮度通道能进行自动清晰度控制。

2．亮度通道的组成

亮度通道电路组成框图如图 8-2 所示。由图可知，亮度通道主要由 4.43MHz 色副载波陷波器、亮度信号延时器（也称亮度延迟线）、亮度信号放大电路及一些辅助电路（如钳位电路、亮度、对比度控制电路、勾边电路、自动亮度限制电路）等组成。

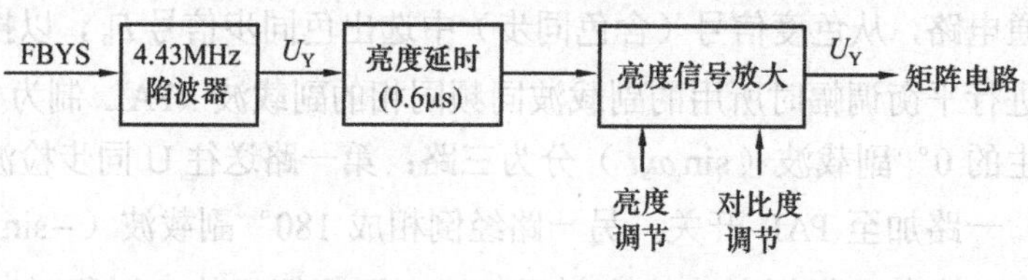

图 8-2　亮度通道组成框图

3．4.43MHz 陷波器与亮度信号延时器

（1）4.43MHz 陷波器：它的作用是将彩色全电视信号中的色度信号滤除，以防止色度信号窜入亮度通道，对亮度信号形成干扰。4.43MHz 陷波器的作用如图 8-3 所示。由图可以看出，它不但滤除了彩色全电视信号中的色度信号，而且也滤除了亮度信号中的高频成分，使图像的清晰度变差。4.43MHz 陷波器可用 LC 串联吸收电路、T 桥式吸收回路或陶瓷陷波器。

（2）亮度信号延时器：由于色度通道的频带窄，所以色度信号通过色度通道后会产生约 0.6μs 的延时，造成亮度信号比相应的色差信号早到达基色矩阵约 0.6μs，使屏幕图像的彩色与黑白轮廓不重合，出现彩色镶边现象，如图 8-4（a）所示。

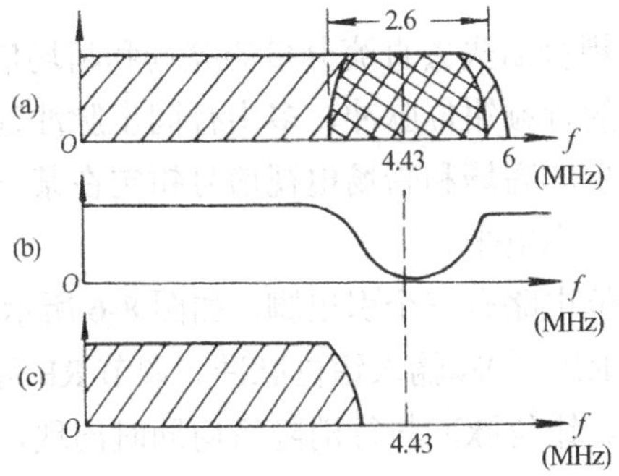

图 8-3　4.43MHz 陷波器的作用
（a）彩色全电视信号频谱；
（b）4.43MHz 陷波器的传输特性；
（c）输出信号的频谱

亮度信号延时器的作用就是使亮度信号延时约 0.6μs，以保证亮度信号与相应的色差信号同时到达基色矩阵。亮度信号延时器用多节 LC 低通滤波器组成，如图（b）所示，它的符号如图（c）所示。亮度信号延时器的频带宽度约为 5MHz，阻抗为 1.5kΩ。

目前，彩色电视机中常将 4.43MHz 陷波器与亮度信号延时器合在一起，制成独立的元件，使电路更为简化，如图（d）所示。

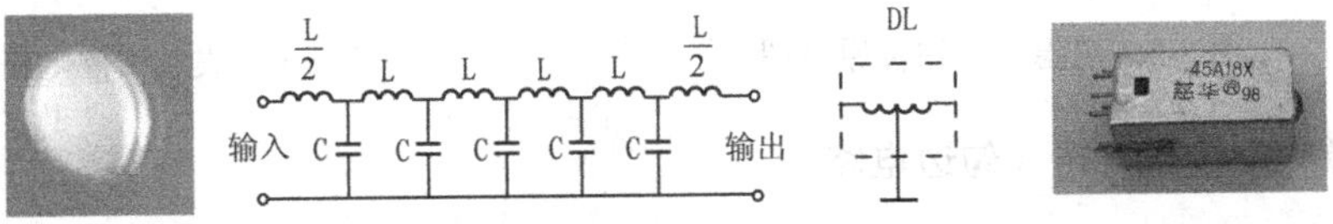

(a)彩色镶边现象　(b)多节LC低通滤波器　(c)符号　(d)陷波、亮度延迟器实物

图 8-4　亮度信号延时器

4．钳位电路

钳位电路也称直流恢复电路，其作用是恢复亮度信号失去的直流分量，以避免图像的失真。

为什么彩色电视机亮度通道要设置钳位电路？

电视图像信号中含有直流分量，其直流分量代表图像平均亮度的明暗程度，而整个图像的明暗程度是以黑电平（即消隐电平）为基准来衡量的。亮度信号放大电路的各视频放大器之间多采用工作点互不影响的交流耦合电路（即阻容耦合），这样亮度信号经过隔直电容后会失去直流分量，使消隐电平不是在同一直线上，而是随图像内容的变化而变化，使图像的平均亮度不能在显像管上正确重现。对于黑白电视机，图像失去直流分量后，仅表现为图像的背景明暗程度发生变化，人眼对此并不敏感。而在彩色电视机中，彩色图像信号是由三基色信号合成的，而三基色信号又是由亮度信号和三个色差信号合成的。当亮度信号失去直流分量后，不仅影响彩色图像的背景亮度，而且使图像的色调发生畸变，人眼对色调的畸变是敏感的。因此，为了正确地重现图像，应在亮度通道设置钳位电路，将亮度信号的消隐电平钳制在某一直流电平处，即恢复亮度信号的直流分量。

彩色电视机中一般都采用消隐电平钳位电路，其理由是消隐电平稳定，如果钳位同步头，因其幅度大，在传输的过程中难免出现压缩，故不稳定。直流钳位原理如图 8-5 所示。

图 8-5（a）所示为经交流耦合后失去直流分量的亮场和暗场信号；图 8-5（b）所示为钳位脉冲，它是在行消隐后出现的行频钳位脉冲，多由行同步脉冲延时得到；图 8-5（c）所示为利用钳位脉冲将失去直流分量的亮场和暗场电视信号钳定在某一直流电平上（每行钳位一次），这一给定的直流电平就是消隐电平。

通常集成电路中的钳位电路有三个引出脚，如图 8-6 所示。其中：①脚外接钳位电容 C，②脚外接亮度调节电位器 RP，③脚输入钳位脉冲。调节 RP 可改变②脚电位，即改变钳位电平，达到亮度调节的目的。钳位脉冲与行消隐后肩同时出现，用来控制钳位电路将彩色全电视信号的消隐电平钳制在固定的电位处，将行同步脉冲延时约 4.35μs，即可获得钳位脉冲。

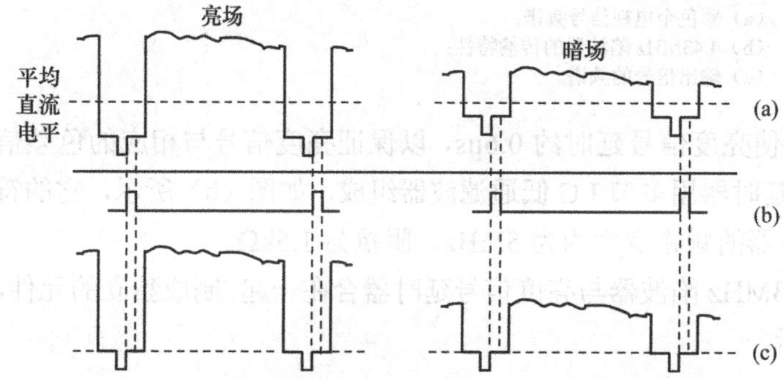

图 8-5　消隐电平钳位原理图

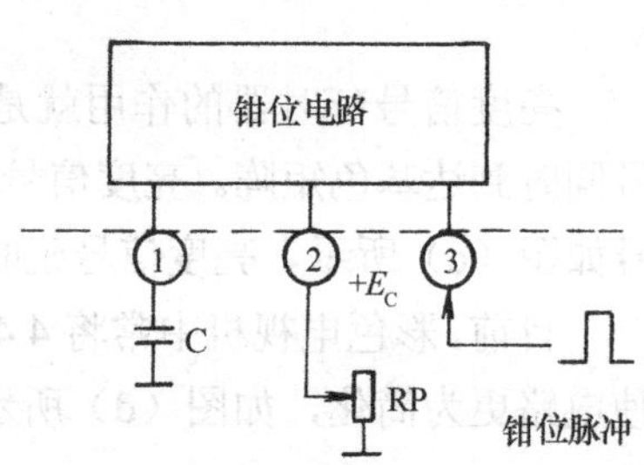

图 8-6　集成钳位电路的三个引脚

5. 图像轮廓校正电路（勾边电路）

图像轮廓校正电路也称勾边电路，其作用是补偿亮度信号的高频成分，从而克服因副载波吸收电路造成的图像清晰度差、轮廓模糊的缺点。

由于亮度通道中插入了 4.43MHz 色副载波陷波器，该陷波器不仅将 4.43MHz 为中心的色度信号滤除掉，同时也滤除了这一频带内的亮度信号，使得亮度信号的高频成分（高频成分决定图像的细节）也有所损失，引起图像中突变部分（对应高频）变化缓慢，使图像轮廓模糊，清晰度变差，如图 8-7 所示。其中图 8-7（a）所示为正常突变图像；图 8-7（b）所示为失去高频分量后，突变部分出现了过渡区，引起轮廓模糊的图像。因此，一般需要设图像轮廓校正电路，以改善亮度通道的高频特性。

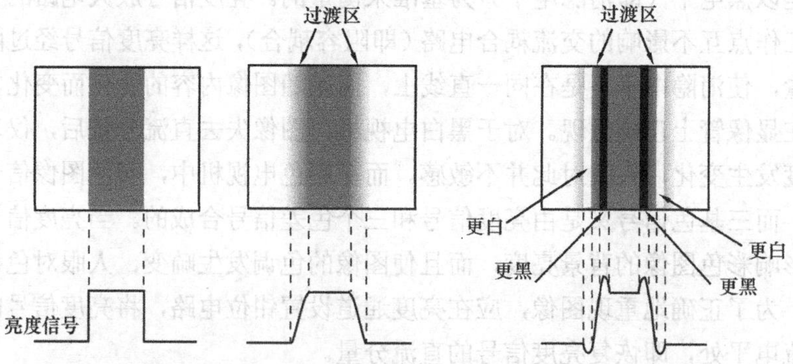

图 8-7　轮廓校正电路

轮廓校正就是给亮度信号上升沿和下降沿较平缓部分各叠加一对相反的尖脉冲，使经校正后亮度信号上升沿和下降沿变陡直，如图 8-7（c）所示，使重现的图像轮廓出现比较明显的分界线。这就好像给图像勾了一个边，使图像轮廓清楚，提高了清晰度。

大多数彩色电视机都采用二次微分型轮廓校正电路进行图像（水平）轮廓校正。二次微分型轮廓校正电路组成框图如图 8-8 所示，工作波形如图 8-9 所示。它将输入视频信号 A 进行第一次微分得到波形 B，再将波形 B 进行第二次微分得到波形 C，波形 C 经倒相放大后得到波形 D。波形 D 加到加法器的一个输入端，同时，输入信号 A 经低通滤波器去除高频噪声后得到波形 E，波形 E 加到加法器的另一输入端。在加法器中，波形 D 与波形 E 相加得到波形 F。波形 F 就是经二次微分水平轮廓校正后的视频信号波形。可见它的上升沿变陡峭了，并且有一定的下过冲量和上过冲量，因此图像的水平轮廓变得更清晰。

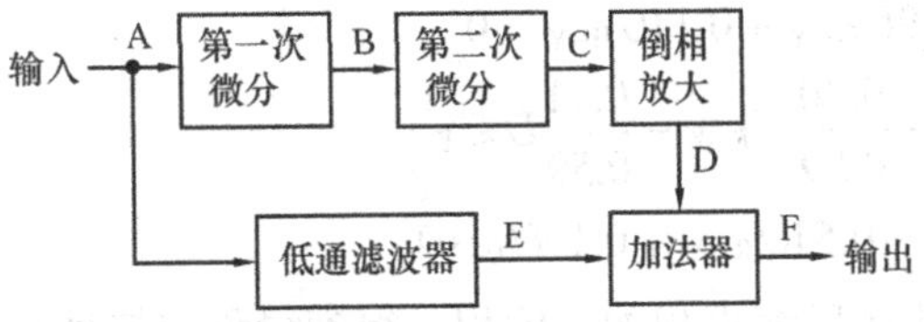

图 8-8 二次微分型轮廓校正电路组成框图

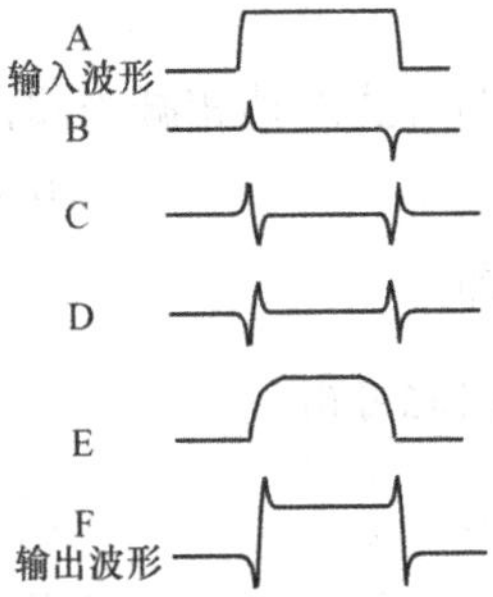

图 8-9 轮廓校正过程的波形

6. ABL（自动亮度限制）电路

彩色显像管束电流 i_a 超过额定值时，会使高压电路负载过重，同时也会使荧光粉老化，缩短彩色显像管的寿命。ABL 电路的作用是自动限制彩色显像管束电流，使其不超过额定值。

图 8-10 所示是 ABL 电路，图中 V2 是亮度放大管，T 是行输出变压器，R1 是取样电阻，C2 与 C3 是旁路电容，VD2 是钳位二极管。当束电流（即高压阳极电流）没超过额定值时，$U_p = E_2 - i_a \cdot R_1 > 12V$，则 VD2 导通，$V_A$ 钳制在约 12V。当 i_a 超过额定值时，$U_p < 12V$，则 VD2 截止；i_a 越大，V_A 越小，使 V_B 下降得越多，V_C 也上升得越多，从而使显像管阴极电位上升，再使 i_a 下降，达到限制显像管束电流的目的。

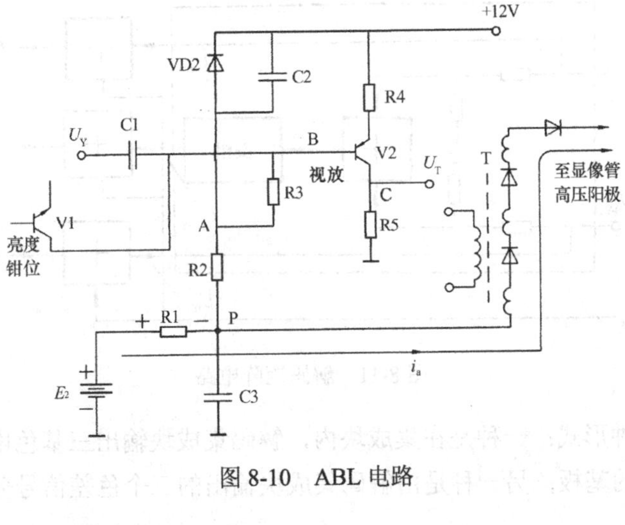

图 8-10 ABL 电路

8.1.3 解码矩阵电路

解码矩阵电路由G-Y矩阵和基色矩阵电路组成，它的作用是将U_{R-Y}、U_{B-Y}与U_Y信号转换为三基色电信号。

1. G-Y 矩阵

G-Y 矩阵的作用是由U_{R-Y}与U_{B-Y}色差信号得到U_{G-Y}色差信号。根据亮度方程式和等式关系可得下面两公式

$$U_Y = 0.30U_R + 0.59U_G + 0.11U_B$$

$$U_Y = 0.30U_Y + 0.59U_Y + 0.11U_Y$$

两等式左边相减为零，所以右边相减也等于零

$$0.30(U_R - U_Y) + 0.59(U_G - U_Y) + 0.11(U_B - U_Y) = 0$$

即
$$0.30U_{R-Y} + 0.59U_{G-Y} + 0.11U_{B-Y} = 0$$

由此可得
$$U_{G-Y} = -\frac{0.30}{0.59}U_{R-Y} - \frac{0.11}{0.59}U_{B-Y}$$

即
$$U_{G-Y} = -(0.51U_{R-Y} + 0.19U_{B-Y}) \tag{8-1}$$

根据公式（8-1）可将U_{R-Y}与U_{B-Y}按比例压缩再相加、倒相，得到绿色差信号U_{G-Y}。G-Y 矩阵如图 8-11 中虚线内的电路。

2. 基色矩阵

基色矩阵的作用是将U_{R-Y}，U_{G-Y}，U_{B-Y}，U_Y转换为三基色电信号U_R，U_G，U_B。要做到这一点，只要将三个色差信号分别与亮度信号相加即可。

$$U_{R-Y} + U_Y = U_R - U_Y + U_Y = U_R$$

$$U_{B-Y} + U_Y = U_B \qquad U_{G-Y} + U_Y = U_G$$

根据上面公式组成的基色矩阵如图 8-11 虚线框外部电路所示。图 8-11 是解码矩阵电路。

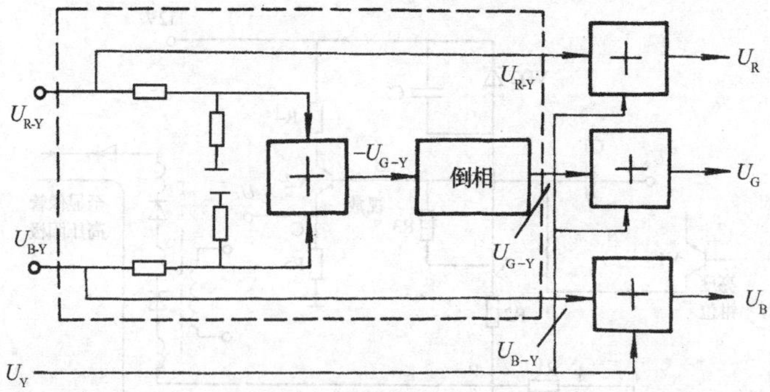

图 8-11　解码矩阵电路

基色矩阵有两种形式：一种是在集成块内，解码集成块输出三基色电信号，并将它们送至三个末级视放管的基极；另一种是由解码集成块输出的三个色差信号分别加至三个末级视

放管的基极，解码集成块输出的亮度信号加至三个末级视放管的发射极，在三个末级视放管发射结完成色差信号与亮度信号的相加，产生三基色电信号。

8.1.4　色度通道

色度通道由色度带通放大器、自动色饱和度控制（ACC）电路、自动消色（ACK）电路、梳状滤波器和同步检波器组成，其作用是从彩色全电视信号中取出色度与色同步信号，并对色度信号进行放大和处理，得到色差信号 U_{R-Y} 和 U_{B-Y}，送至解码矩阵电路。

1. 具有 ACC、ACK 控制的色度带通放大器

1）色度带通放大器

它的作用是从彩色全电视信号中取出色度与色同步信号并进行放大。色度带通放大器实际是一个 4.43±1.3MHz 的选频放大器，它的作用如图 8-12 所示。

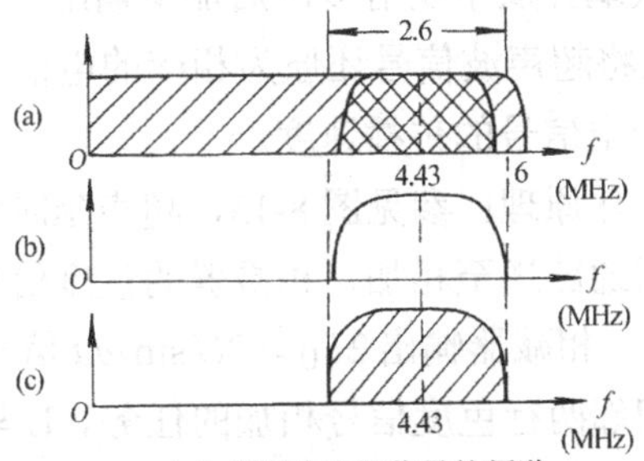

（a）彩色全电视信号的频谱
（b）色度带通放大器的频率特性
（c）输出的色度与色同步信号的频谱

图 8-12　色度带通放大器的作用

色度带通放大器除了选出色度与色同步信号外，还输出幅度不大的亮度信号高频成分。亮度信号高频成分会被其后的梳状滤波器进一步衰减，因此对色度信号干扰很小。

2）自动色饱和度控制（ACC）电路

自动色饱和度控制电路的作用是根据色度信号的强弱自动控制色度带通放大器的增益，使色度信号不会在色度带通放大器处产生切顶失真。当输入的色度信号幅度小时，由副载波恢复电路送来的能反映色度信号强弱的正弦波信号 u_{APC} 幅度小，经 ACC 检波后的控制电压 U_{APC} 也小，保证色度带通放大器有最高增益；当输入的色度信号幅度大时，u_{APC} 幅度随之增大，U_{APC} 也增加，使色度带通放大器增益下降。可以看出，ACC 电路是色度带通放大电路中的自动增益控制电路。

3）自动消色（ACK）电路

自动消色（ACK）电路的作用是：在消色电压控制下，自动通断色度带通放大电路的工作。设置 ACK 电路的原因是，色度信号通带内含有亮度信号，如果彩色电视机在接收黑白电视节目或接收彩色电视节目而彩色很弱时，色度通道仍然工作的话，很可能使在 4.43±1.3MHz 范围内的亮度信号被当做色度信号进行放大和处理，在屏幕上形成彩色杂波干扰。

为此，在色度通道中设 ACK 电路，它可以在接收黑白图像时自动将色度通道关闭。在色度信号很弱时，如果适当调整消色电平，也能自动关闭色度通道，使屏幕只显示黑白图像。ACK 电路所需要的控制电压与 ACC 电路相同。但是，ACK 电路控制色度放大电路时使放大电路直接处于放大或截止两种状态，而不像 ACC 电路那样有一个渐变过程。

2. 梳状滤波器

梳状滤波器由超声延时线、相加器、相减器等组成，如图 8-14 所示。它的作用：一是将色度信号的 F_U 与 F_V 分量分离，二是完成相邻两行色度信号相加。

（1）超声延时线：超声延时线的结构如图 8-13 所示，其作用是将色度信号延时 63.943μs，接近一行时间 64μs，同时还将色度信号倒相，即使延时后的色度信号与直通的色度信号相位相反。

在输入端，压电换能器将色度信号由电信号转换为相应的超声波信号，转换后的信号频率和波形不变。该超声波在玻璃介质中反射多次后加至输出端的压电换能器，这中间延时了 63.943μs。输出压电换能器又将超声波信号还原为相应的电信号。采用这种方法延时的原因是超声波的传播速度远远小于电信号的传播速度。

（2）梳状滤波器的基本工作原理：参见图 8-13，超声延时线使延时通路送至相加、相减器的色度信号与下一行经直通通路送至相加、相减器的色度信号相位正好相反。因此，相加器输出 $2F_V = \pm 2V\cos\omega_s t$ 信号，相减器输出 $2F_U = 2U\sin\omega_s t$ 信号，如表 8-1 所示，从而完成色度信号 F_U 与 F_V 的分离和相邻两行色度信号相加的任务。L 与 C 组成相位微调电路，调节 L 大小可微调延时通路中色度信号的相位或延时时间，以保证延时通路输出的色度信号与直通通路输出的色度信号相位正好相反。色度信号经超声延时线后会产生衰减，为了保证直通通路输出的色度信号与延时通路输出的色度信号幅度的绝对值相等，在直通通路中加入电位器对直通通路的色度信号进行适当衰减。

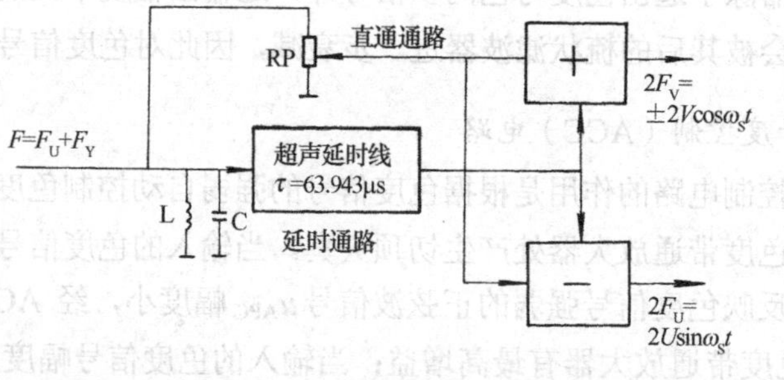

图 8-13 梳状滤波器的基本原理图

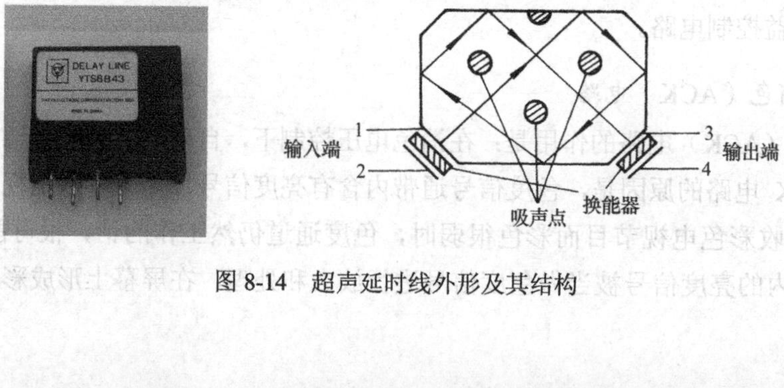

图 8-14 超声延时线外形及其结构

表 8-1 梳状滤波器分离 F_U 与 F_V 的原理

行 数	直通通路色度信号	延时通路的色度信号	相加器输出	相减器输出
n	$U\sin\omega_s t+V\cos\omega_s t$			
$n+1$	$U\sin\omega_s t-V\cos\omega_s t$	$-U\sin\omega_s t-V\cos\omega_s t$	$-2V\cos\omega_s t$	$2U\sin\omega_s t$
$n+2$	$U\sin\omega_s t+V\cos\omega_s t$	$-U\sin\omega_s t+V\cos\omega_s t$	$+2V\cos\omega_s t$	$2U\sin\omega$
$n+3$	$U\sin\omega_s t-V\cos\omega_s t$	$-U\sin\omega_s t-V\cos\omega_s t$	$-2V\cos\omega_s t$	$2U\sin\omega$
$n+4$	$U\sin\omega_s t+V\cos\omega_s t$	$-U\sin\omega_s t+V\cos\omega_s t$	$+2V\cos\omega_s t$	$2U\sin\omega_s t$
…	…	…	…	…

梳状滤波器有一个输入端、两个输出端。相加器输出端与输入端形成的频率特性如图 8-15（b）所示，相减器输出端与输入端形成的频率特性如图 8-15（c）所示。图 8-15（a）所示是色度信号的主谱线频谱。可以看出图 8-15（b）所示频率特性曲线的峰点对应色度信号中的 F_V 主谱线，谷点对应色度信号中的 F_U 主谱线，所以分离出 F_V 信号，其频谱如图 8-15（d）所示。另外，还可看出图 8-15（c）所示频率特性曲线的峰点对应色度信号中的 F_U 主谱线，谷点对应色度信号中的 F_V 主谱线，所以分离出 F_U 信号，其频谱如图 8-15（e）所示。

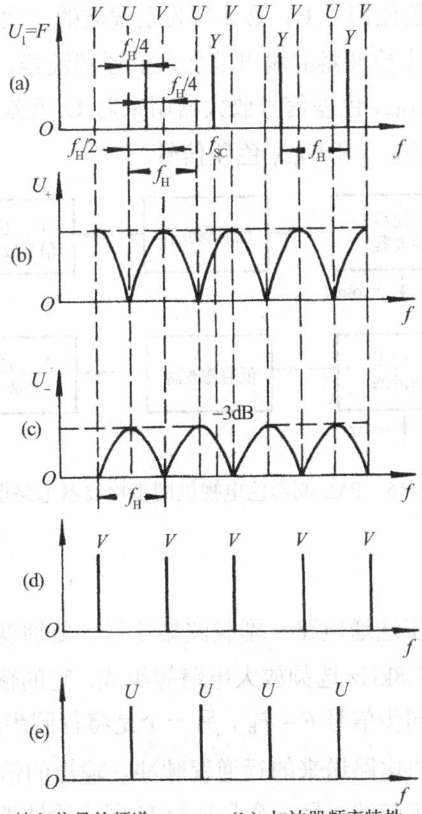

（a）输入信号的频谱　　（b）加法器频率特性
（c）减法器频率特性　　（d）加法器输出信号频谱
（e）减法器输出信号频谱

图 8-15 梳状滤波器的频率特性及其输入、输出信号的频谱

3. 同步检波器

U 同步检波器的作用是从平衡调幅波 $F_U = U\sin\omega_s t$ 中解调出 U 色差信号；V 同步检波器的作用是从平衡调幅波 $F_V = +V\cos\omega_s t$ 中解调出 V 色差信号。如前面所述，U 同步检波器输入的信号有 F_U 与副载波 $\sin\omega_s t$ ；V 同步检波器输入的信号有 F_V 与副载波 $\pm\cos\omega_s t$ （NTSC 行时是 $+\cos\omega_s t$ ，PAL 行是 $-\cos\omega_s t$ ）。V 同步检波器加入 $-V\cos\omega_s t$ 的原因可以有两种解释：一是认为在发送端对 PAL 行的 V 色差信号进行平衡调幅时所用的副载波为 $-\cos\omega_s t$ ，所以在同步检波时加至 V 同步检波器的副载波，在 PAL 行时也应为 $-\cos\omega_s t$ ；二是认为在发送端对 PAL 行的 V 色差信号进行平衡调幅时进行了倒相，所以在同步检波时应将倒相的平衡调幅波再倒相还原，因此加入 $-\cos\omega_s t$ 。

同步检波器实质是乘法器，以 U 同步检波器为例，U 同步检波器的输出信号为

$$U_o = U\sin\omega_s t\cdot\sin\omega_s t = U\sin^2\omega_s t = \frac{U}{2}(1-\cos 2\omega_s t)$$

所以

$$U_o = \frac{U}{2} - \frac{U}{2}\cos 2\omega_s t \tag{8-2}$$

式（8-2）中，第 1 项为色差信号 U，第 2 项为副载波的二次谐波，可用低通滤波器滤除。所以在实际电路中，要在同步检波器的输出端加入低通滤波器，如图 8-16 所示。图 8-16 中的 U_{R-Y} 色差信号放大器与 U_{B-Y} 色差信号放大器用来对 U 色差信号和 V 色差信号按原压缩比进行还原放大，从而输出 U_{R-Y} 和 U_{B-Y} 色差信号。

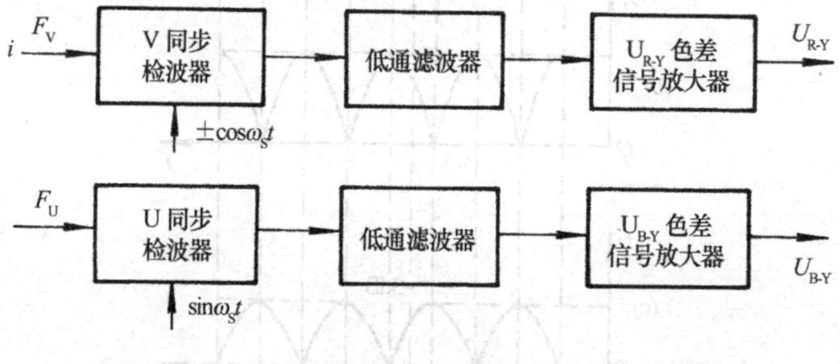

图 8-16 PAL 制彩色电视机同步检波器电路框图

8.1.5 副载波恢复电路

副载波恢复电路由色同步选通电路、副载波振荡器、低通滤波器、90° 移相电路、PAL 开关电路、PAL 识别电路和 7.8kHz 选频放大电路等组成。它的输入信号有三个，一个是色度带通放大器送来的色度与色同步信号 $F + F_b$ ，另一个是将行同步脉冲延时 4.35μs 得到的色同步选通脉冲，第 3 个是行输出电路送来的行逆程脉冲。输出的信号有三个，一个是能反映色度信号强弱或有无的半行频正弦波，另一个是加至 U 同步检波器的副载波 $\sin\omega_s t$ ，第三个是加至 V 同步检波器的副载波 $\pm\cos\omega_s t$ （NTSC 行取正号，PAL 行取负号），可参看图 8-1。副载波恢复电路的作用是给同步检波器提供所需的副载波和给 ACK 与 ACC 电路提供能反映色度信号弱强有无的半行频正弦波。

1. 色同步选通电路

色同步选通电路的作用是将色度带通放大器送来的色度与色同步信号中的色同步信号选出来并加以放大。它的基本原理是利用色同步信号与色度信号出现的时间不同而将色同步信号分离出来。为此，利用一个与色同步信号同时出现的色同步选通脉冲控制一个副载波选频放大器，使它仅在色同步信号来时才处于放大状态，放大并选出色同步信号。而色同步信号过后，放大器处于截止状态，不让色度信号通过。为了获得色同步选通脉冲，可将行同步脉冲延迟 $\tau = 4.7/2 + (5.6-4.7) + 2.2/2 = 4.35(\mu s)$，如图 8-17（a）所示。延时电路可采用 LC 低通滤波器，如图 8-17（b）所示。

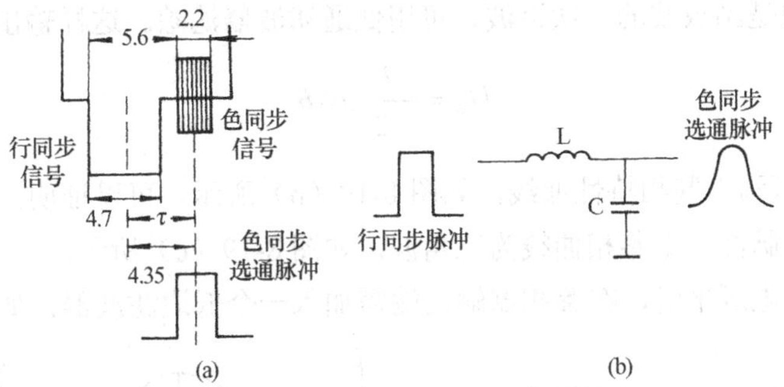

图 8-17 色同步信号分离原理（单位：μs）

图 8-18 是色同步选通电路。L1 与 C1 组成行同步脉冲延时电路，V1 与 L2，C2、R2 和 L3、C3 等组成副载波选频放大电路。在 V1 基极加入色同步选通脉冲。当色同步信号来时，色同步选通脉冲也加至 V1 基极，使 V1 进入放大状态，将色同步信号放大并输出。当色同步信号过后，色同步选通脉冲也消失，使 V1 进入截止状态，色度信号无法通过。放大后的色同步信号加至鉴相器。

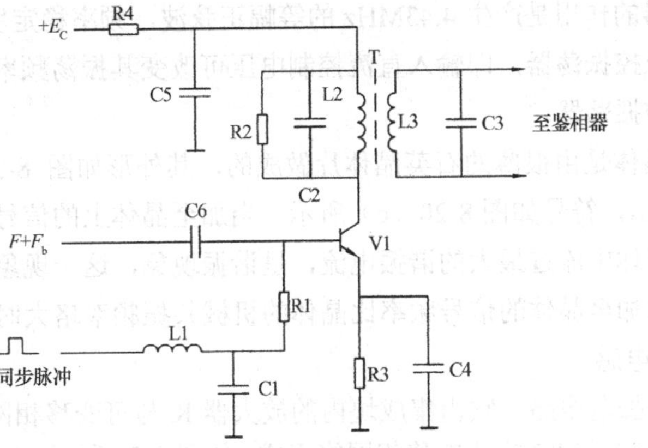

图 8-18 色同步选通电路

2. 鉴相器

鉴相器的作用是用来鉴别两个输入信号的相位差，当相位差发生变化时，鉴相器输出的直流电压也随之变化。

鉴相器实质是一个乘法器，输入的信号有两个，u_1和u_2，输出信号为u_o，如图8-19（a）所示。假设，输入的信号为正弦波，$u_1=\sin\omega_s t$，$u_2=\sin(\omega_s t-\theta)$，$\theta$是$u_1$与$u_2$的相位差，则输出信号为

$$u_o=-Ku_1\cdot u_2=-K\sin\omega_s t\cdot\sin(\omega_s t-\theta)$$

即

$$u_o=\frac{K}{2}\cos(2\omega_s t-\theta)-\frac{K}{2}\cos\theta \quad (8\text{-}3)$$

式中，第1项是副载波的二次谐波，可用低通滤波器滤除。这样输出电压为

$$U_o=-\frac{K}{2}\cos\theta \quad (8\text{-}4)$$

按式（8-4）可画出鉴相特性曲线，如图8-19（b）所示。可以证明，如果鉴相器输入的信号为大信号矩形脉冲，则鉴相曲线为三角波，如图8-19（c）所示。

为了使输出的电压平滑，在鉴相器输出端需加入一个低通滤波器，如图8-19（a）所示。

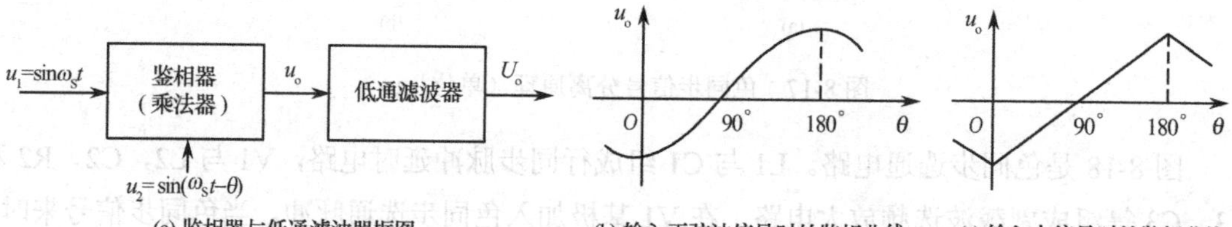

(a) 鉴相器与低通滤波器框图　(b) 输入正弦波信号时的鉴相曲线　(c) 输入大信号时的鉴相曲线

图8-19　鉴相器

3. 副载波振荡器与90°移相电路

副载波振荡器的作用是产生4.43MHz的等幅正弦波，频率稳定度应能达到10^{-9}数量级，而且它应是一个压控振荡器，即输入直流控制电压可改变其振荡频率。因此，在彩色电视机中均采用晶体压控振荡器。

（1）晶体：晶体是由很薄的石英晶体片做成的，其外形如图8-20（a）所示，内部结构如图8-20（b）所示，符号如图8-20（c）所示。当加至晶体上的信号频率与晶体的机械共振频率相等时，在晶体中流过最大的谐振电流，呈谐振现象，这一现象与LC串联谐振电路的谐振现象相似。当加至晶体的信号频率比晶体的机械共振频率略大时，晶体可等效为一个高Q值、高稳定性的电感。

（2）晶体压控振荡电路：它由集成块内的放大器K与可变移相网络及外接的晶体J、电容C1与C2、电阻R1与R2构成的移相网络组成，如图8-21所示。如果内移相网络移相$+\varphi$，外移相网络移相$-\varphi$，放大器增益远大于1，则电路总移相为0°，电路即可产生振荡。

当振荡电路产生的副载波相位、频率准确时，鉴相器输出的控制电压$U_{APC}=0$，内移相网络移相+90°，外移相网络移相–90°，电路总移相为0°，电路振荡，且振荡频率与相位不变。当振荡电路产生的副载波相位、频率不准确时，鉴相器输出相应的控制电压U_{APC}，使

内移相网络移相为90°±Δφ，则外移相网络的移相为–90°∓Δφ，使晶体 J 的等效电感量改变，振荡频率也随之改变。微调 C1 或 C2 可改变振荡器的振荡频率。

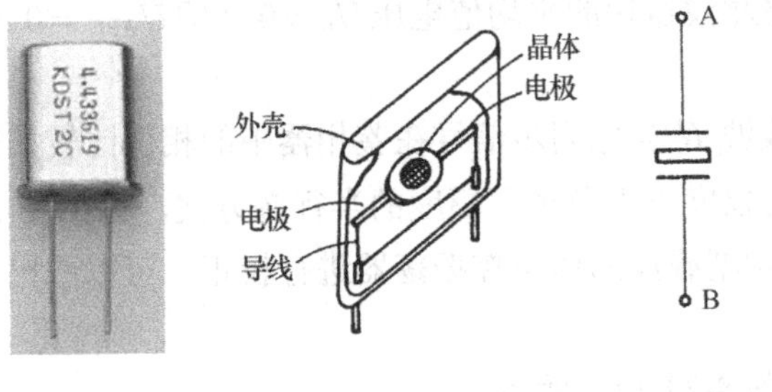

(a)晶体外形　(b)晶体的结构　(c)符号

图 8-20　晶体的结构与符号

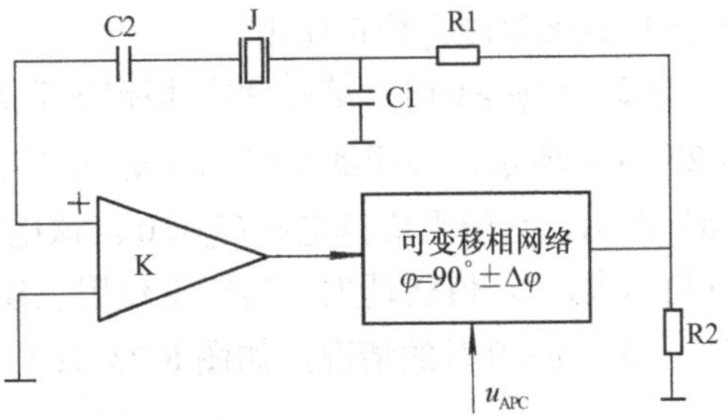

图 8-21　晶体压控振荡电路

（3）90° 移相电路：移相电路的种类很多，除了失谐的 LC 并联谐振电路有移相作用外，常用的移相电路还有 RC 或 RL 移相电路。它们移相的角度均小于 90°，所以要获得 90° 的移相，需用两个 RC 与 RL 或失谐的 LC 并联移相电路正确地组合在一起，构成 90° 移相电路。

4．副载波锁相环路的工作原理

副载波锁相环路由鉴相器、低通滤波器、副载波晶体压控振荡器和 90° 移相电路组成，如图 8-22 所示。它的作用一是产生与发送端副载波同频同相的副载波 $\sin\omega_s t$，二是产生与发送端半行频方波同频同相的半行频方波 u_o。

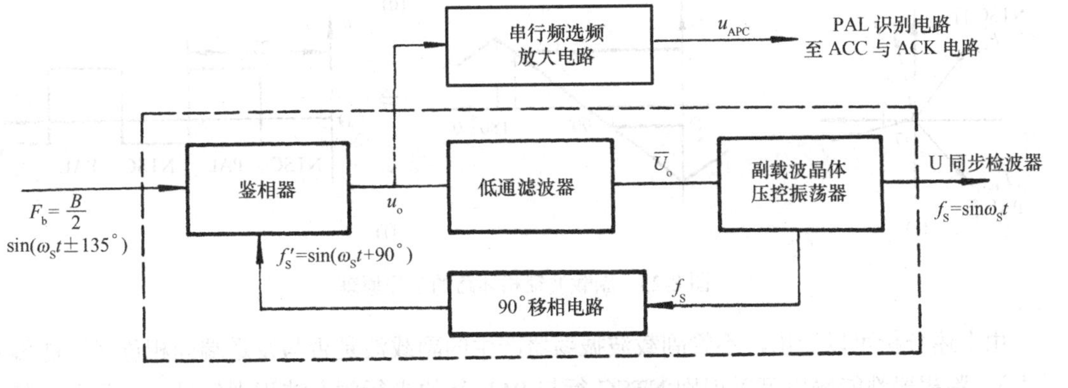

图 8-22　副载波锁相环路框图

由图 8-22 可以看出，加至鉴相器的信号有两个：一个是色同步信号 $F_b=\dfrac{B}{2}\sin(\omega_s t\pm 135°)$（NTSC 行取正号，PAL 行取负号），另一个是将副载波晶体压控振荡器产生的副载波 $f_s=\sin(\omega_s t+\phi)$ 移相 90° 后的信号 $f_S'=\sin(\omega_s t+90°+\varphi)$。这两个信号在鉴相器中进行相位比较，根据它们相位差的大小，鉴相器输出相应的电压 u_o。

下面分析它的工作原理。

（1）当 $\varphi=0$ 时：也就是副载波晶体压控振荡器产生的副载波与发送端的副载波同频同

相，即 $f_S=\sin\omega_s t$，移相 90° 后的信号为 $f_S'=\sin(\omega_s t+90°)$。该信号与色同步信号在鉴相器中进行比较，如图 8-23（a）所示，使鉴相器输出电压 u_o 为正、负半周幅度相等的半行频方波，如图 8-23（b）所示。半行频方波经低通滤波器后的平均值电压 $U_o=0$（即 $U_{APC}=0$），对压控振荡器没有校正作用。

（2）当 $\varphi>0$ 时：这时 90° 移相后的副载波 f_S' 与色同步信号在鉴相器中的相位比较如图 8-23（c）所示，鉴相器输出电压 u_o 为正半周幅度小于负半周幅度的半行频方波，如图 8-23（d）所示。它的平均值电压 $U_o<0$。该电压对副载波晶体压控振荡器进行校正。可以看出，φ 角越大，U_o 值就越大，其校正作用也越大。

（3）$\varphi<0$ 时的情况，如图 8-23（e）与图 8-23（f）所示。

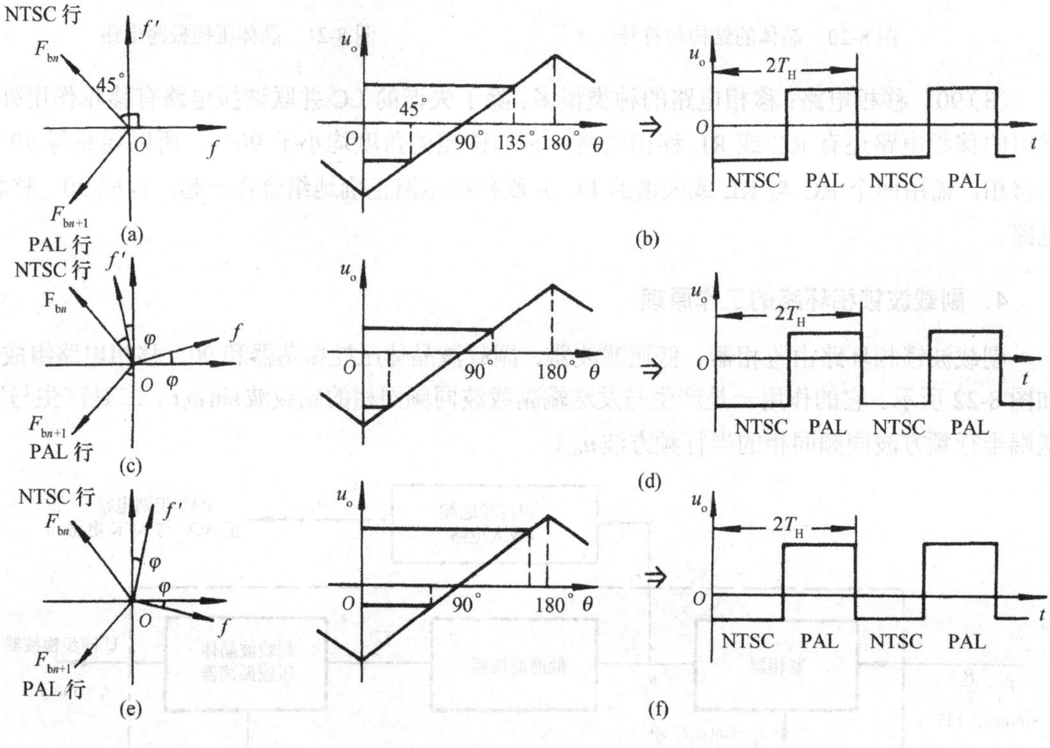

图 8-23 副载波锁相环路的工作原理

由上述分析可以看出，不管副载波振荡器产生的副载波是否与发送端同相位（不能偏差过大），鉴相器都能输出可以识别 NTSC 行与 PAL 行的半行频方波识别信号。实际上，鉴相器输出的不只是半行频方波，还有副载波的高次谐波，而且半行频方波 u_o 也不是前后沿很陡的方波。因此要用一个半行频选频放大电路进行选频放大，即可得到 ACC 与 ACK 电路所需的半行频正弦波识别信号 u_{APC}，参见图 8-22。当色度信号弱时，色同步信号幅度小，鉴相器输出的半行频方波幅度也小，使半行频选频放大电路输出的半行频正弦波识别信号 u_{APC} 幅度也小，因此 u_{APC} 能反映色度信号的强弱。

在鉴相器的输出端接一个低通滤波器，可将鉴相器输出的正负极性变化的半行频方波中的高频分量和干扰脉冲滤除，获得其中的直流分量 $\bar{U}_o$（即平均值电压）去控制晶体压控振荡器。

5. PAL 开关电路与 PAL 识别电路

（1）PAL 开关电路：它可以看成是两个受半行频方波控制的开关二极管，如图 8-24 所示。由图可以看出，NTSC 行时（t_1-t_2 阶段），半行频方波 u_1 使 VD1 导通，半行频方波 u_2 使 VD2 截止，输出 $+\sin\omega_s t$；PAL 行时（t_2-t_3 阶段），半行频方波 u_2 使 VD2 导通，半行频方波 u_1 使 VD1 截止，输出 $-\sin\omega_s t$。$+\sin\omega_s t$ 经 90° 移相后，输出 $+\cos\omega_s t$。

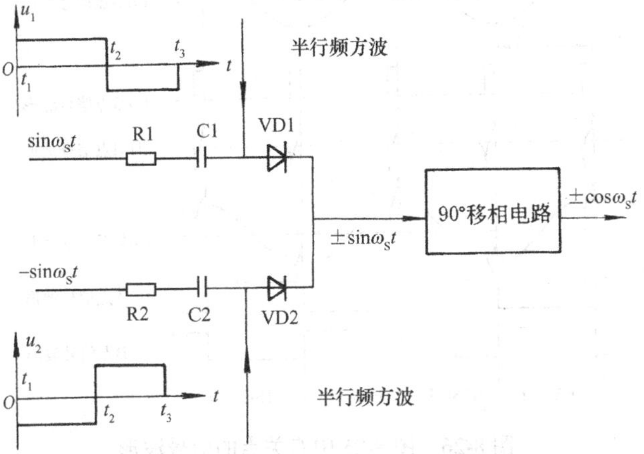

图 8-24　PAL 开关电路与 $+\cos\omega_s t$ 的产生

（2）PAL 识别电路：该电路的作用是给 PAL 开关提供与发送端半行频方波同频同相的半行频方波。它实质是一个双稳态电路。双稳态电路有两个输出端，可以在触发脉冲的作用下，输出互为倒相的两路方波脉冲信号，该信号的频率是触发脉冲频率的一半。

PAL 识别电路方框图如图 8-25 所示。鉴相器送来的半行频方波［波形见图 8-26（b）］经半行频选频放大后，得到半行频正弦波［波形见图 8-26（c）］，再经 90° 移相得到半行频余弦波［波形见图 8-26（d）］，然后与微分后的行逆程脉冲［波形见图 8-26（f）］叠加，形成触发信号。该触发信号加至双稳态电路，触发双稳态电路，使它输出两路互为倒相的，而且与发送端半行频方波同频同相的半行频方波，如图 8-26（h）与图 8-26（i）所示。

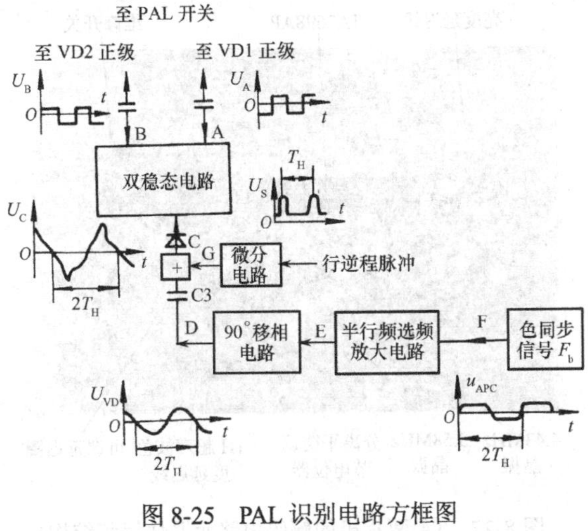

图 8-25　PAL 识别电路方框图

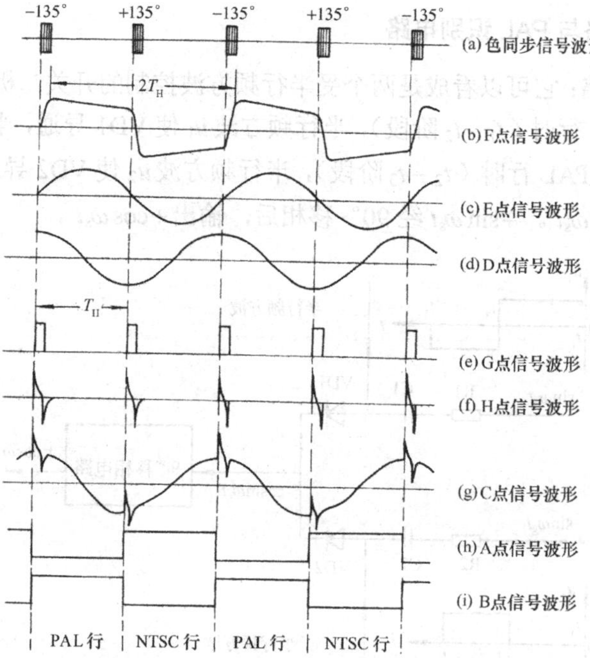

图 8-26 图 8-25 中有关点的信号波形

8.2 解码电路实际电路

TA 两片机的解码电路较具有代表性，这里以此为例来分析。

8.2.1 TA 两片机解码电路的结构

TA 两片机主要采用 TA7680AP 和 TA7698AP 这两片集成电路。其中，TA7698AP 包括亮度通道、色度通道和行/场小信号处理电路（内部电路方框图参考图 8-29）。TA 两片机的亮度通道、色度通道是由 TA7698AP 和有关外接元件而构成。该机芯的解码电路元器件组装结构如图 8-27 所示。

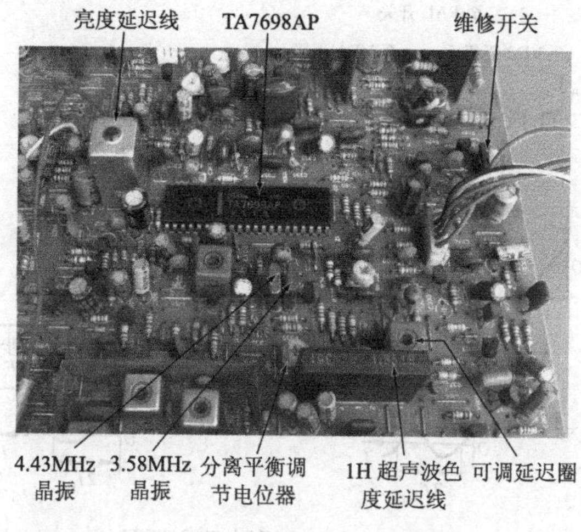

图 8-27 TA 两片机的解码电路元器件组装结构

8.2.2 TA7698AP 的亮度通道、色度通道部分引脚功能

TA 两片机的亮度通道、色度通道部分共占用 TA7698AP 的 26 个引脚，其引脚的功能、直流电压、对地电阻如表 8-2 所列。

表 8-2　TA7698AP 亮度通道、色度通道、引脚功能、直流电压、对地电阻

引脚序号	引 脚 作 用	直流电压（V）		对地电阻（kΩ）	
		有彩条信号时	无信号时	黑笔接地	红笔接地
①	对比度放大器射极输出端。内接射极跟随器，外接增益调节 RC 元件	3.9	4.2	1.3	1.3
②	电源 V_{CC1} 端。亮度通道、色通道、同步分离、场扫描电路均用此端作为电源。V_{CC1}=12V	11.7	11.7	0.6	0.6
③	黑电平钳位输入端。外接亮度延迟线的交流耦合端	4.6	4.4	7	9.3
④	亮度控制端。外接电阻 R209 接③脚，改变 R209 阻值便能改变直流再生率	4.4	4.4	7	9.1
⑤	色信号输入端。外接色信号滤波器，内接第一带通放大器	1	1	0.6	5.3
⑥	AGC 滤波端。外接 ACC 滤波电容 C504，内接 ACC 检波器	9.4	9.0	7	9.8
⑦	色饱和度控制端（消色输出）。外接色饱和度电位器 R555	6.0	0.9	6.8	8.2
⑧	色度信号输出端。外接延时解调器，内接色饱和度控制端	9.2	10.2	2.3	2.4
⑨	色相控制端（仅适用于 NTSC 制）。用此来控制色同步脉冲的相位	5.7	5.7	10	10
⑩	色同步脉冲净化端。外接色同步并联谐振电路	7.4	7.4	6.2	10
⑪	亮度通道与色通道的接地端	0	0	0	0
⑫	消色识别滤波端。外接滤波电容 C514，内接消色识别电路	8.9	6.4	7	8.6
⑬	VCO 移相放大输出端。外接晶体 X501 等组成的移相电路，内接移相放大器，构成副载波振荡电路	9.4	9.4	7.5	6.8
⑪	压控振荡器 45°移相信号输入端。外接 45°移相器，内接压控振荡器	3.4	3.4	7.5	8.7
⑮	压控振荡器 0°副载波信号输入端。⑮脚与⑬脚间接晶体振荡器，⑮与⑭脚间接 45° 移相电路，从而构成副载波振荡器	3.4	3.4	7.5	8.7
⑯	APC 滤波端。外接 APC 滤波电路，内接 APC 鉴相器	8.5	9.5	6.6	9.4
⑰	延时解调器直通信号输入端	3.9	3.9	8	10
⑱	APC 滤波端。外接 APC 滤波电路，内接 APC 鉴相器	8.5	9.5	6.6	9.5
⑲	延时解调器，1 行延迟信号输入端	3.9	3.9	8	2.8
⑳	G-Y 色差信号输出端。内接 G-Y 矩阵电路，外部送到基色矩阵兼视放输出电路	7.3	7.2	2.8	2.8
㉑	R-Y 色差信号解调输出端。内接色差信号解调电路，外部送到基色矩阵兼视放输出电路	7.3	7.2	2.8	2.8
㉒	B-Y 色差信号解调输出端。内接 B-Y 色差信号解调电路，外部送到基色矩阵兼视放输出电路	7.3	7.3	2.8	2.8
㉓	经对比度控制和亮度控制后的 γ 信号输出端。外接射随器缓冲	6.5	6.9	7	7

续表

引脚序号	引 脚 作 用	直流电压（V）		对地电阻（kΩ）	
		有彩条信号时	无信号时	黑笔接地	红笔接地
㊳	行逆程脉冲输入端，兼选通门脉冲输出端。内接的门限电平设定为1V。用于选通门脉冲输出端时，㊳脚的电压钳位到5V。逆程脉冲是用于F/F推动脉冲，解调输出的行消隐脉冲，以及选通脉冲	0.1	0	7.2	8.5
㊴	视频全电视信号倒相放大输入端。IC101⑮脚输出的同步头朝下的视频信号，通过直耦方式输入至该端	3.6	3.8	2	2
㊵	倒相放大器的输出端。将㊴脚输出的视频全电视信号经倒相放大后输出。推动同步分离电路及色带通放大器	6.8	6.5	2.5	2.5
㊶	对比度控制端，当G-Y输出端⑳脚与地间接入电阻，对比度色度同时控制。⑳脚与地开路，则仅起对比度控制作用	7.0	6.8	7.6	9.8
㊷	对比度控制后的视频信号输出端。输出信号经亮度延迟线及4.43MHz陷波器后，进入IC501③脚	9.2	9.2	6.5	9.8

8.2.3 亮度通道

亮度通道电路是由TA7698AP内的部分电路（即视频信号处理电路）、Q202及周围的元件组成。该电路的TA7698AP内部框图及外围电路如图8-28所示。

1．倒相放大及对比度放大电路

由TA7680AP15脚输出的视频信号经R201与R202阻抗匹配和Z201与L201滤除6.5MHz第2伴音中频信号，得到彩色全电视信号，再由TA7698AP㊴脚加至集成块内的倒相放大电路。倒相放大后的彩色全电视信号再经Q1射随由㊵脚输出同步头朝上的彩色全电视信号。该信号一路经R501加至色度通道，另一路经R301加至同步分离电路。另外，㊴脚输入的彩色全电视信号还加至对比度放大电路。放大输出管Q2的发射极经①脚外接电阻R204与R207和电容C202组成的轮廓校正电路（该电路可使图像轮廓清楚，图像清晰度得到提高）接地。Q2的集电极与㊷脚相接，+12V电压经R203加至㊷脚内Q2的集电极，R203是Q2的集电极电阻。对比度放大电路是一个增益可调的放大器，调节㊶脚外接的对比度调节电位器R256可改变㊶脚直流电位，改变放大器的增益，达到对比度调节的目的。㊶脚电位可在2～10V范围内变化，输出信号至少有40dB。若使用R-Y、G-Y、B-Y三个输出端（PAL制、PAL/NTSC制需在⑳脚、㉑脚、㉒脚三个引出脚与地之间各接一个2.7kΩ电阻），进行对比度调节时色度也随之受到控制。如果只使用R-Y与B-Y输出端（PAL/SECAM制、PAL/SECAM/NTSC制时⑳脚开路），则只能进行对比度控制。R213与C206等组成退耦电路。

遥控彩电中，微处理器对比度控制引脚输出调宽脉冲信号，经低通滤波平滑成直流电压，加至TA7698AP㊶脚，改变㊶脚电位，也可实现对比度控制。

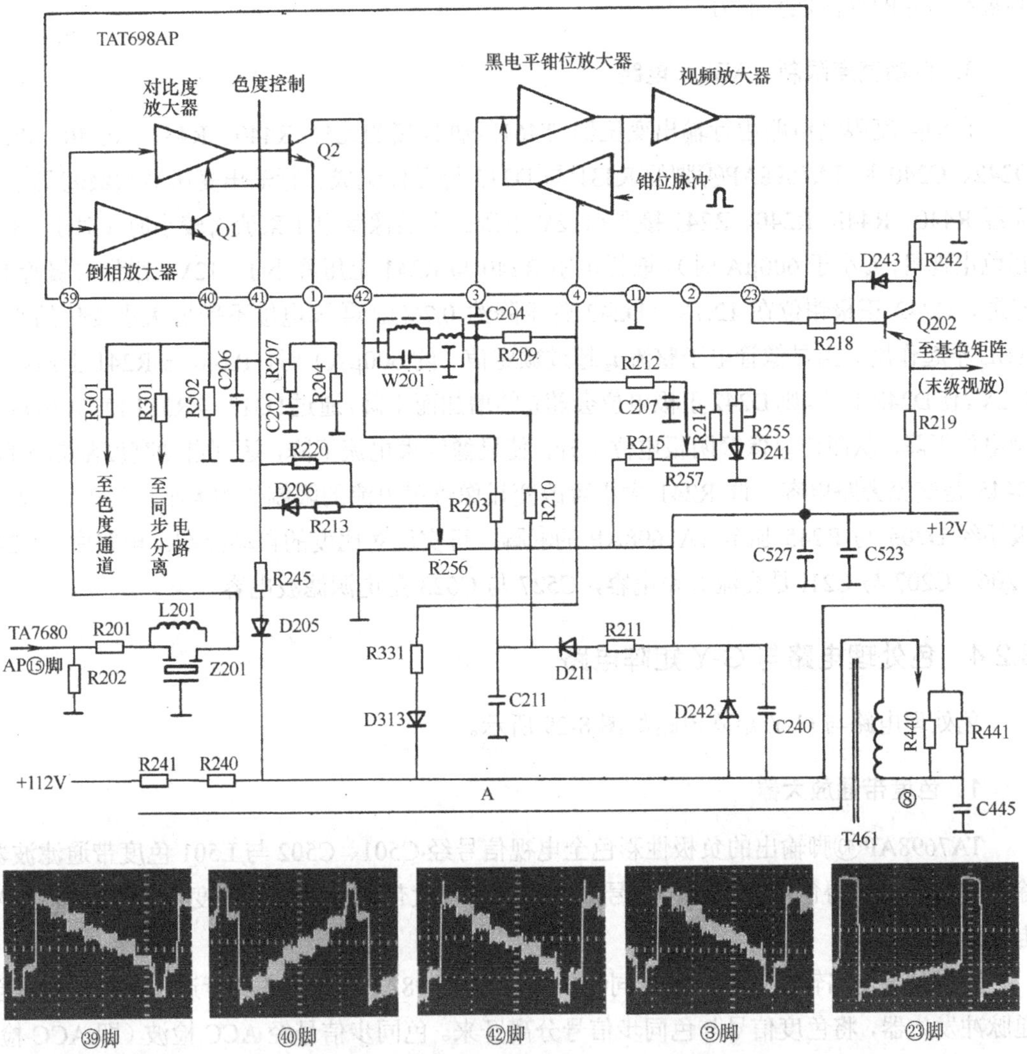

图 8-28 亮度通道内部框图及外围电路

2. 4.43MHz 陷波、0.6μs 延时和亮度调节电路

经集成块 TA7698AP 内放大管 Q2 放大后的彩色全电视信号由㊷脚输出，经 W201 中 LC 带阻滤波器将 4.43MHz 色度信号和色同步信号滤除，又经 0.6μs 延时，得到亮度信号。亮度信号经 C204 耦合加至③脚内黑电平钳位放大器（黑电平钳位即消隐脉冲钳位），可恢复亮度信号在传输过程中丢失的直流成分。钳位放大后的亮度信号经视频放大器放大，由㉓脚输出，经 R218 送至亮度信号放大管 Q202 的基极，再经 Q202 射随由发射极输出，送至基色矩阵电路。

TA7698AP 4 脚外接 R212、C207、R257、R215、R214、R255、D241 组成的亮度调节电路，调 R257 或 R255 可改变④脚电位，从而改变钳位电平，调整显像阴极的电位，达到亮度调节的目的。R257 是亮度调节电位器，R255 是副亮度调节电位器，R212 和 C207 组成退耦电路。遥控彩电中，微处理器亮度控制引脚输出调宽脉冲信号，经低通滤波平滑成直流电压，加至 TA7698AP④脚，改变④脚电位，也可实现亮度控制。④脚与③脚外接电阻 R209 用来控制视频信号的直流恢复能力。

3．自动亮度限制（ABL）电路

自动亮度限制电路由行输出变压器 T461⑧脚外接的元件 R440、R441、R240、R241、D242、C240 和 TA7698AP④脚的 R331 与 D313 等元件组成。行输出变压器次级⑧脚不接地而经 R440、R441、R240、R241 接至+112V 电源。当显像管电子束流 i_a 较小时（对于 18 英寸彩色电视机，i_a 小于 600μA 时），取样电阻 R240 与 R241 上压降小于 112V，钳位二极管 D242 导通，D242 正极钳位在 12.7V（D242 管压降约 0.7V）。④脚电位不受 i_a 大小变化的影响，ABL 不起作用。当显像管电子整流 i_a 超过额定值（约 600μA）时，R240 与 R241 上压降大于 112V，使 D242 截止，则 D242 正极电位会随 i_a 的增加而下降，通过 D313 与 R331 使 TA7698AP 4 脚电位下降，从而使显像管阴极电位上升，使显像管束电流下降，达到自动亮度限制的目的。C445 是交流旁路电容，调 R241 大小可改变显像管束电流的限制值的大小。另外，D242 正极还经 D205 与 R245 加至 TA7698AP 的㊶脚，可实现对比度的自动控制。电路中，C240、C206、C207 与 C211 是交流旁路电容，C527 与 C523 是电源滤波电容。

8.2.4 色处理电路与 G-Y 矩阵电路

色处理电路与 G-Y 矩阵电路如图 8-29 所示。

1．色度带通放大器

TA7698AP㊵脚输出的负极性彩色全电视信号经 C501、C502 与 L501 色度带通滤波器滤除亮度信号，所得色度与色同步信号加至⑤脚内色度带通放大器。色度带通放大器受 ACC 电压的控制。

同步分离电路输出的行场复合同步信号与 TA7698AP㊳脚输入的行逆程脉冲同时送至选通脉冲发生器，将色度信号与色同步信号分离开来。色同步信号经 ACC 检波（即 ACC 检测）电路检波放大后，获得 ACC 直流控制电压加至色度带通放大器。⑥脚外接的 C504 与 R504 是 ACC 检波的滤波电路。色度信号经色度放大、色饱和度控制电路和色度、对比度同调电路控制后，由⑧脚输出。⑦脚外接色饱和度调节电路，调节色饱和度调节电位器 R555，改变⑦脚电位，可改变⑧脚输出的色度信号的幅度，达到色饱和度调节的目的。⑦脚电位越高，色饱和度越强。C506 是交流旁路电容，可滤除交流干扰信号。

遥控彩电中，微处理器色饱和度控制引脚输出调宽脉冲信号，经低通滤波平滑成直流电压，加至 TA7698AP⑦脚，改变⑦脚电位，也可实现色饱和度控制。

色度信号还受到消色电压的控制。当接收黑白电视信号或很弱的彩色电视信号时，消色识别检测电路送来的消色电压经消色放大电路放大后可关闭色饱和度控制电路，使⑦脚电位等于零，则⑧脚无色度信号输出。

2．梳状滤波器、同步检波器与 G-Y 矩阵电路

梳状滤波器由超声波延迟线和矩阵电路组成。TA7698AP 8 脚输出的色度信号经 R507 后被

分成两路：一路是经过 X502（63.943μs 延迟线）延迟一行时间去⑲脚的延迟信号；另一路是经过 R506、、R509 分压，再经 C510 去⑰脚的直通信号。这两路信号的幅度相等，相位相反，在 PAL/NTSC 矩阵电路中经过加减法运算后，分离出 F_U、F_V 分量，并被送到解码器中。

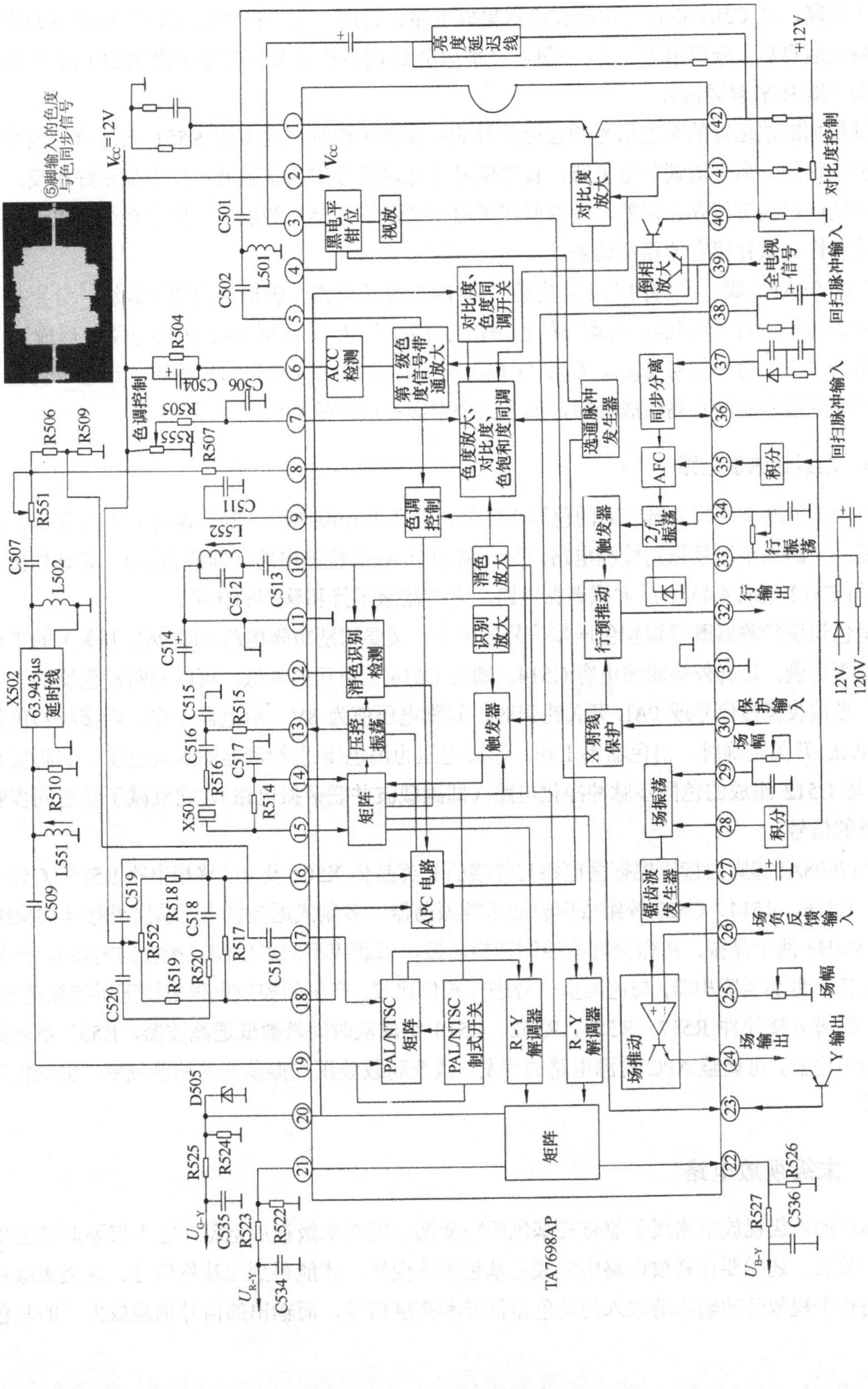

图 8-29　TA698AP 内部功能框图及外接元件

在延迟线的输入、输出端，并联有 L502 和 L551，它们分别与延迟线的输入和输出电容构成并联电路，谐振于彩色副载波频率 4.43MHz，使延迟线的输入阻抗和输出阻抗都呈电阻性。R510 是匹配电阻。L551 是可调延迟线圈，作相位微调。延迟线输出的延迟信号在 L551 上产生压降，经 C509 耦合，由⑲脚进入集成电路。这两个信号在 PAL/NTSC 矩阵电路中经过加减法运算后，分离出 F_U、F_V 分量，分别送至 U 同步检波器（即 B-Y 解调器）和 V 同步检波器（即 R-Y 解调器）。

进行加减法运算的直通信号和延迟信号的幅度必须相等，这可用 R551 来调节，因此，把 R551 称为分离平衡调节电位器。直通信号与延迟信号的色副载波相位必须正好相反。由于超声波延迟线可能存在误差，所以要调延迟相位调节 L551 的磁芯，使它有少量失谐，呈感性或容性，来补偿它的相位偏差。

TA7698AP⑭脚、⑮脚内的矩阵电路（含 PAL 开关电路）输出相应的副载波，分别加至 R-Y 解调器与 B-Y 解调器。解调出的色差信号 U_{R-Y} 与 U_{B-Y} 加至 G-Y 矩阵电路，形成 U_{G-Y} 色差信号。三个色差信号 U_{G-Y}、U_{R-Y} 与 U_{B-Y} 分别由⑳脚、㉑脚和㉒脚输出，经⑳～㉒脚外接的低通滤波器滤除其高频成分后，加至三个末级视放管的基极。

3. 副载波恢复电路

由第 1 色度带通放大器分离的色同步信号，经色调控制电路（PAL 制时它不起作用）后分两路：一路加至消色识别检测电路，另一路加至 APC 检测电路（即鉴相器）。⑩脚外接的 L552 与 C512 组成 4.43MHz 并联谐振电路，它有滤除干扰和移相的作用。

消色识别检测器既要识别色同步信号的大小，又要识别矩阵电路（即 PAL 开关）的工作状态是否正确。⑫脚外接滤波电容 C514，通过 C514 上电压的高低，可以判断消色器的工作状态。当接收黑白信号或 PAL 开关错误时，⑫脚电压值为 8V，消色器工作。当接收彩色信号且 PAL 开关正确时，消色器不工作。⑫脚电压为消色/识别检测器输入端电压。⑩脚接有 L552 与 C512 组成的色同步脉冲净化电路（即副载波并联谐振电路），它衰减了除色同步脉冲以外的信号。

TA7698AP⑬脚内接压控振荡电路与外接的石英晶体 X501 及 RC 移相电路 R515、C515、R516、C516、R514、C517 等组成副载波压控振荡器（多制式遥控彩电，⑬脚外接 4.43MHz 和 3.58MHz 两个晶振，由微处理器控制切换晶振，以适应不同彩色制式接收的需要）。产生的振荡信号也加至鉴相器，与色同步信号进行相位比较，产生的控制电压去校正压控振荡器。⑯脚、⑱脚外接元件 R517～R520、R552、C518 组成双时间常数低通滤波器，R552 是色同步微调电位器，可调整 APC 检测电路的平衡，改变副载波压控振荡器的振荡频率，实现色同步调整。

8.2.5 末级视放电路

该机的末级视放电路属于兼有三基色矩阵变换功能的末级视放电路，它不仅要对基色信号进行放大，还需要在视放电路中完成三基色矩阵变换，才能得到三基色信号。这类末级视放电路每个视放管的输入端输入的是色差信号和亮度信号，而输出的信号则是放大后的基色信号。

由于在第 5 章中已介绍过这部分电路，这里只简单介绍其信号流程。参见附图 B，TA7698AP⑳脚、㉑脚和㉒脚输出的三个色差信号 U_{G-Y}、U_{R-Y} 与 U_{B-Y}，分别经 R525、R523、R527 送到末级视放管 Q507、Q505、Q509 的基极，TA7698AP 23 脚输出的亮度信号-Y 经 Q202 送到它们的发射极，在末级视放管中进行相加，获得 G、R、B 基色信号并将其放大，分别激励显像管对应的阴极，使显像管还原出彩色图像。R557、R558、R559 是暗平衡调节电位器；R252、R253 是亮平衡调节电位器。

8.3　新型解码电路

20 世纪 90 年代中期之后的彩电采用第二代解码电路，并且大多能完成 PAL/NTSC 制色度信号处理。

8.3.1　第二代解码电路的组成及其特点

第二代解码电路是在第一代解码电路的基础上改进而成的，采用了很多新的技术和新的电路。第二代解码电路组成方框图如图 8-30 所示。由 LA7688、LA76810/18、LA76931、OM8838 等组成的解码电路均属于第二代解码电路。

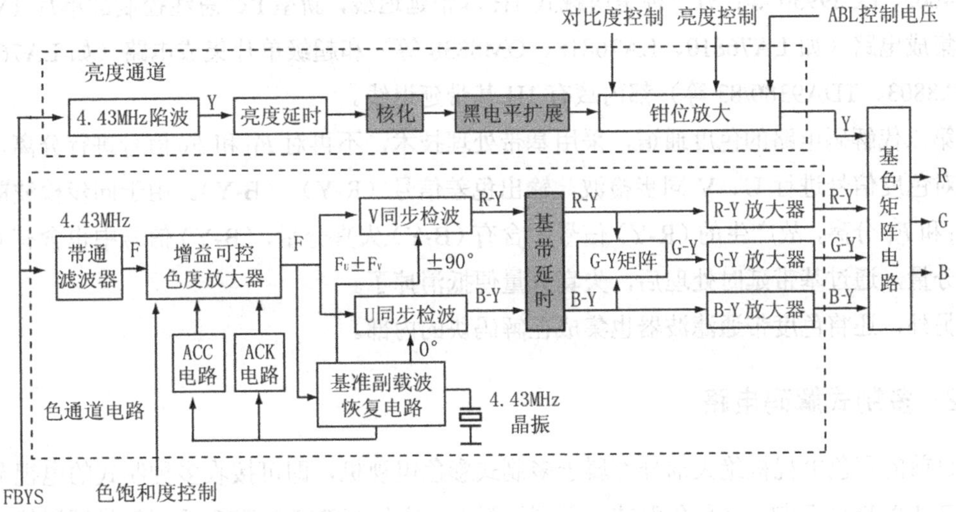

图 8-30　第二代解码器的原理框图

与第一代解码电路相比，第二代解码电路主要有下面几个特点。

1）亮度通道

亮度电路中增设了画质改善电路，如采用核化降噪、黑电平扩展、垂直轮廓校正和扫描速度调制等电路，大大改善了图像的质量和清晰度。黑电平扩展电路又称黑电平延伸电路，该电路能自动检测亮度信号中浅黑电平信号，再将浅黑电平信号向黑电平扩展，即将图像浅黑部分变成深黑，以提高图像的对比度，暗区的图像层次变得更加丰富，可消除图像模糊的感觉。核化降噪电路又称挖心电路，其作用是抑制亮度信号中幅度较小的噪声信号，而让幅度较大的有用信号通过。

另外，第二代解码电路的亮度通道，还将第一代解码电路色度陷波器、亮度延迟线等集成在解码块的内部。

2）色度通道

第二代解码电路的色度通道中，采用了基带处理技术，即采用 1H 自校正集成基带延迟线，代替第一代解码器中的玻璃超声延迟线，这样使得解码电路不需任何调整。

1H 基带延迟线是一种 CCD（电荷耦合）的 1H 集成色度延迟线。它在不同彩色制式时起不同作用：在 PAL 制解码时，它起对（R-Y）、（B-Y）信号进行 1H 时间（64μs）延迟作用，等同于普通的 1H 玻璃超声延迟线的作用；在 NTSC 制时，它起减小（R-Y）、（B-Y）信号相互串扰的作用；在 SECAM 制解码时，它起 1H 存储器的作用，即使每一行色差信号经存储处理后重复使用两次，以便把时分顺序传送的色差信号（每一行中只有一种色差信号存在的信号），转变成每行同时存在（R-Y）、（B-Y）信号，以便进行矩阵处理，恢复（G-Y）信号。采用 1H 基带延迟线与解码块配合使用，组成免调试 PAL/NTSC 制解码器，省去了第一代解码电路中繁琐的直通色度信号与延迟色度信号相位平衡和幅度平衡等调整，保证了解码的准确性和一致性。1H 基带延迟线分为两种，一种是专用 1H 基带延迟线集成块，如 TDA4661、TDA4665、LC89950 等；另一种是内藏式 1H 基带延迟线，新型 I^2C 总线控制的单片 TV 信号处理集成电路（如 LA76810、LA76818、OM8838 等）和超级单片集成电路（如 LA76931、TMPA8803、TDA9380/83 等）都内藏有 1H 基带延迟线。

第二代解码电路的色度通道，采用基带处理技术，不再对 F_U 和 F_V 信号进行分离，而是直接对色度信号进行 U、V 同步检波，输出色差信号（R-Y）、（B-Y）。由于同步检波前未进行 F_U 和 F_V 分离，故产生的（R-Y）信号中含有（B-Y）失真分量，（B-Y）信号中也含有（R-Y）失真分量，通过基带延时处理后，失真分量便抵消掉了。

另外，还将色度带通滤波器也集成在解码块的内部。

8.3.2 多制式解码电路

目前的彩色电视机绝大部分都属于多制式彩色电视机，即可接收多种制式的电视节目。对于 PAL/NTSC 双制式（彩色制式，下同）彩电，应具有 PAL/NTSC 色度信号解码能力，对于 PAL/NTSC/SECAM 制式的彩电，应具有 PAL/NTSC/SECAM 色度信号解码能力。由于不同彩色制式的解码电路，有些部分可以共用一个电路，而有的部分不能共用一个电路，而需要分开单独设计。在电视机工作时，根据接收信号的彩色制式不同，由电路中的开关控制转换，让这些电路进入相应的制式工作状态（改变相关电路的工作状态、特性、参数等），以满足每一种彩色制式的特殊要求。

这里以图 8-31 所示的 PAL/NTSC 双制式解码器为例，说明电视机在接收不同彩色制式的电视信号时，需要切换的电路。

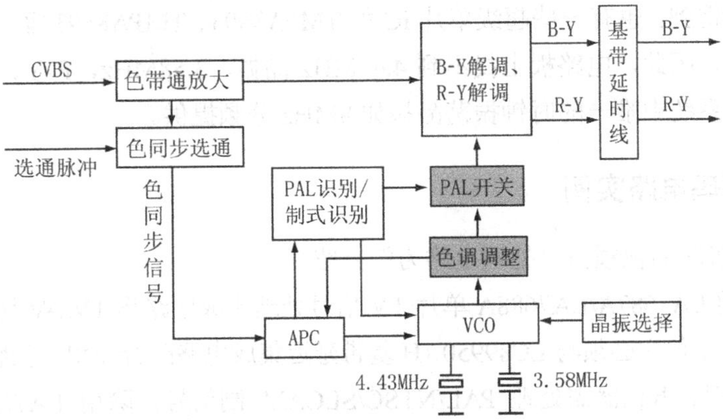

图 8-31　PAL/NTSC 双制式解码器的色度解调原理框图

1）色带通滤波器和色陷波器的切换

在解码器的输入端，设有 Y/C 分离电路，包括色带通滤波器和色陷波器。如果输入的是 PAL 制视频信号，要求色带通滤波器和色陷波器的中心频率为 4.43MHz；输入 NTSC 制视频信号，则要求为 3.58MHz。

2）PAL 开关、梳状滤波器、色调调整电路的切换

不管哪种制式彩色全电视信号（视频信号）都是由亮度信号和色度信号组成的。PAL、NTSC 和 SECAM 三种制式的视频信号中亮度信号基本相同，亮度通道可以共用（只需调整色度陷波器的中心频率和亮度延迟线的延迟时间），而色度信号则不同（主要是色副载波频率不同、色差信号的处理方式不同），故需要相应的色度通道来进行处理。但是，三种色度解码电路不是完全独立的，而是有机结合在一起的，某些单元电路可以共用，如色度信号放大、ACC、ACK、色差放大器和 G-Y 矩阵等电路都可以共用。但也有许多电路不能共用，必须单独设置，如 PAL 制色度解码器应有 PAL 开关，第一代 PAL 色度解码器还有梳状滤波器，而 NTSC 制色度解码器应有色调调整电路。对于 SECAM 制色度信号，其处理方法完全不同于 PAL 制和 NTSC 制，因此，必须设置 SECAM 制专用解码电路（常用的 SECAM 解码集成电路如 TDA8395、LA7642 等）。这些不共用的电路，其工作状态应随彩色制式的不同而进行切换，其切换受微处理器输出的彩色制式控制信号和自动彩色制式识别电路输出信号的控制。

3）色副载波恢复电路的切换

色副载波频率有两种：一种是 4.43MHz；另一种是 3.58MHz。色副载波恢复电路应能按彩色制式要求提供 4.43MHz 和 3.58MHz 副载波信号，一般可利用晶体管或二极管在 CPU 输出的制式切换开关控制信号控制下，选择 4.43MHz 或 3.58MHz 晶体接入副载波电路来实现。新型彩电，大多具有彩色制式自动识别功能，自动控制切换，不需另外切换。当然有的机型也可用遥控器进行强制转换。

现在很多新型 I^2C 控制的单片 TV 信号处理 IC、超级单片 IC 的色度信号处理电路只有一个 4.43MHz 晶振，NTSC 制色度信号解调所需的 3.58MHz 色副载波信号，可由集成块内部分

频电路进行分频得到。也有一些超级单片IC如TMPA8803、TMPA8893等，无单独的彩色副载波频率发生器，因此，电路板上找不到4.43MHz晶振、3.58MHz，R-Y、B-Y同步解调所需的色副载波由系统中唯一的时钟振荡晶振如8MHz分频提供。

8.3.3 新型解码电路实例

这里以A6机芯的视频信号处理电路为例介绍。

A6机芯采用LA7687A/LA7688A单片TV信号处理集成电路作TV/AV切换、亮度信号处理、色度信号处理，但它必须与LC89950 1H基带延迟集成电路配合使用，才能完成PAL/NTSC制色度信号的处理。若机器需处理PAL/NTSC/SECAM制信号，除用LA7687A/LA7688A、LC89950外，还需外加免调试SECAM解码器LA7642。其中，LA7687采用的色差输出，而LA7688A则是三基色输出。下面以LA7688为例，介绍该机芯的视频信号处理电路。

1. LA7688A视频处理部分的特点和引脚功能

LA7688A视频处理部分的特点是：（1）内藏AV/TV信号选择开关；（2）内藏Y/C分离电路；（3）内藏亮度延迟线、带通滤波器、陷波器；（4）在色度信号处理电路上，采用基带处理技术，不需任何调整。

LA7688A与视频信号处理有关的引脚功能如表8-3所列。

表8-3 LA7688A与视频信号处理有关的引脚功能、直流电压、对地电阻

引脚序号	符号	引脚作用	直流电压（V）		对地电阻（kΩ）	
			静态	动态	红笔测	黑笔测
⑧	VIDEO	复合视频及第二伴音中频输出	4	2.9	6.2	7.8
⑨	S-VHS	S-VHS开关控制端	3.5	3.7	7.0	8.8
⑩	TV-V IN	TV视频输入	3.7	3.6	7.0	8.5
⑪	CON	对比度、自动亮度控制输入	3.3	2.9	6.9	8.2
⑬	SHARP	S端子色度信号输入，兼清晰度控制输入	2.2	1	6.7	7.8
⑭	EXT	外部视频输入	3.5	3.2	7.0	8.3
⑮	GND	地	0	0	0	0
⑯	VIDEO	视频输出	3.6	3.2	6.8	8.0
⑰	COLOR	色饱和度控制输入/消色控制输出	0.3	3.2	6.6	7.8
⑱	TINT	色调控制输入，兼PAL/NTSC切换开关控制	0.3	0.3	6.4	7.8
⑲	BRIGHT	亮度控制输入	1.6	1.7	7.0	8.2
㉖	FBP IN BGP OUT	行逆程脉冲输入/沙堡脉冲输出	1.2	1.1	4.6	6.0
㉗	CLOCK OUT	行同步一致性检测输出/SECAM所需4.43MHz时钟输出/4.43MHz或3.58MHz晶振切换	1.3	4.8	7.0	9.0
㉘	BLANK	OSD快速消隐信号输入	0	0	3.4	3.4

续表

引脚序号	符 号	引 脚 作 用	直流电压（V）		对地电阻（kΩ）	
			静态	动态	红笔测	黑笔测
㉙	B.IN	屏幕显示信号输入（B）	3.3	3.1	7.0	8.5
㉚	G.IN	屏幕显示信号输入（G）	3.3	3.1	7.0	8.5
㉛	R.IN	屏幕显示信号输入（R）	3.3	3.1	7.0	8.5
㉜	BLACK	黑电平扩展滤波器连接端	3.7	3.7	7.0	8.5
㉝	B.OUT	B 信号输出	2.1	2.2	6.6	8.6
㉞	G.OUT	G 信号输出	1.6	2.2	6.6	8.6
㉟	R.OUT	R 信号输出	1.5	2.2	6.6	8.6
㊱	B-Y IN	B-Y 信号输入	4.9	4.6	7.0	8.8
㊲	R-Y IN	R-Y 信号输入	4.8	4.6	7.0	8.8
㊳	B-Y OUT	B-Y 信号输出	4	3.7	7.0	8.5
㊴	R-Y OUT	R-Y 信号输出	4	3.7	7.0	8.2
㊵	V/C VCC	V/C 部分电源	7.7	7.7	2.1	2.1
㊶	X.T$_{AL}$	3.58MHz 晶振连接	4.1	1.3	7.0	8.3
㊷	X.T$_{AL}$	4.43MHz 晶振连接	1.4	1.3	7.0	8.3
㊸	APC	色度 APC 低通滤波器连接	4.8	4.4	6.9	8.4

2. LA7688A 视频处理部分的结构

LA7688 的视频信号处理部分元器件组装结构如图 8-32 所示，图 8-33 是其视频信号处理部分的电路图。

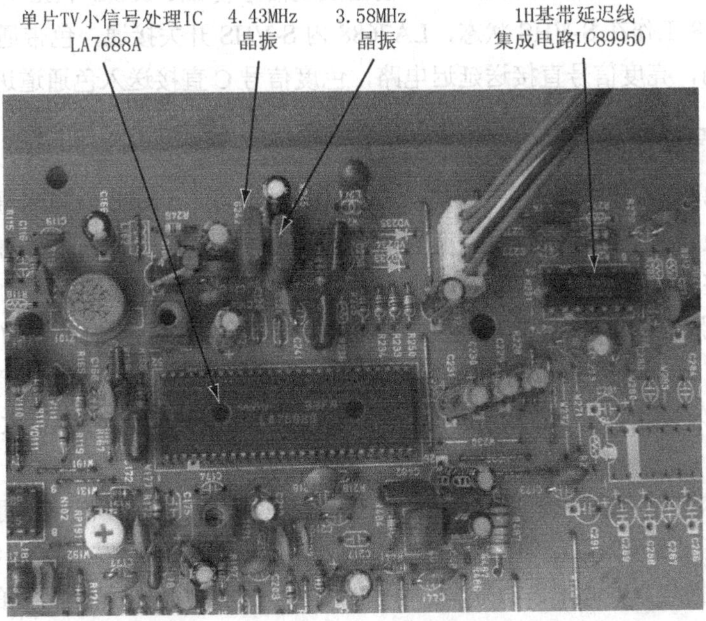

图 8-32 单片集成电路 LA7688A 及外围元器件组装结构图

3. 视频选择开关及 Y/C 分离

TV/AV 视频信号选择、Y/C 分离都在 LA7688（N101）内自动完成。TV/AV 视频切换电路包括视频开关、色度开关及 S 开关等电路。TV 视频信号输入 N101⑩脚，AV 视频信号或 S-VHS 端子 Y 信号输入 N101⑭脚，S-VHS 端子 C 信号输入 N101⑬脚（⑬脚为多用端子，具有两种功能：一是清晰度控制直流控制电压输入端，输入直流控制电压为 0～5V，调节该脚电压可调整图像清晰度；二是 S-VHS 工作方式时，色度信号 C 输入端）。N101 内的视频选择开关在①脚输入 AV/TV-SECAM 开关直流电压控制下进行选择。N101①脚输入的开关控制直流电压受微处理器 D701④脚输出的 AV/SECAM 开关控制电压和㉞脚输出的 AV 控制直流电压控制。当 N101①脚电压为 0～1.3V 时，视频选择开关选择 TV 视频信号，工作在 SECAM 制状态；当①脚电压为 1.7～2.6V 时，视频选择开关选择 TV 视频信号，工作在 PAL/NTSC 制状态；当①脚电压为 2.9～3.8V 时，视频选择开关选择 AV 视频信号，工作在 PAL/NTSC 制状态；当①脚电压为 4.1～5V 时，视频选择开关选择 AV 视频信号，工作在 SECAM 制状态。各种工作状态时，也选择相应的音频信号。

经 LA7688 内视频选择开关选择输出的 TV 或 AV 视频信号，在集成块内分成四路输送：第一路由⑯脚输出；第二路送到同步分离电路，取出复合同步信号；第三路加到 4.43MHz 或 3.58MHz 色带通滤波器，选出 PAL（4.43MHz）或 NTSC（3.58MHz）色度信号 C，送到色通道作进一步处理；第四路送到色度陷波器和亮度延迟线，选出亮度信号 Y，送到亮度通道作进一步处理。其中，LA7688⑯脚输出的视频信号，经 V821 射随后，作为线路输出视频信号。若电视机有 SECAM 功能，⑯脚输出的视频信号还加到 SECAM 解码器 LA7642，进行 SECAM 解码处理。

在 S-VHS 工作状态，微处理器 D701 输出控制信号使 LA7688 S-VHS 开关控制端⑨脚为低电平，LA7688 工作在 S-VHS 状态，LA7688 内 S-VHS 开关接通，色带通滤波器、陷波器被旁路不起作用，亮度信号直接送延迟电路，色度信号 C 直接送入色通道进行处理。

4. 亮度信号处理电路

A6 机芯的亮度处理电路均在 LA7688 集成电路内。在 LA7688 内亮度通道中，视频信号经色度陷波器吸收色度信号，取出亮度信号 Y，Y 信号经延时（其延迟时间随信号的彩色制式不同自行调整）后送到清晰度调整电路、黑电平扩展电路，以提高图像的清晰度。黑电平扩展后的 Y 信号加到对比度控制和亮度控制电路，经对比度、亮度调整后的 Y 信号，加上行/场消隐信号后，送到 R、G、B 基色矩阵电路，与色差信号进行矩阵运算，产生 R、G、B 信号。L7688㉜脚外接 C250、C232 为黑电平扩展检测电路，改变电容容量大小，可改变扩展起始量大小。

LA7688⑬脚为清晰度控制直流电压输入端，其控制电压在 0V～5V 之间变化，改变该脚电压大小可调整图像清晰度。⑬脚输入的直流控制电压是由微处理器 D701㉛脚输出的清晰度控制 PWM（脉冲宽度调制）信号，经外接 RC 积分电路积分平滑后得到的。LA7688⑪脚为对比度控制直流电压输入端，其控制电压在 1～3.5V 之间变化。微处理器 D701㉜脚输出的对比度控制 PWM 信号，经外接 RC 积分电路变成直流控制电压，加到 LA7688⑪脚，控制对比度。LA7688⑲脚为亮度控制直流电压输入端，其控制电压变化范围为 0V～5V，改变该脚电压大小可调整图像的亮度。微处理器 D701㉓脚输出的亮度控制 PWM 信号，经外接 RC 积分电路滤波成直流电压，再经 RP769 副亮度调节，加到 LA7688⑲脚，控制亮度。

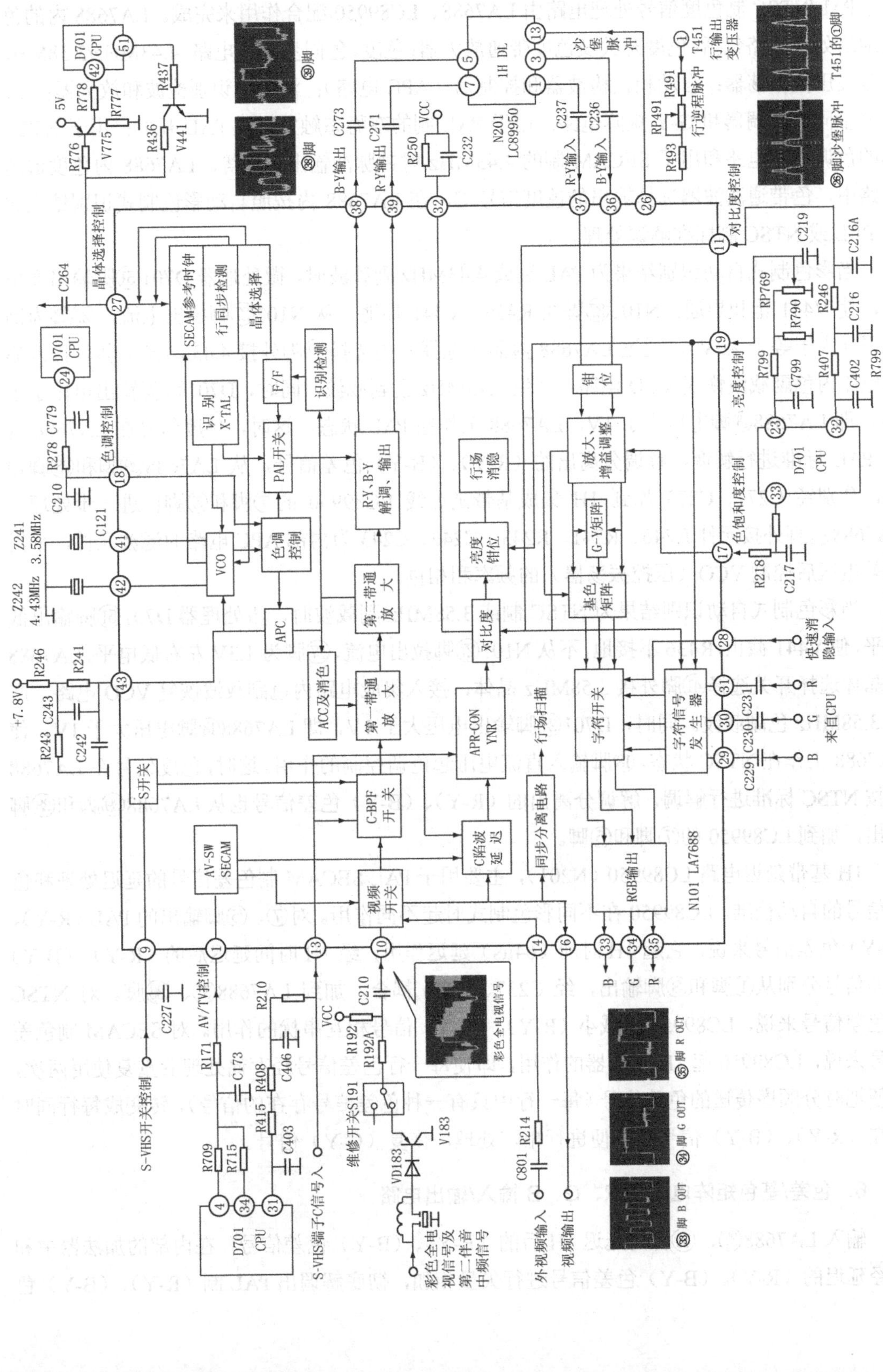

图 8-33　LA7688 视频处理部分的结构

5. 色度信号处理电路

PAL/NTSC 制色度信号处理电路由 LA7688、LC89950 配合作用来完成。LA7688 内的色度通道处理电路包括：色度开关及色度带通放大器；色度、色同步分离电路；4.43MHz/3.58MHz 副载波压控振荡器；自动相位检波器和控制器（APC 电路）；消色、识别检波和放大器；U、V 分量同步解调器和 G-Y 矩阵电路；用于 PAL 制的双稳态触发器及 PAL 开关；用于 NTSC 制的色调控制电路和用于 SECAM 制的 4.43MHz 时钟脉冲输出电路等。LA7688 内色度通道电路中，色带通滤波器选择输出的色度信号 C，在 LA7688 内按照自动彩色制式识别结果进行 PAL 或 NTSC 制标准解调处理。

当彩色制式自动识别结果为 PAL 制或 4.43MHz 副载波时，微处理器 D701㊿①脚输出高电平，使 V441 饱和导通，N101㉗脚经 R436、V441 接地，从 N101㉗脚拉出电流，㉗脚为高电平（大于等于 4.3V），通过 LA7688 内晶体选择开关选择㊷脚外接 4.43MHz 晶体，接入集成电路内色副载波恢复 VCO 电路，产生 4.43MHz 色副载波。同时，D701㉔脚输出电压小于 1V，即 LA7688⑱脚电压小于 1V，LA7688 工作在 PAL 状态。这时，色度信号在 LA7688 内按 PAL 标准进行解调，解调分离出的（R-Y）、（B-Y）色差信号，从 LA7688㊴脚和㊳脚输出，分别经 C271、C273 加到 1H 集成基带延迟线 LC89950 的⑦脚和⑤脚作进一步处理。LA7688㊸脚外接元件 R246、R241、R243、C242、C243 为内部 APC 电路的滤波元件，平滑误差电压后控制 VCO（压控振荡器）的频率和相位。

当彩色制式自动识别结果为 NTSC 制或 3.58MHz 副载波时，微处理器 D701㊿①脚输出低电平，使 V441 截止，R436 不接地，不从 N101㉗脚拉出电流，㉗脚为 1.3V 左右低电平，LA7688 内晶体选择开关选择㊶脚外接 3.58MHz 晶体，接入集成电路内色副载波恢复 VCO 电路，产生 3.58MHz 色副载波。同时，D701㉔脚输出电压大于 1V，即 LA7688⑱脚电压大于 1V，使 LA7688 工作在 NTSC 状态，⑱脚输入直流电压起色调控制的作用。这时，色度信号在 LA7688 内按 NTSC 标准进行解调，解调分离出的（R-Y）、（B-Y）色差信号也从 LA7688㊴脚和㊳脚输出，加到 LC89950 的⑦脚和⑤脚。

1H 基带延迟电路 LC89950（N201），主要用于 PAL/SECAM 制色差信号的延迟处理和色差信号的自动校准。LC89950 在不同彩色制式时起不同作用。对⑦、⑤脚输出的 PAL（R-Y）、（B-Y）色差信号来说，它起 1H 时间（64μs）延迟作用，经 1H 时间延迟后的（R-Y）、（B-Y）色差信号分别从①脚和③脚输出，经 C237、C236 耦合，加到 LA7688㊲、㊱脚。对 NTSC 制色差信号来说，LC89950 起减小（R-Y）、（B-Y）信号相互串扰的作用。对 SECAM 制色差信号来说，LC89950 起 1H 存储器的作用，即使每一行色差信号经存储处理后重复使用两次，以便把时分顺序传送的色差信号（每一行中只有一种色差信号存在的信号），转变成每行同时存在（R-Y）、（B-Y）信号，以便进行矩阵处理，恢复（G-Y）信号。

6. 色差/基色矩阵电路及 R、G、B 输入/输出电路

输入 LA7688㊲、㊱脚的延迟 1H 后的（R-Y）、（B-Y）色差信号，在内部的加法器中和未经延迟的（R-Y）、（B-Y）色差信号进行矢量相加，彻底解调出 PAL 制（R-Y）、（B-Y）色

差信号，再分别送到 LA7688 内的（G-Y）色差矩阵电路，恢复（G-Y）色差信号。

色差矩阵电路输出的（R-Y）、(B-Y)、(G-Y）色差信号及亮度通道处理后的亮度信号 Y，一起送到 RGB 基色矩阵电路产生 R、G、B 三基色信号，加到 RGB 选择电路。微处理器送来的屏幕显示 R、G、B 信号从 LA7688㉙、㉚、㉛脚输入到 RGB 选择电路。RGB 选择电路在㉘脚（屏幕字符显示快速消隐脉冲输入端）输入的开关控制信号控制下选择视频 RGB 或字符 RGB 信号源。选择后的 RGB 基色信号，经 RGB 输出级放大后，由 LA7688㉟、㉞、㉝脚输出，并送视放末级。

微处理器 D701㉝脚输出的色饱和度控制 PWM 脉冲，经 RC 积分电路积分平滑成色饱和度控制直流电压，加到 LA7688⑰脚色饱和度控制端，用于控制色差信号的幅度，达到色饱和度控制的目的。N101⑰脚控制电压为 1～3V 可调。

D701㉚脚输出的快速消隐脉冲加到 LA7688㉘脚（屏幕字符显示快速消隐脉冲输入端）。

8.4 解码电路故障检修

8.4.1 解码电路的故障现象与故障部位之间的关系

解码电路的常见故障有由亮度通道引起的亮度信号丢失、光栅亮度异常（太亮或太暗）、彩色镶边、对比度不够以及黑屏等故障，由色度通道引起的无彩色或彩色异常（彩色色调不对、缺色等）故障。解码电路的故障都具有明显的特征，所以可以从观察故障现象的特征入手，通过分析判断故障可能的范围，然后对有关电路进行深入检查，从而排除故障。解码电路故障现象与故障部位对应关系如表 8-4 所列。

表 8-4　解码电路故障现象与故障部位对应关系

现　象	故障部位	现　象	故障部位
亮度信号丢失	亮度信号传输电路、解码块内部的亮度处理部分损坏	彩色爬行	第一代解码器的延时解调电路；第二代解码器的基带延时电路
光栅亮度异常	亮度通道（含亮度控制电路）、ABL 电路	倒色	延时解调、副载波恢复
彩色图像与黑白图像不重合	亮度延迟线、色度带通滤波器	黑白图像中有彩色杂波干扰	消色电路
黑白图像正常而无彩色	色带通滤波电路、色度通道、消色和识别电路、副载波恢复电路、色同步选通电路	彩色拖尾	色饱和度过大、副载波频率偏离、色带通频带不够
彩色淡	ACC、色带通放大器增益低、幅频特性差	缺色差	延时解调、矩阵、视放
彩色忽浓忽淡，有杂波	ACC、副载波不稳、延时解调	缺基色	矩阵、视放、显像管
彩色不同步	APC、副载波振荡、色同步选通	单色光栅	矩阵、视放、显像管
色饱和度失控	ACC、遥控	黑屏	亮度通道、ABL 电路、黑电流检测电路、行场逆程脉冲反馈及沙堡脉冲形成电路

8.4.2 解码电路故障检查程序和方法

1. 检修程序

解码电路故障一般检修程序如下：

（1）首先确定黑白图像正常后，将色饱和度旋钮调至最大，观察彩色是否出现。

（2）若彩色出现，观察是否失真；若没有彩色，可先检测色度带通滤波器输出的色度信号是否正常，以判断故障是在色度带通滤波器之前还是之后。

（3）若色度带通滤波器输出信号正常，但仍无彩色，可用打开消色门法，再观察彩色是否出现。打开消色门后仍无彩色出现，故障多在延时解调器及色度信号放大电路；打开消色门后彩色若恢复，故障多在副载波恢复电路，应检查色同步选通信号是否正常，行逆程脉冲是否送到识别电路，最后还要检查锁相环路。

2. 检修方法

对于解码电路的故障，常采用的检测法有直流电压检测法、信号注入法、示波器检测法、打开消色门法、色比法等。维修者可以根据不同的故障现象采用不同的检测方法，也可综合使用多种检测方法进行维修。例如，检修亮度信号丢失的故障，最好使用波形跟踪法和信号注入法；检修光栅过亮或过暗的故障最好使用直流电压检测法；检修无彩色的故障最好使用打开消色门法和波形跟踪法以及直流电压检测法；判断缺亮度信号、缺色、彩色失真的故障可使用色比法。

1）直流电压检测法

直流电压检测法是检修集成电路的重要方法之一，与其他集成电路一样，集成化的解码器电路出现故障时，有关引脚的电压通常会有明显的变化。因此，可以用万用表测量引脚直流电压，将测得的电压与正常值相比较，能快速地找出故障之所在。

2）信号注入法

维修解码电路的某些故障，如无图像或无黑白图像故障，以及彩色不正常故障，可以采用信号注入法来迅速缩小故障的范围。先将机器蓝背景置于“关”，然后将万用表打到R×100挡，表棒红笔接地，黑笔触碰解码电路的有关信号输入/输出引脚，如视频信号输入引脚、亮度信号输入/输出引脚、色差信号输入/输出引脚，观察屏幕上有无干扰线或彩条干扰横条闪现。正常时，干扰视频信号输入引脚、亮度通道输入/输出引脚应有干扰线闪现（或亮暗闪变），干扰色度通道中色差信号输入/输出引脚，应有红—绿、蓝—绿干扰横条；光栅无闪动处，其后面的电路有故障。

3）示波器检测法

有些彩色电视原理图上标有许多关键点的波形，如彩条的全电视信号波形、亮度信号、色度信号和色同步信号波形、色差信号和基色信号波形等等。这些信号波形的幅值在不同机型上有一定的差异，但其基本的形状是一致的。检修解码电路故障时，让电视机接收彩条信号（无彩条信号发生器时，也可接收电视信号），再用示波器检测一些检修关键点的信号波形，根据波形的有无及形状和幅度，以确定解码电路各部分的工作是否正常。采用这种检测方法可以准确而迅速地找出故障部分。

（1）观察彩色全电视信号波形，以确定是否有正常的彩色全电视信号输入到解码电路。

（2）观察亮度通道有关波形，判断亮度通道是否有正常的输入/输出信号。

（3）观察从彩色信号中分离出来的色度信号波形，确定解码电路是否有色度信号输入，是否滤除了亮度信号。

（4）观察色副载波恢复电路的有关波形，以判断色副载波振荡电路是否正常。

（5）观察解码集成电路、1H 基带延迟线输入/输出的色差信号波形，以判断同步解调电路、1H 基带延迟线工作是否正常。

（6）观察解码集成电路输出的三基色信号波形，以区分故障在解码电路还是在末级视放电路。

（7）观察同步信号处理电路的有关信号波形，如行逆程脉冲或沙堡脉冲信号波形等，以判断色同步处理电路工作是否正常。

如果没有示波器，而用万用表检修信号幅度很小的色度信号和色同步信号时，效果较差，有时还测不出来，建议维修者购买彩色信号寻迹器来使用。使用彩色信号寻迹器不需要接万用表作为指示，直接用光二极管是否发光及发光的强弱作为色度信号大小的指示，使用起来格外方便、有效。

4）打开消色门法

对于黑白图像正常而无彩色的故障现象，色度信号处理电路或色副载波形成电路发生故障时都可能产生。色度信号处理电路发生故障，色度信号传输受阻，造成无彩色现象；色副载波形成电路发生故障，有两种可能：一种是副载波不能形成；另一种是副载波信号的频率及相位偏离发送端的副载波信号。无论是副载波不能形成还是副载波的频率及相位有偏差，都会使消色识别检波电路有消色电压输出，使消色电路动作，色度通道就被关闭，从而造成无彩色。可见，色度信号处理电路故障所造成的无彩色，与副载波形成电路故障产生的无彩色现象，其机理是完全不同的。因此，在检修无彩色故障时，可以利用这些特点，用人为的方法打开消色门，再根据具体现象来缩小故障的范围。部分解码集成电路消色门开启方法见表 8-5 所示。

表 8-5 部分解码集成电路消色门开启方法

集成电路型号	开启电平	关闭电平	打开电压（V）	打开方法
TA7698AP	高	低	8～9	⑫脚通过 10kΩ 电阻接 12V
μPC1403	高	低	11.6	⑩脚通过 10kΩ 电阻接 12V
LA7680/LA7681	高	低（小于 5.4V） 过高（大于 7V）	5.5～6.8	④脚通过 22kΩ 可调电阻接 9V（⑬脚）
TA8759	高	低	>5.1	㉒脚通过 10kΩ 电阻接 12V
AN5095K/AN5195K	高	低	>2.8	④脚通过 1kΩ 电阻接 5V

人为打开消色门的方法又称“迫停消色法”。一般消色门电路的外接消色滤波电容上的

电压，在消色门打开及关闭时是不同的，有些解码块采用低电平打开，高电平关闭；有些解码块则采用高电平打开，低电平关闭。因此，对于低电平打开消色门的机型，可以在解码块的消色滤波端与地之间接一只10～20kΩ的电阻；对于高电平打开消色门的机型，可以在解码块的消色滤波端接一只10～20kΩ的电阻，另一端接12V电源上。打开消色门后，通常会将出现三种情况：一是出现正常的彩色，这种现象说明是消色器误动作，一般是消色滤波电容不良引起的；二是图像仍然无彩色，这种现象说明色度通道存在开路性故障，或副载波再生电路根本未能产生副载波；三是出现彩色不同步（色滚动、西藏裙现象），这种现象说明色度通道畅通，只是副载波与色同步信号不同步，使解调出的色差信号的相位不断变化，造成屏幕上彩色翻滚，形成彩裙现象，如图8-34所示。

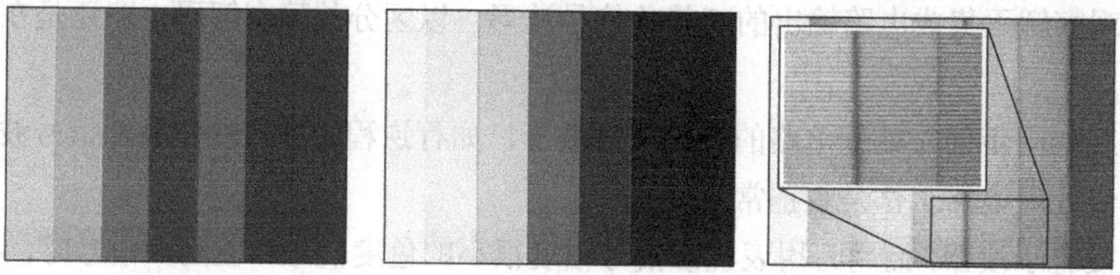

（a）彩条信号　（b）无彩色　（c）色不同步（色滚动、西藏裙）

图8-34　打开消色门后出现的三种现象

5）色比法

色比法即比色法，又称颜色对比检查法，它是将彩色电视机屏幕上所重现的图像（或彩条）的颜色与正常图像（或标准彩条）相应部位应有的颜色比较，来分析、判断故障范围的一种方法，如图8-35所示。这种方法可以检查各种彩色故障。

采用比色法进行故障检查时，所接收图像的颜色应属已知，否则，就不能准确地判断彩色失真和彩色畸变的故障。在彩电检修中，作为比较标准的图像，有标准彩条和彩色电视测试图像。这两种标准彩色图形，电视台在播放节目之前，总是要给出其中之一的，不过时间较短。如果能自备彩条信号发生器或彩条信号VCD光盘，维修时就十分方便了。由于已经知道各彩条在正常时应呈现何种颜色，因此若有彩色失真，在彩条上便有反映，很容易发现颜色方面存在的缺陷。根据呈现彩条颜色畸变的程度或缺色的情况，再根据彩色着色原理与三基色原理，就能分析、判断出故障原因和范围。比如说，重现的彩色图像彩色太淡薄，就表明不是色度通道的增益过低，就是高、中频幅频特性不良；又如彩色上爬行严重，就说明梳状滤波器性能不良或恢复的副载波不正常等。

应用比色法检修彩电时，应首先将色饱和度调至最小，检查底色是否有偏，白平衡有无破坏。如果发现底色有偏，白平衡不良或有假彩色等故障现象，应先加以修复。然后将色饱和度调至适当值，根据重现画面的颜色畸变程度或画面缺色（基色或补色）情况，就能判断故障范围。例如，电视屏幕上重现的彩条，从左至右依次是青、绿、青、绿、蓝、黑、蓝、黑，而标准条的颜色应该依次是白、黄、青、绿、紫、红、蓝、黑，如图8-35所示。经逐条对比，发现颜色变化的规律是白→青，黄→绿，紫→蓝，红→黑。从彩条的变化情况来看，红条变成黑条，也就是说红基色信号已被丢失，再与方框图结合起来考虑，可知故障的部位是在基色矩阵或彩色显像管。同理，应用三基色原理，可以判断和检查各种缺色、偏色、假彩色以及白平衡不良的故障。

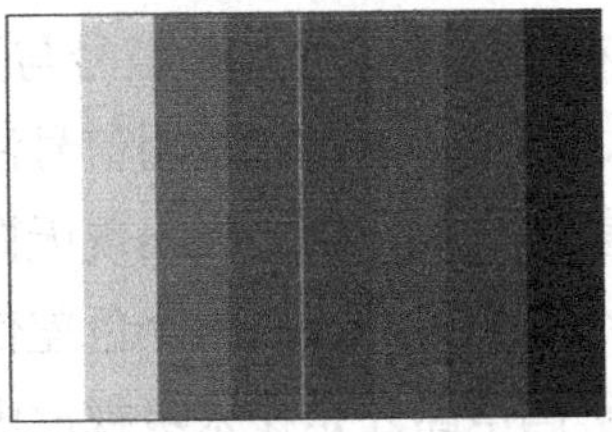

图 8-35 标准条的颜色

8.4.3 解码电路的关键检测点

解码电路的关键检测点较多，维修者应根据不同的故障现象，同时根据不同的电路结构来确定需要检查的关键点，而不是每种故障都要对下列的关键检测点逐一进行检查。

1）解码集成电路的供电端

亮度通道供电端、PAL/NTSC 解调电路供电端、RGB 电路供电端是首先要检查的关键点。

2）彩色全电视信号输入端

对于无图像故障，往往需要对解码块的彩色全电视信号输入端这一关键检测点作检查，确定是否有正常的彩色全电视信号输入到解码块，以判断故障在前级的公共通道，还是在解码电路部分（包括集成块内的视频切换电路）。该脚接收电视信号（动态）和不接收信号（静态）时的直流电压变化较小，因此，测量直流电压的方法对准确判断故障有一定的困难，在条件许可的情况下，最好用示波器检测法。当然，也可用万用表电阻挡作为干扰信号注入法检查。

3）亮度通道的关键检测点

（1）亮度信号输入及输出引脚。检修亮度通道时，应抓住亮度信号传输线路、集成块的亮度信号输入及输出引脚，亮度通道的外围电路。一般通过对亮度信号的跟踪检查，很快就能锁定故障部位，再结合亮度通道的引脚电压及外围电路的检查，就可找到故障元器件。

（2）自动亮度控制（ABL）脚即束电流检测输入端。ABL 电路工作不正常，轻者引起画面亮度变化（即内部 ABL 电路起作用），重者导致集成电路自我保护，出现无光栅现象。通过测量该引脚电压便能判断是否为 ABL 电路有故障。ABL 电路故障引起画面亮度变化的现象，在实际维修中其故障率较高。

（3）亮度控制、对比度控制引脚。亮度控制、对比度控制引脚的电压在调节亮度、对比度时应在一定电压范围内变化，若无明显变化，应检查微处理器及亮度控制、对比度控制电压形成电路。

4）色度通道的关键检测点

色度通道的关键检测点参考图 8-36，关键检测点有：

（1）色度信号输入、输出端。检修色度通道，抓住色度信号的传输路径，集成块的色度信号输入、输出端。检查时，最好是用示波器或彩色信号寻迹器来判断色度信号是否正常。

（2）色差信号输入、输出端。对于采用 1H 集成基带延迟电路的色度通道，色差信号输出、输入端（TDA8362 的㉘～㉛脚、LA7688 的㊱～㊴脚）也应是关键检测点之一（参考图 8-33）。由于这些引脚的直流电压在接收 PAL/NTSC 信号与无信号时基本无变化，这些引脚的直流电压很难判断有无信号输入、输出，通常应采用信号注入法或示波器检测法。

（3）三个基色信号或三个色差信号输出端。当出现无图像或缺某一基色（或色调不对）的故障时，可通过检测解码块三个基色信号（或三个色差信号）输出端的直流电压或用示波器检测输出波形，判断故障是在解码电路还是在末级视放电路。当此三脚直流电压偏低或波形幅度小，应在解码块及其外围的相关电路查找故障；若电压正常或波形正常，则说明故障在末级视放电路。测量时，最好脱开基色信号输出到末级视放电路（或色差信号输出到基色矩阵电路）的耦合元件，这样可以排除集成块外部的因素。R、G、B 基色信号或 R-Y、B-Y、G-Y 色差信号正常与否可以从这三个脚的直流电压上直接反映出来。因此，根据这三个脚各自的直流电压正常与否就可以判断解码块工作是否正常。这样，我们只需用万用表就可以确定解码块的正常工作状态了。正常时，当有信号输入时，这三个脚的直流电压大致相等，且随图像的变化而波动；无三基色（或三个色差信号）输出时，其直流电压也应基本相等，并与电路图的标称值相符（若处于蓝屏状态，B 信号输出引脚电压与另两个引脚的不同）。

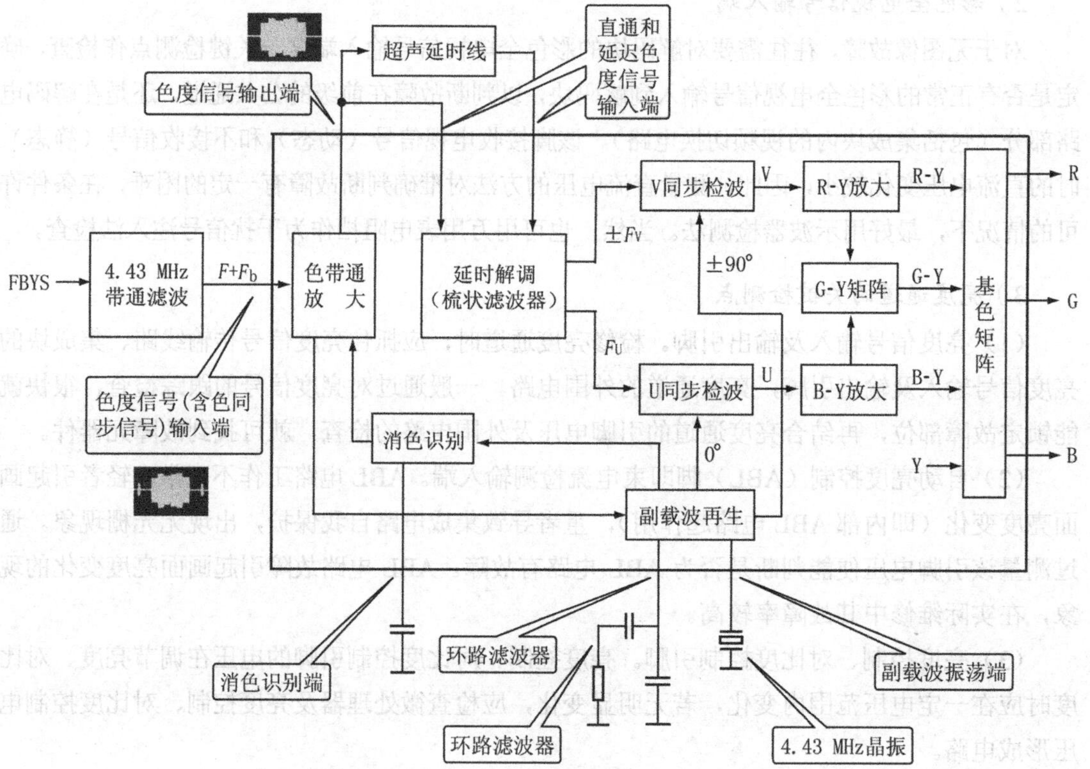

图 8-36　色度通道关键检测点（第一代解码器）

（4）副载波振荡端。该端子是重要的波形检测端和电压检测端。副载波振荡端外接有晶振，晶振不良故障现象为无彩色或彩色时有时无。晶振的好坏难以用万用表进行判断，只能采用替换法来证实。应注意的是，有些机芯的色副载波不但用于色度解调，还用于分频产生行振荡脉冲，因而当晶体振荡器不正常时，轻者导致无彩色现象，重者导致无光栅。

（5）环路滤波（色度 PLL 滤波）端。色度通道的副载波再生电路中设有一个环路滤波端子，其外部接有一个 RC 网络，用来对 APC（鉴相器）输出的误差电压进行滤波，取出误差电压的直流成分，控制副载波振荡器的频率和相位，使副载波的频率和相位准确。因此，通过测量环路滤波端，就可了解副载波再生电路的锁相情况。

（6）色饱和度控制引脚。色饱和度控制引脚的电压在调节色饱和度时应在一定电压范围内变化，若无明显变化，应检查微处理器及色饱和度控制电压形成电路。

另外，有些解码块还有晶振选择端、行逆程脉冲输入/沙堡脉冲输出端、黑电流检测输入端，这些也应是关键检测点。

应注意的是，检修解码电路部分的一些故障不要忽略对系统控制电路及机器的软件设置进行检查。检修时应先进入维修状态，查看有关数据设置是否正确。对于亮度异常故障，查看 BT（亮度）项、SB 或者 S-BRT（副亮度）项、SUB.CONT（副对比度）项、BRGHT.ABL.TH（ABL 起控点）项、BRT.ABL.DEF（ABL 去加重）项等；对于无彩色或彩色异常故障，查看 SUB.COLOR（副色度）项、SUB.TINT（色调）项、C KILLOFF（消色）项等。

8.4.4 解码电路的常见故障分析与检修

1. 图像无层次、无鲜艳色彩（亮度信号丢失）

这种故障表现为光栅（图像）亮度低、模糊一片，对比度不够等，将色饱和度调到最小，图像消失，如图 8-37 所示。这种故障现象与显像管管座受潮引起的亮度低、图像散焦现象极为相似，应注意区分。前者不会随时间的长短而发生变化，而后者则会随时间的推移而发生变化，即开机时亮度低，图像模糊现象较明显，但开机几分钟或数十分钟后，彩色图像会慢慢地变得清晰。

(a) 正常图像

(b) 亮度信号丢失后的图像

图 8-37 亮度信号丢失的现象

1）故障分析

彩色图像是在黑白图像上进行大面积着色而形成的，而黑白图像是由亮度信号构成，色彩则由色度信号提供。由上述故障现象可知，有彩色影纹，说明色度信号正常，而没有清晰的图像，表明没有亮度信号，即亮度信号丢失了；有伴音则表明色度信号和亮度信号分离之前的公共通道也是正常的。显然，此故障只可能出现在亮度通道。

亮度通道丢失的故障原因主要有两点：第一是集成块内部功能电路故障，造成亮度信号无法传送到显像管；第二是有关外围元件虚焊、开路或损坏造成亮度信号丢失。

2）检修思路和方法

由于整个亮度通道中，前后级直流电压是相互牵制的，一般单靠万用表检测往往不易准确地判定故障所在，应根据电路的工作原理和信号的流向进行分析，电视机最好接收标准彩条信号，并借助示波器对波形进行跟踪检测。

检查这种故障时，用示波器对亮度信号进行跟踪检查，可快速判断出故障部位。若无示波器，则先对亮度延迟线、信号耦合电路进行检查，再判断集成块是否损坏。检修中常通过测量集成块的有关引脚电压值及观察关键点波形来判断故障部位。若某脚电压异常，应先查该脚外接元件是否损坏，确认无故障后，再试换集成块。

2. 彩色图像与黑白图像不重合

亮度信号与色差信号不是同时到达基色矩阵电路，就会导致彩色图像与黑白图像不重合故障。这种故障应检查亮度延迟线是否短路以及检查其输入、输出端匹配电路是否失配，同时也应检查色带通滤波器频带宽度是否变窄。

3. 无彩色

1）故障原因

图像无彩色的原因很多，涉及的范围很广，主要有以下几个方面的原因：

（1）接收电视信号弱，色度信号幅度小，引起消色电路动作。

（2）公共通道增益低，导致色度信号小，引起消色电路动作。

（3）色度解码电路有故障。这部分的故障又有两种情况，一种是色度通道有故障，使色度信号中断而无彩色；另一种是副载波恢复电路有故障，解调电路不能正确解调或使消色电路动作而无彩色。

（4）遥控色饱和度控制电路损坏。

（5）制式识别电路不识别或识别错误，导致解码电路所工作的彩色制式状态与接收节目制式不一致，也会造成无彩色。

（6）设有1H基带延迟电路的机型，1H基带延迟电路有故障，也会造成无彩色。

（7）I^2C总线控制的机型，机器的软件设置错误，也会造成无彩色。

2）故障检修方法与思路

（1）排除“假故障”和软件设置的问题。检修无彩色故障时，首先应排除接收信号弱、天线输入端接触不良、色饱和度关到最小、频率微调没有调整准确等几种情况。然后检查电视机（特别是彩色电视制式只能手动切换的机器）的彩色制式设置是否与接收信号制式一致，通过操作电视机的制式转换键，改变电视机的彩色制式观察有无彩色出现。对于I^2C总线控制的机型，还应进入维修模式，查看有关项的软件设置数据是否正确，如SUB COLOR（副色度）项、SUB TINT（色调）项、C KILLOFF（消色）项等。

（2）确定是否因公共通道增益下降引起的消色。判断方法有多种，一是观察黑白图像，若黑白图像清晰，对比度强，且伴音正常，一般认为公共通道增益足够；二是用示波器测量中频通道输出的彩色全电视信号幅度是否达到 $2V_{P-P}$，若能达到，说明公共通道增益正常；三是通过 AV 插孔输入外部视频，若图像有彩色，表明色度通道正常，故障是公共通道增益下降，但也不排除第二伴音中频陷波电路、AV/TV 转换电路有故障。公共通道增益下降的原因有高频头性能下降，声表面波滤波器、预中放管和集成块的中频处理部分不良（包括外围元件）等。

（3）检查色度通道，参见图 8-36。在检查色度通道故障时，应区分是各种彩色制式均无彩色，还是只有某一种制式无彩色。在解码块内部，PAL/NTSC 制是共用一套解调系统，故当解码块内部及相关的外围元件损坏时，多表现为 P/N 制均无彩色；若只有一种制式无彩色，则多为相应的晶振损坏，或制式选择部分不良。

首先查是否为遥控色饱和度控制电路故障引起的消色。按“COL+”键，测量解码块的色饱和度控制引脚（TA7698AP 的⑦脚、LA7688 的⑰脚）的电压是否在正常范围内变化，若不变化或变化范围较正常的小，故障在色饱和度控制电路（含微处理器）。若变化正常，故障在色度通道。该方法对 I^2C 总线控制彩电不适用。

然后确定解码块工作制式是否与接收信号彩色制式一致。测量解码集成块的制式控制引脚（LA7688 的⑱脚）、晶振选择控制引脚（LA7688 的㉗脚）电压是否与接收信号的彩色制式相对应，且按制式键时正确改变。若不变化或变化不正确，故障在彩色制式控制电路（含微处理器）。该方法对 I^2C 总线控制彩电不适用。

接下来测量解码块 PAL 识别消色控制引脚或消色识别滤波引脚（有些解码块无此引脚，有些有，如 TA7698AP 的⑫脚）电压，以判断消色（ACK）电路是否动作。若电压正常，则故障在色同步分离之后的色通道电路；若异常，说明消色电路动作。

如果检查发现消色电路动作，应采用“打开消色门法”让故障真实面貌暴露出来，以便缩小故障范围。打开消色门法后，通常会出现三种情况：一是仍无彩色，则表明色度通道存在开路性故障或副载波振荡器停振；二是出现正常彩色，这说明消色电路本身有故障；三是出现彩色，但彩色不正确、色不同步现象，则故障是由于色同步信号丢失或副载波振荡器频率偏离造成的。

对于第一种情况，测量晶体振荡器输出端电压和波形（需用高内阻的万用表和高内阻的示波器测量，否则，若用内阻较小的仪表测，正常机器也会出现副载波振荡器停振的现象），判断副载波振荡电路是否停振。如果无示波器，可直接更换晶振（注意频率应相同）及谐振电容。若晶振电路无问题，那就是色度通道受阻，可以在人为打开消色门的情况下，用示波器或彩色信号寻迹器测量集成块色度通道输入及各级输出端的色度信号的有无来判断，色度信号在何处中断。

对于第二种情况，消色滤波电容不良是常见故障，可换一只好的试试。如果更换后仍不能排除故障，可能是集成块内部的消色电路有问题，应更换集成块试试。

对于第三种情况，色同步信号丢失应检查参与形成色同步选通脉冲的输入信号，对于 TA7698AP 应检查㊱脚输入的行逆程脉冲，对于 LA7688A 应检查㉖脚输入的沙堡脉冲，它们参与选通电路工作。延迟行同步、行逆程脉冲可用万用表交流电压挡串 0.22μF 的电容测量，一般测得的交流电压是其峰峰值的 1/5～1/8（视其波形而定）。副载波振荡器频率偏离，应检查压控振荡电路元件是否变值，容易出故障的是晶振，这可以换一只好的试试，以及检查色 APC 电路，该电路中积分电容开路或介损变大是常见的故障。

另外，对于设有 1H 基带延迟电路的机型，还应检查 1H 延迟基带延迟集成电路的工作状态。无彩色故障检修流程图如图 8-38 所示。

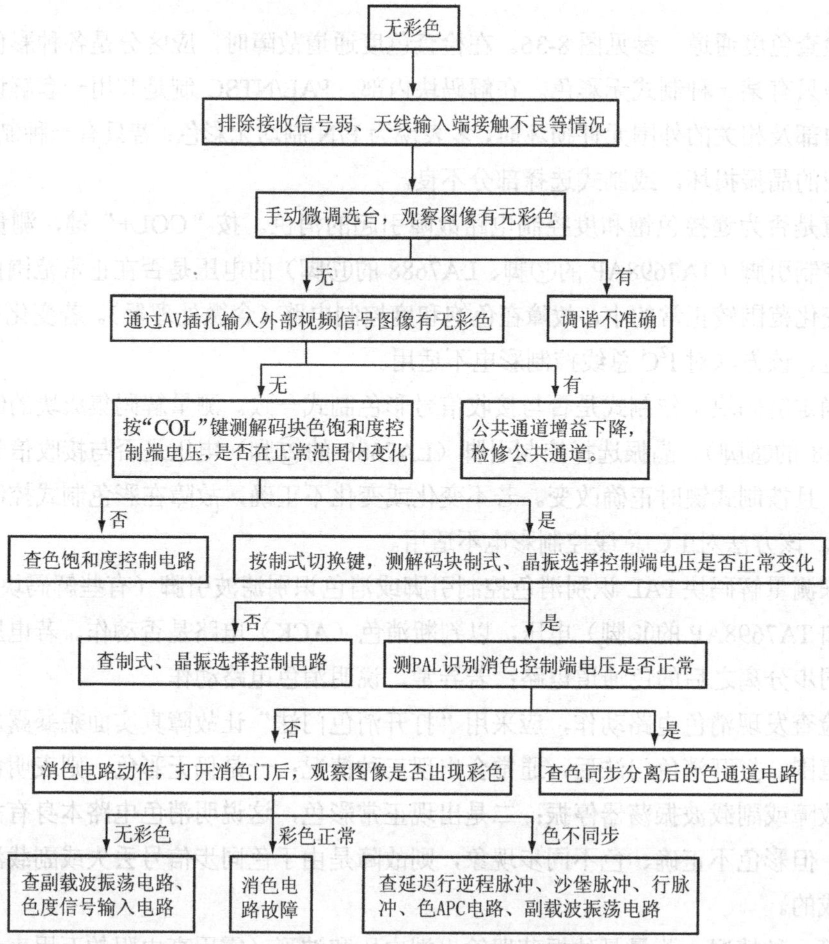

图 8-38　无彩色故障检修流程图

为方便维修，现将常用 TV 小信号处理集成电路发生无彩色故障的关键检测点列出，如表 8-6 所示。

表 8-6　部分 TV 小信号处理集成电路无彩色故障关键检测点

	色饱和度控制	彩色制式控制、晶振选择控制	消色器滤波	晶振	APC 滤波	行逆程脉冲输入、沙堡脉冲输出
TA7898AP	7		12	13	16、18	38
LA7680	40	15	41	16	17	26
LA7688	17	18、27		41、42	43	26
TDA8361/62	26	自动识别	—	34、35	33	38

续表

	色饱和度控制	彩色制式控制、晶振选择控制	消色器滤波	晶振	APC 滤波	行逆程脉冲输入、沙堡脉冲输出
TB1238/40	I^2C 总线控制			11	10	30、34
AN5095/AN5195	I^2C 总线控制		4	7、8	6	50、62
TDA8841/OM8838	I^2C 总线控制			34、35	36	41
LA76810/18	I^2C 总线控制			38	36、39	28
LA76931	超级芯片（I^2C 总线控制）			50	53	44
TMPA8859/93	超级芯片（I^2C 总线控制）			6、7	47	12

注：TMPA88XX 系列超级芯片（TMPA8803/8803/8823/8827/8829/8859/8893）中，没有单独的彩色副载波频率发生器，即解码电路没有传统彩电中的 4.43/3.58MHz 晶振，色差信号同步解调所需的彩色副载波是由⑥、⑦脚外接的整机唯一的时钟振荡晶振（8MHz）所产生的振荡信号经分频后提供。

4. 彩色时有时无

这种故障表现为在接收彩色节目时，彩色时有时无，极不稳定，但还可以收看黑白图像。彩色时有时无故障原则上可按“无彩色”来检修，只是应侧重于以下几个方面的检查。

（1）检查色度通道是否有元器件虚焊、接触不良，特别是晶振有无虚焊或内部接触不良。

（2）高放或中放电路的增益下降，造成对彩色电视信号的放大不够，也会出现彩色时有时无现象，不过这时还可收看到黑白图像。此情况可按灵敏度低故障去检修。

（3）集成块内的色度处理部分电路及外围电路有问题。外围电路的故障多发部位是晶振、色副载波 APC 环路外接的低通滤波元件。有时输入集成块的行逆程脉冲幅度偏低，也会出现彩色时有时无现象，故还需检查行逆程脉冲引入电路。检查时，先换 4.43MHz（PAL 制无彩色）或 3.58MHz（NTSC 制无彩色），然后查色副载波 APC 环路外接的低通滤波元件。如果有示波器，应观察输入集成块的行逆程脉冲波形是否正常，幅度是否满足要求。最后考虑替换集成块。实际维修中以晶振内部接触不良的情况居多。

5. 彩色淡薄

这种故障的现象是图像有彩色，且色调正确，但彩色显得浓度不足。此故障是色度信号较弱而引起的。主要原因有：（1）接收的电视信号太弱；（2）天线、馈线和高频头之间的阻抗不匹配，会使驻波比增大，使色度信号衰减过多，从而导致画面彩色淡薄；（3）高频头或中放的幅频特性不佳，色度信号衰减过多，也会造成画面彩色淡薄；（4）解码部分的色带通滤波器、色度放大器性能不良，就会使色度信号幅度减小（即小于正常的幅度），导致画面彩色淡薄；（5）色饱和度控制电压达不到正常值，也会导致画面彩色淡薄；（6）晶振频率偏离、色 APC 电路滤波不良也会导致画面彩色淡薄。

遇到此故障时，首先要分清是机外原因（闭路线或天线有问题，电视台发射信号弱等），还是机内原因。通过观察其他彩电的接收效果，即可确定出属于哪种情况。当判断故障是由机内原因造成时，将色饱和度调至最小或接收黑白电视节目，观察黑白图像是否正常。若不正常，就应着重检查天线输入、高频头、声表面波滤波器、集成电路的中放部分（包括外围元件）。若黑白图像正常，则故障发生在色度通道。对色度通道进行检查时，应先检测一下解码块的色饱和度控制电压能否达到正常值，然后再查/换晶振及色 APC 电路滤波元件，最后更换集成块。对于第一代解码电路，还应检查色带通滤波器。

6. 爬行（百页窗干扰现象）

彩色爬行故障现象如图 8-39 所示。这种故障是 PAL 制彩色电视机特有的故障。对于设有基带延迟电路的机型来说（参见图 8-33），此故障是因 R-Y、B-Y 色差信号中存在干扰成分而引起的。由于解码块直接对色度信号进行解调，解调输出的 R-Y 信号中含有 B-Y 干扰分量，B-Y 信号中也含有 R-Y 干扰分量。经基带延时处理后，干扰分量才能抵消。若基带延时电路工作不正常，就会使色差信号中的干扰分量不能被抵消，产生彩色爬行现象。因此，这种故障发生在 1H 基带延时电路中，常见故障原因有：（1）基带延时集成电路 LC89950 的⑫脚无+5V 供电电压，导致 CCD 部分不工作，无延时信号输出；（2）⑬脚无沙堡脉冲输入；（3）⑩、⑪脚外部 RC 网络有故障，导致时钟脉冲频率不准确，延时精度不够，使延时信号与直通信号相加时，不能完全抵消失真分量；（4）R-Y、B-Y 色差信号耦合电容 C273、C271、C237、C236 失效，导致延时信号传输不畅。

图 8-39 彩色爬行（百叶窗干扰现象）故障现象

对于第一代解码电路来说，这是由于直通色度信号与延迟色度信号的幅度或相位不正确，或解码块内电路损坏所致。就图 8-29 电路而言，应检查的部位及元件主要是：

① 检查 R551、C507、C509、延时线 X502 等元器件有无开路或损坏。当 X502 开路时，色度信号丢失，造成大面积的爬行现象。

② 检查幅度调节电位器 R551 是否调节不当，或有无接触不良。若其存在故障，使直通色度信号也延迟色度信号的幅度不相等，造成爬行现象。

③ 微调 L551 看是否有所改善。微调 L551，实现相位补偿，使直通色度信号与延迟色度信号的相位保持准确的反相关系。否则，也会造成爬行现象。

④ 检查 C510、R506 有无开路、变值或失效。若任一元件有故障，直通色度信号中断，会产生严重的爬行现象。

7. 彩色失真

故障现象：彩色失真故障有三种情况，一是画面中缺少红、绿、蓝中某一基色；二是在色饱和度关至最小后，画面仍带色；三是画面有局部彩色斑块，色饱和度关至最小后也不能消失。

彩色失真的第一种情况是红、绿、蓝三个电子枪中有一个电子枪截止，使三基色变成了二基色，这种彩色失真从图像画面上就可以看出来。若是红枪截止，画面呈青绿色；若是绿枪截止，画面呈紫蓝色；若是蓝枪截止，画面只有黄红色。造成画面缺色的原因，大多是视放末级有一个视放管开路或 b-e 极击穿，使与之对应的阴极电压升高，当超过 160V 时，对应电子枪即截止；或者是隔离保护电阻有一个开路，使相应电子枪没有电流回路。检修时，可测量显像管三个阴极和视放管引脚电压，调节亮度使屏幕从最亮到最暗，在正常情况下，阴极电压应在 80～160 V 之间变化。

彩色失真的第二种情况说明该机的暗、亮平衡需要重新调整。

彩色失真的第三种情况是显像管色纯不好引起的，需重新调整。

8. 图像缺色（缺某基色）

图像缺色最明显的特点是彩条中的所缺的这种颜色的部位为黑色，例如，缺红色，红条就变为黑色（原来正确的彩条顺序为，白、黄、青、绿、紫、红、蓝、黑，现在变为，青、绿、青、绿、蓝、黑、蓝、黑）；接收黑白图像或彩色图像，将色饱和度关至最小时，白色部分变为青色。这是由于彩色显像管中有某枪（缺色对应的枪）截止所致。图像缺色一方面会使彩色图像缺少某种颜色而造成色调异常；另一方面，由于白平衡遭到破坏，使黑白图像偏色严重。

造成彩色显像管某枪截止的原因有：（1）解码块内与所缺色对应的基色（或色差）信号输出级损坏，造成解码块该基色（或色差）信号输出端的直流电平很低（常见的接近为零伏），从而使该色的视放管（或基色矩阵兼视放输出管）截止；（2）所缺色的视放输出管内部开路，或有关电阻、印制线条开路，使该视放输出级截止，阴极电压很高，从而造成显像管该枪截止。

遇到这种故障时，应重点检查视放电路、TV 小信号处理集成电路的基色（或色差）信号输出电路，可按流程图 8-40 进行检查。

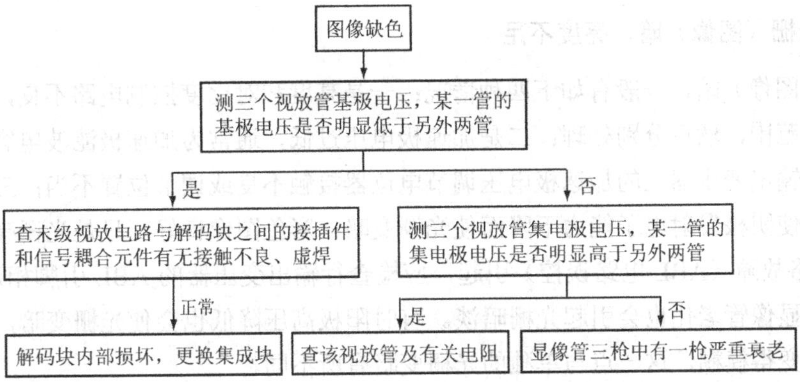

图 8-40　图像缺色故障检修流程图

9. 单色光栅并伴有回扫线

屏幕呈现单色（即某一基色）光栅，并伴有回扫线，若调节亮度与对比度均不起作用，说明某一基色的电子束电流很大，而另外两个电子束流被截止了，可检测相应的阴极电压，查看是否一个特别低，而另外两个特别高。若某阴极电压特别低，则故障就出在这路。

导致该路阴极电压过低的原因有：（1）该路视放管供电电压不正常；（2）该路视放管 c–e 短路或视放集成电路内放大管击穿；（3）该路彩色显像管阴极与灯丝之间短路，或阴极与栅极之间短路。因此，当出现单一基色光栅时，应检查对应视放管有无击穿，供电电阻是否开路，放电器件有无击穿，对应阴极与灯丝或阴极与栅极之间是否短路，可按流程图 8-41 进行检查。

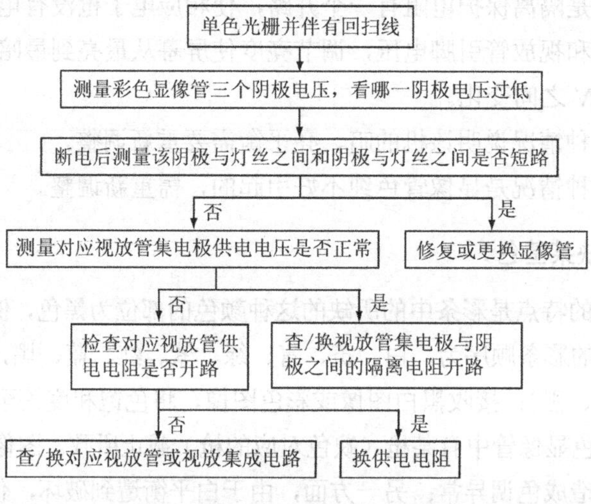

图 8-41　光栅呈某一基色，很亮且有回扫线故障检修流程图

当屏幕上出现红（绿、蓝）色光栅并有回扫线故障时，通常光栅在数秒钟内消失，这是保护电路动作所致。如果阴极与灯丝之间短路，可采用灯丝电压悬浮供电的方法解决，即切断原灯丝供电连接线，特别是切断与地线之间的连接，用绝缘导线在行输出变压器磁芯上绕 3～5 圈，测得交流脉冲电压在 4.5～5.0V 之间（有效值接近 6.3V），连接到显像管灯丝引脚上。如果阴极与栅极之间短路，可采用电击法修复。如果不行，应更换显像管。

10．光栅（图像）暗、亮度不足

光栅（图像）暗，一般有如下四种情况：一是亮度和对比度控制电路不良，应首先检查其控制电压范围，然后分别处理；二是加速极电压过低，通常为加速极滤波电容漏电引起，也可能是行输出变压器上的加速极电压调节电位器接触不良或调节位置不当；三是灯丝限流电阻变大，使阴极发射电子能力下降而使光栅变暗；彩色图像良好，只是光栅亮度偏暗，多为 ABL 电路故障（ABL 电路误控）引起，应检查行输出变压器的 ABL 引脚相连的 ABL 电路。另外，显像管老化也会引起光栅暗淡。有时阳极高压降低也会使光栅变暗，但同时图像将会扩大和变得模糊，这一点与单独的光栅变暗有所不同。

11．亮度失控

亮度失控有两种表现：一是光栅过亮并带有回扫线，亮度失控；另一种是没有回扫线。前者故障部位在末级视放电路或彩色显像管电路中，显像管加速极电压过高，显像管阴极电压过低均会造成这类故障。若加速极电压调节电位器调节不当，会使光栅亮度过亮并出现回扫线；视放管集电极工作电压降低，会使彩色显像管栅极与阴极之间的电位差减小，光栅亮度增加。消亮点电路有故障，会使色输出管集电极电压降低（彩色显像管阴极电位降低），导致光栅亮度过亮或出现回扫线。消亮点电路故障严重时，还会导致无图像。在非常短的时间内，光栅迅速变成白色光栅或某一基色光栅，并且出现场回扫线，随后变成无光栅，实为过流保护电路动作所致。当出现白色光栅时，检查色输出电路供电电路元器件，如有故障会导致彩色显像管的三个阴极电压下降。亮度失控，但无扫线故障部位在亮度控制或自动亮度控制电路中。亮度失控故障可按流程图 8-42 进行检查。

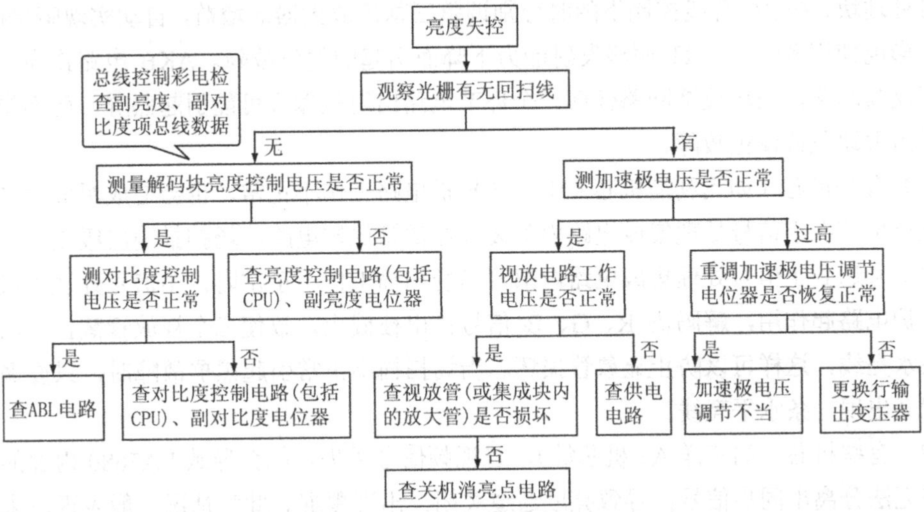

图 8-42　亮度失控故障检修流程图

12．黑屏，有伴音

黑屏故障是最让维修人员头痛的故障之一，特别是飞利浦机芯，由于一些特殊电路大大增加了检修难度。

1）故障分析

黑屏有伴音故障分为两类：一类是黑屏时有字符；另一类是黑屏时无字符。对于第一类故障，由于有字符，说明行、场扫描电路和视放电路基本正常，且显像管发光条件也基本具备，故障原因主要是解码电路部分的亮度通道有问题，或亮度控制电路有问题，对于视频静噪设置为黑屏的机型，视频信号传输不正常或者亮度信号丢失也会导致黑屏故障。对于第二类故障，涉及到的范围较广，原因也很复杂，除上述原因外，还有如下几种原因。

（1）显像管供电电路有故障或显像管本身损坏。

（2）末级视放电路有故障，如三个视放管中有一个击穿，或视放电路的供电电路开路，使阴极电压太低，造成显像管束电流过大，ABL 电路起作用，使 TV 信号处理 IC 内部的保护电路动作。视放管开路，关机消亮点电路有故障，也可能导致黑屏故障。

（3）解码集成块本身损坏，或外围电路有故障，导致解码块输出的 R、G、B 信号直流电平降低，使三个视放管截止，阴极电压过高（超过 160V），显像管电子束截止。

（4）ABL 电路元件本身损坏或显像管束电流过大。

（5）行、场逆程脉冲丢失，使沙堡脉冲异常，导致亮度或解码电路关闭。沙堡脉冲是由行逆程脉冲、场逆程脉冲按一定方式组合而成的，用做色同步选通、行消隐、场消隐、双稳态触发和黑电平钳位。飞利浦机芯彩电，不能形成正常的沙堡脉冲，也可能出现黑屏故障。

（6）自动黑电流（暗平衡）校正电路（AKB电路）发生故障。飞利浦机芯彩电，即由视放集成块TDA6101Q/03Q、TDA6107J/08JF等（也有少部分的分立元件视放电路附设有黑电流检测电路的）与小信号处理块TDA8838/39、TDA8843/44等构成的机芯，一般设有AKB电路。黑电流自动校正电路的作用是检测CRT三阴极的激励电流，并将检测到的结果反馈到小信号处理块，在I^2C总线控制下随时分别调整三基色放大器的增益，自动实现暗平衡调整，避免了彩电使用多年后CRT阴极发射能力下降而引起的偏色故障。AKB电路作为一个较大的闭环反馈回路，闭环反馈回路任何一个环节电路出现故障都可能引起黑屏，而不像其他机芯那样出现缺色或偏色故障。

（7）有些机芯（如飞利浦机芯）中，场扫描电路工作不正常，也会造成黑屏故障。这是因为这类机芯在小信号处理集成电路内部设有显像管保护电路，场扫描输出级取出一路交直流反馈信号送到小信号处理集成电路内部，当场扫描工作不正常时，小信号处理集成电路内部的保护电路起作用，解码块R、G、B信号输出被截止，致使三个视放管截止，而不会出现一条水亮线，这样可以防止显象管损坏。当场扫描不正常引起黑屏故障时，只要调高加速电压就会出现一条水平亮线。

（8）有些机芯（如三洋A3机芯等），若视频信号丢失，就会导致LA7680内部的同步分离电路无法分离出同步信号，导致亮度通道关闭，出现黑屏。此种情况一般表现出来的是黑屏有字符。

（9）系统控制电路故障。CPU与存储器的接口电路出现问题或存储器内部数据出错，微处理器发出的亮度控制信号错误，通过I^2C总线控制TV信号处理IC内部亮度通道工作不正常。更为常见的是，操作按键漏电导致CPU工作错乱，因而出现黑屏，这是检修中应特别注意的。

2）检查思路和方法

引起黑屏故障的原因很多，一般通过以下方法来缩小故障范围：（1）观察字符是否正常；（2）确认有没有伴音，如果有则说明电源工作基本是正常的（对于整机小信号处理电路工作电源均由行输出电路提供的机型，有伴音还说明行扫描电路工作基本正常）；（3）确定行扫描电路工作没有，如果在开机瞬间显像管有“沙”的高压声，说明行扫描电路工作基本正常。这样有助于缩小故障范围。另外，还可以采用提高加速极电压的方法（目的是使故障的本来面目能够暴露出来）来判断故障是否在场扫描电路，若将加速极的电压调高后，屏幕上出现一条水平亮线或亮带，则为场扫描电路有问题引起的黑屏；若屏幕上出现满屏带回扫线的光栅，则不是场扫描电路的问题。

黑屏无字符，但有伴音故障可按下列步骤进行检修：

① 开机后观察显像管的颈部，内部的灯丝是否点亮。正常时可以见到微微发红的亮光，如果灯丝不亮，则查行输出变压器送来的灯丝电压是否正常（灯丝电压为交流6.3V，实测为4V左右）。如果无灯丝电压或电压过低，常见故障有行输出变压器灯丝引脚开焊，灯丝供电电路中的限流电阻开路或阻值变大，还有就是灯丝供电的排线接插件接触不良，造成灯丝电压加不到视放板。如果灯丝电压正常，则查CRT的灯丝是否开路，灯丝引脚与管座是否接触不良。

② 如果灯丝已点亮，且在开机瞬间可听到“沙”的高压声，则测显像管加速极电压。如果无电压或过低，应将尾板拔下来再测，若电压恢复正常，则为显像管内部加速极短路；如果仍无电压或电压低，先更换加速极电压滤波电容，如果更换后还是无电压或电压低，则可能是加速极电压调整不当造成的，试调一下行输出变压器上的加速极电压调整电位器，如无效，应更换行输出变压器。

③ 测三个阴极电压。如果阴极电压小于 150V，则黑屏为显像管损坏或严重老化引起的；若大于 170V，则说明末级视放管已截止。实践表明，黑屏故障最为常见的情况是末级视放管截止，阴极电压过高。引起末级视放管截止的原因又有很多种，消亮点电路、解码电路、ABL 电路、微处理器控制电路等有问题都可能引起末级视放管截止（有些机芯，黑电流检测电路、场扫描电路有问题都可能引起末级视放管截止）。但也要注意，有些机型，若末级视放电路的供电电压丢失或者视放管击穿，将引起电子束电流过大，通过 ABL 电路送至解码块，解码块关闭 R、G、B 信号输出，则产生的故障现象不是白光栅（或单色光栅）失控，而是黑屏。检修时，一般应先排除视放供电回路和视放管击穿或开路的故障，再查其他部分。

④ 提高加速极电压法，若屏幕上出现一条水平亮线或亮带，则说明是场扫描电路发生故障，应对场输出块、场扫描偏转电流反馈到小信号处理 IC 的传输电路以及场逆程脉冲送往解码块或 CPU 的传输电路进行仔细检查。

⑤ 若提高加速极电压后，屏幕出现满屏带回扫线的光栅，应对解码电路以及有关的外围电路进行重点检查。对解码电路进行检查时，先测量视频/解码/小信号处理块的工作电压，亮度控制端电压等。如果无问题，再重点检查 ABL、AKB 电路、沙堡脉冲形成及传输电路、视频/亮度信号放大和传输电路等。

⑥ 检查解码块 ABL 束电流输入端电压。若电压很低或为负值，则是 ABL 电路元件本身损坏或显像管束电流过大。这部分电路比较简单，甚至可以逐个检查电路元件。

⑦ 检查解码块的行逆程脉冲输入/沙堡脉冲输出脚电压和波形。若电压或波形异常，应对行、场逆程脉冲传输电路进行检查。若未发现异常，而无沙堡脉冲波形或异常，则说明集成块内部的沙堡脉冲发生器损坏，可更换 IC 试之。

⑧ 检查黑电流检测和反馈电路是否正常。可以通过检测视频/解码块的暗电流反馈检测脚（即 BLK IN 输入脚）电压是否正常来确定是否此部分电路出现问题。如果异常，则测量视放部分的黑电流检测电路输出端电压是否正常，如 TDA6101Q/03Q、TDA6107J/08J F 的⑤脚，正常时为 4～6V。若异常，则检查集成块外接元件有无损坏，再更换集成块。

⑨ 检查视频信号是否丢失。可按视频信号的传输路径，用示波器进行寻迹检查，则可快速确定故障部位及元件。这部分电路，出现问题最多的就是 AV/TV 切换块，还有视频信号传输通路中的三极管及其偏置电阻。

⑩ 若以上检查均未发现问题，就要考虑微处理器电路及机器软件是否有问题。先检查 CPU 与存储器的接口电路，操作按键是否存在漏电现象（更换检查），再仔细检查 CPU 的供电电压是否准确，是否有正常的复位信号，时钟信号是否正常。最后换一块写好数据的存储器试试。

至于黑屏但有伴音有字符故障，可从上述步骤中的第⑤步开始检修。黑屏有伴音故障检修流程如图8-43所示。

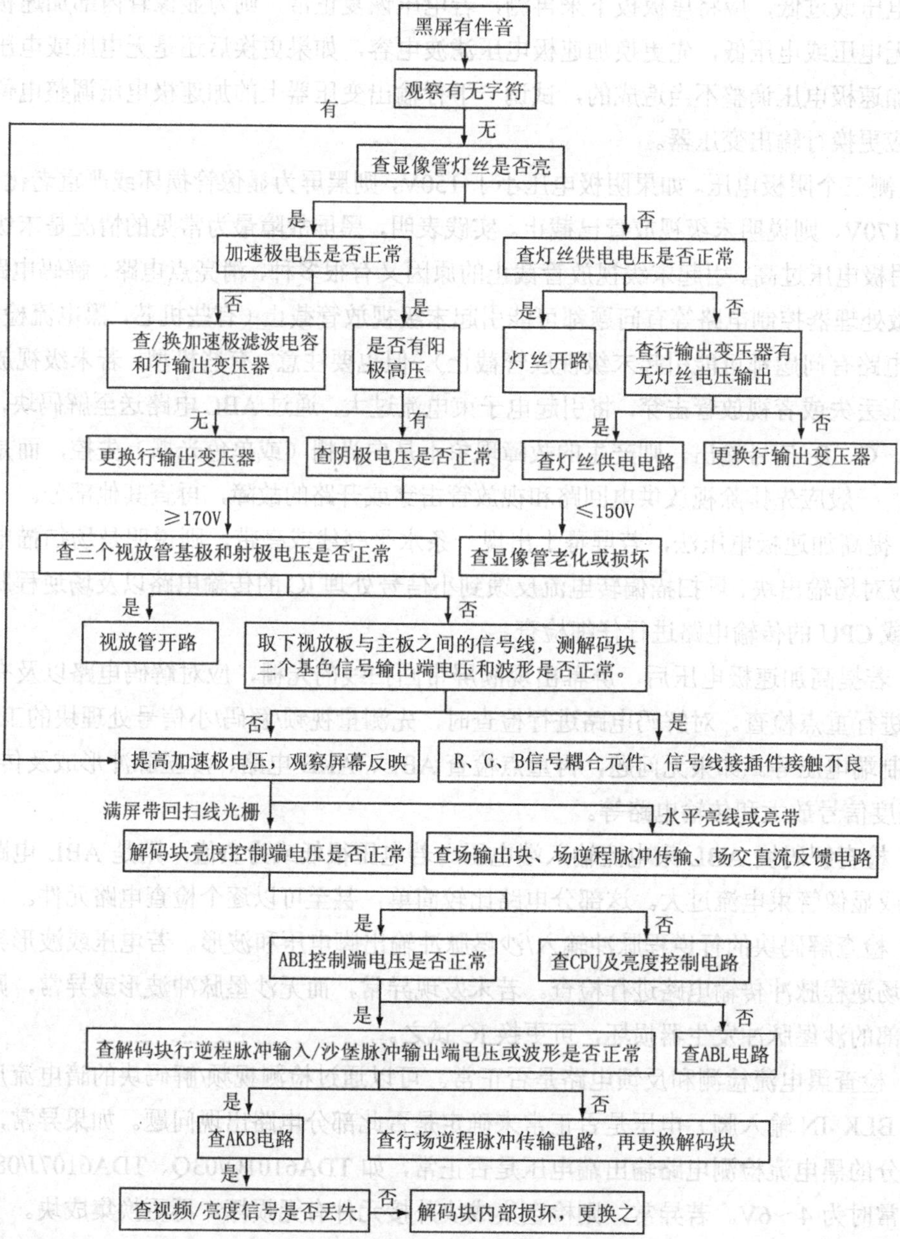

图8-43 黑屏有伴音故障检修流程图

思考与练习题

一、填空题

1．色度解码电路由________、________、________和________这四部分电路组成。

2. 延时解调器的作用是把色度信号中的________信号分解开。

3. 亮度通道中的 4.43MHz 陷波器的作用是从彩色全电视信号中滤去________和________而得到________。

4. 亮度通道中的箝位电路的作用是________。

5. 色同步选通电路利用经延迟的________把色同步信号选出来。

6. 彩色电视机的视放管的基极、发射极分别输入________和________，集电极输出________。

7. 彩色电视机的 APC 电路的作用是控制________和________而实现同步。

8. ABL 电路的作用是当________，自动控制显像管的束电流，使其限制在某一数量上。

二、判断题

1. 如果彩色显像管的某一个阴极电压升高使它截止，将产生无光栅的故障。（　）

2. 亮度通道中用 4.43MHz 带通滤波器滤除色度信号和色同步信号而分离出亮度信号。（　）

3. ABL 电路对显像管的束电流大小进行取样后产生控制电压，最后去控制显像管的阴极电压使电流限制在某一数量上。（　）

4. 亮度通道的作用仅仅是对亮度信号进行放大。（　）

5. 延时解调器中加法器输出 F_V 信号，减法器输出 F_U 信号。（　）

6. APC 电路是把恢复产生的副载波信号和色同步信号的频率进行比较后，产生误差电压去控制副载波振荡器，使之实现同步。（　）

7. 为防止色度信号混入亮度通道，在亮度通道设置了 6.5MHz 的陷波器。（　）

8. 解码器中的逐行倒相识别信号的频率为行频。（　）

9. PAL 制中逐行倒相的信号是 U 色差信号。（　）

10. 色度通道中梳状滤波器输出的是 R -Y、B -Y 色差信号。（　）

11. PAL 制解码器中的同步检波器实质上是一个乘法器加一个低通滤波器。（　）

12. PAL 制中的逐行倒相就是将整个色度信号逐行倒相。（　）

13. 解码器的作用是将彩色全电视信号还原成红、绿、蓝三种基色信号 U_R、U_G、U_B 及伴音信号。（　）

14. ACK 电路指的是自动色饱和度控制电路。（　）

三、选择题

1. 彩色电视机解码器输出的信号是（　）。

（1）亮度信号　　（2）三个基色信号

（3）三个色差信号　　（4）彩色全电视信号

2. 彩色显像管的三个阴极应分别加上（　）。

（1）彩色全电视信号　　（2）三个色差信号

（3）负极性三基色信号　　（4）正极性三基色信号

3. 彩色电视机满屏绿光栅的故障原因是（　）。

（1）绿枪阴极断路　　（2）绿视放管击穿

（3）G-Y 电压为 0V　　（4）绿视放管断路

4. 在亮度通道中进行对比度调节，实质上是改变输出的亮度信号的（　　）。

（1）幅度　（2）平均电压　（3）频率范围　（4）极性

5. 超声延时线对色度信号的作用是（　　）。

（1）延时约一行时间　（2）反相　（3）A和B　（4）把F_V、F_U信号分离

6. ABL电路的作用是限制图像的（　　）。

（1）对比度　（2）亮度　（3）彩色的色度　（4）A、B和C

7. 4.43MHz带通滤波器的作用是从彩色全电视信号中取出（　　）。

（1）亮度信号　（2）色度信号和色同步信号

（3）同步信号　（4）消隐信号

8. 超声延时线对色度信号延迟的精确时间是（　　）μs。

（1）64　（2）52　（3）40　（4）63.943

9. 副载波振荡器中的晶体相当于（　　）。

（1）电容　（2）电阻　（3）电感　（4）半导体

10. 图像无彩色故障的原因可能是（　　）。

（1）超声延迟线坏　（2）R-Y同步检波器坏

（3）4.43MHz VCO停振　（4）无彩色全电视信号

11. 能引起ACK电路（自动消色电路）动作实现消色的原因是（　　）。

（1）接收黑白电视信号　（2）接收彩色电视信号太弱

（3）PAL开关翻转不正常　（4）A、B和C

12. 伴音干扰图像故障的原因是（　　）。

（1）声表面滤波器不良　（2）AFT移相回路失谐

（3）第二伴音中频的6.5MHz载频不准确　（4）6.5MHz吸收回路失谐

13. 电视接收机图像信号的清晰度由下列信号中的（　　）决定。

（1）亮度信号　（2）色度信号　（3）色差信号　（4）亮度和色度信号共同

四、简答题

1. 简述彩色电视机中解码电路的作用，并说明它由哪四个主要部分组成。

2. 为什么要在亮度通道中设置0.6μs延迟电路？

3. 简述色度通道中的ACK电路的作用。

4. 简述APC电路的工作原理。

5. 以TA7698作解码电路的彩色电视机产生无彩色故障，检修时如何强行打开色度通道，如何根据打开色度通道后的图像现象进一步分析故障原因？

第9章 伴音电路

9.1 伴音电路的功能、性能要求及组成

9.1.1 伴音电路的功能

电视机的伴音通道是指从产生 6.5MHz 的第二伴音中频信号开始，一直到扬声器为止的这一部分电路。

彩色电视机伴音通道的功能与黑白电视机相同，也是将中频通道送来的 6.5MHz 第二伴音中频信号进行限幅放大、鉴频、电子音量控制后，再将获得的音频信号进行功率放大去推动扬声器发声。

9.1.2 对伴音电路的性能要求

对彩色电视机伴音通道的性能要求与黑白电视机基本一致，即信号的非线性失真要小，频带要宽，功率余量要大，对调幅信号的抑制能力要强，信噪比要高，鉴频器零点漂移要小，调整要简单，工作要稳定等。

9.1.3 伴音电路的组成和信号流程

彩色电视机的伴音通道的组成与黑白电视机基本相同，也是由伴音中放、鉴频、电子音量控制、音频前置放大及伴音功放等组成，如图 9-1 所示。另外，彩色电视机的伴音通道通常还设有辅助电路，如静音（噪）电路，其作用主要是在电视机无信号输入或按遥控器静音键时，将信号旁路到地，使扬声器无声。

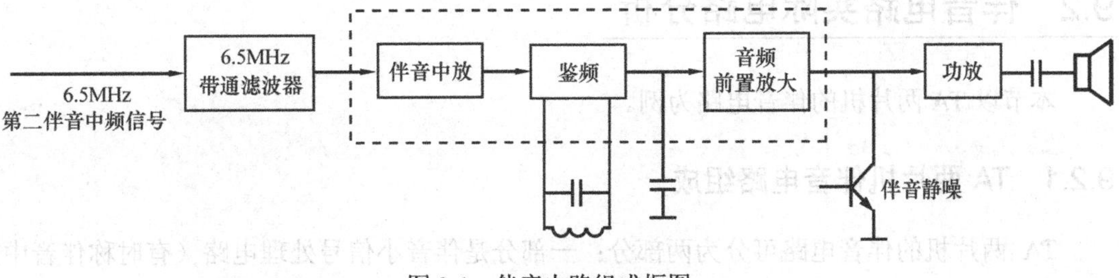

图 9-1 伴音电路组成框图

目前，彩色电视机的伴音通道基本实现了集成化，按照集成块功能范围的不同，有两种基本形式，一种形式是只用一块集成电路如 AN5250 等来完成伴音通道的全部功能；另一种形式是将伴音中放、鉴频器与图像中放集成在同一集成块内（如 TA7680、M51354 等），而音频功率放大的功能则由另一块集成电路（如 IX0365CE、LA4265、TDA2030 等）或分立元件电路来完成。

伴音通道的信号流程是：

预视放电路输出的彩色全电视信号及 6.5MHz 第二伴音中频信号，首先经 6.5MHz 带通滤波器选出 6.5MHz 第二伴音中频信号，然后进入伴音中放级。为了消除调频信号中的寄生调幅噪声，伴音末级中放均采用限幅中放。经伴音中放后的伴音中频信号，由鉴频器进行鉴频，得到音频信号。鉴频输出的音频信号先经过去加重电路进行频率特性校正，然后加到前置放大电路。经前置放大后的音频信号，由伴音静噪电路控制。当无信号输入或人工静音（按遥控器静音键）时，伴音静音电路将噪声或音频信号旁路到地，不使噪声或音频信号进入功放级，则扬声器就无声；当在正常接收节目时，伴音静音电路让音频信号进入功放级，进行功率放大，然后去推动扬声器发声。

以上介绍的是早期生产的彩色电视机的伴音通道，由于只接收我国电视制式 PAL-D/K 制，其中彩色制式为 PAL 制，伴音制式为 D/K 制（D/K 制第二伴音中频为 6.5MHz），因此伴音通道只采用一个 6.5MHz 的带通滤波器。中期和现在生产的彩色电视机，绝大多数都属于多制式彩电，可接收多种彩色制式和伴音制式的电视信号。伴音制式有 D/K、B/G、I 和 M 制几种。不同伴音制式，主要体现在伴音载频不同，即第一伴音中频、第二伴音中频不同。第二伴音中频 D/K 制为 6.5MHz，B/G 制为 5.5MHz，I 制为 6.0MHz，M 制为 4.5MHz。因此，多制式彩色电视机的伴音通道将原来 D/K 制所采用的 6.5MHz 的带通滤波器改为了第二伴音中频带通滤波切换电路（也叫伴音制式转换电路），以适应不同伴音制式接收的需要。前几年生产的彩色电视机中，第二伴音中频切换电路通常由几个频率不同（6.5MHz、6.0MHz 、5.5MHz、4.5MHz）的三端陶瓷滤波器与电子开关集成电路（如 HEF4052 等）构成，而在一些新型彩电中，则将第二伴音中频带通滤波切换电路集成在单片 TV 信号处理 IC 或超级单片 IC 的内部。接收不同伴音制式的电视信号时，第二伴音中频切换电路选择与接收信号对应的伴音中频带通滤波器接入通道中。另外，中期和现在生产的彩电，其伴音通道还增加了 TV/AV 伴音切换电路。

有部分大屏幕彩电的伴音通道，在鉴频器输出端与伴音功放电路之间，还加入了音效处理电路，主要用于进行立体环绕声、音调、音量、左右声道平衡等控制；也有不少的机型，伴音功放电路有左、右两路，采用双声道音频功放集成电路，有部分机型还设有重低音功放电路。

9.2 伴音电路实际电路分析

本节以 TA 两片机的伴音电路为例。

9.2.1 TA 两片机伴音电路组成

TA 两片机的伴音电路可分为两部分：一部分是伴音小信号处理电路（有时称伴音中放

电路或伴音中频处理电路)，完成第二伴音中频放大、限幅和鉴频等功能；另一部分是伴音功放，完成音频放大功能。该机芯，伴音中放电路和图像中放电路一起集成于 TA7680AP 集成电路中，伴音中放部分共占用 TA7680AP 的 8 个引出脚，即①～④脚和㉑～㉔脚。TA 两片机的伴音功放电路有两种电路形式：一种是由分立元件构成的伴音功放电路，这种电路形式主要被早期生产的彩电所采用，如黄河牌 HC-47 型机等；另一种是由伴音功放集成电路与外围元件构成，所采用的伴音功放集成电路型号很多，如 LA4265 或 IX0365CE、TDA2030 等，后期生产的彩电广泛采用了这种电路形式。典型的伴音电路实物图如图 9-2 所示。

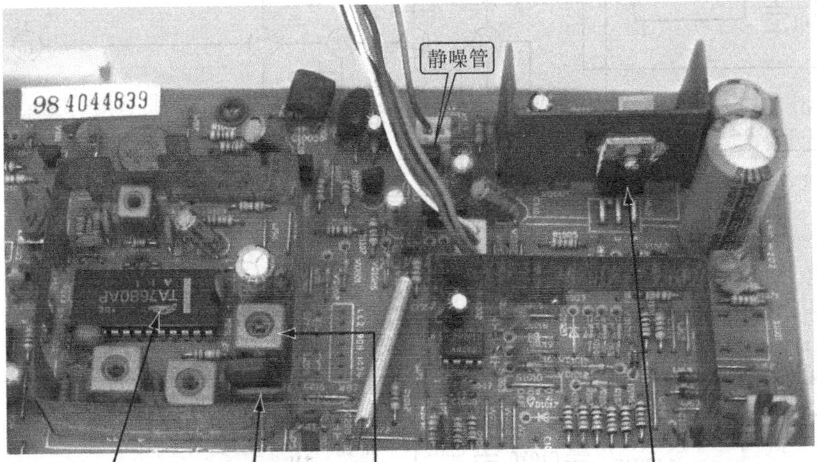

图 9-2　伴音电路元器件组装结构图（TA 两片机）

9.2.2　伴音中频处理电路

1. TA7680AP 与伴音中频电路部分引脚介绍

伴音小信号处理电路由 TA7680AP 内部的伴音中放、鉴频、音量控制和音频电压放大电路与外围元件构成，其引脚功能与参数如表 9-1 所列。

表 9-1　TA7680AP 引脚功能与参数

引　脚	功　能	参考电压（V）	
		无信号时	有信号时
①	外接音量电位器，内接电子音量控制电路（ATT）	4.7	4.7
②	音频放大器负反馈输入，内接音频放大器（SOUND AMP）	2.7	2.7
③	音频信号输出，内接音频放大器	7.3	7.3
④	伴音系统接地	0	0
㉑	第 2 伴音中频信号输入，内接伴音中频放大电路（SIF AMP）	4.4	4.4
㉒	第 2 伴音中频信号输入，内接伴音中频放大电路	4.4	4.4
㉓	外接去加重电容器，内接调频检波器（即鉴频器 CFM DET）	6.7	6.2
㉔	外接鉴频回路，内接鉴频器	4.4	4.4

2. 伴音中频带通滤波电路

图 9-3 是熊猫牌 C54P29D 型机的伴音中频处理电路和音量控制电路。

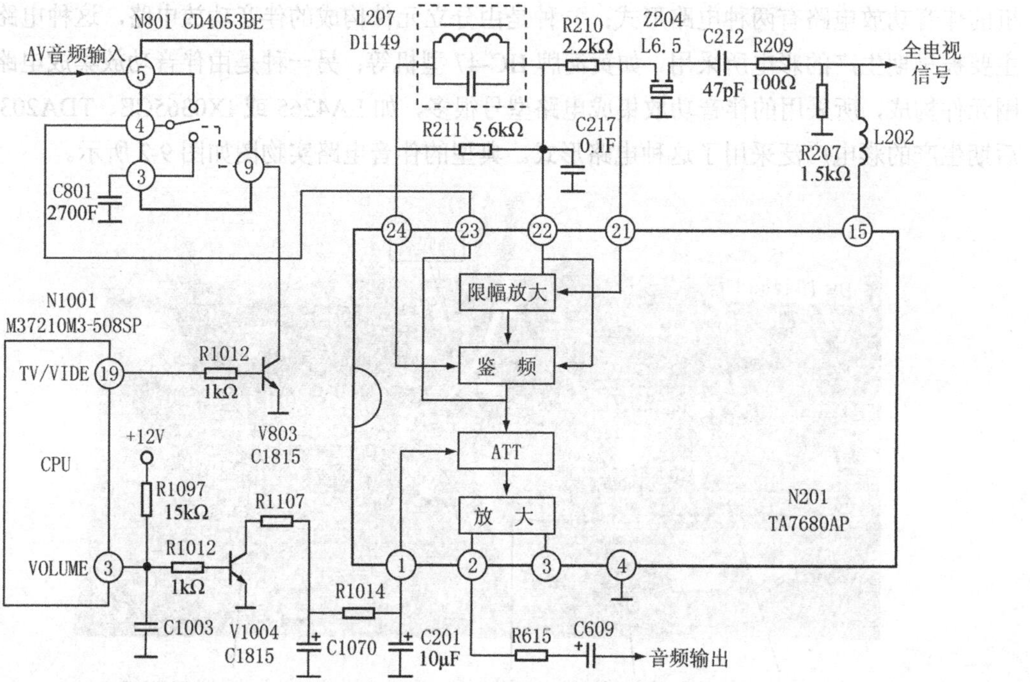

图 9-3 伴音中频处理电路和音量控制电路（熊猫牌 C54P29D 型机）

TA7680AP⑮脚输出的信号为彩色全电视信号，内部包含第二伴音中频信号，需由带通滤波电路取出第二伴音中频信号。

TA7680AP⑮脚输出的彩色全电视信号和第二伴音中频信号，经过 L202 后分两路传送：一路送视频电路，另一路送伴音通道。送伴音通道的信号经隔离电阻 R209、耦合电容 C212，送到 6.5MHz 陶瓷滤波器 Z204 选出 6.5MHz 第二伴音中频信号，滤除图像信号，然后送到 TA7680AP㉑脚，进入伴音中放电路。

3. 伴音中放与鉴频器

TA7680AP 内部的伴音中放电路是单端输入、单端输出的三级差分放大器。㉒脚对地接有交流旁路电容 C217，使㉑脚对第二伴音中频信号交流接地，伴音中频信号相当于加在 R210 两端。中放增益大于 60dB，使有寄生调幅的伴音调频信号进入限幅状态，成为以 6.5MHz 为中心的等幅调频信号。然后送到鉴频器组成的频率检波电路，检出音频信号。

伴音鉴频器采用双差分正交鉴频器（也称同步鉴频器），它由双差分鉴相器与移相网络 L207（内含谐振电容）组成。鉴相器有两路输入信号，一路是伴音中频限幅放大器送来的信号 u_1，另一路是调频信号经移相网络移相后的信号 u_2，如图 9-4（a）所示。移相网络的移相特性如图 9-4（b）所示，鉴相器的鉴相特性如图 9-4（c）所示。可以看出，第二伴音中频的调频信号经移相网络后变为调频调相信号，其相位按音频伴音信号的变化规律变化，经鉴相器鉴相后，由鉴相器输出音频信号。与移相网络并联的电阻 R211 是用来增大鉴频特性曲线的，如图 9-4（d）所示的线性范围，㉒脚外接的 C217 兼做鉴频电路的交流旁路电容。鉴频器输出的音频信号经㉓脚外接电容 C801 去加重后，送至集成块内的电子音量控制（ATT）电路。该机中，TA7680AP㉓脚接电子开关集成电路 CD4053BE④脚。TV 状态，CD4053BE 控制端⑨脚为高电平（该脚电平的高低由 CPU 的 AV/VIDE 切换控制端⑲脚输出电平高低决定），使内部电子开关④、③脚接通，将 C801 接入电路，即 TA7680AP㉓脚与地之间接上去加重电容 C801；AV 状态，CD4053BE 控制端⑨脚为低电平，使内部电子开关④、⑤脚接通，④、③脚断开，此时外部音频信号（即 AV 音频信号）经 CD4053BE⑤脚→CD4053④脚→TA7680AP㉓脚，送入内部的音频电压放大电路进行放大。

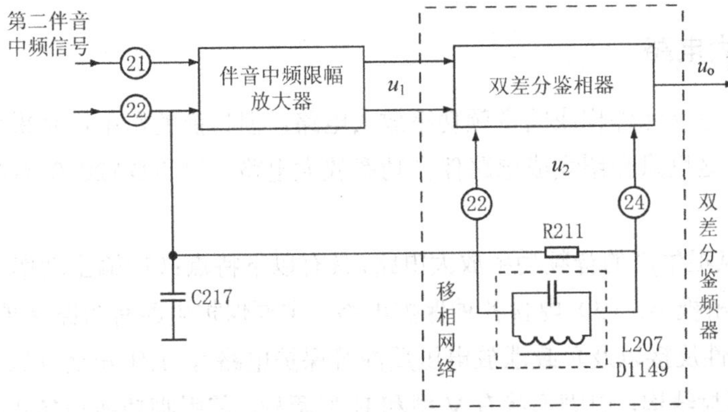

（a）方框图

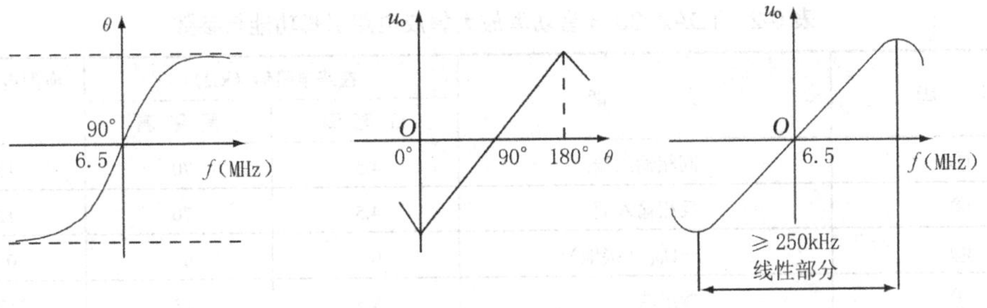

（b）移相特性　（c）鉴相特性　（d）鉴频特性

图 9-4　双差分正交鉴频器

4．电子音量控制与音频前置放大电路

电子音量控制电路是一个增益可调的音频放大电路，改变 TA7680AP①脚的电位，可以改变电子音量控制电路的增益，从而使②脚输出的音频信号幅度随之改变，达到音量调节的目的。TA7680AP 采用负控方式的电子音量控制方式，即 TA7680AP①脚对地电压变小时，音量增大；反之，音量减小。电子音量控制的最大衰减量大于 60dB。

老式彩电中，①脚电位可通过调节①脚外接的音量电位器来实现；遥控彩电中，①脚电位则由微处理器的音量控制端（常标为 VOL）输出的音量控制信号控制。图 9-3 中，M37210M3 微处理器的③脚为音量控制信号输出端。音量控制信号经 C1003、R1012 滤波，平滑成直流控制电压，然后经 V1004 倒相放大后，再经 R1107、C1070、R1014、C201 等构成的低通滤波器，形成音量控制直流控制电压，送至集成电路 TA7680AP 的①脚，实现音量控制。顺便说明一下，TA 两片机中，遥控音量控制电路与伴音电路有两种接口方式：一种方式就是上面介绍的遥控音量控制电路直接与 TA7680AP 的①脚相连；另一种是遥控音量控制电路不与 TA7680AP 的①脚相连，而与功率放大集成电路的音量控制端相连，如北京牌 8361 型遥控彩色电视机等。

电子音量控制电路输出的音频信号加至集成块内的具有负反馈的音频前置放大电路（即音频电压放大电路），经一级差分放大和射随后由②脚输出，但也有些机型由③脚输出。该放大电路的增益约为 24dB。

9.2.3 音频功率放大电路

早期的彩电，采用分立元件构成的音频功率放大电路，但目前的彩电都是采用音频功率放大集成电路，因此，这里只介绍集成电路伴音功率放大电路，以 TDA2030 音频功率放大集成电路为例介绍。

TDA2030 是德律风根生产的音频功率放大电路，具有以下特点：（1）输出功率大，P_o=18W（R_L=4Ω）；（2）开机冲击极小；（3）内含各种保护电路（主要保护电路有短路保护、热保护、地线偶然开路、电源极性反接以及负载泄放电压反冲等保护电路），工作安全可靠。TDA2030 采用⑤脚单列直插式塑封结构，引脚形状有 V 型和 H 型两种。其引脚功能与参数如表 9-2 所列。伴音小信号处理电路如图 9-3 所示。

表 9-2 TDA2030 伴音功率放大集成电路引脚功能与参数

引　脚	功　　能	在路电阻值（kΩ）		典型电压（V）
		红 笔 测	黑 笔 测	
①	同相输入端	4.5	70	12.21
②	反相输入端	4.5	70	12.27
③	$-U_{CC}$（接地）	0	0	0
④	输出端	3.5	13	12.27
⑤	$+U_{CC}$	2.7	6.5	25.7

TDA2030 音频功率放大集成电路在熊猫牌 C54P29D 型彩色电视机中的应用电路如图 9-5 所示。

从 TA8680AP②脚输出的音频信号，经 R615、C609、C610 送至 TDA2030①脚内，经前置放大后送至推动放大级，然后送至功率放大器进行放大，最后从④脚输出，经过 C604 耦合到扬声器。TDA2030②脚为放大器的反相输入端，该脚外接 C602、R602 构成负反馈电路，调节 R602 的阻值，可以改变功率放大器的增益。

+28V 的电源电压经 L601、C605 组成的 LC 滤波器滤波后，为 TDA2030 的⑤脚提供工作电压。该脚电压的高低直接影响到输出功率的大小。

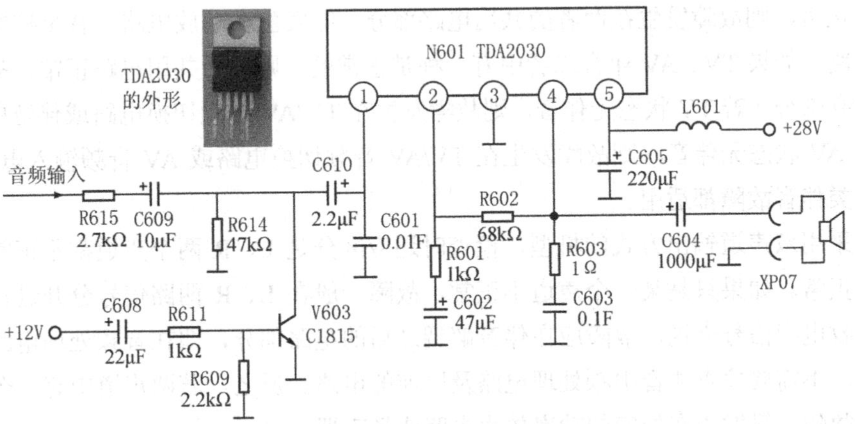

图 9-5 音频功率放大电路和开机静噪电路（熊猫牌 C54P29D 型机）

9.2.4 静音电路

静音电路的作用主要是按动遥控器上的静音键或无电台信号输入时，使扬声器无声音发出。有些机型还设计有开机/关机静噪电路，其作用是消除开启电源、断开电源的瞬间扬声器中产生的“叶叶”声。

熊猫牌 C54P29D 型机不但有无信号静音、人工静音（按遥控器静音键）功能，还有开机静音功能。该机的无信号静音、人工静音功能是靠微处理器控制来实现的。参见图 9-3，当机器无电视信号输入或按遥控器静音键时，M37210M3 微处理器的③脚输出 0V 低电平，使 TA7680AP 的直流音量控制端①脚电压为最大值（约 7V），此时 TA7680AP 完全关闭②脚的音频信号输出。由此可以看出，该微处理器静音控制与音量控制采用的是同一个引脚，而有些微处理器则有专门的静音控制引脚和专门的音量控制引脚。

开机静噪电路参见图 9-5，V603、C608、R611、R609 组成开机静噪电路。开启电源瞬间，+12V 电源经 R611、R609 向 C608 充电。R609 两端电压瞬间为 0.7V，V603 饱和导通，将 C609 输出的噪声信号短路到地，TDA2030 无信号输入，从而消除了开机瞬间的噪声。

9.3 伴音电路故障检修

9.3.1 伴音电路故障检修方法

伴音通道常见故障有：图像正常而无伴音或伴音较小，声音失真，伴音噪声大，音量失控等。

对伴音杂声大，伴音失真及音量失控等故障，故障范围较小，比较容易检修。而对于有图像无伴音及伴音轻这两种故障，其故障范围涉及整个伴音通道和微处理器控制电路。

检修伴音类故障时，常利用 TV/AV 功能转换操作法来压缩故障范围，若 TV 伴音异常，可将机器转换到 AV 状态，通过 AV 插孔输入 AV 音视频信号，看 AV 伴音是否正常；反之，若 AV 伴音不正常，则转换到 TV 状态，接收电视信号，看 TV 伴音是否正常。如果 TV、AV

伴音均不正常，则故障发生在两者的共用电路部分，即发生在功放电路、音量控制电路、静音控制电路；如果TV、AV伴音二者中有一种是正常的，则说明共用电路正常，故障发生在各自的独立部分（若TV状态无伴音，则故障发生在TV/AV音频切换电路或伴音中放、鉴频电路；若AV状态无伴音，则故障发生在TV/AV音频切换电路或AV音频输入电路）。这种方法对各类伴音故障都适用。

对于采用双声道输出方式的机型，检查时还应区分是L、R两个声道都不正常还是只一个声道不正常。如果只是某一个声道不正常，故障一般在L、R两路信号分开进行处理的电路，对接收电视信号来说，故障应在伴音解调之后的电路部分，即在音频处理电路、功放电路等电路，不需要检查伴音中频处理电路及以前的电路。反之，若两声道中有一个声道是正常的，则故障一般发生在相应的功率放大电路或扬声器。

检查无伴音或伴音轻故障最有效、快速的方法是信号注入法，常采用干扰法（通常有两种，一种是万用表触及法，另一种是人体感应信号注入法）。采用干扰法检查时，应在输入天线（RF）信号的情况下进行，否则CPU将实施静音控制，可能造成误判。检查时，先将电视机的音量开大，然后手持金属镊子沿伴音通道信号流程从后往前触碰各关键检查点，根据扬声器是否发出“喀喀”声来判断故障范围及部位（这种方法主要用于冷机板的机器）。也可采用万用表触及法，即万用表R×100挡，红表笔接地，黑表笔间断接触干扰点。伴音通道的干扰点主要有：伴音功放集成块的音频信号输入端，音频处理电路的输出、输入端，伴音中频处理电路的音频输出端等。而对伴音中频解调部分，虽然有时也可采用干扰法来判断是否信号被阻断，但对鉴频器失调等导致的无声故障，干扰法检查不一定奏效，可结合采用电压测量法和元件替换法检查。

判断伴音功放集成块的伴音中频处理部分是否损坏，可测量有关引脚对地电阻、电压方法判断，若有异常，先查外围元件，再确定集成块是否损坏。测量伴音功放集成块输出端电压是否正常是判断功放集成块是否损坏的极为重要的方法，正常时其电压应约为电源电压的一半，即约为$1/2V_{CC}$。

9.3.2 常见故障检修思路和方法

1. 有图像、无伴音

TV状态，有图像无伴音表明公共通道正常，故障部位在伴音通道（包括TV/AV音频切换电路），另外遥控音量控制电路、静音电路出现故障也会导致无伴音。这类故障检修步骤如下：

（1）将电视机置于AV状态，通过AV输入孔输入DVD音视频信号，观察图像和伴音，缩小故障范围。若AV状态声音正常，则故障发生在6.5MHz带通滤波器（或第二伴音中频带通滤波切换电路）、伴音中放、鉴频或TV/AV音频切换电路；若AV状态也无声音，则故障发生在音频功率放大电路、音量控制电路、静音电路等。

（2）音量控制电路的检查。按VOL+键，测量TA7680AP①脚电压能否在6.9V（音量为0）～3.3V（音量最大）范围内变化，若变化正常表明遥控音量控制电路正常，故障在伴音通道；若1脚电压不变化，故障则在遥控音量控制电路。

（3）静噪电路的检查。判断是否为静噪电路误动作引起的无声，可将静噪管（见图 9-5 中的 V603）集电极从电路中焊开（也可用镊子将基极与发射极短路），如果焊开后伴音恢复正常，则说明无伴音是静噪电路故障引起的，应进一步检查静噪电路。实际检查时，还可测量静噪管基极电压，如果基极电压为 0.7V 左右（正常时，播放状态应为 0V）说明静噪管已饱和导通，将音频信号短路到地，应查找静噪管基极电压升高的原因。

（4）对于伴音通道的检查，应先检查扬声器是否损坏，以及检查扬声器连接导线、接插件是否接触不良或开路，然后可采用干扰法，迅速缩小故障范围，找到故障点。

TA 两片机有图像、无伴音故障可按流程图 9-6 进行检查，有关电路参见图 9-3、9-5。

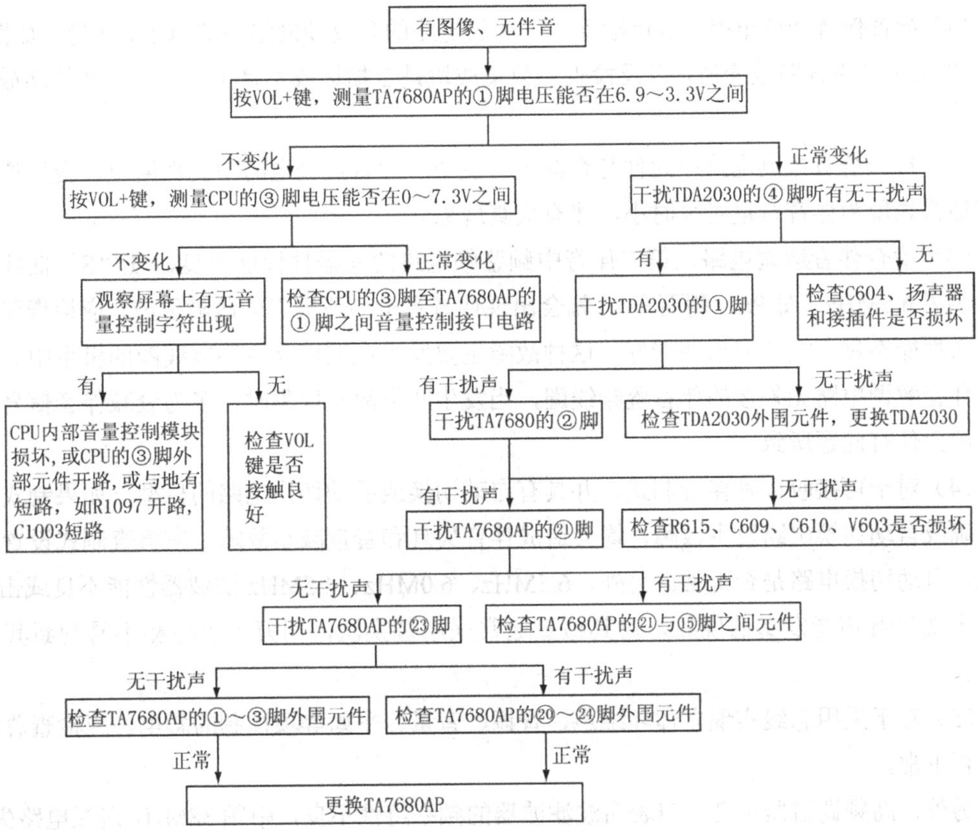

图 9-6　有图像、无伴音故障检修流程图

2．伴音音量小、失真故障检修

检查时，应仔细听伴音小声的同时是否还伴有声音失真、杂音大等故障。通常有以下两种情况。

1）伴音小声，但不失真

如果只是伴音小声，而声音不失真，其故障范围与无伴音相同，但检修难度略大。其常见故障原因及处理方法如下。

（1）伴音功放电路电源电压降低，必然造成输出功率不足，从而出现声音小的故障，应检查其供电电路。

（2）音量控制电路异常，这种故障主要发生在采用模拟音量控制的机型。音量控制直流电压变化范围变小，会造成音量调不到最大，应检查CPU输出的VOL控制电压和音量控制电压形成电路。

（3）伴音信号传输通路中的耦合电容容量变小、电阻阻值变大等（如图9-5中的R615阻值变大、耦合电容C609和C610容量变小），会使信号衰减过大，出现伴音音量小故障。信号耦合电容一般采用替换法检查。

2）伴音小声且失真、杂音大

（1）检查伴音功放电路。重点检查伴音功放电路的负反馈网络中的电阻、电容（如图9-5中的C602）是否开路或变质，以及检查功放集成块是否损坏或不良（主要是内部的功放管单边开路）。

（2）检查静音控制电路中元件是否漏电、变质。静音控制电路中元件漏电、变质造成的故障通常表现为伴音音量时大时小，伴有失真现象。

（3）检查伴音解调电路。第二伴音中频鉴频电路的元器件性能不良，使“S”曲线中心频率偏离6.5MHz（对PAL制而言），就会出现伴音音量小或失真的故障现象，应检查鉴频线圈是否性能不良、损坏或未调谐好。这种故障主要发生在采用伴音鉴频线圈的机型中。新型彩电伴音解调电路无外接的伴音鉴频线圈，当发生此类故障现象时，多为衰减伴音信号高频分量的元件有问题所致。

（4）对于可接收多种伴音制式，并具有自动切换或手动切换电路的机型，如果制式设置不正确或自动切换电路发生故障，均会造成伴音失真和音量减小故障。应检查制式设置是否正确，自动切换电路是否正常。另外，6.5MHz、6.0MHz、4.5MHz滤波器性能不良或击穿，也会出现伴音声音发嗡的现象，对其检查通常采用替换法，用万用表检测不易判断其性能好坏。

（5）对于采用总线实现立体环绕声、音调、音量、平衡等项控制的彩电，应检查总线电路是否正常。

另外，高频调谐器不良，声表面波滤波器的频率特性不良，中频38MHz谐振电路失谐，也会出现此类故障。在排除伴音通道和系统控制电路出现故障可能的前提下，可以检查高频调谐器、声表面波滤波器、中频38MHz谐振电路等。

3. 伴音音量失控

调节音量控制无效，故障部位较集中，通常发生在音量控制电路，比较容易检修。对图9-3的电路而言，应先测量TA7680AP①脚电压，按VOL+键时能否在6.9V（音量为0）到3.3V（音量最大）范围内变化，若不变化，说明微处理器音量控制及接口电路有故障。接下来应测量微处理器M37210M3的音量控制端③脚电压，按VOL+键时能否在0V（音量为0）到7.3V（音量最大）范围内变化，若不变化，则检查上拉电阻R1097是否开路，否则为M37210M3③脚内部电路损坏，但需注意的是，在无信号输入或人工静音状态，M37210M3③脚电压始终为 0V 是正常的。如果 M37210M3③脚电压变化正常，而 TA7680AP①脚电压不变化，则检查音量控制接口电路 R1012、R1107 是否开路，V1004 是否损坏，C1070、C201 是否短路或漏电等。

思考与练习题

一、填空题

1．彩色电视机的伴音通道的作用是对第二伴音中频信号进行放大、________，产生________。

2．伴音通道的基本组成包括________、________、________、________、________等。

3．电视机出现图像正常，但无伴音的故障时，原因应在伴音通道中的________、________、________、________、________等出现故障。

4．伴音电路的 6.5MHz 带通滤波器的作用是选出________，滤除图像信号。

5．伴音鉴频器采用双差分正交鉴频器，也称________鉴频器，它由________与________组成。

6．电子音量控制电路是一个增益________的音频放大器。

二、判断题

1．伴音通道设置第二伴音中频陷波器的作用是选出 6.5MHz 第二伴音中频信号。（　）

2．彩色电视机的静音电路只在按遥控器的静音键时起作用。（　）

3．所有的微处理器都是采用同一只引脚进行静音控制和音量控制的。（　）

4．伴音功放电路输出端直流电压一般应为电源电压的一半左右。（　）

5．检查伴音类故障，为缩小故障范围可输入 AV 音视频信号进行检查。（　）

6．6.5MHz 陶瓷滤波器特性不良，会出现伴音音量小、噪声很大的现象。（　）

三、选择题

第 1～4 题均为多选题。

1．电视机伴音信号所经过的路径有（　）。

（1）高频头　　（2）中放放大器　　（3）视频检波器

（4）伴音鉴频电路　　（5）色度通道

2．伴音通道的组成包括（　）。

（1）伴音制式转换电路　　（2）视频检波电路　　（3）伴音放大电路

（4）鉴频电路　　（5）伴音功率放大电路

3．某彩色电视机出现“有图像无伴音”现象，故障原因可能在（　）。

（1）高频头　　（2）亮度通道　　（3）伴音鉴频

（4）伴音功放　　（5）视放

4．当电视机伴音通道出现故障时，主要现象有（　）。

（1）无声　　（2）声音小　　（3）失真

（4）声音不可控　　　　　（5）干扰图像

四、简答题

1. 电视机中，对伴音电路的性能要求有哪些？

2. 彩色电视机故障为图像正常，但无伴音，试分析故障范围。

第10章 遥控电路

10.1 遥控电路的组成及系统的控制过程

10.1.1 彩色电视机的遥控系统概述

我国从 1984 年开始引进遥控彩色电视机，从此，遥控彩色电视机逐渐发展起来，迅速取代了非遥控彩色电视机。遥控电路功能是实现在一定范围内（不超过 10m）对电视机进行各种功能的控制。

1. 红外线遥控方式及其特点

电视机遥控方式经历了有线遥控到无线电波遥控，再到超声波遥控，最后到现在的红外线遥控的发展过程。

红外线遥控方式是以红外线为媒介来传送反映某一控制功能的遥控信号。红外遥控系统的结构如图 10-1 所示。

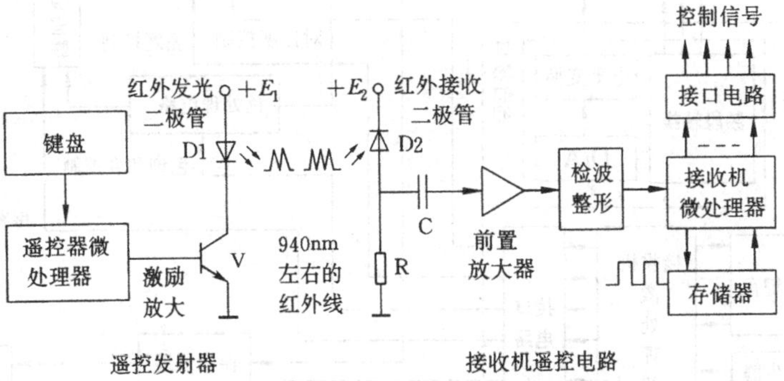

图 10-1 红外遥控系统的结构图

遥控发射器上的每一个按键代表着一种控制功能，按下遥控发射器键盘上的一个按键，则在遥控器微处理器中会产生一组有规律的编码数字脉冲指令信号。它们由两种周期不同的脉冲（周期小的为 0，周期大的为 1）组合而成，功能不同，数字脉冲指令信号也不同。信号调制在 38kHz 的载波上，由遥控微处理器输出，经激励放大管 V 放大后，使红外发光二极管发出调制的红外线脉冲信号，通过空间传送到彩色电视机的遥控接收器中的红外光电二极管。

遥控彩色电视接收机中，红外光电二极管将红外线遥控信号转换为相应的 38kHz 调制电信号，该信号经过放大、检波、整形等处理后，得到相应的数字脉冲指令信号，加至接收机遥控电路的控制中心（微处理器）。接收机微处理器对输入信号进行解码，识别出控制的种类，并发出相应的控制信号，经接口电路转换后输出，控制彩色电视机的相应电路，实现各种功能操作，达到遥控的目的。

遥控彩色电视机，不但具备普通电视机基本的操作功能，而且还增添了一些其他功能，如屏幕显示、定时关机、无信号自动关机、制式转换、AV/TV转换等，使彩电的使用更加灵活方便。

红外遥控方式的优点：遥控发射器造价低、体积小、功耗小；遥控功能多，反应速度快；抗光线干扰好，工作稳定可靠；红外线指向性好，穿透性好，但不会穿透墙壁形成干扰；对人畜无损害。

2. 彩色电视机遥控系统的类型

根据遥控电路中选台电路的类型不同，红外遥控电路有电压合成式（选台）遥控系统和频率合成式（选台）遥控系统两种。目前大部分彩电采用电压合成式遥控系统，部分较为先进的彩电采用频率合成式遥控系统。

1）电压合成式选台遥控系统

电压合成式选台遥控电路利用微处理技术，将接收电视节目所需的调谐电压数字化，并存储在微处理器内部或外存储器中。当进行选台时，微处理器根据选台信息的存储地址，从存储器中取出相应的调谐电压数据，由数模（D/A）转换器转换为模拟调谐电压送至调谐器，实现选台。其大容量的存储器，可记忆大量的数字选台信息，且选台精度较高。电压合成式遥控系统组成框图如图10-2所示。

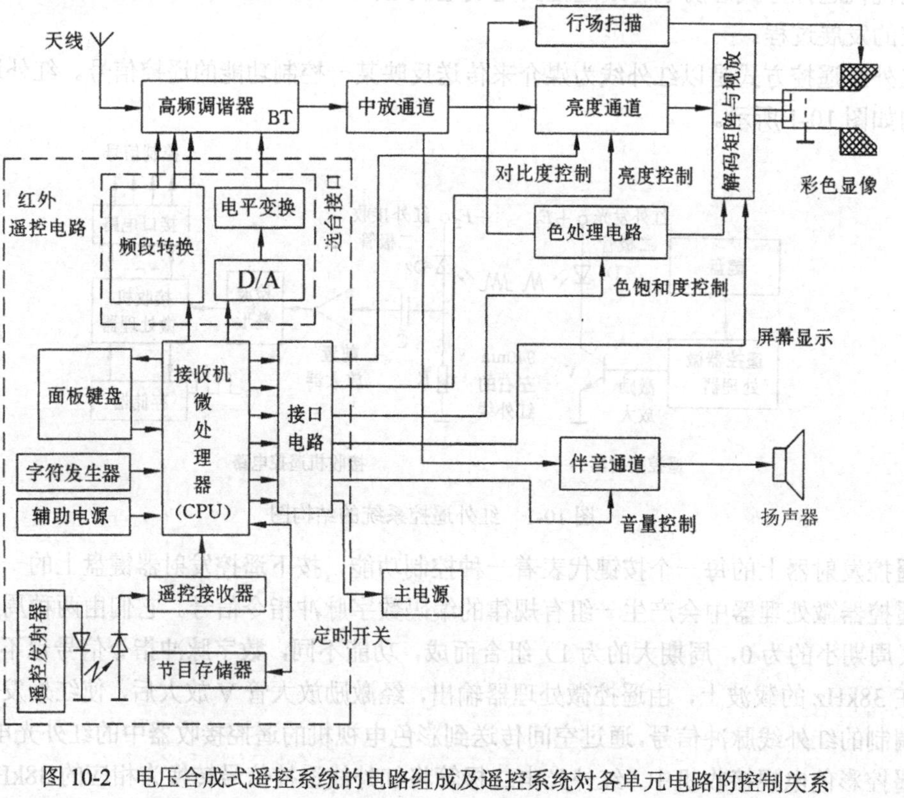

图10-2　电压合成式遥控系统的电路组成及遥控系统对各单元电路的控制关系

2）频率合成式选台遥控系统

频率合成式选台遥控系统采用微处理器控制的锁相环频率合成方式进行选台。频率合成式选台遥控系统选台调谐准确度极高，无频率漂移，稳定性好，搜索节目时间极短，但其电路构成较复杂，元器件相对较多，成本较高，不便与普通彩色电视机中的电压调谐高频头连接，所以目前仅用在高档大屏幕彩色电视机中。因此，本章重点讲解电压合成式选台遥控系统，不深入介绍频率合成式选台遥控系统。

3. 模拟量控制方式与 I²C 总线控制方式

遥控彩色电视机中，微处理器对受控电路进行控制的方式通常有两种：模拟量控制方式（即模拟电压控制方式）和 I²C 总线控制方式。

模拟量控制方式是一种传统的控制方式，这种控制方式被普通遥控彩色电视机（或称传统遥控彩色电视机）所采用。所谓模拟量控制方式，就是遥控系统采用开关量（电平的高低）和模拟电压对被控电路进行控制的方式。当 CPU 要控制某电路时，CPU 从相应控制端输出调宽脉冲（PWM）控制信号，然后由接口电路将 PWM 控制信号转换成相应的直流控制电压去控制被控电路，如图 10-3（a）所示。模拟量控制方式，每一控制量必须一个控制端子（有些还需要两个控制端子），这样，随着电视机功能的增加和单元电路的增加，CPU 的控制引脚也必将增加，CPU 与各受控电路之间的连线也越来越多，从而使印制板上的走线十分繁杂。

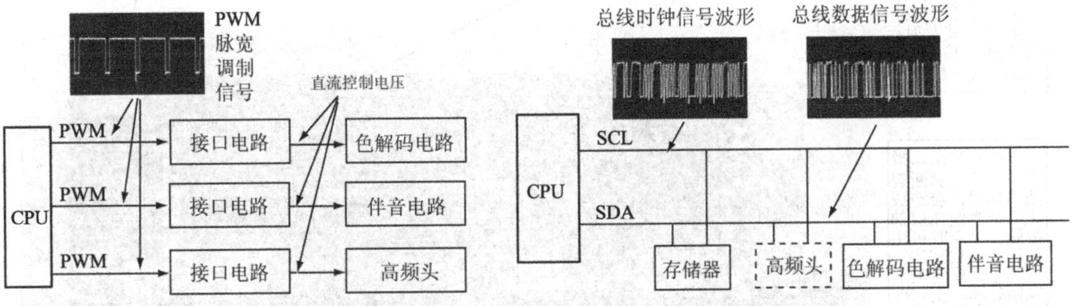

（a）模拟量控制方式　　（b）I²C总线控制方式

图 10-3　模拟量控制方式和 I²C 总线控制方式

目前的彩色电视机广泛采用 I²C 总线控制方式（简称总线控制），这种控制方式如图 10-3（b）所示，采用 I²C 总线控制方式的彩色电视机通常称为 I²C 总线控制彩电。I²C 总线控制实质上是一种数字控制方式，这种控制方式是：CPU 采用二线制总线（其中一条是串行数据线，记为 SDA；另一条是串行时钟线，记为 SCL，I²C 总线系统的控制信号属数字信号）与受控电路相连接，受控电路一般都挂在这两根线上（也有个别机型采用多组 I²C 总线连接的），通过 I²C 总线，CPU 可对多个单元电路进行相应的控制即完成很多项目的控制，并且还接收被控电路送来的反馈信息。当 CPU 要控制某电路时，如要控制色饱和度，首先 CPU 送时钟信号到 SCL 线，通过 SCL 线将时钟信号送到各受控电路，然后 CPU 送地址信号到 SDA 线上，地址信号通过 SDA 线送到各受控电路，由于该地址信号与色解码电路地址一致，色解码电路启动，SDA 线上其他电路均处于关闭状态；接着 CPU 发出色度控制数据，通过 SDA 线送到色解码电路，色解码电路的 I²C 总线接口电路将控制数据转换成控制电压，去控制色解码电路的增益，进而控制图像的色饱和度。

必须明确的是，有些机型可能同时采用了两种控制方式，有些量采用的是 I^2C 总线控制，而有些量则采用模拟电压控制方式。

10.1.2 遥控电路的基本组成

遥控彩色电视机遥控系统的电路组成及对整机各单元电路的控制关系参见图 10-2。图中，虚线框内是遥控系统的电路结构，它由遥控发射器、遥控接收器、微处理器（CPU）、接口电路、面板键盘、节目存储器、字符发生器和辅助电源等组成。各部分电路的特征简述如下。

1. 遥控发射器

遥控发射器也称红外遥控发射器，也简称为遥控器，它由键盘矩阵、遥控器微处理器（通常称为红外遥控发射集成电路）、激励放大电路和红外发射管等组成。其中，遥控器微处理器由振荡器、指令编码器、脉冲调制器等组成。遥控发射器内部结构如图 10-4 所示，电路框图如图 10-5 所示。

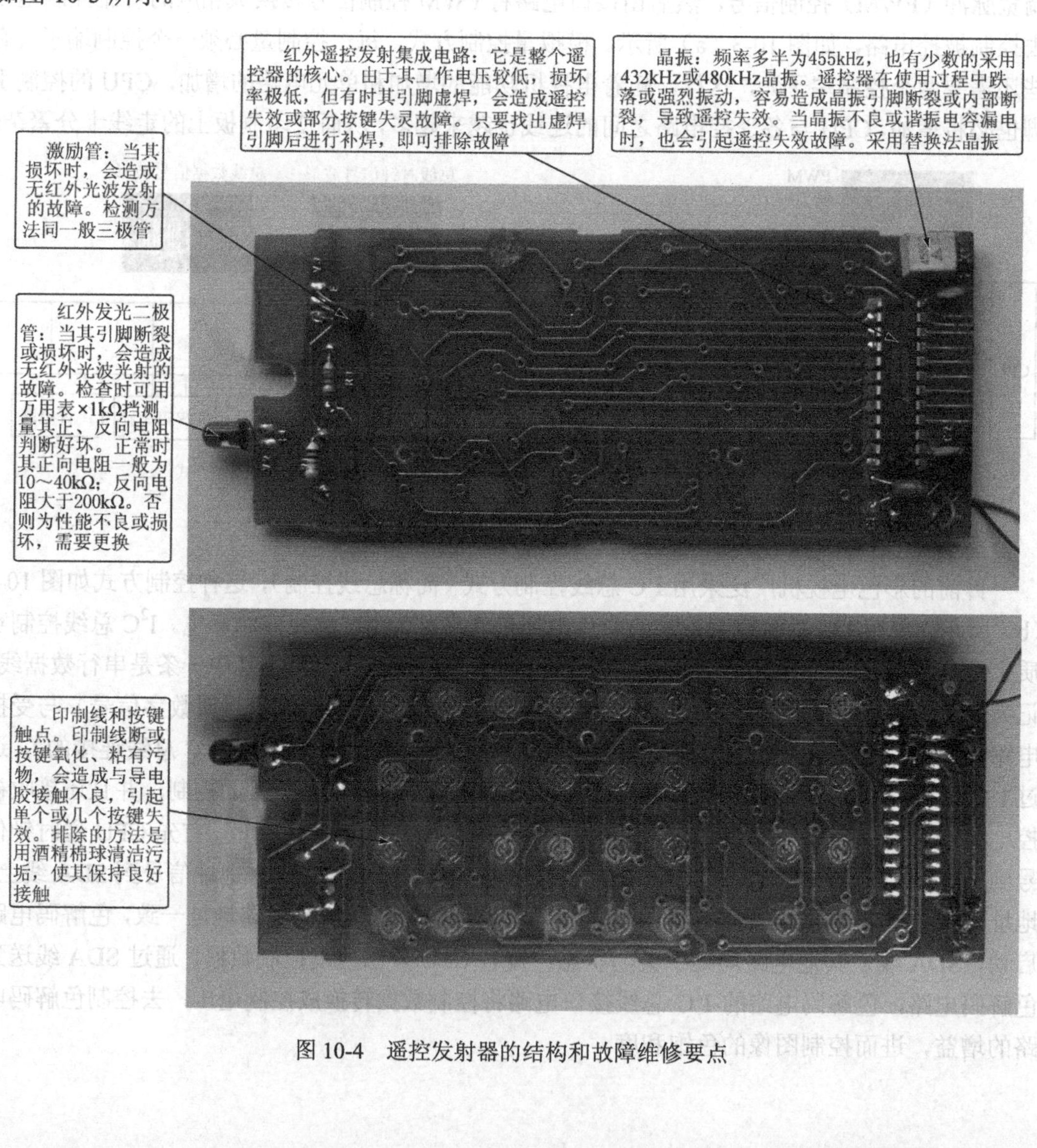

图 10-4　遥控发射器的结构和故障维修要点

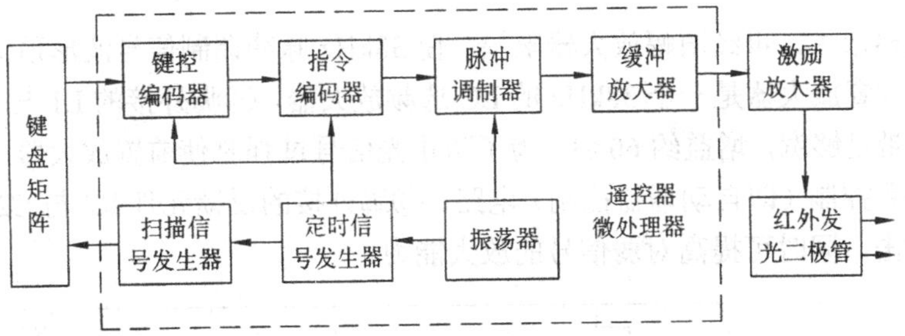

图 10-5　遥控发射器电路框图

振荡器产生频率为 455kHz 的脉冲信号，经分频器 12 分频后得到 38kHz 脉冲信号，分别送到定时信号发生器和脉冲调制器。定时信号发生器控制扫描信号发生器，使扫描信号发生器依次产生脉宽为 2μs 的扫描脉冲信号对键盘矩阵进行扫描。按下键盘的某个按键后，键盘矩阵输出信号在键控编码器中产生一个二进制键位码，并送至指令编码器。指令编码器中有一个只读存储器（ROM），预先存储了各种功能指令控制码（简称功能码），它根据送来的键位码输出相应的功能码。功能码与指令编码器产生的系统码等合成，形成遥控编码脉冲信号（即数字脉冲指令信号）并送至脉冲调制器，对 38kHz 信号进行调制，然后，调制信号经缓冲放大器放大后输出。遥控器微处理器输出的脉冲调制信号经激励放大器放大后加至红外发光二极管，使红外发光二极管发出调制的红外线脉冲信号，即红外遥控信号。

红外发光二极管是一种能发出波长为 940nm 红外光的发光二极管，它的结构、工艺、原理与一般 LED 发光二极管基本一致，只是所用的半导体材料不同，发光的波长不同。红外发光二极管具有体积小、寿命长、耐振动、发热少、响应速度快、调制容易、耗电小、可靠性高和驱动电路简单等优点。它的伏安特性与一般二极管的伏安特性相似，只是反向击穿电压 U_g 较小，一般大于 5V，小于 30V。它的峰值电流 I_{p-p}（即短时间流过管子的最大允许电流）通常是工作电流 I_p（即长时间不间断地流过管子的最大允许电流）的十几倍。为了使遥控发射器的效率高、可靠性好，通常采用占空比较小的脉冲给红外发光二极管供电，这就是前面提到的将遥控编码脉冲信号对 38kHz 载波信号进行脉冲调制的原因，可以使流过红外发光二极管的瞬时电流增大，输出功率变大，但又不会损坏红外发光二极管。另外，采用脉冲调制还有利于提高抗干扰性。

2. 遥控接收器

遥控接收器也称红外遥控接收器，它由光电二极管与专用的集成电路组成。集成电路内部有前置放大器、限幅放大器、自动偏置控制（ABLC）电路、峰值检波器和整形电路等组成，如图 10-6 所示。

光电二极管通常采用的 PIN 型光电二极管是一种工艺特殊的三层二极管，它的 PN 结耗尽区的厚度比 P 型半导体与 N 型半导体的厚度要厚。光线由 P 型半导体入射到耗尽区中，激发出电子并产生电流（光电流），将光信号转换成相应的电信号。PIN 光电二极管具有光灵敏度高、能滤除可见光干扰、指向性宽、响应速度快、无光照时电流（暗电流）小等优点。

图 10-6 中的 D1 是 PIN 型光电二极管，无光照时，无电流产生；当接收到红外遥控信号时，产生相应的光电流，并在集成电路⑦脚形成代表光信号的电压（遥控电信号）。遥控电信

号被前置放大器放大，再经限幅放大器限幅，使38kHz脉冲调制信号波形顶部平直，以便进行峰值检波。前置放大器是一个38kHz的LC选频放大器，③脚外接的L1与C4组成选频回路，放大器频带足够宽，增益约60dB。为了防止光信号过强时使前置放大器过载，集成电路内设有自动偏置控制（即自动增益控制）电路。⑥脚外接的反馈元件R2与C2可以用来防止较强信号的冲击，同时可提高对弱信号的放大能力。

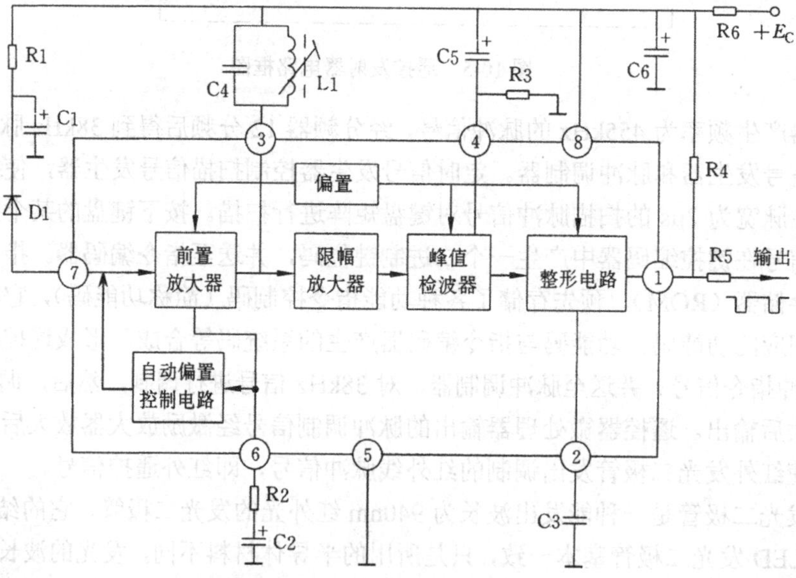

图10-6　遥控接收器电路

峰值检波器将38kHz脉冲调制信号进行峰值检波，取出外包络脉冲，即遥控编码脉冲信号，该信号再经整形电路放大和整形后由①脚输出，送至微处理器去识别和处理。集成电路④脚外接检波负载电容C5，②脚外接波形整形用积分电容C3，R6与C6组成电源退耦电路。

目前的彩色电视机及其他设备的遥控系统中，广泛采用了一体化红外（线）遥控接收头（简称遥控接收头或接收头）。常用的一体化红外遥控接收头有HS0038、W138M2等，如图10-7所示。

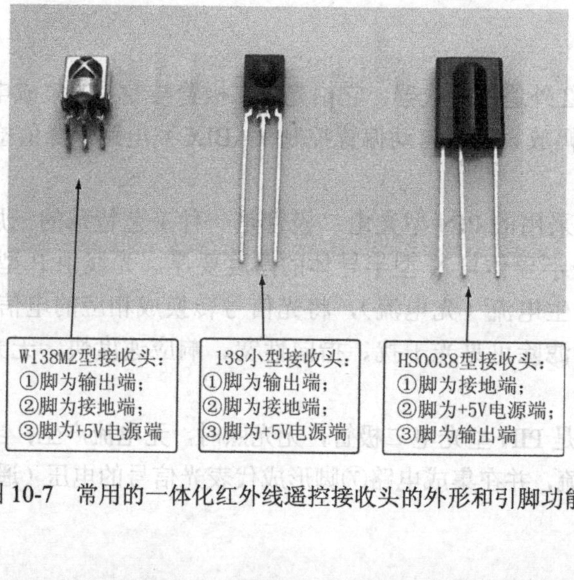

图10-7　常用的一体化红外线遥控接收头的外形和引脚功能

3. 微处理器

微处理器的符号为 CPU 或 MCU。传统的遥控电路采用独立的微处理器集成电路，如图 10-8 所示。现在的超级单片彩电中则是将微处理器与 TV 小信号处理电路整合在同一块芯片即超级单芯片内。

图 10-8　微处理器和节目存储器组装结构

微处理器通常由一片大规模集成电路组成，它的型号种类较多，内部电路非常复杂，它由运算器、累加器、寄存器、时钟发生器、程序控制器、指令译码器等组成。

当微处理器接收到遥控接收器或面板键盘电路送来的编码脉冲信号后，将其中的功能码信号通过数据缓冲器送到暂存寄存器，以供微处理器中的识别程序进行功能识别（也称解码）。识别程序由生产厂家在制作微处理器时写入其中的只读存储器（ROM）中，不同的厂家写入的程序不同。识别时，微处理器将 ROM 中的识别程序调入内部的随机存储器（RAM）中暂存，然后运行该程序。

执行识别程序的目的是根据功能码信号查找相应的控制程序，以进行操作控制。各种控制程序在厂家生产微处理器时写在其中的 ROM 中，它们在 ROM 中存放的起始地址不同。执行识别程序的结果是给出与功能码相应的控制程序的起始地址，并将该地址数据赋给程序计数器（即程序控制器），使微处理器去执行该段控制程序，在相应的引出脚输出相应的控制信号，送往接口电路或节目存储器，再通过接口电路去控制相应的彩电单元电路。

微处理器发出的控制信号可分为两类：一类是只有高低电平的开关信号，它可以控制相应电路的通与断，如遥控开关与关机；另一类是模拟信号，它是一个脉冲宽度与个数可改变的脉冲信号，该信号经过数/模（D/A）转换电路和接口电路后形成相应电压的直流电压信号，如调节音量、亮度等控制。

4. 接口电路

接口电路由数/模（D/A）转换电路、低通滤波器和电平移动电路组成。数/模转换电路是将微处理器输出的数字信号转换为相应的脉冲个数不同、脉宽不同的脉冲调制（PWM）信号。目前大多数 D/A 转换器常放置在接收机微处理器中，从而使外接的接口电路大大简化。低通滤波器用来将脉冲调制信号平滑滤波，得到相应大小的直流电压。电平移动电路用来将 PWM 信号或直流电压进行放大提高，使之符合受控电路对控制电压变化范围的要求。例如，高频调谐器内的调谐电压一般为 0～30V，而微处理器输出的脉冲调制信号最大值为 5V，经低通滤波器后可获得 0～5V 电压，因此要通过电平移动电路将 0～5V 变化的电压转换为 0～30V 变化的电压。图 10-9（a）给出了微处理器与高频调谐器 BT 端之间的接口电路。电路中，L1、C1、R5～R6、C2～C4 组成低通滤波器，R1～R3 和 V1 组成电平移动电路，图 10-9（b）给出接口电路关键点的电压波形。

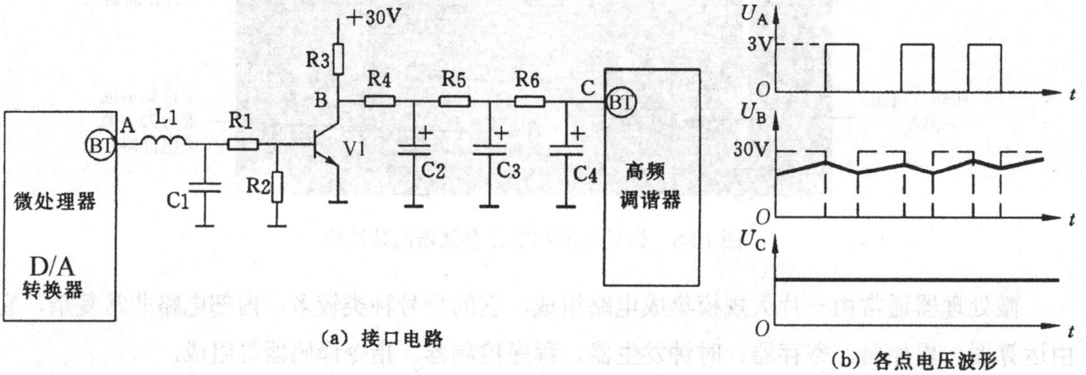

（a）接口电路　　（b）各点电压波形

图 10-9　接口电路与各点电压波形

5．频段译码器

频段译码器有两类：一类是与频段切换电压为 BL、BH、BU 的高频调谐器配接，另一类是与频段切换电压为 BV、BS、BU 的高频调谐器配接。前一类频段译码器的电路如 10-10 所示，各端脚间的逻辑关系及高频调谐器相应端脚的电压如表 10-1 所示。后一类频段译码器的电路如图 10-11 所示，各端脚间的逻辑关系及高频调谐器相应端脚的电压如表 10-2 所示。

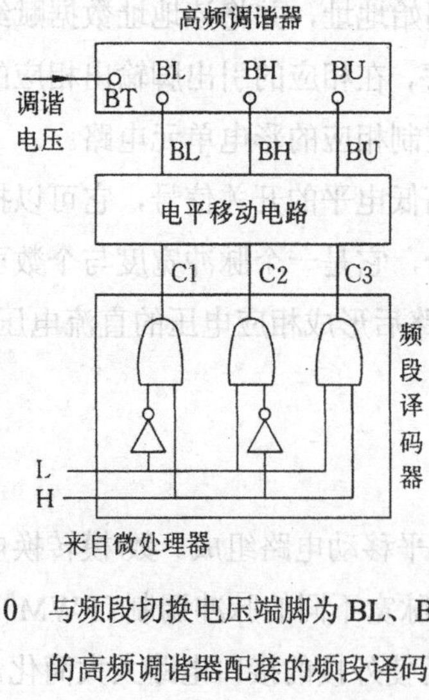

图 10-10　与频段切换电压端脚为 BL、BH、BU 的高频调谐器配接的频段译码器

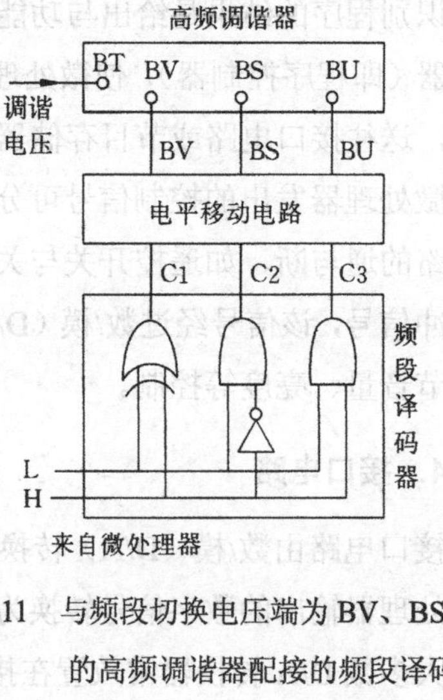

图 10-11　与频段切换电压端为 BV、BS、BU 的高频调谐器配接的频段译码器

表 10-1　与频段切换电压端脚为 BL、BH、BU 的高频调谐器配接的译码器各端脚的逻辑关系及高频调谐器相应端脚的电压

接收的频段	BL（V）	BH（V）	BU（V）	频段数据		$C1=\bar{L}\cdot H$	$C2=L\cdot\bar{H}$	$C3=L\cdot H$
				L	H			
—	0	0	0	0	0	0	0	0
VHF-L	12	0	0	0	1	1	0	0
VHF-H	0	12	1	0	0	0	1	0
UHF	0	0	12	1	1	0	0	1

表 10-2　与频段切换电压端脚为 BV、BS、BU 的高频调谐器配接的译码器各端脚的逻辑关系及高频调谐器相应端脚的电压

接收的频段	BV（V）	BS（V）	BU（V）	频段数据		$C1=\bar{L}\oplus H$	$C2=L\oplus\bar{H}$	$C3=L\oplus H$
				L	H			
—	0	0	0	0	0	0	0	0
VHF-L	12	0	0	0	1	1	0	0
VHF-H	0	12	1	0	0	0	1	0
UHF	0	0	12	1	1	0	0	1

6. 节目存储器

节目存储器用来将用户调试时所接收的电视节目频道的调谐电压、频段切换电压、自动频率微调（AFT）接入状态以及将音量、亮度、色饱和度、定时时间、开关机状态等数字信息存储，以保证再次开机时这些信息不丢失，而且可以随时修改存储的各种信息。

节目存储器采用一种称电可编程只读存储器的半导体存储器（EAROM），可以写入数据和读出数据，供电消失后，写入的数据不会丢失。EAROM 按数据传送方式可分为并行方式与串行方式两种。并行 EAROM 芯片传送数据的速度快，但引出脚较多，使用较少；串行 EAROM 芯片传送数据的速度慢，但引出脚较少，使用较多。串行 EAROM 芯片的结构如图 10-12 所示。

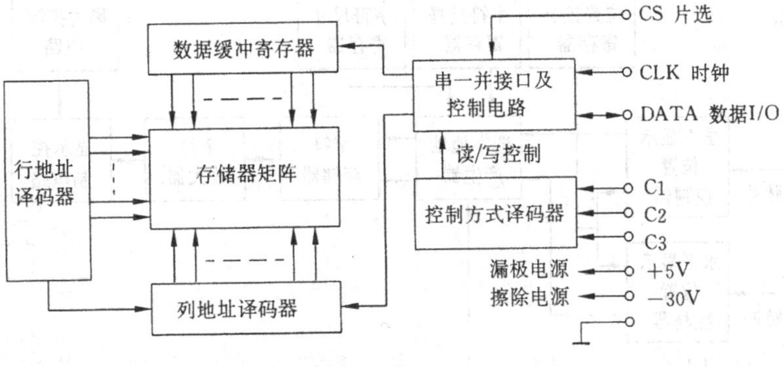

图 10-12　串行 EAROM 芯片的结构

内部电路的增加和电路功能的提高，可使 EAROM 集成电路引出脚大大减少，一般有一条双向数据线（传送地址码与数据码，代替了并行 EAROM 中的地址线与数码线）、三条工

作状态控制线、一条片选控制线、一条时钟脉冲线、两条电源线和一条地线，总计九条。

控制方式译码器有三个输入端C1、C2、C3，三个输入端电位的不同组合经控制方式译码器译码后，可构成八种工作方式，如表10-3所示，实际只使用了七种。C1、C2、C3三个输入端的电位由微处理器送来的三位一组并行信号决定，微处理器发出一组并行信号，可控制EAROM的工作状态。

表10-3 EAROM的八种工作方式

端 脚	工作方式							
	准 备	输入数据	输出数据	输入地址	写 数	读 数	擦 除	没 用
C1	H	L	L	H	L	L	H	H
C2	H	L	H	L	L	H	L	H
C3	H	L	L	L	H	H	H	L

注：H为高电平，L为低电平

双向数据线用来传送地址或数据信息。当EAROM工作在输入地址或输入数据状态时，双向数据线的I/O端脚接受来自微处理器送来的数据与地址信息。当EAROM工作在输出数据状态时，存储于EAROM中的数据信息由I/O端脚输出，送给微处理器。地址与数据信息的传送仅用一条线，所以需采用分时串行传送。采用这种传送方式，需按节拍严格同步，为此要加入时钟，而且在进行各种操作前需经过一个准备阶段（约为五个时钟周期），这样可以使各种操作互不干扰。

7. 字符显示器

字符显示器用来在电视屏幕上显示频道存储位置号（即节目编号）和频段、音量、亮度、色饱和度等模拟量控制等级以及定时关机的剩余时间等字符。目前，字符显示器均放置在接收机微处理器内部，其结构框图如10-13所示。

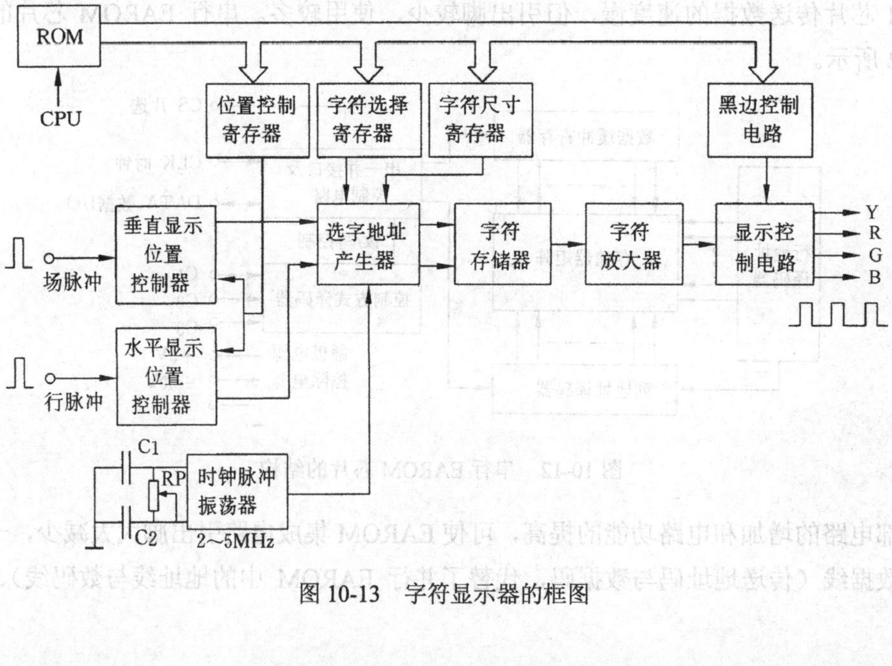

图10-13 字符显示器的框图

在进行音量控制等操作时会伴随着字符显示操作，这时 CPU 从微处理器的只读存储器 ROM 中调出字符的尺寸、位置、显示时间是否加黑边等控制信息（在集成块出厂时由厂家已写入 ROM 中），并存入相应的存储器中。位置信息加至垂直、水平显示位置控制器，同时行、场扫描脉冲也加至显示位置控制器，使垂直和水平显示位置控制器分别产生行、场同步的选通脉冲，再分别加至选字符地址产生器，以确定字符在屏幕上的垂直和水平位置。当行、场扫描到字符预定的显示位置时，产生时钟脉冲，从字符存储器中读出字符编码，经放大后加至显示控制电路。显示控制电路用来决定字符脉冲的极性和字符显示时间的长短、加黑边或黑色底框，然后输出 R、G、B 和 Y 脉冲信号。这些信号经过外接电路放大后加至显像管，使屏幕在预定位置显示相应的字符。显然，字符显示器需输入行、场扫描脉冲，还需要外接 C1 与 C2 和 RP，以产生时钟脉冲。

8. 面板键控电路

遥控彩色电视机的操作输入电路，实质上是微处理器的编码电路，它分为本机键控和红外遥控电路两种，这两种方式产生的功能指令输入途径不同，但它们的基本原理及作用是相同的。红外遥控电路前面已作介绍，这里介绍面板（按键）操作输入电路。面板操作输入电路主要由几个轻触式微型按键开关构成，如图 10-14 所示。面板键控电路有矩阵式和电阻分压式两种，具体内容后面再作介绍。

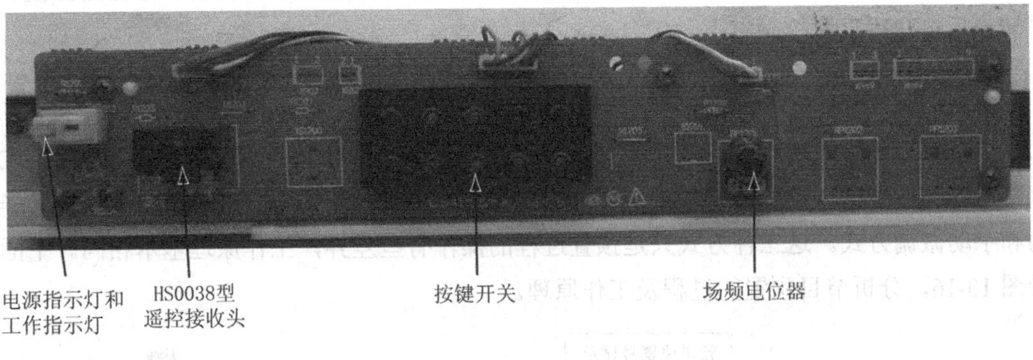

图 10-14　面板键控电路结构

10.1.3　模拟控制电压的产生和节目的预置

1. 模拟量控制电压的产生

选台和音量、对比度、亮度、色饱和度的模拟量调节需要一个按等级可变的直流控制电压。该直流控制电压（即模拟量控制电压）是由微处理器中的数/模转换器输出频率和宽度可变的脉冲串（数字调谐电压），经低通滤波器滤波、电平移动电路处理后得到的。

产生选台调谐电压常采用倍率乘法调制器和脉宽调制器相结合的 D/A 转换器，如图 10-15 所示。图中，微处理器 RAM 存储单元中的 14 位记忆调谐电压分为高 7 位与低 7 位，该数送入锁存器存储，高 7 位数字送入脉宽调制（PWM）器，低 7 位数字送入倍率乘法调制（BRM）器。脉宽调制器可依据高 7 位二进制数字的不同产生不同脉宽的脉冲，倍率乘法调制器可依据低 7 位二进制数字的不同产生不同个数的脉冲。上述两者之和即是数字调谐脉冲，随着二进制数字的变化，数字调谐脉冲的总脉宽（等于脉冲个数×单个脉冲的脉宽）也会随之改变。数字调谐脉冲由微处理器输出，经低通滤波器滤波平滑后，再经电平转换（参见图10-9），可获得直流选台调谐电压。

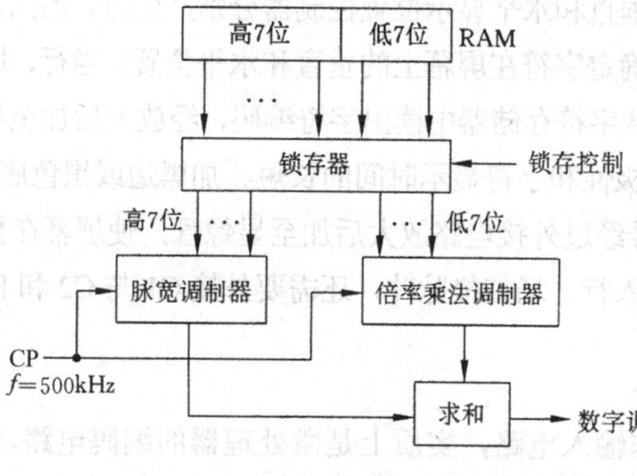

图 10-15　选台调谐电压的数/模转换器

产生音量、对比度、宽度与色饱和度调节的模拟量控制电压通常采用加权转换的脉宽调制型D/A转换器，工作原理与上述脉宽调制器相似。依据二进制数码的大小，调整一个周期一定的脉冲的占空比，即调整脉宽。得到的数字调谐脉冲由微处理器输出，经低通滤波和电平转换后可获得直流控制电压。

2．节目预置

节目预置是将各电视节目(频道)所需要的数字调谐电压与数字频段信息存储在EAROM存储器中与选中的频道位置号相对应的存储单元中。节目预置的方式有三种：全自动、半自动和手动微调方式。这三种方式只是预置过程的操作有些差异，工作原理基本相同。下面参看图10-16，分析节目预置的过程及工作原理。

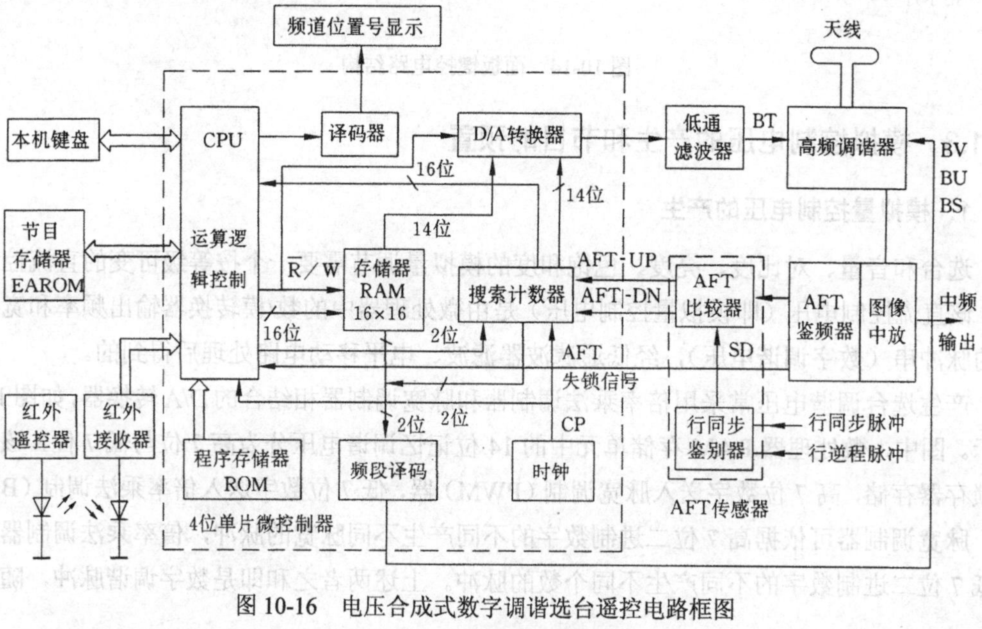

图 10-16　电压合成式数字调谐选台遥控电路框图

如果采用半自动调谐方式预置电视节目，则用户先选定频道位置号，即选定节目存储器EAROM中与该频道位置号对应的存储单元，并把该存储单元中的数字选台信息送至搜索计数器。搜索计数器将其中的数字调谐电压信息（14位二进制数码）送至D/A转换器，得到数字调谐电压，经低通滤波与电平转换，得到调谐电压，加至高频调谐器的BT端；同时，将其中的频段信息（2位二进制数码）送至频段译码器，输出三个频段控制电压，加至高频调谐器。

按下预置键，微处理器的CPU输出逻辑控制信号使读/写（$\overline{R}/W$）信号置于逻辑“1”电平，则EAROM存储器由读状态变为写状态。按频道“+”或频道“–”按键，使搜索计数器开始进行加或减的计数，将其中14位调谐电压的二进制数码送至D/A转换器，以产生控制高频调谐器的调谐电压，将其中2位频段二进制数码送至频段译码器，以产生控制高频调谐器的频段切换电压，对电视频道进行搜索调谐。

当搜索到电视频道时，AFT传感器中的行同步鉴别器（也称电视信号识别器）检测到有行同步信号与行逆程脉冲，输出行同步检出信号SD，送至AFT比较器。AFT比较器会依据中放通道AFT电路送来的AFT电压（即AFT鉴频信号）大小，产生向上微调（AFT-UP）或向下微调（AFT-DN）信号，使搜索计数器由快速记数变为慢速加或减记数，由快速搜索调谐变为慢速搜索调谐，直至AFT入锁，检出调谐点，搜索计数器自动停止搜索，调谐电压与频段切换电压恒定不变。

如果搜索到的频道是用户要记忆的电视节目，则按下“记忆”键即可把该电视节目的数字选台信息存储在节目存储器EAROM中与该频道位置号对应的存储单元中。如果需要在另一频道位置号预置电视节目，只需重复上述操作即可。

如果采用全自动调谐方式预置电视节目，用户只需要按下全自动预置键，微处理器就可以按VHF-L→VHF-H→UHF的顺序自动进行搜索调谐，检出调谐点，并依次赋给节目存储器EAROM中的存储单元。同时，还与从低到高的频道位置号一一对应。每一个电视节目的搜索调谐，检出调谐点，将选台信息存入对应一定频道位置号的存储单元的工作过程与工作原理与半自动调谐方式相同，只是不需要用户进行操作而由微处理器自动进行。全自动预置调谐过程可参看流程图，如图10-17所示。

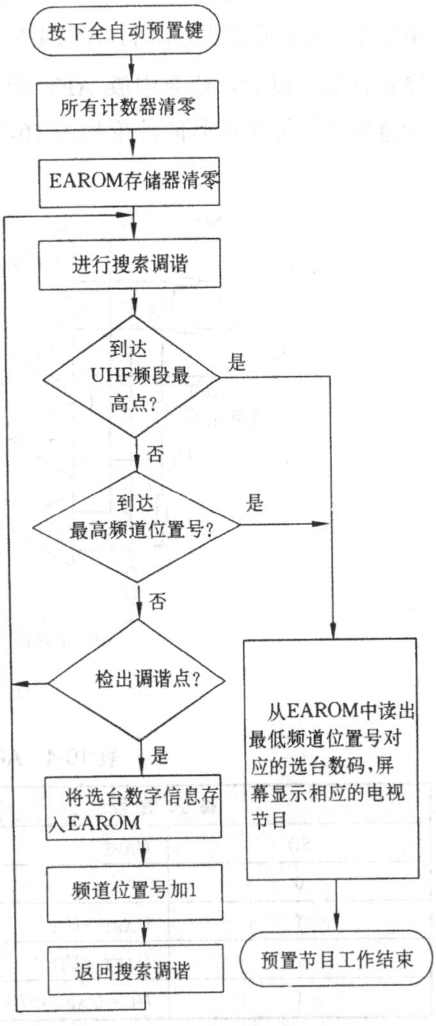

图10-17　全自动预置调谐过程流程图

如果采用手动微调预置方式，搜索调谐是通过按微调的“上升”或“下降”键来完成，也就是通过按“上升”或“下降”键来使搜索计数器进行加1或减1的计算。

3. AFT比较器工作原理

图10-18（a）是AFT比较器电路图，它由四个运算放大器及外部元件组成的。当SD信号为零时，放大器A1与A4的输出均为零，从而使AFT比较器的两个输出端AFT-UP与AFT-DN信号均为低电平“0”，因此AFT比较器对搜索计数器没有控制作用，搜索计数器快速计数。

当SD信号为高电平“1”时，放大器A1、A4输出高电平“1”，使AFT-UP信号决定于A3输出信号，AFT-DN信号决定于A2输出信号。当AFT控制电压U_{AFT}大于U_H时，A2输出低电平“0”，AFT-DN信号为“0”；A3输出高电平“1”，AFT-UP信号为“1”。此“01”逻辑信号使搜索计数器加1。当U_{AFT}电压小于U_L时，A2输出高电平“1”，AFT-DN信号为“1”；A3输出低电平“0”，AFT-UP信号为“0”。此“10”逻辑信号使搜索计数器减1。当U_{AFT}电压小于U_H而大于U_L时，AFT-UP与AFT-DN信号均为“1”，“11”逻辑信号使搜索计数器停止计数，以后，依靠中放AFT调谐点的检出区，自动迅速地检出最佳的调谐点。AFT比较器输入与输出信号的波形如图10-18（b）所示，其关系如表10-4所示。

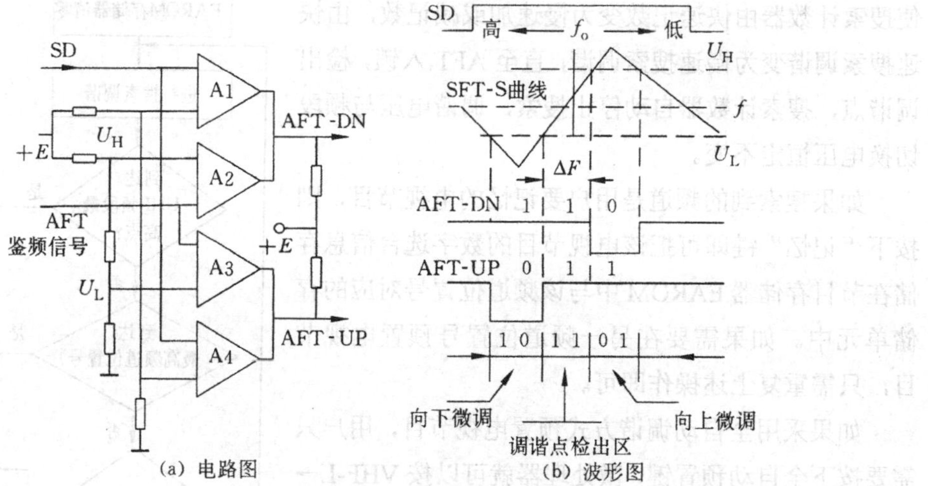

图10-18 AFT比较器电路

表10-4 AFT比较器输入与输出信号关系表

输入信号		输出信号	
SD	U_{AFT}	AFT-DN	AFT-UP
0	—	0	0
1	$U_{AFT}>U_H$	0	1
1	$U_{AFT}<U_H$	1	0
1	$U_L<U_{AFT}<U_H$	1	1

10.2 三菱 M50436-560SP 遥控系统

三菱 M50436-560SP 遥控系统是 20 世纪 80 年代后期开发生产的遥控系统，它用于东芝两片机芯，松下 M11 机芯、夏普 TA 两片机芯和三洋 83P 机芯中。

三菱 M50436-560SP 彩电遥控系统由红外遥控发射器集成电路 M50462AP、红外遥控接收器集成电路 CX20106A、微处理器 M50436-560SP、节目存储器（EAROM）M58655P、频段译码器 M54573L 及外围电路组成，如图 10-19 所示。微处理器 M50436-560SP 具有端口设计合理、外部电路简单、功能较齐全等优点。该系统只有一个可调整元件，调整简单、可靠性高，适于大批量生产。

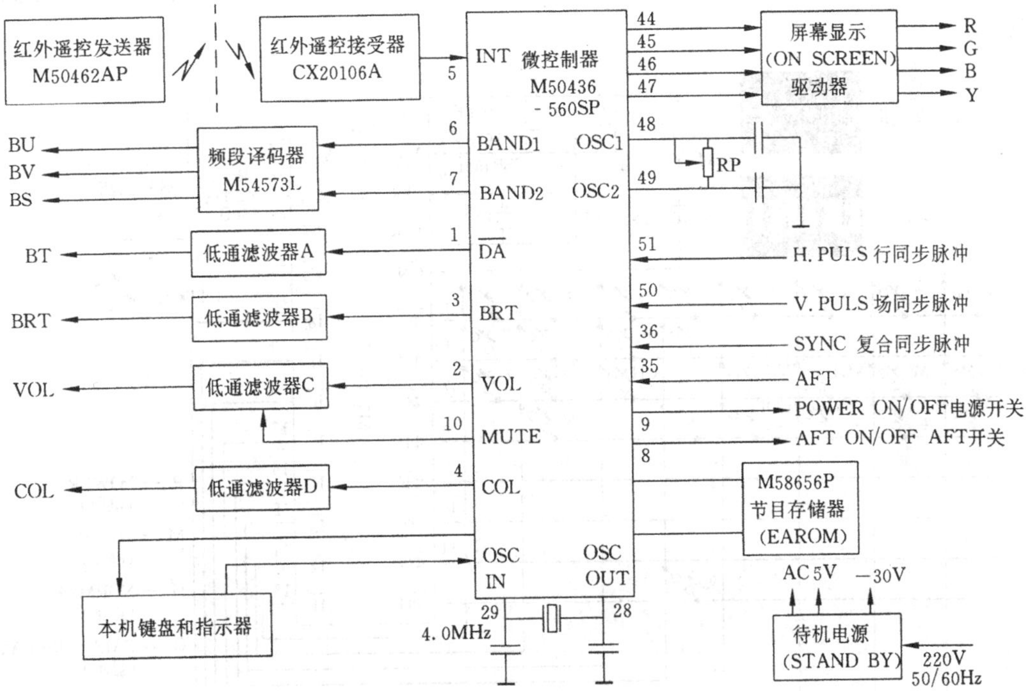

图 10-19　三菱 M50436-560SP 彩电遥控系统的组成

10.2.1 遥控发射器

M50436-560SP 遥控系统的遥控发射器电路如图 10-20 所示。由该图可以看出，它由键盘矩阵、M50426AP 处理器、驱动放大管 V 和红外发光二极管 D1 等组成。它的作用是发出各种红外遥控信号以完成各种遥控操作。

红外遥控发射器的振荡器由 M50462AP②脚和③脚内振荡电路与外接陶瓷谐振器（陶瓷振子 CF、C1、C2）或 LC 电路组成。振荡频率为 455kHz（或 480kHz），由外接电路来决定。时钟信号发生器将 456kHz 信号（或 480kHz 信号）进行 12 分频，得到 38kHz（或 40kHz）信号作为定时信号和遥控载波信号。

在定时脉冲信号的作用下，键位扫描信号发生器产生八种不同时间出现的键位扫描脉冲，轮流由ΦA～ΦH 端脚输出，并送至键盘矩阵电路，轮流对键盘矩阵进行扫描。键盘矩阵电路输出的信号由⑪～⑱端脚送至集成电路内的键位编码器，以产生各按键的键位码，并加至遥控指令编码器进行码值变换，得到遥控指令的功能码。该功能码与用户码转换器产生的系统码同时加至码元调制器，对 38kHz（或 40kHz）载波进行脉幅调制，再由④脚输出，去激励外接的 LED 指示灯 D2，这样可减少驱动 LED 的电源消耗。同时，脉幅调制信号经集成电路内输出缓冲器后由㉓脚输出，再经 V 驱动红外发光二极管 D1 产生波长为 940nm 的红外线遥控信号。改变㉑脚、㉒脚电位可改变系统码。

当红外遥控发射器的某一按键被按下时，振荡电路才开始振荡，产生定时脉冲信号与遥控载波信号，协调各部分电路正常工作。如果没有任何键按下，则振荡器停止工作，电源功耗极小。

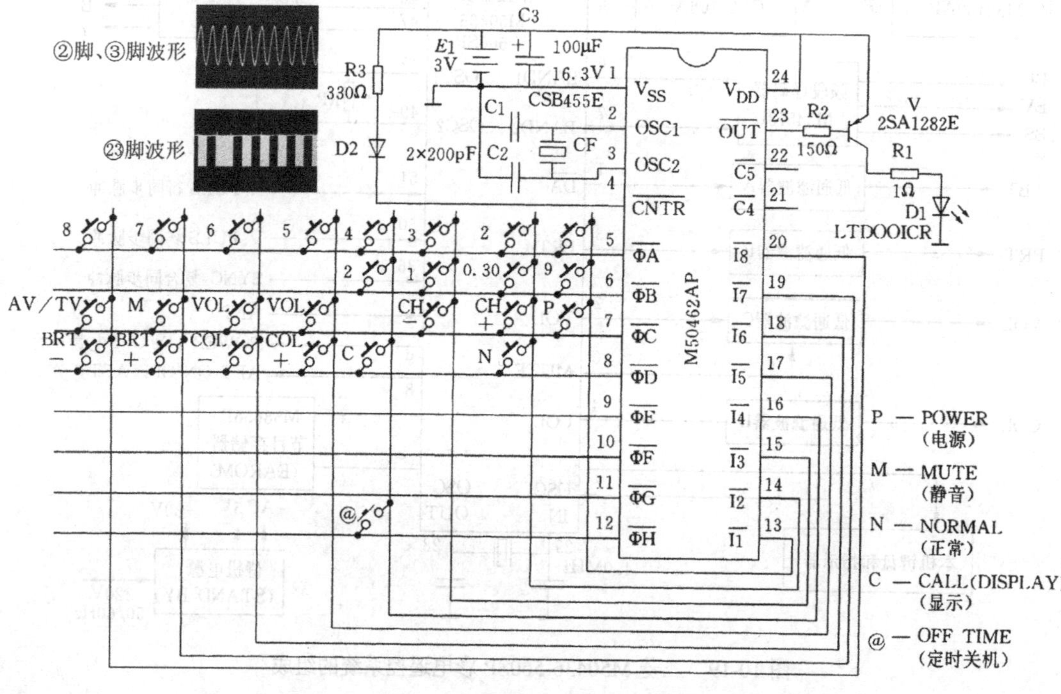

图 10-20　M50436-560SP 遥控系统的遥控发射器电路

10.2.2　红外遥控接收器

红外遥控接收器由集成电路 CX20106A 和光电二极管 D1 等元件组成，如图 10-21 所示。集成电路 CX20106A 内部电路的组成如图 10-21 所示，它具有低功耗（V_{CC} = 5V 时约 9mW）、低电源电压（约 5V）；带通滤波器在集成块内，无电感，防止电磁干扰，用外加电阻改变其中心频率；可直接与光电二极管相接；输出端可与 TTL 和 CMOS 集成电路直接相接（集电极开路输出）等。CX20106A 各引脚的功能如表 10-5 所示。

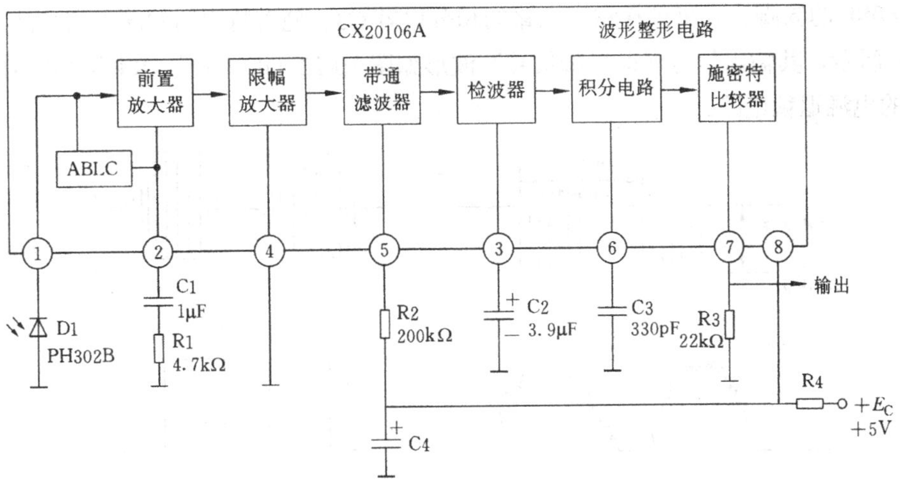

图 10-21 红外遥控接收器

表 10-5 CX20106A 各引脚的功能

引 脚	符 号	功 能
①	IN	该脚与地之间接光电二极管，作为信号输入端
②	C1	该脚与地之间串接一个电阻和一个电容器，以调整放大器的增益
③	C2	该脚与地之间接一个检波电容器
④	GND	外接地
⑤	f_o	该脚与电源之间外接电阻，以调整带通滤波器的中心频率
⑥	C3	该脚与地之间接积分电容器
⑦	OUT	传送码信号输出（集电极开路输出）
⑧	V_{CC}	外接+5V 电源

当红外遥控发送器工作时，光电二极管 D1 将红外遥控信号转换为相应的电信号由集成电路 CX20106A①脚输入，其波形如图 10-22（a）所示。①脚输入的电信号经前置放大器和限幅放大器放大后加至 38kHz(或 40kHz)带通滤波器。前置放大器设有自动偏置控制(ABLC)电路，可使前置放大器有很大的输入动态范围，以保证弱信号时增益高，强信号时不饱和。②脚外接 R1 与 C1 串联网络，用来设定前置放大器的增益和频率特性。电阻大、电容小，则增益低；电阻小、电容大，则增益高。电容不易过大，否则瞬态响应速度会下降。限幅放大器对电信号进行放大和适当限幅，以消除杂散的调幅干扰。两级放大电路的总增益约为 60dB。带通滤波器可滤除其他频率成分的噪声干扰，调⑤脚外接电阻 R2 可改变带通滤波器的中心频率，使中心频率为 38kHz（R3 约为 220kΩ）或 40kHz（R3 约为 200kΩ）。由于带通滤波器没使用电感，所以不受磁场的影响。带通滤波器输出信号的波形如图 10-22（b）所示。

经带通滤波器滤波后的电信号加至检波器进行峰值检波，得到其外包络脉冲，即脉位调制的编码脉冲信号。③脚外接检波电容器 C2，其容值过大时，瞬态响应灵敏度低；其容值小时，瞬态响应灵敏度高，但检波输出脉冲的脉宽变动大，易造成遥控误动作。检波后的编码脉冲信号由波形整形电路（积分器与施密特比较器）进行整形，由⑦脚输出，加至

M50436-560SP 的⑤脚、⑥脚外接积分电路的积分电容 C3。施密特电路的输入信号波形如图 10-22（c）所示，其输出信号（即⑦脚信号）波形如图 10-22（d）所示。R4 与 C4 组成集成电路供电的电源退耦电路。

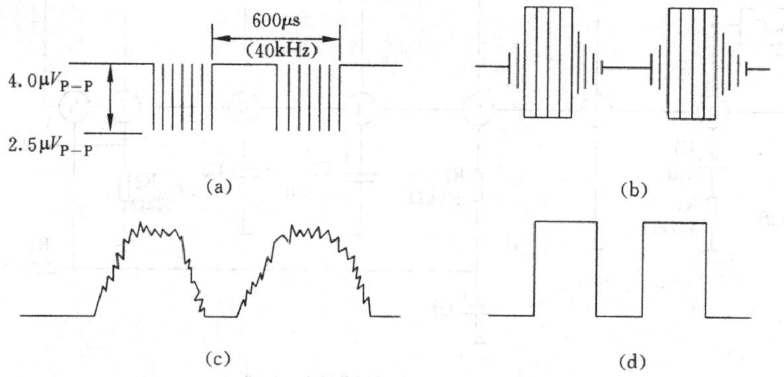

图 10-22　CX20106A 的各级信号波形

10.2.3　微处理器 M50436-560SP

M50436-560SP 是专门为采用电压合成方式的数字调谐系统研制的一个 4 位单片微处理器。它含有一个电压调谐用的 14 位脉宽调制（PWM）输出电路，三个 7 位 PWM 输出电路，一个计时计数器和一个 48 字符屏幕显示电路。它与节目存储器 EAROM（M58655P）组合构成具有各种特性的遥控系统，具有自动/半自动预置、屏幕字符显示、自动关机、定时关机、模拟量遥控等功能。M50436-560SP 各引脚的功能如表 10-6 所示。

表 10-6　M50436-560SP 集成电路各引脚功能表

脚　号	名称符号	输入输出	功　能
①	$\overline{D/A}$	输出	输出 16384 级脉宽调制（PWM）信号，用于电视机的电压调谐
②	VDP0	输出	输出 64 级脉宽调制信号，用于电视机的音量控制
③	VDP1	输出	输出 64 级脉宽调制信号，用于电视机的色饱和度控制
④	VDP2	输出	输出 64 级脉宽调制信号，用于电视机的亮度控制
⑤	$\overline{INT}$	输入	用于接收经预放整形后的遥控信号
⑥	BAND2	输出	频段选择输出端
⑦	BAND1	输出	频段选择输出端
⑧	AFC ON/OFF	输出	用于控制 AFT 的开/关
⑨	POWER	输出	用于电视机主电源的开/关状态控制
⑩	$\overline{MUTE}$	输出	静音输出端
⑪	F1	输出	与μPD6326C 相配时，接其负载（LOAD）的输入端
⑫	F0	输出	此端作为 CALL1 信号输出端
⑬	AVIN	输入	AV 输入控制端
⑭	AV1	—	TV/AV 转换控制端
⑮	AV2	—	TV/AV 转换控制端
⑯	$\overline{CS}$	输出	CS 片选信号输出，接 M58655P 的 CS 脚

续表

脚　号	名称符号	输入/输出	功　能
⑰	E3	输入	本机键盘扫描信号输入端
⑱	E2	输入	
⑲	E1	输入	
	E0	输入	
㉑	H3	输出	状态设定输出端
㉒	H2	输出	
㉓	H1	输出	本机键盘扫描信号输出
㉔	H0	输出	
㉕	TEST	—	输入端
㉖	V_{SS}	—	接地端
㉗	$\overline{\text{RESET}}$	输入	微处理器的复位端
㉘	OSC OUT	输出	微处理器时钟振荡输出端
㉙	OSC IN	输入	微处理器时钟振荡输入端
㉚	J0	输出	本机键扫描信号输出端
㉛	J1	输出	
㉜	J2	输出	
㉝	J3	输出	
㉞	D	双向	数据输入/输出端口，接 M58655 的 I/O 端（⑫脚）
㉟	A/D	输入	A/D 输入端，用于 AFT 信号的输入
㊱	SYNC	输入	电视复合同步信号由此端送入微处理器
㊲	L1	输入	制式选择输入口
㊳	L2		
㊴	L3	—	50/60Hz 切换
㊵	K0	输出	12V 电压输出
㊶	K1		
㊷	K2		
㊸	K3	输出	无行、场同步信号时静噪
㊹	OUT	输出	这是一个关于 R、G、B 脚的逻辑“或”输出。通过选择可改变输出极性
㊺	B	输出	显示 B 字符脉冲
㊻	G	输出	显示 G 字符脉冲
㊼	R	输出	显示 R 字符脉冲
㊽	OSC2	输出	屏幕显示时钟振荡器基准控制端
㊾	OSC1	输入	
㊿	V·SYNC	输入	场同步脉冲输入端
51	H·SYNC	输入	行同步脉冲输入端
52	Vcc	输入	电源电压输入端（+5V）

下面就微处理器 M50436-560SP 集成电路的几个主要引出脚功能的应用特点做一些简要说明。

1. M50436-560SP⑥脚（BAND2）与⑦脚（BAND1）输出频段控制信号

M50436-560SP⑥脚（BAND2）与⑦脚（BAND1）输出的频段信号与接收频段的关系如

表 10-7 所示。

表 10-7 控制信号与工作频段之间的关系

工 作 频 段	⑥ 脚 BAND2	⑦ 脚 BAND1
UHF	L	L
VHF-H	H	L
VHF-L	L	H
——	H	H

2. ⑧脚输出 AFT 开关控制信号和㉟脚输入 AFT 电压

中放通道的 AFT 电路输出的 AFT 电压加至 M50436-560SP 的㉟脚。M50436-560SP⑧脚输出 AFT 开关控制信号，当预置节目时，该脚输出高电平，控制 AFT 电子开关，使 AFT 电压无法加至高频调谐器，而加至 M50436-560SP 的㉟脚；正常接收节目时，该脚输出低电平，控制 AFT 电子开关，使 AFT 电压加至高频调谐器。

3. ⑨脚输出电源开关控制信号

M50436-560SP 的⑨脚输出的控制信号可以控制主电源的开启与关闭（处于待机状态）。当该脚输出为高电平时，电视机主电源接通；当该脚输出为低电平时，电视机主电源被切断，电视机处于待机状态。主电源开关的状态随时记忆在节目存储器 EAROM 中，从而使总电源接通后与断开前的状态相同。

4. ⑩脚输出消音控制信号与㊸脚输出消噪控制信号

M50436-560SP 的⑩脚输出消音（MUTE）控制信号。当微处理器收到消音信息（按下消音键）时，⑩脚输出低电平，自动关闭伴音通道。再按消音键可使⑩脚输出高电平，伴音通道恢复工作。

M50436-560SP 的㊸脚输出消噪控制信号。当电视机接收不到电视信号时，㊱脚无同步信号输入，在微处理器控制下，使㊸脚输出低电平，关闭伴音通道。电视机接收到电视信号时，微处理器使㊸脚输出高电平，伴音通道恢复正常工作。

5. ⑪脚外接μPD6326C 的 LOAD 端

M50436-560SP 有音量、色饱和度和亮度三个模拟量控制，如果增加 D/A 转换器μPD6326C 和相应的低通滤波器，可使模拟量的控制增加到九个，即亮度（BRT）、音量（VOL）、色饱和度（COL）、对比度（CON）、清晰度（SHAR）、高音（TRE）、低音（BASS）、平衡（BALAN）和色度（TINT）控制。外接μPS6326C 时，该端经一个二极管接至 D/A 转换器μPD6326C 的④脚（LOAD），以实现对μPD6326C 的控制。不进行控制时，该脚输出低电平。

6. 与节目自动搜索有关的端脚

M50436-560SP 的㉟脚是一个 3 位模/数转换器（即 AFT 比较器）的输入端，输入主机中放通道送来的 AFT 控制电压。3 位模/数转换器将输入的模拟电压转换为 3 位的数字量，以确定最佳调谐点，完成自动搜索的功能。

M50436-560SP 的㉟脚内接 HS 计数器（相当于行同步鉴别器），输入行场复合同步信号。HS 计数器能检测视频信号是否存在。HS 计数器配合 3 位模/数转换器一起完成自动搜索任务。

7．与屏幕字符显示有关的端脚

M50436-560SP 的㊽脚与㊾脚分别是显示控制器中时钟脉冲振荡器的振荡输出与输入端。外接 RC 网络就可产生 6～7MHz 以上的振荡，改变 RC 时间常数可以改变振荡频率，使显示的字符大小与位置发生变化。

M50436-560SP 的㊿脚与51脚分别是场逆程脉冲与行逆程脉冲输入端。显示控制器根据输入的行、场逆程脉冲来确定字符的显示位置，并实现同步显示。

M50436-560SP 的㊹～㊼脚输出 OUT、R、G、B 屏幕显示信号。该信号经屏幕显示器放大和电平转换后，使屏幕特定的位置处显示相应的字符（可以显示六种颜色）。OUT 信号是 R、G、B 三种信号的复合信号。无信号时，四个端脚为低电平；有信号时，四个端脚为高电平。

8．㉕脚与㉖脚的电源端及㉗脚的复位端

M50436-560SP 的㉕脚是供电电源的输入端，外接直流+5±10%电压，㉖脚接地。无显示时，电流消耗为 1. 5mA 左右；有显示时，电流消耗约为 4mA。

当 M50436-560SP 的㉕脚、㉖脚间刚加入+5V 电压时，㉗脚的外接电路必须使此脚为低电平（0V），此时 M50436-560SP 内部的复位电路工作，对内部的所有电路进行初始化，使其进入待命工作状态。在约 1ms 之后，㉗脚应变为高电平（大于等于 0.9V，当 V_{cc}=5V 时大于等于 0.5V）状态并一直保持下去，于是复位作用解除，M50436-560SP 进入正常工作状态。为了防止复位电路发生误动作，㉗脚内部有一个施密特电路。当㉗脚电位大于 4.5V 后，施密特电路翻转，输出高电平；只有当㉗脚电位小于 1.5V 时，施密特电路才会又翻转，输出低电平，进行复位。因此，㉗脚电位波动时，只要不小于 1.5V，就不会产生复位，电路也不易受到干扰。

10.2.4　节目存储器 M58655P

节目存储器 M58655P 的内部结构如图 10-23 所示，各引脚的作用如表 10-8 所示，与 M50436-560SP 的连接如图 10-24 所示。

表 10-8　M58655P 各引脚的功能

引出脚号	符　号	功　能
①	V_{SS}	基片电压，通常接+5V
②	V_{GG}	电源电压，通常接-30V
③	NC	空脚
④	$\overline{CS}$	片选端，该脚为低电平时集成电路工作
⑤	NC	空脚

续表

引出脚号	符　号	功　能
⑥	CLK	时钟输入端，当$\overline{CS}$为低电平时，所有工作方式都需时钟信号
⑦～⑨	C1～C3	控制工作方式的输入端，用以选择工作方式
⑩，⑪	NC	空脚
⑫	I/O	接收地址和数据工作方式时，作为输入端在移位输出数据工作方式时，作为输出端在等待、读、抹和写工作方式时，该脚处于悬浮状态
⑬	V_{GND}	接地
⑭	V_M	测试时使用，正常工作时，此脚悬空

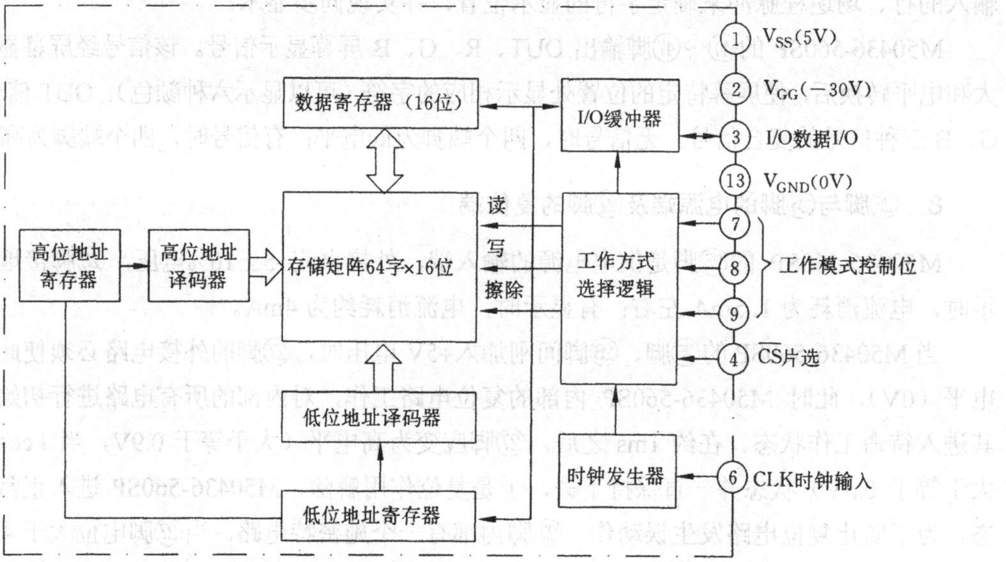

图 10-23　节目存储器 M58655P 的内部框图

10.2.5　频段译码器 M54573L

M54573L 是日本三菱公司生产的频段译码器，它可将 M50436-560SP⑥脚（BAND2）与⑦脚（BAND1）输出的频段切换信号 A 和 B 进行译码、驱动，产生高频调谐器所需要的频段控制信号（BV、BU、BS 或 BL、BH、BU）。M54573L 内部框图如图 10-25 所示。

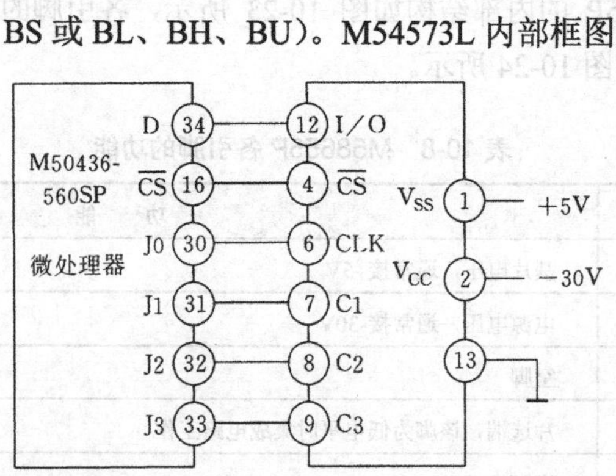

图 10-24　M58655P 与 M50436-560SP 的连接图

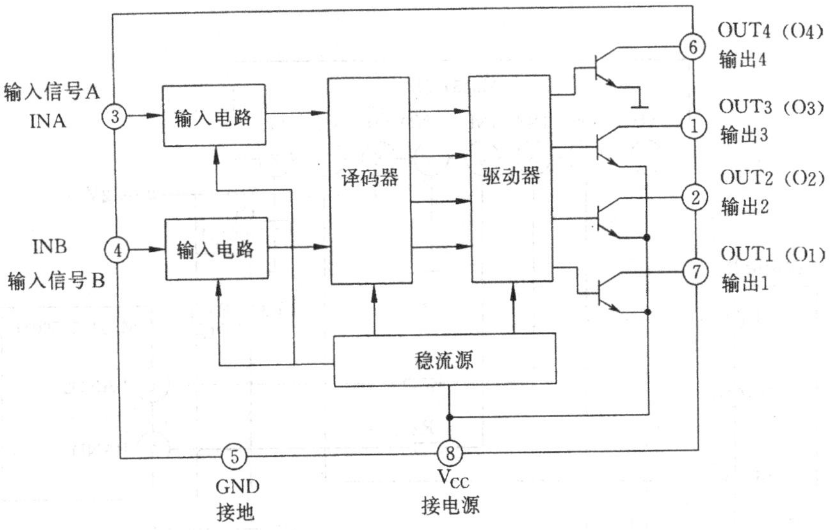

图 10-25 M54573L 内部框图

当 M54573L 与 BV、BU、BS 式高频调谐器连接时，连接方法如图 10-26 所示。当 M54573L 与 BL、BH、BU 式高频调谐器连接时，连接方法如图 10-27 所示。

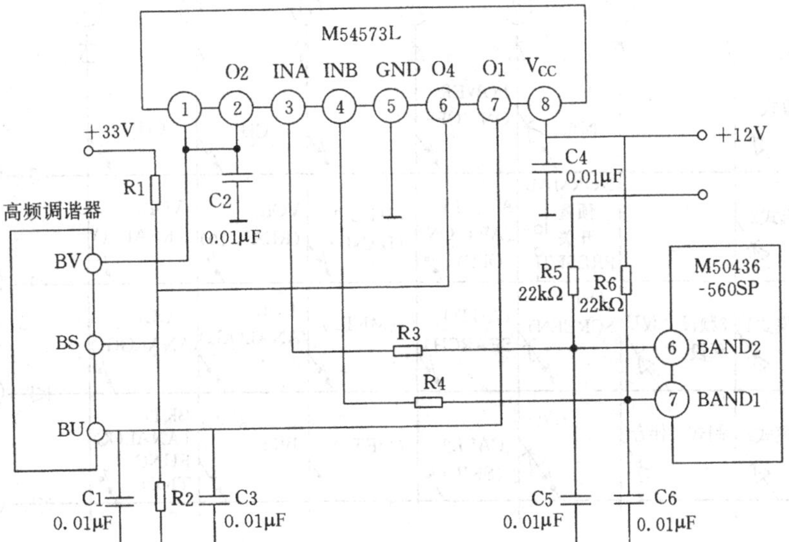

图 10-26 M54573L 与 BV、BU、BS 式高频调谐器的连接图

10.2.6 本机键盘矩阵电路

本机键盘矩阵电路如图 10-28 所示，在横线与纵线交叉处接有按键开关或二极管。当预置开关断开时，电视机工作于正常收看状态（NORMAL），各按键的功能如括号外的文字所示；当预置开关接通时，电视机工作于预置状态（PRESE），各按键的功能如括号内的文字所示。这样，利用按键可完成对电视机的预置和控制。此外，还可利用键盘矩阵电路中二极管的通与断实现电视机工作方式的选择，有二极管时为开关接通（ON），无二极管时为开关断

开（OFF）。

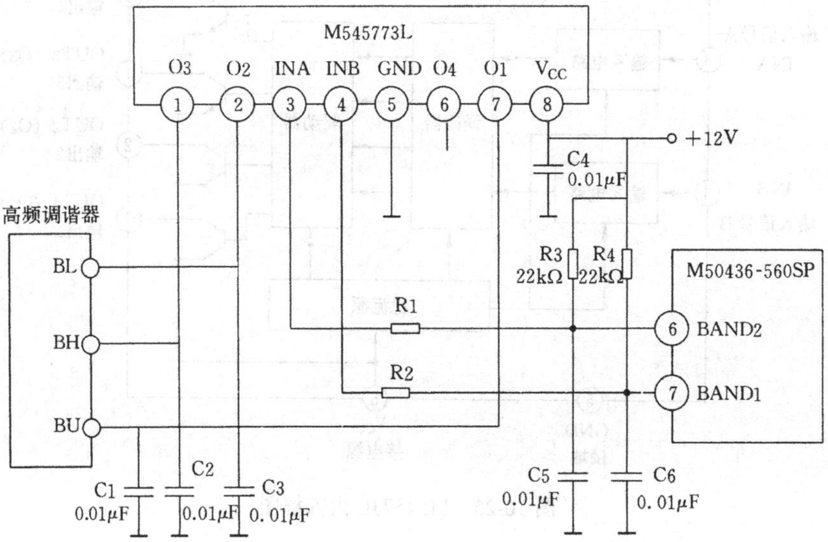

图 10-27 M54573L 与 BL、BH、BU 式高频调谐器的连接图

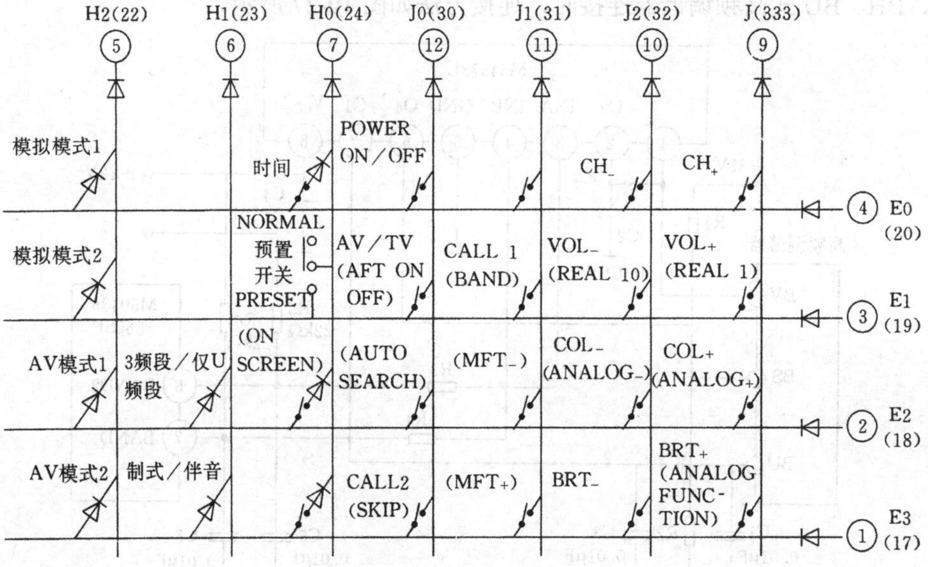

图 10-28 本机键盘矩阵电路

1. 电视机正常收看时各功能按键的作用

（1）POWER（电源）键：用来打开或关闭电视机的主电源。在预置状态下，该键也有电源控制作用。

（2）AV/TV 键：用来切换接收电视节目与外接的视频节目，如录像机、VCD 等播放的视频节目。

（3）CH+与 CH-键：用来完成顺序选台。

（4）VOL+与 VOL-键：用来调节音量增减。

（5）COL+与 COL−键：用来调节色饱和度增减。

（6）BRT+与 BRT−键：用来调节亮度增减。

2. 电视机处于预置状态时，各功能按键的作用

（1）AFT ON/OFF 键：在人工选台时，用此开关控制 AFT 电压的接通与断开。

（2）AUTO SEARCH（自动搜索）键：按此键后，微处理器将自动地从低到高完成节目搜索预置工作。从 1 号节目预置开始，逐一将正在播出的电视节目的选台信息存入 EAROM 内存单元中，并依次赋给节目号，同时将 AFT 开关自动置“开”状态。

（3）SKIP（节目跳跃）键：按此键可跳跃某个节目号。如果要跳跃 4 号节目，则只需在预置状态时，在置 4 号节目后按此键，使屏幕显示“SKIP4”即可。当正常收看时，顺序选台中不再有 4 号节目出现。

（4）MFT+与 MFT−键：在进行人工选台时，使用这两个键，可以改变调谐频率。

（5）REAL10 与 REAL1 键：为了使用户了解每一节目号存放的电视节目的频道号，在进行节目预置时，可以通过 REAL10 键设定频道号的十位数字，用 REAL1 键设定频道号的个位数字。则在正常收看状态时，频道号与节目号将同时显示在荧光屏的右上角。

3. 二极管选择开关的作用

（1）利用 H2 与 E0、H2 与 E1 交叉处的“模拟模式 1 和模拟模式 2”的二极管选择开关的 ON/OFF 状态，可以选择模拟量的控制数目，如表 10-9 所示。

表 10-9 二极管的 ON/OFF 状态与模拟量的控制数目

模拟模式 2	模拟模式 1	模拟模式（功能数目）
OFF	OFF	3 个模拟量：VOL，BRT，COL
OFF	ON	4 个模拟量：VOL，BRT，COL，CONT
ON	OFF	8 个模拟量：VOL，BRT，COL，CONT，SHARP，TRBI，BASS，BAL
ON	ON	9 个模拟量：VOL，BRT，COL，CONT，SHARP，TRBI，BASS，BAL，TINT

（2）利用 H2 与 E2，H2 与 E3 交叉处的“AV 模式 1 和 AV 模式 2”的二极管选择开关的 ON/OFF 状态，可以选择视频输入方式，如表 10-10 所示。

表 10-10 二极管的 ON/OFF 状态与 AV 模式的选择

AV 模式 2	AV 模式 1	AV 模式
OFF	OFF	仅仅接收 TV 节目
OFF	ON	1 路 AV（TV/AV）
ON	OFF	2 路 AV（$TV/AV_1/AV_2$）
ON	ON	3 路 AV（$TV/AV_1/AV_2$/R.G.B）

如果微处理器 M50436-560SP 的⑬脚为低电平，则强制视频输入方式为 4 路输入；如果⑬脚为高电平（经 22kΩ电阻接+5V 电源），则按 AV/TV 键时，M50436-560SP 的⑬脚与⑮脚电位会发生变化，从而改变电视接收的视频信号，如表 10-11 所示。

表 10-11 M50436—560SP⑭脚、⑮脚电平与接收视频信号的关系

⑭脚电位	⑮脚电位	TV/AV1/AV2/RGB	TV/AV1/AV2	TV/AV	TV
H	H	TV	TV	TV	TV
H	L	AV1	AV1	AV	TV
L	H	AV2	AV2	0	TV
L	L	RGB	0	0	TV

（3）利用 H1 与 E2 交叉处的“三频段/仅 U 频段”的二极管选择开关的 ON/OFF 状态，可以选择接收频段的个数，如表 10-12 所示。当接收三个频段时，按 BAND 键，M50436-560SP 的⑥脚和⑦脚的输出信号会变化，可进行频段选择。

表 10-12 二极管的 ON/OFF 状态与接收频段的关系

三频段/仅 U 频段	工 作 频 段
OFF	三个频段：VHF-L/VHF-H/UHF
ON	仅 1 个 UHF 频段

（4）利用 H1 和 E3 交叉处的“制式/伴音”的二极管选择开关的 ON/OFF 状态，可进行彩色电视制式和伴音工作状态的选择。为 ON 状态时，荧光屏右下角显示伴音工作状态；为 OFF 时，荧光屏右下角显示彩色电视制式。

（5）CALL1 键是控制双伴音电视接收第 1 种语言或第 2 种语言的按键，按此键可改变 M50436-560SP⑫脚电位，完成接收两种语言的切换。CALL2 键是控制立体声电视机接收立体声或单声道的按键，按此键可改变 M50436-560SP㊶脚电位，完成立体声与单声道的切换。M50436-560SP 的㊳脚和㊲脚为接收彩色电视制式与伴音工作状态的控制端，它们的电平和接收彩色电视制式或伴音工作状态的关系如表 10-13 所示。

表 10-13 M50436-560SP㊲脚和㊳脚的控制作用

㊲脚	㊳脚	彩色电视制式	伴音工作状态
L	L	—	—
L	H	SECAM	第 2 语言
H	L	NTSC	第 1 语言
H	H	PAL	立体声

（6）利用 H0 和 E0 交叉处的时间开关的接通与断开，可实现时钟及定时开机或定时关机的控制。

图 10-29 是一个本机键盘矩阵的实际应用电路，它在 H0 与 E1 相交叉处接了预置开关 S，在 E0 与 H0 相交处接了二极管 D914，可实现时钟及定时开机与关机控制。

10.3 三菱 M50436-560SP 遥控系统在 TA 两片机上的应用

TA 两片机是我国彩色电视机的主要机芯之一，三菱 M50436-560SP 遥控系统可以用于

TA 两片机。10.2 节已经介绍了红外遥控发射器、红外遥控接收器、集成电路的频段译码器电路、节目存储器 EAROM 连接电路和本机键盘矩阵电路等实际应用电路。下面介绍其他的有关电路。

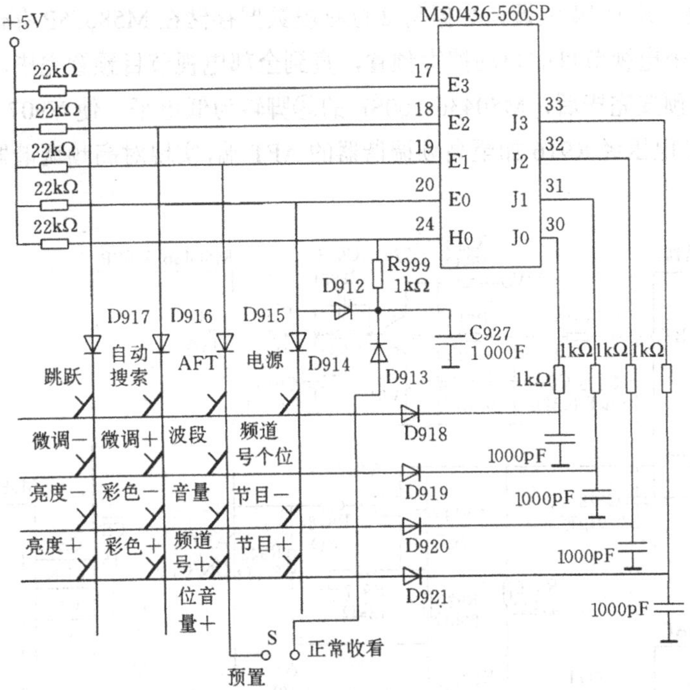

图 10-29 本机键盘矩阵的实际应用电路

10.3.1 电压合成选台系统

能自动预置 30 个电视节目的电压合成选台系统如图 10-30 所示（不含频段译码电路）。

进行节目搜索预置时，在 M50436-560SP 的控制下，由 14 位 D/A 转换器输出脉冲宽度调制（PWM）的数字调谐信号（由 M50436-560SP①脚输出），经 V912 倒相放大在集电极输出 $30V_{P-P}$ 的调宽脉冲信号，再经 C923、R914、C910、R913、C909RC 低通滤波器滤波，得到 0～30V 直流调谐电压加至高频调谐器的 BT 端。M50436-560SP 的⑥脚与⑦脚输出频段切换信号，经 M54573L 译码、驱动后得到频段切换电压，分别加至高频调谐器的 BU、BH、BL 端，如图 10-27 所示。

进行节目自动搜索预置时，先按下预置开关，再按“AUTO SEARCH”键，则调谐电压从 0V 逐渐向 30V 增加。当接收到电视信号时，集成电路 TA7698AP 的同步分离电路由㊱脚输出行同步信号，经 V918 倒相、放大加至 M50436-560SP 的㊱脚。㊱脚内接的 HS 计数器通过对行同步脉冲的计数判断确定是否接收到电视信号。如果没有接收到电视信号，微处理器使调谐电压快速上升；如果接收到电视信号，微处理器使调谐电压上升速度放慢。

节目自动搜索预置过程中，M50436-560SP 的⑧脚为高电平，使场效应管 V907 导通，+12V 经 R920 与 R917 分压得到 6.5V 电压，经 V907 源极到漏极并加至高频调谐器的 AFT 端，使高频调谐器 AFT 端固定在 6.5V，AFT 电压不对高频调谐器进行控制。这时，集成电路 TA7680

⑬脚输出的AFT直流控制电压经V915射随后加至M50436-560SP的㉟脚，㉟脚内接的3位模/数转换器将AFT模拟电压转换为3位数字量，供微处理器检测与确定最佳调谐点。当AFT控制电压接近于0时，表示已达到最佳调谐点，这时微处理器⑯脚发出片选负脉冲，选中M58655P集成块，并把14位调谐数据与2位频段数据存储在M58655P存储器中，然后按同样方向进行下一个电视节目的自动搜索预置，直到全部电视节目预置完毕。

在自动搜索预置完毕后，M50436-560SP的⑧脚转为低电平，使V907开路，TA7680AP⑬脚输出的AFT电压经R916加至高频调谐器的AFT端，实现对高频调谐器本振频率的自动频率控制。

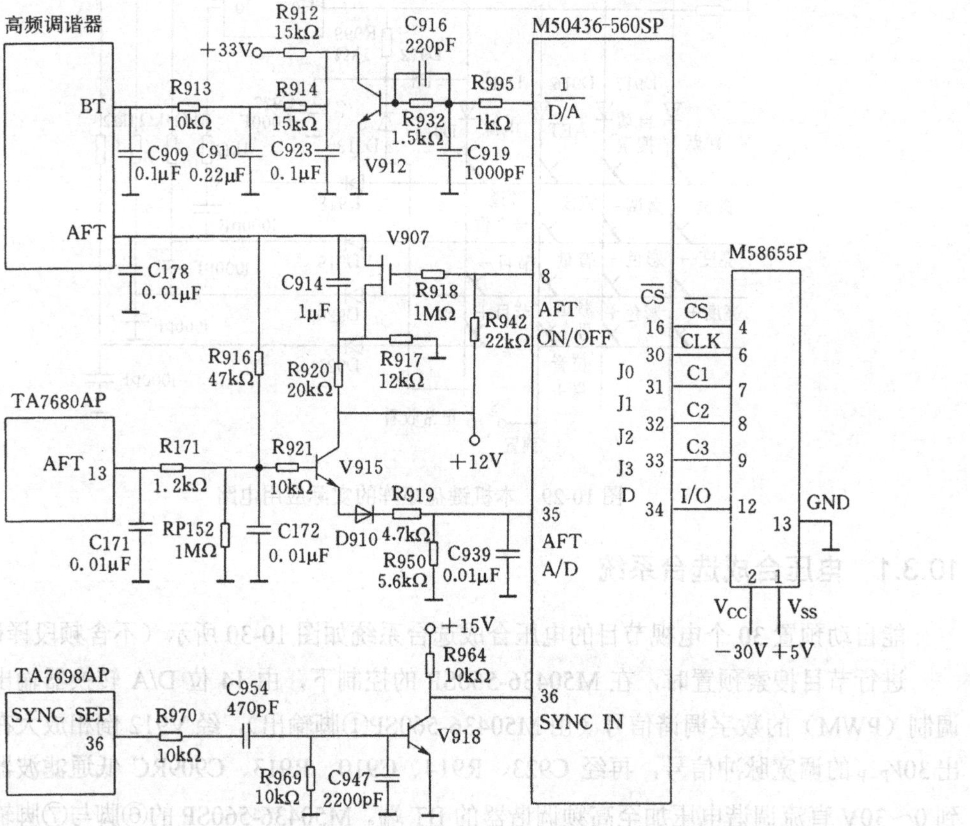

图10-30 电压合成选台系统电路图

10.3.2 分立件组成的频段译码器

在彩色电视机中经常采用分立件组成的频段译码器。图10-31给出了应用于遥控TA两片机（采用M50436-560SP遥控系统）的频段译码器。

如图10-31所示电路中，各二极管、三极管均工作于开关状态。当V21导通时，+12V经V21给BH供电；当V22导通时，+12V经V22给BL供电；当V23导通时，+12V经V23给BU供电。V21，V22，V23是否导通，分别决定于V13，V14和V15的状态，V13导通时，R57右端经V13接地，使V21导通；V14导通时，R59右端经V14接地，使V22导通；V15导通时，R63右端经V15接地，使V23导通。V15是否导通，决定于V13与V14的状态，当 V13 与 V14 均截止时，D8 与 D9 都截止，+12V 经 R64 给 V15 提供偏流，使 V15 导通。频段切换时，电路中各二极管与三极管的状态如表 10-14 所示，其工作过程如下。

1. 接收 VHF-L 频段

M50436-560SP⑥脚（BAND2）为低电平，⑦脚（BAND1）为高电平，V13 截止，V14 导通。由于 V14 导通，使 $U_B \approx 0V$，从而使 D9 导通，V22 导通，D8 截止，V21 截止。由于 D9 导通，使 $U_C \approx 0V$，V15 截止，从而使 V23 截止。因而，BH=0V，BL=12V，BU=0V。

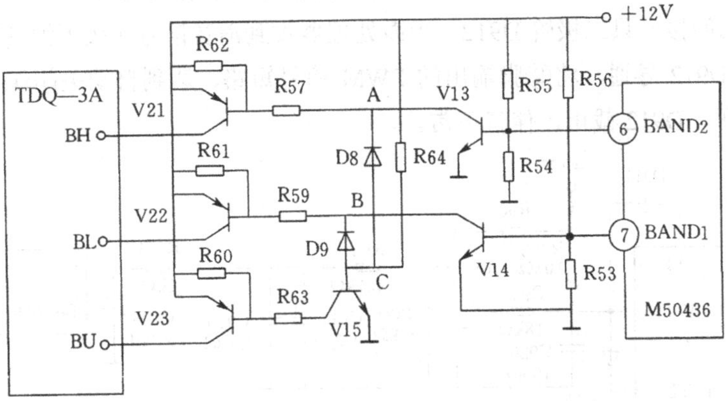

图 10-31 分立件组成的频段译码器

表 10-14 频段切换时各二级管、三极管的状态

接收频段	BAND2	BAND1	V13	V14	V15	D8	D9	V21	V22	V23	BH	BL	BU
VHF-L	L	H	截止	导通	截止	截止	导通	截止	导通	截止	0V	12V	0V
VHF-H	H	L	导通	截止	截止	导通	截止	导通	截止	截止	12V	0V	0V
UHF	L	L	截止	截止	导通	截止	截止	截止	截止	导通	0V	0V	12V

2. 接收 VHF-H 频段

M50436-560SP⑥脚为高电平，⑦脚为低电平，V13 导通，V14 截止。由于 V13 导通，使 $U_A \approx 0V$，从而使 D8 导通，V21 导通，D9 截止，V22 截止。由于 D8 导通，使 $U_C \approx 0V$，V15 与 V23 截止。因而，BH=12V，BL=0V，BU=0V。

3. 接收 UHF 频段

M50436-560SP⑥脚与⑦脚均为低电平，V13 与 V14 均截止，使 D8 与 D9 截止，从而使 V15 导通。因 V13 与 V14 截止，V21 与 V22 截止；因 V15 导通，V23 导通。因而，BH=0V，BL=0V，BU=12V。

10.3.3 模拟量控制接口电路

如图 10-32 所示是模拟量控制接口电路。M50436-560SP 的②脚、③脚和④脚分别输出 64 级的脉宽调制信号，分别用于音量、色饱和度和亮度控制。

M50436-560SP②脚输出的正极性脉冲信号经 V913 放大、倒相，再经 R934、C911、C910、

R614、C606低通滤波器滤波，得到3.6～6V范围变化的直流控制电压，加至TA7680AP的①脚。①脚电压为6V时，音量最小；①脚电压为3.6V时，音量最大。另外，在M50436-560SP的②脚与㊸脚之间接入二极管D911，可实现无信号时静噪。微处理器工作时，不断检测㊱脚有没有行同步脉冲输入，当检测到㊱脚有行同步脉冲输入时，即有电视信号被接收，则㊸脚为高电平，D911截止，不影响②脚音量脉宽调制脉冲信号输出；当检测到㊱脚没有行同步脉冲输入时，则㊸脚为低电平，D911导通，②脚输出的音量脉冲被短路，同时V913截止，TA7680AP②脚电压最高，关闭伴音通道，达到无信号时静噪的目的。还可以在⑩脚（消音MUTE）与②脚间接一只二极管D912，当微处理器收到消音信号（按下消音键）时，⑩脚输出低电平，使D912导通，将②脚输出的PWM信号短路，达到自动关闭伴音的目的。正常时⑩脚为高电平，D912截止，伴音正常。

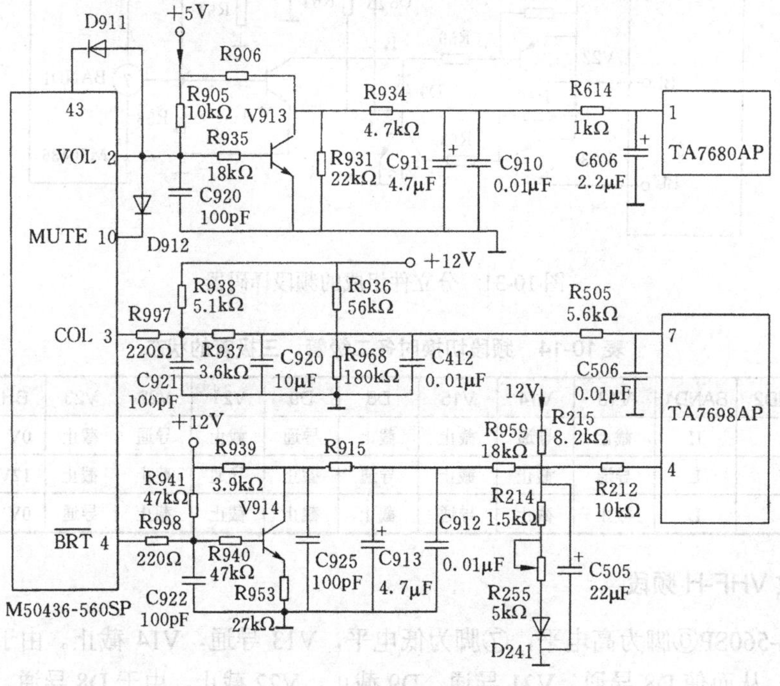

图10-32 模拟量控制接口电路

M50436-560SP的③脚输出的色饱和度脉冲电压，经R997、C921、R937、C920、R505、C506低通滤波器滤波，得到色饱和度直流控制电压，加至TA7698AP⑦脚以实现色饱和度控制。TA7698AP⑦脚的电位越高，彩色的色饱和度越深。M50436-560SP的④脚输出的亮度脉冲电压，经V914放大、倒相，再经C925、R915、C913、C912等低通滤波器滤波，得到亮度直流控制电压，加至TA7698AP④脚以改变亮度大小。TA7698AP④脚电位越高，荧光屏亮度越亮。④脚外接副亮度调节电位器R255。

10.3.4 屏幕字符显示电路

三菱M50436-560SP遥控系统的字符发生器集成在微处理器M50436-560SP中，屏幕字符显示电路如图10-33所示。

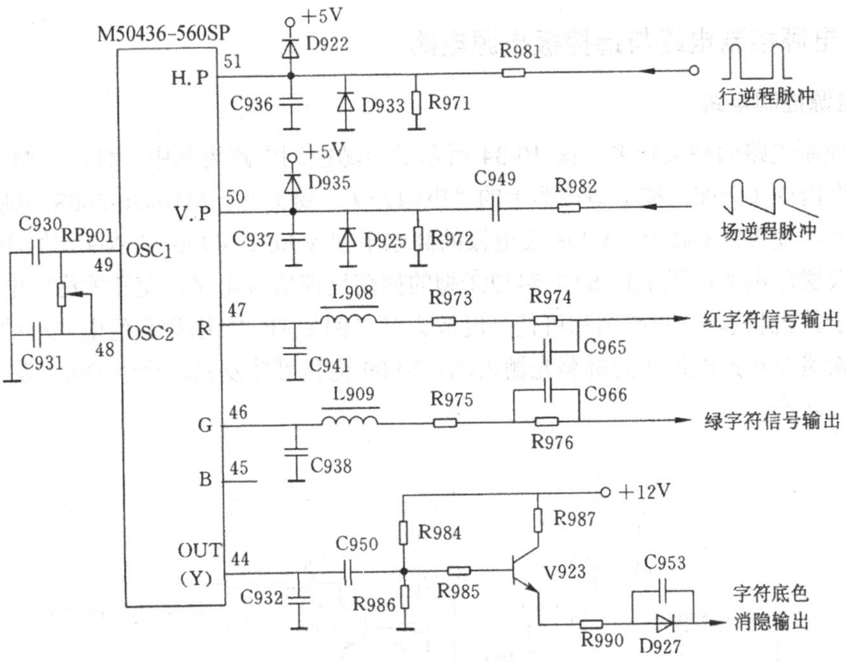

图 10-33　屏幕字符显示电路

在正常接收状态，屏幕能显示节目号码、频道号、彩电制式、时钟、定时开机或关机的设定时间、定时关机的残留时间、静音、模拟量控制等级和 TV/AV 切换等。在预置状态，屏幕显示节目预置号码、实际频道号、彩电制式、调谐电压控制等级、AFT 开/关状态和节目跳跃预置等。

M5036-560SP 共有 R、G、B、OUT（Y）四个字符输出端，其中 R、G、B 三个输出端分别输出红、绿、蓝色字符信号。本电路只用了 R 与 G 两路信号；OUT 输出端输出 R、G、B 信号的逻辑和，通常作为彩色字符的底色消隐信号。红色字符信号经 L908、R973、R974、C965 加至末级视放板 R 驱动管的基极，绿色字符信号经 L909、R975、R976、C966 加至 G 驱动管的基极，使屏幕上显示红、绿或黄色字符。OUT 端输出的信号经 V923 射随后再经 R990 与 D927 加至主机板亮度放大管（例如 HC4T-Ⅲ型彩电的 Q202）的基极。二极管 D927 可以防止主机板的高电压加至遥控电路，以保护微处理器。当字符信号出现时，它使亮度放大管截止，切断亮度信号通道，在字符出现的位置处画面被“挖”去，呈现黑底色字符，可以防止屏幕上图像内容与彩色字符叠加时产生字符不清的混色现象。

字符在屏幕上的位置及水平方向的尺寸与 M50436-560SP㊿脚和㊿脚输入的行场逆程脉冲及㊽脚和㊾脚的字符显示时钟脉冲振荡器的振荡频率有关。行逆程脉冲经 R981、D922 与 D933 双向限幅后由㊿脚输入，场逆程脉冲经 R982、C949 与 R972 微分电路微分后形成场逆程尖脉冲，再经 D925 与 D935 双向限幅后由㊿脚输入。上述四只限幅二极管用来保护微处理器。微处理器可以通过对场逆程脉冲过后的行逆程脉冲的计数控制字符在屏幕垂直方向的显示位置。字符显示时钟脉冲振荡器的振荡频率决定了字符信息从 ROM 中读出的速度，调节 RP901 可以改变字符显示时钟脉冲振荡器的振荡频率，调节字符信息的读出速度，从而改变字符在屏幕上的水平位置及宽窄。C930 与 C931 是字符显示时钟脉冲振荡器的振荡电容。

10.3.5 电源控制电路与遥控板电源电路

1. 电源控制电路

电源控制电路的种类较多，图10-34所示的电源控制电路为其中一种。当微处理器接收到“关机”指令（例如，按下遥控器上的“电源开关”键）时，M50436-560SP⑨脚由高电平改为低电平，使V908截止，V908集电极的高电平使V905、V906、V909均饱和。V906饱和可使开关稳压电源厚膜电路STR-5412②脚的振荡反馈信号短路，使开关稳压电源不工作，电视机处于待机状态。V905饱和可使亮度放大管（例如HC47-Ⅲ型彩色电视机的Q202）截止，以消除遥控开关机瞬间的屏幕光栅闪动。V909饱和可使发光二极管D931发光，用来指示“待机”状态。

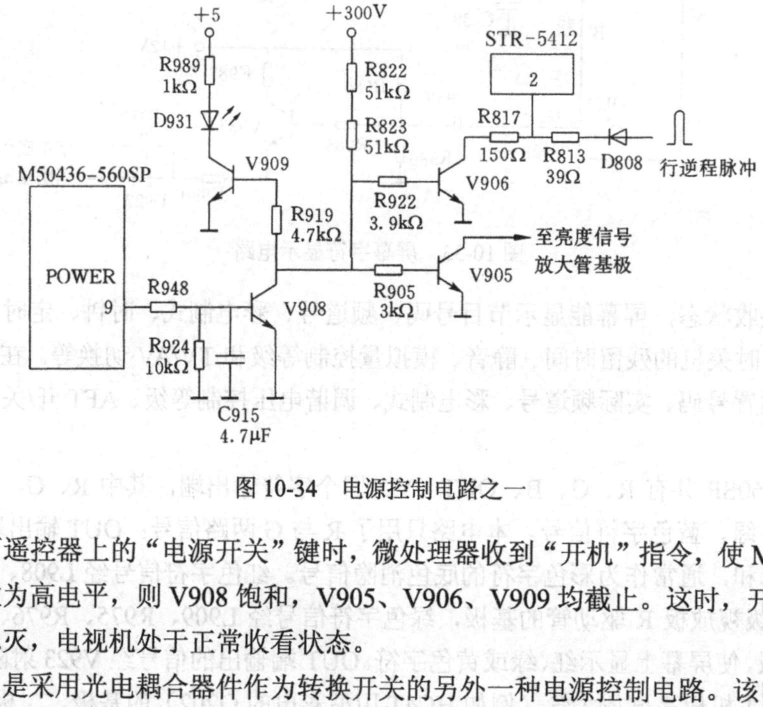

图10-34 电源控制电路之一

当再按下遥控器上的“电源开关”键时，微处理器收到“开机”指令，使M50436-560SP⑨脚电平又改为高电平，则V908饱和，V905、V906、V909均截止。这时，开关电源工作，发光二极管熄灭，电视机处于正常收看状态。

图10-35是采用光电耦合器件作为转换开关的另外一种电源控制电路。该电路的工作过程是：当微处理器收到“关机”指令时，M50436-560SP⑨脚电位由高电平变为低电平，使V705由截止转为饱和导通。这时电流流过光电耦合器D311①脚与②脚内的发光二极管，使发光二极管点亮。光电耦合器内的光敏管收到光信号，并将其转换为控制电流，由④脚与⑤脚输出，加到V331的基极，使V331导通，导致开关调整管V311因基极电压为0V而截止，使开关稳压电源停止工作，电视机转为“待机”工作状态。在V705导通时，发光二极管D53也被点亮，用来指示“待机”状态。

当微处理器收到“开机”指令时，M50436-560SP⑨脚电位转为高电平，则V705截止，无电流流过D311发光二极管和发光二极管D53，从而使V331截止，使D53熄灭，开关稳压电源恢复正常工作。

图10-36是采用继电器的电源控制电路，这种电源控制电路在“待机”状态时可将引入的220V交流电压切断。该电路工作过程是：当微处理器收到“关机”指令时，M50436-560SP

⑨脚电位转为低电平，使V1、V2截止，继电器DJ的线圈无电流通过，继电器处于常开状态，电视机主机板220V交流供电被切断。

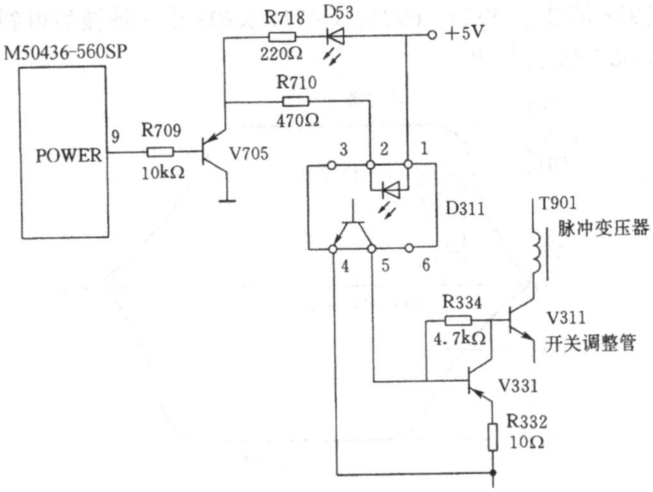

图10-35 电源控制电路之二

当微处理器收到“开机”指令时，M50436-560SP⑨脚电位转为高电平，使V1与V2饱和导通，继电器DJ常开触点吸合，主机板得到220V交流电压，电视机开机。由于继电器直流控制线圈与触点相隔离，这种电源控制电路多用于冷机芯上。

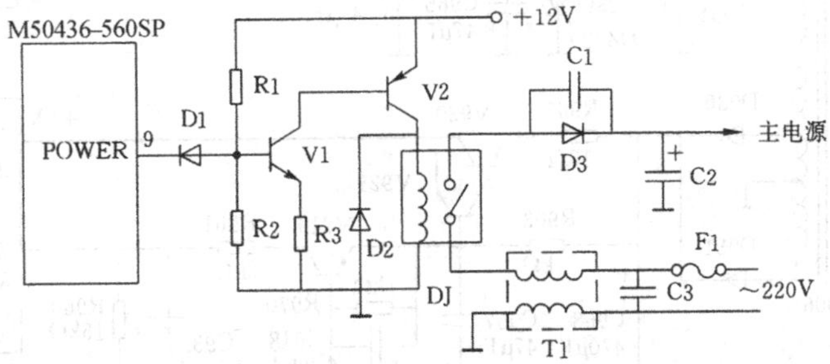

图10-36 电源控制电路之三

2. 遥控板电源电路

彩色电视机遥控板上的微处理器M50436-560SP和其他电路均采用+5V单电源供电，而节目存储器（EAROM）M58655P则需要+5V和−30V两个电源供电。为了保证微处理器对节目存储器的控制不发生紊乱，要求开机时+5V先于−30V建立，关机时+5V迟于−30V消失。另外，在每次+5V电源由0V上升到5V时，外电路应给微处理器提供一个复位信号，使微处理器中的程序计数器等电路清零复位。复位信号、+5V、−30V之间有一定的时间顺序，它们之间的时间关系如图10-37所示。为了防止误触发，M50436-560SP的复位信号输入端㉗脚内接施密特触发器。只有当复位信号超过门限电平U_H时，触发器才翻转，以完成复位动作，而第2次复位必须在复位信号低于U_L后才能进行。

M50436-560SP遥控系统的电源电路如图10-38所示，该电源也称辅助电源或副电源，以区别主机板的主电源。T906为辅电源变压器，220V交流电经变压后，由D928半波整流、

C956 滤波及 6922 与 DZ929 等元件组成的稳压电路稳压后，输出–30V 直流稳定电压，给 M58655P②脚提供电压，用于 EAROM 内部信息的擦除。另外，T906 次级交流电经 D930 与 D931 全波整流，C958 滤波及 6920、6921、C957、R903 电子滤波后得到+5V 直流电压，给微处理器 M50436-560SP㊿脚供电。

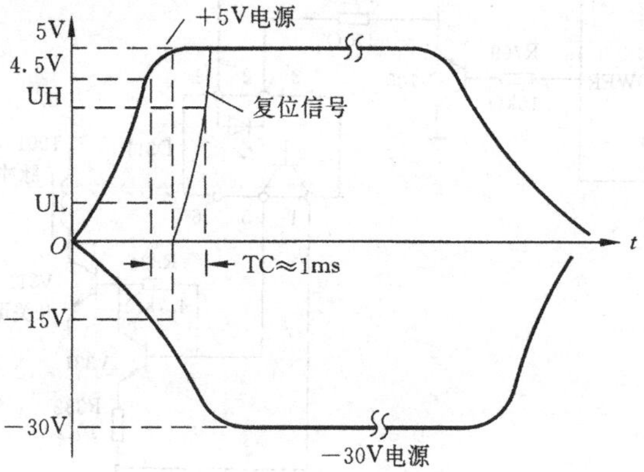

图 10-37　复位信号、+5V、–30V 之间的时间关系

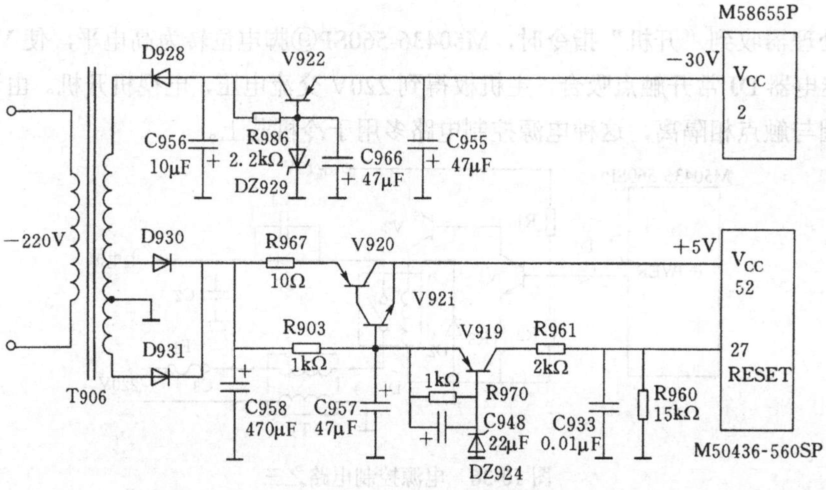

图 10-38　遥控系统的电源电路

复位管 V919、稳压二极管 DZ924 等元件组成复位电路。开机后，DZ924 负极电位逐渐上升，当其电位超过 DZ924 的稳压值 5.1V 时，DZ924 导通并使 C948 充电，当 C948 两端电压充至 0.7V 时，6919 导通，M50436-560SP 的㉗脚获得上跳复位脉冲，使微处理器 M50436-560SP 内部有关电路清零复位。适当选择 V919 可使复位信号起作用的时间比㊿脚获得+5V 电压的时间晚约 1ms。当 V919 导通后，调整管 V920 与 V921 的基准稳压电路由 V919 发射结及 DZ924 承担。

10.4　遥控电路故障检修

10.4.1　遥控电路检修的注意事项

遥控电路以微处理器为核心，对数字编码信号进行处理完成各种功能操作，它的工作方式、电路结构与我们熟悉的模拟电路截然不同，因此，在检修遥控电路时应注意以下事项。

1．掌握遥控电路的工作原理

检修人员应在检修遥控电路前先了解它的工作原理，即了解遥控电路的结构及各部分电路之间的关系，了解各种控制功能操作的过程和信号变化的情况。只有在此基础之上，才能有效地对遥控电路故障进行判断与检修。

2．注意遥控电路特点，正确使用测量方法

遥控电路通过数字编码信号实现各种功能控制，这种信号在微处理器与节目存储器、红外遥控接收器和各接口电路之间传输。信号传输速度很快，出现时间很短，而且不具有周期性，因而不能用万用表和一般的示波器来测量脉冲信号是否正确，可用万用表测量微处理器与节目存储器集成块、各三极管及各关键点的静态电压以及测量集成块各引脚的对地电阻，帮助判断故障。

微处理器输出的控制信号有两种：一种是高、低电平的开关控制信号。例如，遥控开机/关机、TV/AV 转换、频段切换、静音与静噪等控制信号是开关信号，这类控制信号有时高有时低，电平持续时间长，有时电平瞬间变化。对于前者，可用万用表测量具体电压值；对于后者，可以用万用表测量是否有瞬间跳变，也可以用示波器观察信号波形。另一种是 D/A 转换器输出的模拟量控制信号。例如，选台数字调谐电压、音量控制信号、亮度与色饱和度控制信号等，这些信号可以用万用表测量其平均值。这些模拟量控制信号经接口电路处理（滤波、电平移动等）后得到直流控制电压，可用万用表测量电压值。

3．分清故障的部位

（1）分清故障的部位在微处理器还是在外围电路：微处理器是整个遥控电路的中心，它本身一般不直接用数字信号去进行控制，而是通过接口电路将数字信号转换为多种信号去实施控制。当出现失控时，首先应分清是微处理器本身的故障还是外围电路的故障。

对于采用标准计算机结构（控制编码信号→微处理器→接口电路→受控电路的工作方式）的遥控电路，所有功能操作均要经过微处理器的解码与控制，所以，只要有一种功能操作完好，就能说明微处理器基本完好，故障一般在外围电路。这类的微处理器有 M50436-560SP、PCF84C640 等。对于不仅包含有 CPU，还包含各种信号转换电路的微处理器（如μPD1514C），不能用一种功能操作的完好与否来判断微处理器芯片整个电路是否都是好的，还需要对各功能操作进行逐个检查，再判断故障的部位。

（2）分清故障的部位是在控制电路还是在受控电路：控制电路包括微处理器和接口电路，受控电路包括高频调谐器、电源电路、伴音电路、亮度与色度电路等。控制电路对受控电路进行控制从而完成选台、电源开关及音量、亮度和色饱和度的调节。分清是控制电路还是受控电路有故障，可采用常规判断彩电故障的方法对受控电路进行检查，如果受控电路正常，则故障在控制电路。

4．按一定程序进行检修

在对遥控电路进行检修时，应根据故障现象按一定程序缩小故障的部位。通常可按图

10-39所示的检修流程图进行检修。

（1）如果遥控功能全部失效，可检查面板功能控制是否正常。如果面板功能控制不正常，故障很可能在微处理器。如果面板功能控制正常，故障在红外遥控发射器或红外遥控接收器。检查红外遥控发射器如果正常，故障在红外遥控接收器。

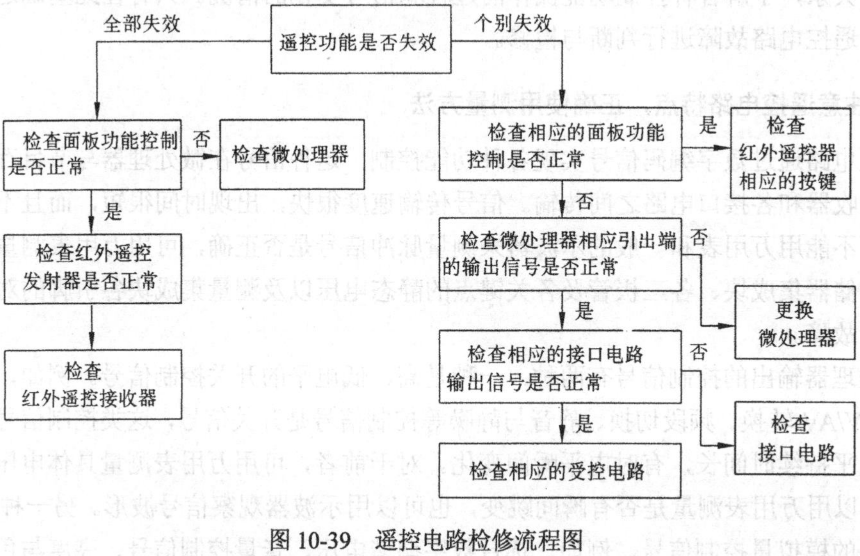

图10-39 遥控电路检修流程图

（2）如果个别遥控功能失效而相应的面板功能控制正常，则故障是红外遥控器相应按键接触不好。如果个别遥控功能与相应的面板功能控制均不正常，可检查微处理器相应引出端是否有输出。如果微处理器相应的引出脚有输出，则故障在接口电路或受控电路，否则在微处理器。

（3）测量相应的接口电路是否有输出信号，如果有正常的信号输出，则故障在受控电路，否则在接口电路。

5. 了解微处理器和节目存储器引脚电压与电阻值

了解遥控电路中微处理器、节目存储器等集成电路在正常工作时各引出脚对地的电压（静态电压）与电阻值，对检修故障带来很大的方便。

10.4.2 遥控电路各部分电路故障检修技巧和检测关键点

1. 概述

遥控电路故障现象、检修步骤及关键检测点如表10-15所列。

表10-15 控制电路各部分电路故障现象、检修步骤及关键检测点

单元电路名称	作 用	故障现象	关键检测点	存在故障的理由
微处理器（CPU）	对来自本机键盘、遥控接收器、中放和同步分离电路送来的信号进行处理，形成并输出控制量，通过改变被控电路的工作状态，对被控电路实施控制	无控制量输出或输出的某些控制量不正常	对开关稳压电源的控制	无正常控制量输出

续表

单元电路名称	作　用	故障现象	关键检测点	存在故障的理由
	检修步骤：微处理器供电→复位信号→时钟振荡电路→本机键盘控制→存储器→微处理器			
存储器	存储电视节目、音量等调节数据等。I^2C 总线控制彩电的存储器还存储有 I^2C 总线调整数据。	不能记忆电视节目和音量等信息，I^2C 总线彩电还可能出现不能正常工作，甚至不能开机	与微处理器间的信息传输通道	决定电视工作状态的数据，或微处理器不能进入正常工作状态
	检修步骤：存储器电源电压→与微处理器之间连接的时钟线和数据线→存储器（更换 I^2C 总线控制彩电的存储器一般应换写好数据的存储器）			
本机键盘	形成本机键控所需要的各种控制电压	微处理器无法由待机状态进入正常工作状态，或电视机自动转换工作状态	断开与本机键盘相接的微处理器引脚	处理器不能从待机状态进入正常工作状态或电视机使用过程中全部功能失控
	检修步骤：断开本机轻触开关→断开微处理器上的本机键盘信号输入脚			
遥控接收器	接收并处理遥控器发出的信号，然后将处理后的信号发往微处理器	遥控失效或遥控距离变近	遥控接收器输出端电压	不能满足电视机遥控方面的技术指标
	检修步骤：用遥控器进行控制时，测量遥控接收器输出端电压（正常时，在按遥控器时的电压比静态电压下跳零点几伏，且表针微微抖动）			
字符形成电路（屏幕显示）	形成与电视机工作状态一致的文字信号，送往 RGB 基色信号处理电路	屏幕上无字符显示或显示的字符不正常（如字符位置不正常或字符变小等）	字符显示所需要的条件——字符振荡电路和字符定位脉冲输入电路（行、场脉冲）	屏幕上不能显示规定的字符
	故障检修步骤与方法：字符振荡电路或总线数据调整→行场定位脉冲			
波段电压形成	在微处理器控制下，形成高频调谐器所需要的波段电压	送往高频调谐器的波段电压不正常	微处理器输出的波段控制电压和高频调谐器上的波段电压	电视机某一波段收不到节目
	检修步骤：测量微处理器输出的波段控制电压→测量波段形成电路输出电压→检查波段电压形成电路			
调谐电压电压形成	在微处理器控制下，形成高频调谐器所需要的调谐电压	送往高频调谐器的调谐电压不正常	微处理器输出的调谐控制电压和高频调谐器上的调谐电压	电视机收不到节目
	检修步骤：测量微处理器输出的调谐控制电压→测量调谐电压形成电路输出电压→检查调谐电压形成电路			

2．遥控器的检修方法

彩色电视机遥控发射器不良的主要故障表现为遥控失效（全部或部分按键不能遥控）或遥控性能变差（如遥控距离短）。

1）遥控器的故障确认方法

在检修遥控器时，应首先确认它是否真正存在故障，这只要用本机键就可以判别，若本机键能正常控制电视机的各种功能，而遥控器不起作用，就说明遥控器有问题（如果是遥控器所有按键均无效，除遥控器本身有问题外，还可能是遥控接收端有问题）。为了进一步判定遥控器的故障，还可以采用以下几种方法。

（1）辐射检查法。

由于遥控器中一般采用455kHz（部分采用432kHz，或480kHz，或500kHz）晶振与集成块内电路构成振荡器，它的倍频正好能被收音机的中波段接收，我们可以利用这一频率特性，用普通调幅收音机进行检查。亦即将收音机调至中波段最低端或900kHz附近，将遥控器靠近收音机的磁棒天线，按动遥控器上某一按键，正常的遥控器能使收音机扬声器中发出宏亮清晰的“嘟、嘟”声，可判断遥控器具有发射能力（但不能说明遥控器的工作频率是否正常）。若无这种调制脉冲的“嘟、嘟”声，说明遥控器内部存在故障。

辐射检查法还可用红外遥控检测仪来接收从遥控器发射来的带有遥控指令的红外光信号，这种判断方法准确、可靠。常用的红外遥控检测仪如图10-40所示，这种红外遥控检测仪需插上一只完好的一体化红外接收头才能接收信号。其使用方法很简单，在一定范围内（一般在几米内），将遥控器发射器对准红外接收头的接收面，按动遥控器上某一按键，正常的遥控器能使红外遥控检测仪发出宏亮清晰的“嘟、嘟”声，并且绿色指示灯不断闪亮。若无这种调制脉冲的“嘟、嘟”声，绿色指示灯也不闪亮说明遥控器内部存在故障。

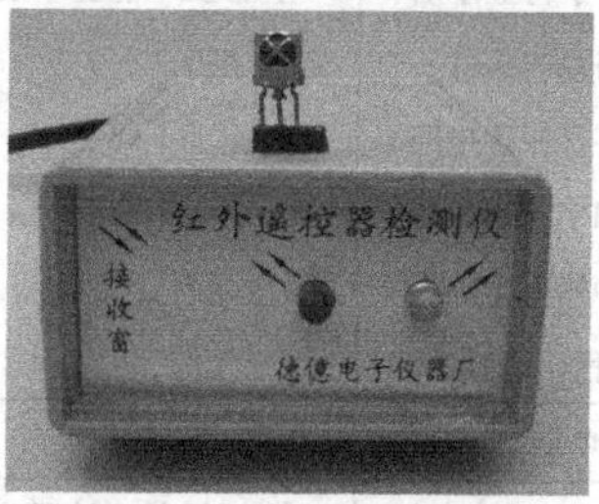

图10-40 红外遥控检测仪

（2）替换法检查。

用同机型彩色电视机中的遥控器对比试验，若遥控功能正常，而使用原机遥控器不能起遥控作用，可初步判定原机遥控器已发生故障。在维修实践中，也可以将原机遥控器拿到正常的同机型的电视机上去作遥控试验，若不能遥控，说明遥控器有问题。

（3）测遥控器电路静态和动态电流的变化。

将万用表拨至10mA挡，串接在遥控发射器电源的正极与弹簧卡之间，通过测总的静态与动态电流变化，可判别遥控发射器性能的好坏。不按遥控发射键时，测的是静态总电流，仅为几个微安，有些近为零；按动任意键时，测得的动态总电流约为5～10mA，且表针不断地抖动，表明遥控发射器工作性能正常。经测试多个不同类型遥控发射器的静、动态总电流变化，情况大体相同。

如果通过上述测量发现电流过大、过小且无变化，则属不正常现象。电流过大表明发射器内有短路之处，或是发射IC性能变坏所致。电流过小多半是发射器内的晶振失效，引起停振，造成不发射，只要用同频率的晶振代换即可修复。

（4）示波器观察法。

打开遥控器后盖，用示波器测量455kHz晶振两端（晶振有一端接地的只测非地端）的波形，按下某一按键时应有幅度约2$V_{P\text{-}P}$的正弦波。或在驱动管集电极上测发射波形，当示波器置于 0.5V/div、1ms/div 挡时，按下按键应能看到一串又一串的滑动的包络波形，表示遥控发射器工作正常。

2）遥控器常见故障的检修

红外遥控器电路结构较简单，一般仅有一块集成电路、红外发射二极管和少量元件，从检修故障的常规中发现，集成电路因工作电压较低，损坏率极低，通常是以下原因所致：

（1）电池失效，使电压过低或无供电电流。遥控器一般使用 3V 电源，根据其技术规范所知，遥控器所需的典型电压为 3V、最大电压为 3.5V、最小电压为 2.2V。采用 3V 电源时，供电电流最大为 20mA，其最大功耗为 60mW。电池的容量有限，使用一段时间后，特别是频繁使用遥控器时，电池“寿命”会缩短，检修时应先更换新电池一试。若更换电池后，遥控器不工作，或者更换新电池后，遥控器能工作，但很快电池就没电，遥控器又不能工作，说明遥控器有其他问题，需进一步检查。通常造成电池使用时间缩短的主要原因是遥控器内部所接的电源滤波电容漏电，应予以重点检查。值得注意的是，有时电池与弹簧、极板接触不良也将产生不能遥控或时而正常时而无作用的现象。

（2）遥控器跌撞，使印刷板铜箔断裂、元件引脚开焊松动形成开路性故障。

（3）按键接触不良。若遥控器只有部分按键失去作用，则一般是由于导电橡胶的接触电阻增大或印制板表面有灰尘油污等脏物而造成的。排除的方法是用酒精棉球或专用清洁剂清洁污垢，使其保持良好接触。另外，由于遥控发射器使用日久，易造成导电橡胶磨损或电路板变形，也会引起上述故障。遇此情况，先用万用表测导电橡胶两点间的电阻值，正常时应在 200～300Ω 之间，若检测值大于 500Ω，会使按键失去作用。应急修理可用 6B 铅笔涂抹导电橡胶，直至检测恢复到 200～300Ω 之间为止，即可恢复正常使用。经这样处理的遥控器，会出现使用不了多久故障又复发的现象，鉴于目前市场上彩电遥控器的型号比较齐全，也有万能遥控器卖，价格非常便宜，最好选配新遥控器来用。

（4）驱动电路或红外发光二极管故障。红外发光二极管的发光是由集成电路输出的脉冲调制信号，经驱动电路（一级三极管放大器）驱动后而产生的。若三极管发生故障，红外遥控信号就发送不出去。应首先检查三极管，发射极接有电阻（一般 2Ω）的，还要检查此电阻，对于激励放大管的检测可按一般三极管的检测方法进行。激励放大管有问题，可用市面上较多的 C1815、S8050 管代替 NPN 型推动管，CD9012 管可代替 PNP 型推动管。对于红外发光二极管的检测，可用万用表电阻 R×1kΩ 挡测量其正反向电阻，初步判断好坏。测量正向电阻时，黑表笔与其正极（一般为长脚）相连，红表笔与其负极（一般为短脚）相连，正向电阻一般为 10～40kΩ，反向电阻则大于 200kΩ，否则为性能不良或损坏，需要更换。还可通过检测其正、负两极间在按动某一按键时是否为 0.2V 左右且表笔指针抖动来判断。遥控红外发射管的红外光谱为 950mm 左右，发射功率也不大，除个别情况外，一般彩电遥控发射管可以互相换用。

（5）振荡电路发生故障。晶体振荡器一般采用陶瓷谐振器，其损坏率较高，主要原因是由于遥控器使用时的摔落，而使其引脚发生断裂或内部断裂（由于谐振器内部要产生机械振动，不能灌封，因而抗冲击能力较差）。更换晶振时最好是换同频率的，应急修理可用频率相近的晶振代换。晶振振荡频率常见的有 432kHz、455kHz、480kHz、500kHz 等。代换时，一般振荡频率低的晶振可以直接代换振荡频率高的晶振，而用振荡频率高的晶振代换振荡频率低的晶振时会发生遥控距离短、反应迟钝的故障，此时只需将电源滤波电容加大到 100μF 以上即可正常工作。应急修理时还可用收音机中常用的465kHz陶瓷滤波器直接代换。

（6）遥控发射集成电路损坏。检查遥控发射集成电路，最直接最准确的判断方法是用示波器探头测量脉冲调制信号输出引脚的波形是否正常。也可用万用表直流0.5V挡，测量调制信号输出引脚静态和动态电压的变化情况进行判断，对接NPN激励放大管的遥控发射集成电路来说，正常时不按遥控发射键时测得的静态电压为0V，按动任意键时测得的动态电压为0.05～0.1V之间，且表针不断地抖动，表明遥控发射集成电路有脉冲调制信号输出；反之，则说明遥控发射集成电路无脉冲调制信号输出，如果外围元件无问题，则是集成电路已损坏。遥控发射集成电路损坏的情况极为少见，如确已坏，一般不单独换集成块，而是换新的遥控器。

3. 一体化红外接收头的检测

遥控接收头故障的主要特点是不能接收遥控信号（即整个遥控功能失效）或遥控功能紊乱。

一体化接收头引脚少，外围电路使用的元件都较少，因此出现的故障相对也少些，其故障主要为供电不畅、元件失效和接收头损坏等。检查时先测量供电引脚是否有供电电压以及供电电压是过低或过高，它要求供电电压应准确（接收头多采用+5V供电，该供电一般与微处理器的供电是同一组+5V 电源）。若接收头的供电正常，接下来可断开遥控信号输出引脚与CPU遥控信号输入引脚的连接后，检查接收头输出端是否有遥控信号输出。可用万用表（最好是用机械式万用表）测量电压法或用示波器观察波形法判断。通电后，用万用表10V挡，测量静态（不按下遥控器按键时）电压，为4.5～4.9V之间任一值为正常。若静态电压异常，先检查接收头的供电和输出引脚外接元件，有些接收头的输出端与地之间接有高频滤波电容，此电容漏电或短路则会引起输出端静态电压异常的现象，如果不是外接元件的问题，则可判断接收头本身有问题。当静态电压正常时，再用遥控器对准遥控接收头，按遥控器上任一键，再测量输出端的电压，此时测得的电压为动态电压，如果动态电压由静态电压下调0.3～0.5V，且表笔指针抖动，说明遥控接收头有正常的遥控信号输出；若动态电压不下调，指针不抖动，在可以肯定遥控器具备发射能力的情况下，可判断是遥控接收头的问题。如果有示波器，可观察接收头是否有正常输出信号波形来判断接收头是否有问题，如图10-41所示。另外，若怀疑遥控接收头损坏或性能变差，找一只电参数（主要是选通频率是否一致）相近的接收头代换一下，就可知是不是接收头的问题了。

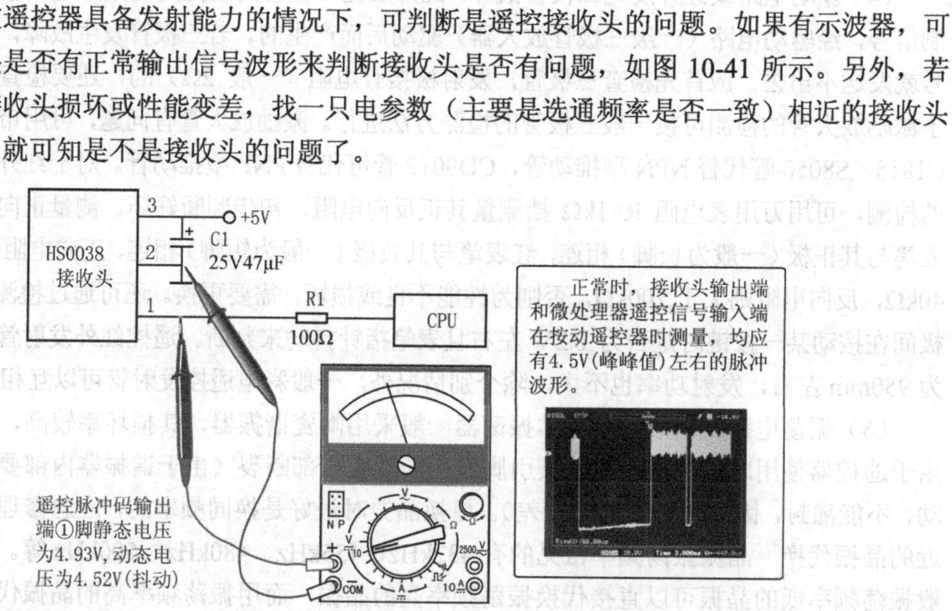

图10-41 一体化红外线接收头的检测方法

4．本机键盘电路种类和检测

1）本机键盘电路的种类

本机键盘电路即面板键控电路，其作用是将用户操作指令变为微处理器能接收的数字式信号。本机键盘电路有两种类型：一种是矩阵式键盘电路，另一种是电阻分压式键盘电路。早期生产的遥控彩电多采用键盘矩阵电路，随着电子技术的发展，后期生产的遥控彩色电视机普遍采用电阻分压式键控电路。

（1）矩阵式键盘电路。

矩阵式键盘电路又称键盘矩阵电路，典型的键盘矩阵电路参见图 10-29。这种键盘电路的优点是按键只需“通”与“断”，而对其接触电阻相对而言要求不是很严格。缺点是占用 CPU 引脚较多。

（2）电阻分压式键盘电路。

图 10-42 是典型的电阻分压式键盘电路，超级单芯片 LA76931 的 KEY 端㊳脚为本机键盘信号输入端，采用分压式 A/D 变换键控码，即用 6 组模拟量电压的分压与开关通断来实现控制，当按下电视机前面板上的按键时，LA76931 内部的微控制器依据㊳脚的电平大小，完成相应的功能。该机的本机键有 6 个，即节目增加键（P+）、节目减少键（P–）、音量增加键（V+）；音量减少键（V–）、菜单键（MENU）、TV/AV 切换键（TV/AV）。

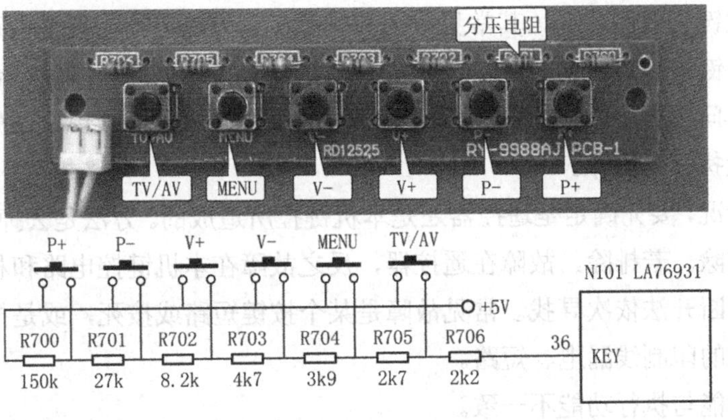

图 10-42　电阻分压式键盘电路（LA76931 超级单片机）

电阻分压式键控电路的最大优点是大大减少了 CPU 引脚的占有数，但存在以下缺点：对按键的接触电阻要求较矩阵式键控电路的严格，比如，按键的接触电阻增大，将直接影响分压后的电平值，这便有可能导致 CPU 识别发生错误，使 CPU 发出与操作键不相同的某项控制指令，从而造成执行结果紊乱。

2）故障检修方法

本机键盘电路是遥控彩电中故障率较高的部位，在基本确认故障发生在系统控制电路时，而检查 CPU 正常工作的三个基本条件（供电、复位和时钟）均无异常的情况下，拔掉或断开本机键所有控制电路，然后用性能良好的遥控器进行相关项目操作，若用遥控器操作各项目均恢复正常，则可初步判定故障在本机键控制电路。

另外，可用逐键拆除法或单脚断开法判断和确认故障所在的某个键。对于两脚的微动开关可采用单脚断开法；对于多脚的微动开关可采用逐键拆除法；对于传统的矩阵式键控电路可采取对 CPU 相关脚位用透针透空法，然后顺线路找到相应的按键进行判断和排除。

当确认某键不良时，则可采用常规的电阻测量法加以确认，但有的按键往往测不出异常所在，那就要采用代换法加以验证。

（1）功能键操作失效或部分功能键操作不正常。

如果只是某一个按键操作无效，一般是该按键开关接触不良，应检查这个操作键当按动时是否至少有两个引脚之间的电阻下降到 500Ω 以下。如果测试结果是在 500Ω 以下，可判断这个操作键正常；如果测试结果阻值始终是无穷大或是阻值较大，可判断这个操作键有问题。如果数个按键开关不能操作，一般是电路板的印制线断裂，引起这一路的按键均操作无效。采用键盘矩阵电路的机型，有些在该电路中接有隔离二极管，某一路的隔离二极管不良，也会引起这一路的几个按键同时失效。采用电阻分压键控电路的机型，某个分压电阻虚焊、开路也出现这种现象，如图 10-42 中 R703 虚焊开路，则 V+、P−、P+三个键操作失效。对有两路 KEY 输入的，操作板与主板之间的插接件接触不良，也可能造成某一路所有的按键失效现象。因此，在检测操作键正常的情况下，要对这几个键引脚串联的电阻、电感、插接件及线路板进行检查。

（2）面板全部按键失效，遥控正常。

对于全部按键失效的情况，其常见原因和排除故障方法为：①按键电路漏电、短路等，应检查各功能按键是否短路或按死，以及检查与按键开关相连的印制线是否漏电、短路或断裂，如果开关有问题更予以更换；②微处理器内部局部损坏，必须更换微处理器。

（3）开机就执行某操作。

对于这种情况，要先确定是遥控器还是本机键控所造成的。方法是去掉遥控器上的电池，看故障是否被排除。若排除，故障在遥控器，反之故障在本机键控电路和相连的消杂波电容及二极管，可用断开法依次寻找。常见故障是某个按键短路或按死，或是按键有轻微漏电以及按键开关相连的印制线漏电、短路。

（4）操作功能与执行功能不一致。

这种故障的原因是操作键及其相连的相应线路存在漏电现象，应重点检查它们之间有连接关系的二极管，及键盘本身是否与固定支架漏电，线路板有无变形、有无脏物等现象。对于分压式键控电路的机型，按键接触不良或分压电阻阻值增大，也可能引起这种故障现象。如果是按键问题，只要查出漏电或阻值变大的按键予以更换，即可排除故障；有时也采用将所有按键都换成新按键的办法解决。如果换新按键仍不能排除故障，则需用酒精对线路板进行清洗，排除线路漏电的故障。

5. 微处理器故障检测要点

遥控电路的心脏是 CPU，因此在初步判断遥控电路有问题时首先要检测 CPU 的工作条件是否正常，然后再根据故障现象对键控电路、CPU、接口电路进行检查。这里介绍几个主要检测点，其他检测点在后面故障检修实例中相应部分介绍。

1）CPU基本工作条件电路的故障特点与检修方法

当遇到整个控制功能失效，或者控制功能紊乱，要先对微处理器基本工作条件电路进行检查，然后再确定微处理器本身是否损坏。CPU正常工作基本条件有：供电电压正常；复位信号正常；微处理器主时钟正常。这三者通常称为微处理器正常工作的三要素。实际上，CPU正常工作除必须具备上述三要素外，还要求按键电路无短路。采用I^2C总线控制的微处理器，还要求I^2C总线输出端对地无短路，并且上拉电阻与抗尖峰脉冲防护电阻无开路，另外还要求软件要正常。这里重点介绍CPU工作的三要素检查方法，如图10-43所示。

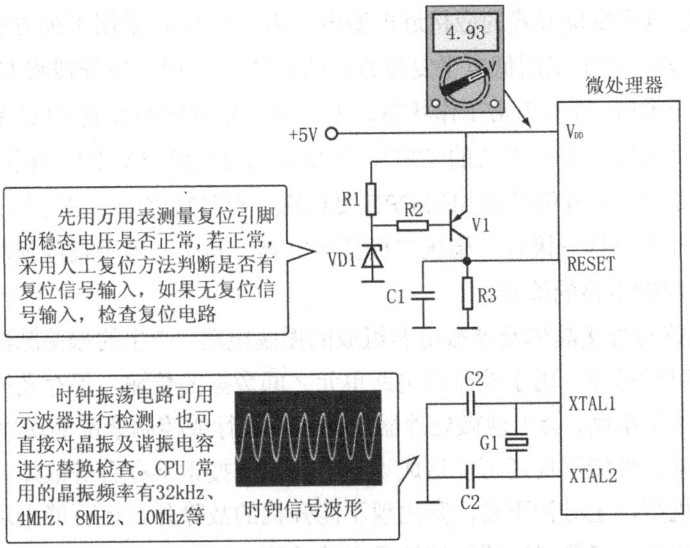

图10-43 微处理器基本工作条件电路故障维修要点

（1）CPU电源端供电的检查。

CPU无工作电压，则内部电路无法工作，有时即使有工作电压，但若其供电电压值偏差过大或纹波电压过大（CPU 对供电要求极为严格），也不能正常工作。检修遥控系统的很多故障时，往往要首先检查CPU的电源端供电电压是否正常。

CPU的工作电压一般为+5V，也有极少数的为+5.5V（如长虹P2119、C2169、C2169等）或+4.4V（如长虹2188、2588、2988）。值得一提的是，超级单片彩电的微控制系统的供电不一定为常规的+5V，有些是为+3.3V，如飞利浦TDA935X/TDA937X/TDA938X系列超级单片。CPU对供电电压值要求较为严格，一般要求误差不超过5%。但在实践中发现，实际电路中要求更高一些，误差应限制在4%以内，以+5V供电的CPU为例，下限值为+4.8V，上限值为+5.2V。否则将导致CPU不能正常工作，出现一些奇异的故障现象。有时用万用表测得CPU的+5V电压正常，并非CPU供电完全正常，其中最常见的就是+5V电源的滤波电容失效或不良，使电源滤波不良，电源的交流纹波增大，电源中的脉冲干扰幅度稍大一点就会造成CPU不稳定，造成遥控系统误动作。

（2）CPU的复位端及复位电路的检查。

CPU复位（内部电路清零）不良，会导致微处理器不能工作或工作混乱，出现不能开机或控制门紊乱、屏幕显示异常等现象。CPU 采用的复位方式一般有两种：一种是最常用的低电平复位方式，这种复位方式是在 CPU 供电端（VCC 或 VDD）获得稳定的+5V 工作电压之前，使复位（RESET）端保持瞬间（约 1ms）的低电平，迅速转为近+5V 高电平，正常工作时保持为这一高电平（称为稳态电压或保持电压）；另一种是高电平复位方式（其复位过程与低电平复位过程正好相反），这种复位方式比较少见。

检查 CPU 的复位端，一般先用万用表测量该脚的稳态电压是否正常。如果测得稳态电压很低，则一般为外接元件有问题，CPU 内部损坏的情况不多见；如果测得复位端电压与图标电压相同（采用低电平复位方式的应接近电源电压为正常），可采用下列方法判断有无复位脉冲加到 CPU 复位端：对于采用低电平复位方式的 CPU，可用一短导线将 CPU 复位端对地瞬间短接一下，如果 CPU 进入正常工作状态，表明没有复位脉冲加到 CPU 复位端，故障在复位电路；对于采用高电平复位方式的 CPU，将复位端对电源+5V 瞬间碰接一下，如果 CPU 恢复正常工作，说明没有复位脉冲加到 CPU 复位端，应对复位电路进行检查和维修。复位电路易损坏的元器件有晶体三极管、稳压二极管和电容，其中电容不良或损坏的概率最高。

（3）CPU 主时钟电路的检查。

CPU 内部电路与外接晶体及谐振电容组成的振荡电路，产生的振荡脉冲信号经内部电路分频后形成各种时钟脉冲，用于控制各电路单元之间数据的传输、保存及同步动作。若无时钟信号或时钟频率不准确，会出现微处理器控制不能进行或控制紊乱的现象。对于某些机型，晶振频率发生偏移、性能不良还可能造成误静音故障或搜索不存台等故障。对于字符振荡采用主时钟分频的机型，主时钟不良，除出现不能开机的故障外，还可能出现偶尔能开机，但开机后出现字符扭曲、字符残缺或无字符显示的故障。

CPU 主时钟振荡电路可用示波器进行检测，但要注意，不少机型即使机器正常，当用示波器测量 CPU 主时钟波形也会引起振荡电路停振，出现不能开机或开机无图像等现象。在无示波器的情况下，检查时可先测量 CPU 时钟振荡输入/输出端电压，如 M50436-560SP 的㉘脚、㉙脚应在 2.2～2.4V 之间（如果测量时振荡停止，电压可能较低），如果两脚电压相差较大，或其中一脚电压为 0V，应检查谐振电容是否短路、漏电。如果测得的电压正常，这只能说明具备了振荡条件，而不能说明是否产生了振荡及振荡频率是否正确，这时可用同频率晶振替换原晶振。CPU 常用的晶振频率有 32kHz、4MHz、6MHz、8MHz、10MHz、12MHz 等。替换晶振仍不能排除故障时，再将谐振电容一并换掉看故障能否被排除。该不该检查时钟振荡电路和是否需要更换晶振则要根据故障现象来判断。例如，所检修的故障现象为二次不开机、无伴音、调节各模拟量屏幕上的字符显示操作速度慢、自动关机等，则可试着更换晶振；对于其他故障现象如无彩色、无图像等则不必更换晶振，因为这些故障均可以说明 CPU 运行正常，CPU 运行的首要条件是有正确的时钟脉冲，因此可判断晶振及小电容是好的，不必更换。

2）电台识别（SD）信号输入接口电路的故障特点与检修方法

电台识别（SD）信号是 CPU 判断接收到了电视信号的依据，当有 SD 信号出现时，CPU 则认为收到了电视信号，从而做出相应的功能控制。CPU 未得到电台识别信号，会引起自动搜索不存台；无图像、无伴音，屏幕呈现蓝屏或生产厂字标；第 3～5 分钟自动关机等。当遇到这些故障时，首先要考虑 CPU 电台识别信号反馈接口电路工作是否正常。

CPU 的电台识别方式有两种：一种是高低电平（一般是高电平有效），采用这种识别方式的微处理器有 PCA84C640P、Z86227 等；另一种是脉冲计数方式，即 1.02ms 内计数到 15～17 个视频同步脉冲，则认为收到了电视信号，从而做出相应的功能控制，采用这种识别方式的微处理器较多，如 LC864512、M37210M3-508GP 等。识别信号来自同步分离电路或行一致性（符合）检测电路。

有无电台识别信号送到 CPU 判断方法是：测量 CPU 的 SD 引入端电压，看在静态（无节目接收）和动态（有节目接收或自动搜台过程中检索到节目的瞬间）情况下电压有无低到高的跳变（高低电平识别方式）或零点几伏的变化（脉冲计数方式）。如果有，且动态值与图上标注的值基本一致，说明该接口电路工作基本正常且该接口电路对 CPU 提供了正常的电台识别信号；如果无跳变且动态下的测试值与图上标注的值相差比较远，则可判断是这个接口电路（即 SD 信号传输电路）有问题或 SD 信号形成电路未产生正常的 SD 信号。

3）AFT 校正电压接口电路的故障特点与检修方法

送到 CPU 的 AFT 信号，其作用有两点：一是自动搜索时确定最佳调谐点，完成自动存台功能；二是收看时自动微调 VT 电压（采用数字式 AFT 电路的机型才有此作用）。CPU 未得到 AFT 信号，或虽得到 AFT 信号，但 AFT 信号不正常，会出现自动搜索锁不住台，自动搜索虽能锁台，但锁台少，且图像或伴音效果不理想即调谐不准以及收看时出现跑台现象等。在遇有以上故障现象时，AFT 校正电压接口电路应是主要考虑的故障检查范围之一。

判断这个接口电路是否存在问题的主要手段是电压法，其主要测试点有 CPU 的 AFT 校正电压引入脚和中频 IC 或 TV 小信号处理 IC 的 AFT 校正电压输出脚。正常情况下，CPU 的 AFT 校正电压引入端在检索到节目前后应有一定范围的电压摆动范围，这个摆动范围因使用 CPU 型号的不同而不同。所以，检查时应首先测量 CPU 的 AFT 输入引脚在搜台过程中的电压，然后进一步测量此引脚的动态（接收节目）电压。如果在搜台过程中，有电压摆动且动态情况下的测试值与图上标注值一致，可判断这个接口电路工作正常；如果测试结果动态值与图上标注值相差许多，搜台过程中无电压变化或变化范围小，说明 AFT 接口电路或其输入的 AFT 校正电压不够。此时可进一步测量中频集成电路 AFT 校正电压输出端电压，测试的内容除搜台、动态值外，还要测量静态电压。若静态电压正常，可判断 AFT 接口电路有问题；反之，说明 AFT 校正电压形成电路有问题。

有些 I^2C 总线控制的单片机，如 TDA8843、OM8838/39 单片机，TV 小信号处理集成电路送到 CPU 的 SD 信号和 AFT 信号采用 I^2C 总线传输，无法进行此项检查。

4）输出接口电路的故障特点与检修方法

（1）输出接口电路的故障特点。

① 模拟量控制接口。在普通遥控系统中，色饱和度、亮度、对比度、清晰度及音量控制等几个调节量的控制采用模拟量控制方式，这类接口称为模拟量接口。有部分 I^2C 总线控制的机器，其音量控制也采用模拟量控制方式。这部分电路出故障后，其故障特点是模拟量不可调或调节范围不够。

② CPU、调谐接口电路有问题，会引起无调谐电压，或搜索时调谐电压变化范围不够，

或调谐电压不稳定，而诱发收不到台或跑台（往往还伴有高频端节目收不到）故障。CPU、波段接口电路有问题，不能向高频头提供 L、H、U 波段电压或者不能提供其中某一个波段电压，将导致收不到电视节目或某一个波段收不到节目。

③ TV/AV 切换接口电路或 CPU 故障导致收不到 TV 节目，造成电视机有 TV 字符显示，但公用通道仍工作于 AV 状态，从而出现黑背景、无伴音或者蓝背景、无伴音。

④ CPU、电源控制接口电路有问题，会引起无法开机或无法用辅助电源开关停机。

（2）输出接口电路的检查方法。

前面讲到，判断遥控电路是否有问题的方法，是通过必要的手段检测接口电路末端对被控单元电路的控制是否正常来进行的，有关的手段见对遥控电路故障诊断方法的介绍，这里要介绍的是在已判定某接口电路未输出正常的控制信号时，如何辨别故障是出在这个输出接口电路，还是由于 CPU 未向它输送正常的控制指令。

这首先就要证实 CPU 对这个接口电路输入的控制信号是否正常，其方法主要是电压法。一般来说对于模拟量控制放大的接口电路，CPU 对这个接口电路输入端的电压值，应随着功能键的操作而线性变化，图上标注值一般为图像、伴音效果及控制量都比较合适的值。所以在检测 CPU 相关测试点时，如果测试结果与图上标注值相近或者可调至图上标注值，说明 CPU 向这个接口电路输出了正常的控制信号，故障在相关的接口电路；如果达不到图上标注值而且即使调节相应的功能键仍然达不到图上标注的值，可判断是 CPU 未向该接口电路输出正常的控制信号，故障既可能出在 CPU，也可能出在该引脚的上偏置电阻、消杂波电容和与这个接口电路有因果关系的其他输入接口电路。如果判定故障是出在接口电路，则对模拟量控制接口电路的检查要看电路结构而定，如果有三极管，三极管应处于放大状态，而且导通量随功能键的操作而变化；如果仅有阻容元件组成的积分电路或二极管、电容组成的整流滤波元件，则要注意它们之间的分压关系。这种关系往往是我们判断故障在测试点之前还是之后的依据。具体检修逻辑流程如图 10-44 所示。

以上方法对调谐接口电路也适用。

对于状态控制接口电路，如开/待机、TV/AV 切换、波段、制式切换等输出端口的检查，判断故障在 CPU 还是接口电路的方法仍是测量 CPU 对应输出引脚电压。正常情况下这类引脚电路应随功能键的操作有高、低跳变，且高低电压的跳变能使首级三极管作截止/饱和状态翻转。如果能满足这个条件，可判定 CPU 输出了正常的控制信号，故障在接口电路；反之，应对 CPU 及其输出端的上偏置电阻进行检查。对接口电路的检查原则，也是看各级晶体管的导通与截止工作状态能否随操作键的操作而自动翻转。如果能自动翻转，说明该级电路及以前的接口电路工作正常，故障在此级之后的接口电路；反之，若晶体管的工作状态始终导通或始终为截止不能翻转，说明本级接口电路或以前的接口电路有问题。判断晶体管是否具备导通/截止条件的方法是测量发射结电压。如果晶体管具备导通/截止条件，应能随功能键的操作在 0.6V 或 0.6V 以上跳变。

5）字符显示电路的故障特点与检修方法

字符显示电路的故障通常表现为其他功能正常，只是屏幕无字符显示或显示的字符异常

（如字符位置不对，字符变小，字符变为黑色，缺少某种颜色字符等）。另外，字符接口电路工作点移动导致末级字符放大器始终工作在放大状态或饱和状态，还会造成图像彩色失真、屏幕呈现很强的绿或蓝光栅带回扫线等故障。

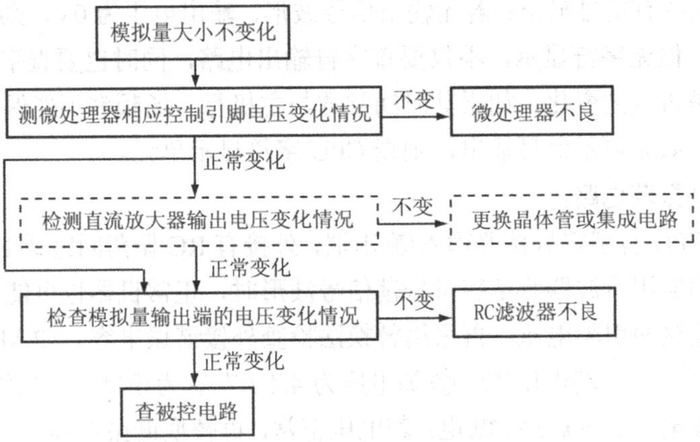

图 10-44 模拟量输出接口故障检修流程图

字符显示电路要正常工作必须满足三个条件：一是字符振荡器起振，且振荡频率准确，否则，即使字符电路输出了信号，字符也会偏离正常显示的位置而移到屏外；二是 CPU 应收到来自行、场扫描电路的行、场逆程脉冲，且两信号正确；三是字符输出电路至末级视放电路必须正常。

CPU 字符显示单元的关键检修点如图 10-45 所示，各点检查方法如下：

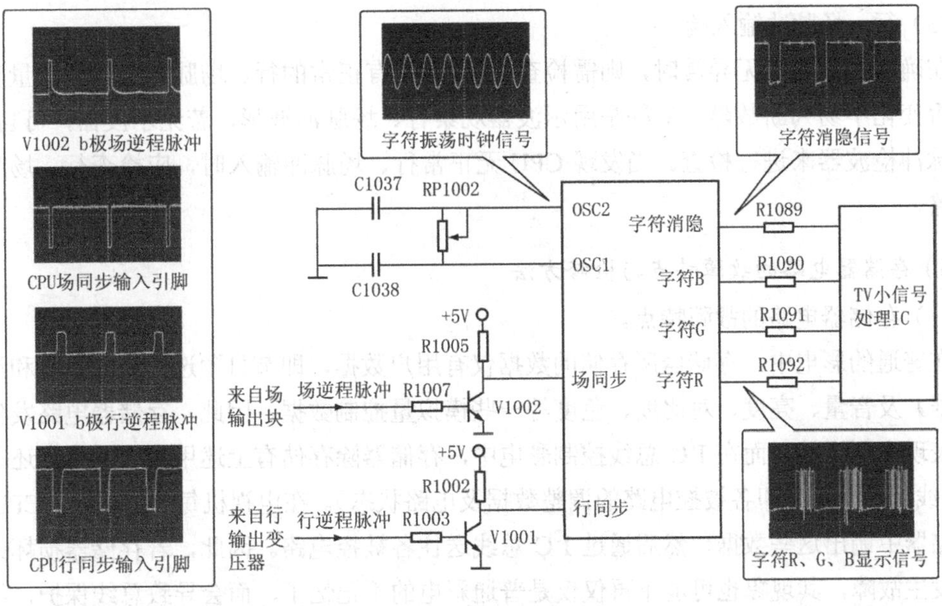

图 10-45 字符显示单元故障维修要点

（1）CPU 屏幕显示的输出端。

CPU 输出的显示信号有两种：一种是字符消隐信号；另一种是三个或两个字符显示信号。

其中，消隐信号用于字符区域挖底，使字符清晰，也用做蓝屏时使屏幕信号消隐。要确认有无字符消隐信号和字符显示信号输出，可用示波器观察有无脉冲波形来判断，也可采用电压法检查判断（在显示字符或厂家设定的开机画面时测量）。如有脉冲波形输出，有不为零的某一电压输出，则说明有信号输出；若无输出信号波形，输出电压为0V，则为无信号输出。若有显示信号输出，但无字符显示，不仅要查字符输出电路，同时也要查字符振荡电路中RC或LC元件参数是否发生变化，如果其时间常数与主机行、场频率不能保持正确关系，也不能正确显示字符；如无显示信号输出，则查CPU字符显示单元。

（2）字符时钟振荡电路。

有些型号的CPU有字符振荡器输入/输出端，外接有RC振荡回路或LC振荡回路。由于有些型号的微处理器用示波器测量字符振荡信号波形时，正常机器也可能使振荡器停振，因此，检查时先测量这两引脚电压，再采用替换法检查外接谐振电容。如M37210M3-508SP，字符RC振荡器输入/输出端电压㉘、㉙脚电压为4.4V左右为正常，如果很低或为0V，应检查两脚外接的谐振电容是否短路、漏电；若电压正常，再替换谐振电容。有些老机型中，CPU的字符时钟振荡电路有的采用RC形式的振荡器，并有一个可调电位器，故障多为可调电位器氧化变质所致，将其更换即可；有的采用LC形式的振荡器，并有一个中周，故障多为中周内附电容变质损坏所致，更换中周即可，若无同型号中周更换，可拆下中周将内部瓷管电容拆除，将中周焊回原电路后在外部并接一只68pF瓷片电容，然后微调磁芯即可。新型CPU，字符时钟振荡电路大多集成在CPU的内部，CPU只有一个FILT端子（字符PLL的低通滤波端），外接RC低通滤波器。检查时可先测量FILT端子电压，如LC863524的⑭脚电压正常时在2.9～3.4V之间，如果很低或为0V，应检查滤波电容是否短路、漏电。

（3）行、场脉冲输入端。

在确认振荡电路无异常时，则需检查CPU是否有正常的行、场脉冲输入。测量直流电压是否变化不易判断故障，最好是用示波器观察行、场脉冲波形，若无示波器，可自制行、场频脉冲检波器来进行检查。当发现CPU无正常行、场脉冲输入时，应检查行、场脉冲输入电路。

6）存储器电路的故障特点与检修方法

（1）存储器电路的故障特点。

在普通的彩电中，存储器所存储的数据仅有用户数据，即节目预选数据（频段和调谐电压数据）及音量、亮度、对比度、色度等一些模拟量控制数据，因此，存储器电路发生故障通常表现为不记忆。而在I^2C总线控制彩电中，存储器除存储有上述用户数据外，还存储有I^2C总线调整数据（即各被控电路的调整数据及电路状态）。在电视机每次开机时，CPU都要从存储器中调出这些数据，然后通过I^2C总线送往各被控电路。因此，若存储器损坏或外围电路发生故障，其现象也可能不再仅仅是普通彩电的不记忆了，而会导致总线保护，不能开机，或开机后整机无法工作。

（2）存储器电路的检修要点。

彩电遥控系统中较多使用“电可编程可擦写只读存储器”（E^2PROM或EAROM）。但也有少数CPU系统中使用只读存储器（ROM或RAM），这类系统需外接电池作为关机后的数据保持电源。存储器电路检修要点下：

① 首先检测存储器的工作电源。常用的 E^2PROM 工作电压为 5V，要求此电压值应准确，误差不能太大。若其工作电压有偏低或波动现象，应重点检查供电电路滤波电容是否漏电。对于需要-30V 数据写入电源的存储器，如 M58655SP、MN1220 等，还应检查-30V 供电是否正常；对于 RAM 存储器电路，要检查数据保持电池是否失效。

② 检查 CPU 与存储器连接的时钟线（SCL）和数据线（SDA）或引脚电压是否正常。若异常，应重点检查两条线上的上拉电阻，若电阻无异常，检查两条走线间是否存在漏电现象。在检查时钟信号时，若有异常，应考虑 CPU 时钟振荡器异常的可能。

③ 在确定供电及外围电路元件均无异常时，试着更换存储器。对于 I^2C 总线机型，在考虑更换存储器之前，看能不能进入维修状态并调出存储的数据，若能，应检查总线数据是否有错并将所有数据记录下来备用。

（3）存储器的更换和代换。

彩电中使用的 CPU 型号繁多，不同型号的 CPU 所配用的存储器可能不同，归纳起来大致有如下几种。

① +5V 和-30V 两个电源输入端的存储器。这类存储器有 M58655、MN1220 等。其中 M58655 多用于三菱 M50436-560SP 遥控系统，它能存储 30 套节目。该存储器有+5V 和-30V 两个电源输入端，只有在其②脚加上-30V 电压，CPU 才能向内部写入数据，完成存储过程。如果②脚的-30V 电压异常，将导致存储异常。在检修中若 M58655 损坏或异常，且无同型号 IC 更换时，可用 M58C655 或 CM58655 代换，其中型号中的“C”表示制造工艺，代换时无需-30V 电压，所以把②脚悬空不用，并可增加存储节目的数量；相反，不能用 M58655 代换 M58C655 和 CM58655。

② PCF××××系列存储器：该系列存储器首先应用于飞利浦遥控系统中，后来也应用于各大公司推出的遥控系统。该系列存储器与 CPU 的通信采用 I^2C 总线方式，其通信格式相同，而且均为 8 脚塑封形式，故可互相代换。代换时应注意：一是该系列存储器有两种接法，一种是①脚接地，②脚接高电平，可存储 40 套节目；另一种是①脚接高电平，②脚接地，可存储 90 套节目；二是 PCF8522 与 PCF8581/ PCF8582 的接法略有不同，PCF8522 的⑦脚接低电平（接地），而 PCF8581/ PCF8582 的⑦脚接高电平（通过电阻接电源），否则会造成不能存台的故障。另外，尾数大的存储块可代换尾数小的存储块，反之则不能，如 PCF8582 可代换 PCF8581，PCF8598 可代换 PCF8594。

6. 取消蓝屏的方法

蓝屏故障是指屏幕上显示亮度适中的纯净蓝光栅或厂家设计的开机画面。蓝屏故障实质是“无图无声”或“图声异常”使 CPU 检测不到代表有节目信号存在的“电台识别信号”而执行蓝屏静噪。

1）蓝屏故障的原因

引起蓝屏故障的原因主要有以下几种。

（1）高频头及其供电和选台条件不正常，无法接收、选台、放大、变频而不能输出正常的38MHz图像中频信号。

（2）中频通道（包括预中放、声表面波滤波器、图像中放、视频检波、预视放、AGC、AFT等）出现故障，不能正常放大、解调出视频信号；或送往高频头的AGC电压异常，使高频头不能正常工作，或送往CPU的AFT电压不正常，CPU认为调谐不正确（不是最佳状态）而不存台并执行蓝屏静噪。

（3）TV/AV切换电路出现故障，不能对TV/AV状态的信号进行正常切换或传输。

（4）电台识别信号（能代表有无电台存在的高低电平或脉冲）形成、传输电路故障，CPU“认为”无台而执行蓝屏静噪、静音和无信号5～15分钟自动待机。

（5）存储器失去供电或损坏，不能对正常搜索到的节目进行存储（记忆）而无法在下次开机时再现图像声音。

（6）总线控制的彩电，与中频处理相关的总线数据丢失或变化，使相应电路不能正常工作。

2）取消蓝屏的方法

遥控彩电，具有无信号自动蓝屏（或显示厂家开机画面）的功能。在检修故障时，为了方便检修中观察噪粒子和收台情况，往往需要将蓝屏功能暂时取消。取消蓝屏的方法有下面几种。

（1）利用遥控器调出“系统设置”菜单，再选中“背景开关”项（通常有开/蓝屏/黑屏选项），设置为“关”，即可取消蓝背景或黑屏静噪功能。也有一些机器，在机板上设置有“蓝屏开关”（如熊猫牌C54P29D彩电，参见图10-8），只要将该开关拨至“OFF”位置即可取消蓝屏。

（2）断开微处理器的消隐端子、蓝屏控制端子取消蓝屏。

（3）模拟电台识别信号输入微处理器，人为解除蓝屏静噪和静音。微处理器电台识别方式有两种，即同步脉冲识别和高低电平识别方式。对于采用高低电平识别方式的微处理器，可将微处理器的电台识别信号输入脚（通常标为SD）通过一个电阻接至+5V电源上或接地，将该脚强制为高电平或低电平，此时微处理器认为有信号输入，从而解除蓝屏静噪功能，同时也解除静音功能。对于采用同步脉冲识别方式的微处理器，则需从外部引入频率为15～16kHz的方波脉冲（信号幅度选在$4.5\sim5V_{P-P}$即可，不要超过$6V_{P-P}$）来取消蓝屏。常见CPU取消蓝屏的方法见表10-16。

表10-16　常见CPU取消蓝屏的方法

彩电CPU	电台识别信号输入脚	静噪静屏	消隐输出脚	蓝字符输出脚	备　注
M37210M3-508SP	⑱	㊿	㊾	㊿	断开㊾、㊿脚取消蓝屏
PCF84C641	㉞				㉞脚蓝屏时0V，雪花时5V
LC863324	㉝		㉕	㉔	
LC863524	㉗		㉒	㉑	
LC864525	㊸	①	㉚	㉙	蓝背景开时，①脚输出低电平 蓝背景开时，①脚输出高电平

续表

彩电 CPU	电台识别信号输入脚	静噪静屏	消隐输出脚	蓝字符输出脚	备 注
LC864512	㊸	㊵	㉚	㉙	㊵脚高电平时，无蓝背景。低电平时，㉙脚输出高电平，㉗、㉘脚输出低电平，蓝开
LC863532	㉝		㉕	㉔	
MN15287	㉙	㊳			断开㊳脚取消静屏
TMP87CK38N	㊱		㉕	㉔	
M34300N4-721SP		④			断开④脚取消蓝屏
M37211M2-526SP	㉜	㊺			㊺ss 脚蓝屏时 0V，雪花时 5V
CTV222S.PRC1	㉞		㉔	㉕	㉞脚蓝屏时 0V，雪花时+5V
CHT0602	㉘	⑰			⑰脚高电平时蓝屏，低电平时雪花
MN1871274	㉘	⑰			⑰脚低电平时蓝屏，高电平时无蓝背景
Z90230	㉖		㉕	㉒	

思考与练习题

一、填空题

1．现在的遥控彩色电视机采用的是________遥控方式。

2．遥控电路的基本功能有________、________、________、________、________、存储、屏幕显示等。

3．遥控系统由________、________、________、接口电路、面板键盘、存储器、字符发生器等组成。

4．遥控发射器由键盘矩阵、遥控器微处理器、________和________等组成。

5．微处理器由运算器、累加器、寄存器、时钟发生器、________、________等组成。

6．遥控彩色电视机的操作控制信号输入途径有________、________两路。

7．本机键控电路有________式键盘电路和________式键盘电路两种。

8．CPU 正常工作的基本条件有：________正常；________正常；CPU 的主时钟正常。

9．CPU 判断是否接收到电视信号或 AV 信号的依据是________信号。

10．送到 CPU 的 AFT 信号，它在自动搜索时作用是确定________，完成自动存台功能；在收看时自动微调________电压。

11．CPU 的电台识别方式有________和________两种

12．彩色电视机的遥控电路根据调谐选台原理的不同，可分为________式遥控系统和________式遥控系统两类。目前大部分彩电采用________式遥控系统，部分较为先进的彩电采用________式遥控系统。

13．遥控彩电微处理器发出的控制信号大体上分为两类：一类是________，用以控制________；另一类是________，用以________。

14．在 I^2C 总线控制的彩电中，一条是________，另一条是________。

二、判断题

1．红外发光二极管是一种能发出波长为940nm红外光的发光二极管。（　）

2．遥控彩色电视中都有一块独立的微处理器集成电路。（　）

3．遥控接口电路中的低通滤波器用来将脉冲调制信号平滑滤波，得到相应大小的直流电压。（　）

4．存储器损坏只可能导致不记忆的故障。（　）

5．音量、对比度、亮度、色饱和度模拟量调节所需的可变直流控制电压，是由微处理器中的数/模转换器输出频率和宽度可变的脉冲串，经低通滤波器滤波、电平移动电路处理后得到的。（　）

6．采用电压合成式选台原理的遥控系统，由微处理器输出数字调谐脉冲，经低通滤波和电平转换后可获得直流选台调谐电压。（　）

7．遥控彩色电视节目预置有全自动、半自动和手动微调三种方式。（　）

8．CPU的音量控制引脚电压，在无接收信号状态下，会因实施静音动作而处于最小音量控制输出状态。（　）

9．遥控彩色电视机无论手动还是自动选台，对电调谐高频头的控制总是波段和调谐电压。（　）

10．遥控彩电在自动搜索电台和选台过程中对电视台信号的识别与锁定是由电视信号的同步脉冲信号决定的。（　）

11．I^2C总线上传送的数据是双向的。（　）

12．I^2C总线上传输的是并行数字信号。（　）

三、选择题

第1～7题均为单选题，第8～11题均为多选题。

1．EAROM是指（　）。

（1）普通只读存储器　（2）读/写存储器

（3）电可编程（或称电气可改写）只读存储器

2．遥控系统的控制信号（　）。

（1）可以来自面板上的键盘，也可以来自遥控发射器　（2）只能来自遥控发射器

（3）只能来自面板上的键盘

3．遥控彩色电视机出现自动搜索时不能记忆的故障现象，原因可能在（　）。

（1）遥控接收器　（2）AFT移相中周失谐

（3）高频头　（4）微处理器

4．遥控彩色电视机的核心控制部件是（　）。

（1）遥控发射器　（2）遥控接收器

（3）微处理器　（4）存储器

5．PWM调制指的是（　）调制方式。

（1）脉冲幅度　（2）脉冲宽度

（3）脉冲频率　（4）脉冲相位

6．I^2C总线控制电视机是一种具有（　）配对构成的双向信息总线电视机。

（1）一根地址线、一根数据线　（2）一根地址线、一根时钟线

(3) 一根时钟线、一根数据线　　(4) 一根时钟线、一根控制线

7. 遥控彩色电视机出现遥控和本机键盘控制全部失灵现象，原因为（　　）故障。

(1) 遥控发射器　　(2) 遥控接收器

(3) 本机键盘　　(4) 微处理器

8. 遥控彩色电视机按照遥控电路类型可分为（　　）式遥控系统。

(1) 电压合成　　(2) 电流合成　　(3) 频率合成

(4) 幅度合成　　(5) 相位合成

9. 电视机遥控系统的组成包括（　　）。

(1) 遥控发射器　　(2) 本机键盘控制器　　(3) A/D 转换器

(4) D/A 转换器　　(5) 微处理器

10. 遥控发射器的组成包括（　　）。

(1) 振荡器　　(2) 扫描信号发生器　　(3) 指令编码器

(4) 红外发光管　　(5) 检波器

11. 彩色电视机出现无图无声的原因可能是（　　）故障。

(1) 微处理器　　(2) 调谐电压产生电路　　(3) 高频头

(4) 视频检波电路　　(5) 扫描电路

四、简答题

1. 简述微处理器接口电路的作用。

2. 简述字符显示电路正常工作的条件。

3. 简述微处理集成电路正常工作的条件。

4. 简述自动选台电路正常工作的必要条件。

5. 遥控失效时，用什么方法可以判断故障是否在遥控发射器。

6. 简述用万用表检测一体化红外遥控接收头的方法。

第11章 彩色电视机维修方法

11.1 彩色电视机维修基础知识

11.1.1 维修基本要求

（1）在进行维修前，必须了解被修机器的线路原理、信号流程、正常状态下各点工作电压及波形。准备好检修机的图纸资料。

（2）打开后盖前，必须了解该机的外壳结构，以免损坏外壳。

（3）准备好必要的维修工具及测量仪器、仪表，如万用表等，有条件的准备彩色图像发生器、扫频仪和示波器。

11.1.2 故障检修的一般程序

（1）从各方面了解故障的症状。在接到一台待修的彩色电视机时，首先要向用户问明故障现象，使用环境和故障发生前的征兆（特别要问明机内是否有冒烟、异味、爆响等异常情况发生，以判断机内是否有短路性故障），是否经他人修过等；然后进行外部检查，如检查天线、外部引线是否正常；若机内无短路性故障，一般还应通电试机。通电后，首先要关注机内是否有冒烟、异味、爆响等异常情况发生，如有应立即切断电源；如没有发现异常情况，应仔细观察光栅、图像、颜色和伴音存在的缺陷，并调节电视机外部的有关旋钮、按键以及遥控器有关按键，看故障症状是否变化。

（2）根据症状推断故障电路的大致范围。推断故障电路的大致范围时要根据彩色电视机电路的工作原理、电路图以及信号流程图进行分析，才能做出正确的判断。具体方法将在“彩色电视机故障的分类”中介绍。

（3）检查故障电路，缩小故障范围。一般需要灵活运用各种检查法，才能逐步缩小故障范围，当故障缩小到某一单元电路后，再通过各种测试手段最终找到故障元件。

（4）找出故障元件，用合格的元件更换。

（5）进行必要的调整。

（6）检查修复后的机器是否正常工作，即试机。

11.1.3　注意事项

彩色电视机的供电电压高、电路复杂，若检修时操作不当，易出现扩大故障范围和触电事故。为此，在检修彩色电视机时应注意以下有关事项。

（1）由于彩色电视机采用开关电源，220V 市电直接整流进入开关电源，因此机器底板可能局部带电也可能整个底板带电，易造成触电事故。为此，在检修彩色电视机时，应在交流市电与电视机电源输入端加入 1:1 的隔离变压器。

（2）打开机盖，更换元件等操作时要切断电源。

（3）在拉出电视机底板检查时，应注意底板下面不要接触金属物件，以免引起短路。

（4）在发现熔断器熔断时，未经查明原因，不要急于换上熔断器通电（特别不能用比原来规格大的熔断器或铜丝替代），以防止扩大故障。

（5）通电试验时，手不要接触开关电源、行输出电路、末级视放电路及显像管供电电路，这些电路电压都很高。

（6）通电试验时，不可将开关电源的主电源负载断开（如确需断开，如当判断故障是在开关电源本身还是在行扫描电路时，也应在主电源输出端接上假负载。一般用 220V、60W 或 220V、100W 的白炽灯作为假负载），也不可断开行偏转、行逆程电容或拆除保护电路，以防击穿开关管及行输出管。

（7）在稳压电源失控，输出电压过高而又没有采取措施的情况下，不要长时间开机检查，更不能将这种过高的电压加到各负载电路上，否则许多元件会因耐压不够而损坏。

（8）当行振荡电路停振时，整机电流显著减小，电源电压将因此上升。这时应将电源电压调低或接上假负载，再进行检查，以免烧坏元件。

（9）不要提高开关电源的输出电压，以免高压阳极电压上升（会产生对人体有害的过量的 X 射线）。

（10）在通电检查时，如发现冒烟、打火、焦臭味、异常过热等现象，应立即关机检查。

（11）若要取下高压帽，一定要先切断电源，然后用一根导线串上一只 10kΩ（2W）的电阻将高压嘴接地多次放电。

（12）安装时应注意显像管石墨层接地线是否接好，否则会使石墨层在通电时感应出高压，而造成触电。

（13）在检修时，不可盲目调试机内可调元件（如磁芯、磁帽、可变电阻、电位器等），否则，会使那些本来无故障的部分工作失常。如确需调节，应先记住原来位置后再调，若调节无效，应调回到原来位置。

（14）当检修亮点或亮线故障时，应将亮度调小，以免损坏荧屏。

11.1.4　故障检修规则

1）检查电源

如果电源有故障，即使其他部分正常，电视机也不能正常工作。因此，在检修故障时，特别是几部分电路工作不正常的故障时，应先检查电源。例如无光栅、无伴音的故障，既可能是光栅形成电路和伴音电路同时出现故障造成的，也可能是电源出故障引起的，而后者的可能性更大。

有的故障与电源无关，这时可跳过电源去检修其他部分。但当故障原因难以确定时，先检测一下有关电路的电源，往往可以收到事半功倍的效果。

2）检查光栅

电视屏幕上的光栅是显示图像的前提，没有光栅，屏幕漆黑一片，更谈不上收看图像，其他故障也就无法暴露出来。

无光栅故障可能发生的故障部位有电源电路、行场扫描电路、显像管及显像管电路。在电源电路正常（经检修或检查证实）的情况下，首先应检查行扫描电路，因为彩色电视机中显像管的各极电压都是由行输出电路提供的（有的行输出电路还为整机的其他电路提供低压）。如果行扫描电路工作不正常，则显像管屏幕上连亮点也不出现。其次检查显像管及其附属电路，看各种电压能否顺利加到显像管的各极，从而判断是显像管附属电路的问题还是显像管本身被损坏。当屏幕上有一条水平亮线后，再修场扫描电路，使光栅恢复正常。

3）检查黑白图像

光栅正常了，就应检查能否收到图像（黑白图像）以及图像是否稳定。如收不到或效果不好，则检查公共通道（包括高频头、中放通道）、亮度通道、末级视放电路，一直到显像管的整个图像通道。

4）检查彩色图像

黑白图像正常后，再检查彩色是否正常（色饱和度调至适中位置）。判断彩色是否正常的标准是：彩色的浓度与色调要正确；彩色应均匀；屏幕中央及边缘均要求会聚良好；无爬行现象。

彩色方面的故障一般发生在色度处理电路（包括色度通道和副载波恢复电路）、基色矩阵电路、显像管电路。

5）检查伴音

由于伴音信号要经过公共通道，经视频检波后产生第二伴音中频信号，因此伴音方面的故障检修应该在图像故障检修完毕后进行。

6）检查系统控制

遥控彩色电视机的二次开机、搜台、音量、亮度等调节都受微处理器的控制，故在检修图像、彩色、伴音等方面的故障时，往往是在确认故障现象时就要操作遥控器或本机按键，进行一些必要的状态转换和有关项目的调整，这同时也就检查了系统控制的功能，但有时也需要单独检查遥控、面板控制功能是否正常，一般在维修前进行检查，维修后也应进行检查。

应注意的是，并不是每一台故障机都要按以上顺序进行检修，对于有些显而易见的故障（如有图像但无伴音、爬行等故障），故障范围很清楚，就不必再按以上顺序进行，可以直接去检修相关电路。

11.1.5　彩色电视机故障分类及故障范围

彩色电视机可能出现的故障很多，检修时应仔细观察，确诊故障现象，从而对故障范围及部位作出初步判断。

1．按故障性质分类

1）真故障和假故障

真故障是指由于彩色电视机元器件损坏或特性恶化以及电路参数变化引起的故障。假故障则是指由于电视台发生故障、闭路线（或天线）有问题、外界干扰以及使用者调整不当等而使彩电出现的不正常现象，并非彩电本身的故障。

常见的假故障及其排除方法如下。

（1）播放电视时，忽然出现无图像、无伴音现象。如果此时没有机内打火、行频响声，电阻和变压器焦味等，一般可能是电视台发生故障，信号暂时中断。遇到这种情况时，可以调换其他频道进行接收，若接收正常，就说明是电视台发生故障。

（2）电视台转播差转接收信号时，偶尔会出现拉白道、拉黑道或画面顶部有扭曲现象。这可以用切换频道的办法证实是否是电视机故障。

（3）图像出现重影、镶边、色边时有时无，色饱和度时浓时淡。这多半是由于电视台正在调机所造成的。对于采用室外天线接收的，也可能是地形影响所造成的故障。

（4）图像对比度弱，画面有雪花点，彩色时有时无，不稳定等，这多半是接收信号太弱。应考虑闭路电视信号是否不好，或者天线高度太低、方向未调好以及天线、馈线接触不良等。

（5）某个台时常发生突然声音中断或图像有网纹干扰并出现“哗哗”的噪声，有时还会出现电话对话的声音，说明附近有功率较大的子母电话或其他设备。

（6）有强磁性物体置于电视机旁，将使电视机光栅出现色斑。

（7）色饱和度关死，造成画面失色。当然，接收的信号过弱时也会出现失色，但此时画面噪声较大。

（8）采用 I^2C 总线控制的彩电，经常会因用户误操作或其他原因造成 I^2C 总线数据出错，引起彩电不能正常工作，可能表现出各种错综复杂的故障现象。遇到这种情况，必要时应进入维修状态，查看有关项目的总线数据。如果发现有误，只要将其调整为正确数据，一般即可排除故障。

2）硬故障和软故障

硬故障是指彩电持续存在的故障，其故障特点是故障现象稳定不变。而软故障则是指彩电时而工作正常，时而工作不正常；或刚开机工作正常，过一段时间后又不正常；或开始不正常，过了一段时间后自动恢复正常。

2．按故障现象分类

彩色电视机一旦出了故障，则光栅、图像（指黑白图像，下同）、色彩、声音和系统控制（包括遥控和本机键控）五方面的质量必然受到影响。因此彩色电视机的故障可以分为五大类：光栅、图像、彩色、伴音及系统控制故障。每一类故障中，还可细分为多种故障。因此，我们就可以将光、图、色、声和系统控制五方面的质量情况情况作为出发点，结合方框图和各部位电路的作用来判断产生故障的大致范围。彩色电视机故障现象与单元电路的关系如表11-1所示。

表11-1 彩色电视机故障现象与单元电路的关系

故障分类	故障现象	可能出现该故障的电路
光栅故障	无光栅、无伴音	（1）电源电路；（2）行扫描电路；（3）亮度通道和伴音通道同时有故障
	有伴音、无光栅	（1）显像管或供电支路；（2）亮度通道；（3）解码矩阵；（4）末级视放电路；（5）行扫描电路
	水平一条亮线	场扫描电路
	行（或场）幅度不足或过大	（1）电源电压不对；（2）行（或场）扫描电路
	垂直一条亮线	行偏转线圈开路
图像、声音故障	有光栅、无图像与伴音	（1）天线与高频头；（2）中放通道
	有光栅、无图像、有伴音	（1）亮度通道；（2）解码矩阵；（3）末级视放电路
	行不同步	（1）同步分离；（2）行振荡；（3）AFC电路
	场不同步	（1）场同步分离；（2）场振荡
	行、场均不同步	（1）高频头；（2）中放通道、AGC电路；（3）同步分离；（4）行、场扫描电路
	有图像、无声音	（1）伴音通道；（2）扬声器
彩色故障	无彩色	（1）色处理电路（包括色度通道、副载波恢复电路）；（2）解码矩阵电路；（3）公共通道增益下降
	彩色不同步	（1）色同步选通放大；（2）副载波振荡电路；（3）锁相环路；（4）公共通道增益低，使色同步信号弱
	彩色忽浓忽淡	（1）ACC；（2）鉴相；（3）接触不良
	爬行（PAL制特有）	（1）梳状滤波器；（2）副载波恢复电路；（2）PAL识别电路或PAL开关
	倒色	（1）延时解调；（2）副载波恢复电路
	缺某一基色	（1）基色矩阵电路；（2）末级视放电路；（3）显像管
	缺某一色差信号	（1）同步检波；（2）延时解调；（3）基色矩阵电路
	彩色与亮度图像不重合	亮度延时电路
	屏幕局部色斑	（1）电视机周围有带磁性的物体；（2）消磁电路
系统控制故障	遥控失灵	遥控发射器、遥控接收器
	面板控制失灵	本机键盘电路
	不记忆	存储器
	二次开机失效	微处理器、开/待机控制电路、开关电源
	音量（亮度、色度、对比度等）控制失灵	微处理器及相关接口电路（或I^2C总线电路）
	搜台不正常	微处理器频段切换控制、调谐控制、调谐电压形成、频段译码电路
	不能锁台	微处理器的AFT信号输入电路、中频通道的AFT电路
	无字符显示或显示异常	字符显示时钟振荡电路、微处理器行、场逆程脉冲输入电路

光栅方面的故障，主要是指行、场扫描电路，显像管及其附属电路的故障。常见的故障现象有无光栅；水平一条亮线或竖直一条亮线；光栅畸变或暗角；扫描线聚集不良；行、场

幅度不足；行、场线性不良和中心位置不适等。此外，有些彩电的低压电源是由行扫描电路产生的，因此行扫描电路的故障，还可能引起图像、彩色或声音方面的故障。

图像方面的故障，主要是指公共通道和解码器中的亮度通道的故障。常见的故障现象有：无黑白图像，黑白图像质量不良，黑白图像不稳，画面上有网纹状、条带状或雪花状干扰以及假彩色等。

彩色方面的故障，主要是指解码器的色处理电路、彩色显像管等的故障。常见的故障现象有：无彩色、缺色、偏色、彩色畸变、爬行（PAL 制特有）、色纯不良等。

声音方面的故障，主要指伴音通道的故障。常见的故障现象有无伴音、声音太轻、伴音失真（声音沙哑、阻塞）以及混有交流声、蜂音等。

系统控制方面的故障，主要指遥控电路的故障。常见的故障现象有不能二次开机、遥控失灵、面板控制失灵、音量（亮度、色度、对比度等）控制失灵等。

彩色电视的电源有故障，则对光栅、图像、彩色、声音和系统控制都可能有影响。电源所造成的常见故障现象有：无光无声，画面晃动、扭曲等。

11.1.6 彩色电视机基本检修方法

1. 调试法

调试法是指利用彩电面板或遥控器的有关按键，或机内外有关调节元件来分析、判断故障的一种方法。此法不但可以帮助确认故障现象，同时也是判断故障范围的一种检查手段。一般通过操作彩电面板或遥控器的有关按键，能将故障范围缩小到某一个单元电路。例如，检查彩色失真故障时，就可以使用色饱和度按键来判断故障范围。当将色饱和度调到最小时，如果屏幕上所重现的黑白图像正常，则故障在色解码器的色度通道和同步解调器；如果所重现的黑白图像不正常，如着色有假彩色，则故障在基色矩阵部分。在必要时应开机调整有关可调元件，来帮助判断故障。表 11-2 列出了通过调整遥控器、面板按键及机内外有关调节元件判断故障的方法。

表 11-2 调试法与故障判断法

故障现象	调整/操作项目	故障判断
无光栅	音量	（1）若有伴音，说明电源正常，故障在行扫描、显像管及其供电支路 （2）若无伴音，故障在电源电路（中频电路供电由开关电源提供的机型）
水平不同步	行频电位器	（1）能瞬时同步，故障在同步分离、AFC （2）不能同步，故障在行振荡
垂直不同步	场频电位器	（1）能瞬时同步，故障在场同步分离 （2）不能同步，故障在场振荡
水平、垂直均不同步	行与场频电位器	（1）能瞬时同步，故障在同步分离或视频信号过弱、AGC 不正常所致 （2）不能瞬时同步，故障在场振荡、行振荡
伴音干扰	频率微调	伴音干扰消失，但图像变差，多由于高频头本振频率偏离引起
交流杂音	音量	（1）干扰声随音量大小而变化，故障在低放 （2）干扰声与音量电位器调整无关，故障在公共通道

续表

故障现象	调整/操作项目	故障判断
画面暗	亮度	（1）光栅大小随亮度电位器调整变化，则故障在高压整流 （2）光栅大小与亮度调整无关，故障在电源、行输出、显像管及供电支路
无图像	音量	（1）无伴音，故障在公共通道 （2）有伴音，故障在视放、Y放大、图像通道
无彩色	色饱和度及对比度	（1）若黑白图像正常，故障在色度解码 （2）若黑白图像不正常，故障在公共通道、图像通道、彩色矩阵及显像管
色调不正常	维修开关	（1）若单色正常，故障在色同步 （2）若单色不正常，是由于色纯调整不良
遥控失灵	本机面板按键	（1）若面板键控正常，故障在遥控发射器、遥控接收头 （2）若面板键控不正常，故障在微处理器工作条件提供电路或微处理器不良，I^2C总线控制机型，也可能是存储器损坏或软件出错
面板键控失灵	遥控器	（1）若遥控正常，故障在本机键盘电路 （2）若遥控不正常，故障在微处理器工作条件提供电路或微处理器不良，I^2C总线控制机型，也可能是存储器损坏或软件出错

2．直观检查法

所谓直观检查法，就是利用人的感觉器官：眼（看）、耳（听）、鼻（闻）、手（拨、摸）对电视机（机内元件或机外零件）进行外表检查的一种方法。这种检查方法十分简便，对检修电视机的一般性故障很有效，特别是检修无光栅、无图像、无彩色或无伴音之类的损坏型故障更为重要。有时经直观检查，很快就能发现故障元件。

采用直观检查法时一般应先机外后机内，先断电检查后加电检查。机外检查如看机外电源插头、天线、馈线等有无脱落或损坏。再看机内各种插头有无脱落、熔断器是否熔断、元件有无脱焊、相碰或断脚、电阻有无烧焦或变色、电解电容器有无漏液、胀裂或变形、显像管有无漏气、破裂等。也可用手轻轻拨一拨被怀疑的元件，试试有无脱焊松动，接插件接触是否良好，可调整件是否松动，经上述检查，对怀疑的元件再用万用表进行测量就可找出故障元件。

如果断电直观检查没有发现故障，就应进行通电检查。通电后注意观察显像管灯丝是否点亮，电子枪部分有没有发紫光或蓝光；有无冒烟、打火等现象。听扬声器中有无杂声、哼声、交流嗡音以及其他部位发出的异常声响；闻机内有无烧焦臭味。轻轻敲击机箱、底板或有关的部位，看有无虚焊点或接触不良现象。必要时可让电视机工作片刻，然后再关机，用手去摸集成块、晶体管、变压器、高压包等容易发热的元器件，看有无过热现象等。

3．彩色电视测试图分析法

彩色电视测试图也称彩色测试卡，它是检验彩色电视机各种性能的综合性工具，用它来检测、调整电视机，具有快速、直观的特点。利用彩色电视测试图来分析故障原因和发现故障部位，它是一种常用的检修方法。彩色电视测试图通常由电视台在播送正式节目之前发送，电视机厂和维修部门也常用专门的仪器自己产生测试图。各地电视台所用的彩色电视测试图的图形虽略有差异，但其主要内容基本上是相似的，图 11-1 为我国国家标准的一种彩色电视测试图。现在已有专用的彩色电视机测试 VCD/DVD 光盘出售，这种光盘上刻录有彩色电视测试图、彩条信号等内容，可供调整和维修彩色电视机用。表 11-3 列出了利用彩色电视测试图来分析故障原因和发现故障部位的方法。

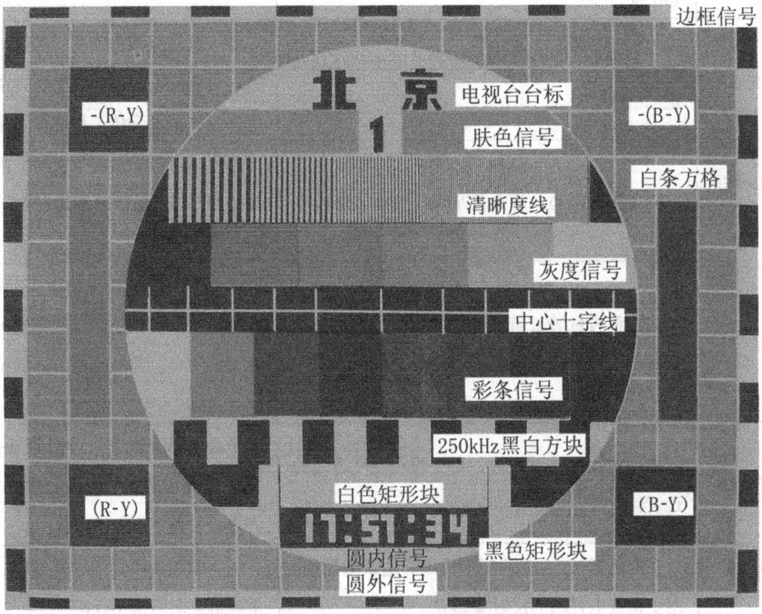

图 11-1　彩色电视测试图

表 11-3　彩色电视测试图常见的变化和可能发生的故障部位

检查项目		主要检测内容	故障判断
圆外信号	（1）测试图边框	检验和校正图像大小，行、场扫描幅度，校正图像中心位置	垂直方向变化，场扫描电路故障或场幅调整不良；水平方向变化，行扫描电路故障或行幅调整不良
	（2）白条方格	检测扫描线性；显像管会聚、聚焦；几何失真；有无重影	格子不方正或不均匀，说明行、场扫描线性不良好；格子内弯曲，说明枕形校正电路有问题
	（3）圆外四周的彩条信号	用于检查彩色解码器性能。左上角显示青偏绿即-（R-Y）；左下角显示红偏紫即（R-Y）；左中间显示（G-Y）=0，146°信号；右上角显示黄偏绿即-（B-Y）；右下角显示蓝偏紫即（B-Y）；左中间显示（G-Y）=0，326°信号；各自具有恒定亮度	圆外四周的彩色方块无彩色或彩色失真，说明频道调谐、公共通道或黑白平衡调整不良，解码电路或视频输出电路有故障；出现“百叶窗”似的细密彩色条纹，并向上移动，说明解码器的梳状滤波器调整不良或延迟线有故障
圆内信号	（1）中心圆图（电子圆）	调整图像的宽高比例；检测扫描线性；检测隔行扫描准确性	不圆，行场扫描线性调整不当；圆周线不光滑，隔行扫描不良；圆中心偏移，帧中心或行相位调整不良
	（2）肤色信号	左端为中国标准男性肤色，右端为中国标准女性肤色	肤色不真实，为色饱和度调整不良或解码电路有故障

续表

检查项目		主要检测内容	故障判断
圆内信号	（3）清晰度线	用于检验图像清晰度与频带宽。五组清晰度线分别对应水平清晰度140、220、300、380、450线	一般电视应能分辨380线左右，否则为通道频率特性不良
	（4）灰度信号	从黑到白有六级，用于检查白平衡和视频通道的线性等	若灰度等级减少或两相邻块对比度变化不一致，说明亮度通道线性不良，动态范围小。若灰度级方块呈现颜色，说明白平衡不良
	（5）中心十字线	确定图像中心、静会聚及隔行扫描、聚焦等	垂直线有红绿蓝线条叉开，静会聚不良；十字线模糊，彩色显像管聚焦不良；水平线变成两条，隔行扫描不良
	（6）彩条信号	由白黄青绿紫红蓝黑八条颜色组成，用于检查解码电路和色通道等	无彩色或彩色失真，为频道调谐或黑白平衡等调整不良，解码电路或视频输出电路有故障；彩色同步不良，为梳状滤波器调整不良或色同步电路有故障
	（7）黑白方块	由250kHz方波组成，用于检查亮度通道的过渡特性等	黑白格子有镶边（过冲）或多条的衰减黑条（振铃），为亮度通道等电路的瞬态响应不良，频道或同步检波调整不良
	（8） 白色矩形块	在黑色背景上，白色矩形块中有两条细黑线，用于检查电视机的反射重影等	中间的两条黑色细线有重影，为天线、馈线、电视机之间阻抗不匹配
	（9）时间矩形块	在白色背景上，黑色矩形块中播有标准北京时间，用于观众对时间	黑色矩形块有拖尾，为亮度通道等电路的低频响应不良

4．颜色对比检查法

颜色对比检查法（简称比色法）是将彩色电视机屏幕上所重现的图像（或彩条）的颜色与正常图像（或标准彩条）相应部位应有的颜色比较，来分析、判断故障范围的一种方法。这种方法可以检查各种彩色故障。具体方法参见8.3节内容。

5．电阻法

电阻法是彩色电视机检修最基本的方法之一。电阻法的基本功能如下。

（1）测量电路中有无开路或短路。如检查印刷板铜箔有无开路，引线是否开路，焊点之间及元件之间有无虚焊或短路等。

（2）检测元件的好坏。彩色电视机中绝大多数的元器件的检测都依赖电阻法。

电阻法在使用时，又可以分为在路测量法和开路测量法两种。前者是指直接在电路上检测元器件的好坏，但应在断电的情况下进行；后者是将元件焊下来测量或者是用焊脱元件的一个引脚测量。

6．电压法

通过测量电源电压，集成电路各引脚与晶体管各极电压、电路中各关键点电压是检修彩色电视机最常用的方法之一。电压检查法可分为交流电压检查法和直流电压检查法两种。

1）交流电压检查法

这种方法主要用于检查开关稳压电源的交流部分以及行输出变压器输出的灯丝电压。

2）直流电压检查法

在彩色电视机电路中，有一些点是检修的关键点，很多时候通过检修这些关键点的直流电压的大小，并与正常值相比较，通过分析可以较快地判断故障部位及元器件。表 11-4 列出了彩色电视机中各类电路的直流电压变化与故障判断的方法。

表 11-4 彩色电视机中各类电路的直流电压变化与故障判断的方法

电路类别	实例	正常时测量结果	故障分析
线性放大电路	预中放、视放等	发射结正偏，硅管 V_{be} 在 0.6～0.7V，锗管 V_{be} 在 0.2～0.3V；集电结反偏；V_{ce}>1V	若不正常，则为偏置电路故障或三极管损坏
振荡电路	行振荡、场振荡、开关电源中的开关管	发射结略微正偏或反偏，集电结反偏	若发射结正常正偏，则电路停振
脉冲放大电路	行推动、行输出、同步分离	发射结在无信号输入时处于零偏，有信号输入时略微正偏或反偏	否则电路工作异常
AGC、同步分离		空频道与有电视节目的频道，输出电路有明显变化	否则电路没有正常工作

在测量中要注意以下几点：

（1）测量对地电压和对地电阻时，一定要分清冷地和热地。

（2）信号通道的工作状态有静态和动态之分，所谓静态是指电视机不接收信号的状态，动态是指电视机接收信号的状态。电路中有些测试点（如图像视频检波输出端、RF AGC 电压输出端等）在静态与动态两种状态下的电压有比较明显的变化。检查时，分别将电视机置于空频道（或取下天线插头）与有电视节目的频道测量这些点的静态电压与动态电压，如果电压无变化，则说明电路没有正常工作。

3）电流检查法

电流检查法是通过测量晶体管、集成电路工作电流，各局部电路的总电流和电源的负载电流来检修电视机的一种方法。用万用表测量电流，既可以采用直接测量，也可采用间接测量。直接测量电流必须把万用表串入电路，使用起来很不方便，因此在一般情况下，这种检查方法用得较少，而常用直流电压测量法代替间接测量电流（先测出已知电阻上的电压，再根据欧姆定律 $I=U/R$，得出电流大小）。但是遇到烧熔断器或行扫描电路等短路性故障时，往往难以用电压法检查，则应采用电流法检查。

最常见的是开关电源输出的直流电流和各单元电路工作电流，如测量行输出电路工作电流大小，从而判断行输出电路是否有开路和短路故障存在。检查行输出变压器输出的直流电压的负载是否短路，也常采用电流检查方法。检查自动亮度限制（ABL）电路时，也往往需要检查彩色显像管各阴极的工作电流，以确定 ABL 电路是否有故障。碰到熔断器或熔断电阻开路时，也预示着熔断器或熔断电阻所保护的电路电流增大，通常也需要测量电流。

7．波形观察法

将有关信号或电视台发出的信号注入到被测试电路，在输出端用示波器或扫频仪对输出波形或频率进行观察、比较，来判断电路是否正常工作。如利用示波器观察彩色电视机行、场振荡器或输出级的波形，就可以方便地判断出振荡器是否起振，输出波形是否失真（即线性不好），从而可迅速地找到故障部位。利用示波器可以直接测量出电路中某点电压信号的波形、峰—峰值、周期等参数。

8．信号注入法

信号注入法是将各种测试信号注入到电视机的有关电路中，通过显像管（图像）和扬声器（声音）的反应来判断故障。在彩电检修中，常用的信号源有：电视信号发生器、彩条信号发生器、低频信号发生器等。在业余条件下往往没有上述仪器，这时可采用影碟机输出的音视频信号作为信号源，或者利用一台工作正常的电视机作为信号源（调谐器 IF 输出端取出的信号作为电视中频信号源；中频通道输出端取出的视频全电视信号作为视频信号源，中频通道输出端取出的 6.5MHz 信号作为第二伴音中频信号源；伴音鉴频输出端取出的音频信号作为音频信号源），再根据需要，分别输入故障机的有关电路，以检查和判断电路是否正常工作。检修时，可将信号电压直接或经一只 0.01～0.1μF 电容加到被查电路。在实际维修中用得最多的还是简易信号注入法（即干扰法），如人体感应信号注入法、万用表电阻挡触发法等。使用信号注入法时，应根据具体情况选用最合适的信号源。检查解码器时，应选用彩条信号发生器；检查高、中频通道时，应选用电视信号发生器，或人体感应信号或万用表电阻挡作干扰信号；检查伴音通道时，应选用低频发生器，或人体感应信号或万用表电阻挡作干扰信号。

1）AV 信号输入法

现在的彩电大多有 AV 输入端子，AV 状态输入的视频、音频信号与 TV 状态时从中频通道输出的视频、音频信号均输入到 TV/AV 切换电路，经切换和放大后，再输出到相关的处理电路。当彩电发生图像、色彩、伴音类故障时，往往以 TV/AV 切换电路作为判断故障范围的分水岭，这为确定故障范围及检修提供了方便。AV 信号输入法是让电视机进入 AV 状态，然后通过 AV 输入插孔输入 DVD 机或其他影音设备送来的音频、视频信号，再观察荧光屏上图像是否正常，听扬声器中声音是否正常来判断故障部位，如图 11-2 所示。

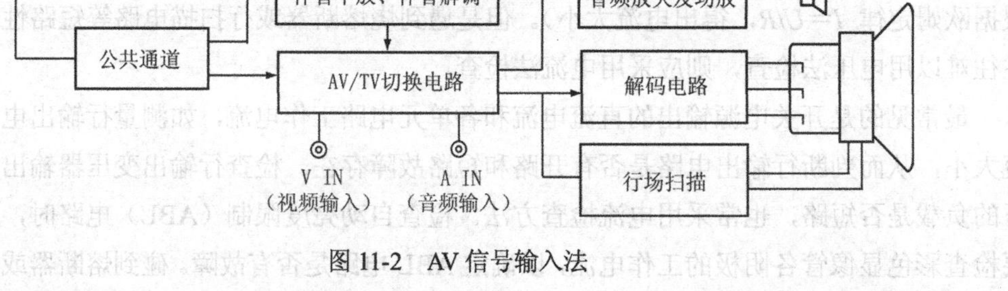

图 11-2 AV 信号输入法

无论电视机处于 TV 状态还是 AV 状态，解码电路、扫描电路、音频放大电路都是工作的，即这些电路是 TV 和 AV 两者的公共电路。例如，当彩色电视机出现无彩色故障时，为判断是公共通道增益下降引起消色电路动作，还是色度通道本身损坏引起无彩色故障，可在 V IN 插孔输入 DVD 机播放的视频信号，若 AV 视频图像彩色正常，表明色度通道正常，故障原因是公共通道增益下降引起的无彩色。

2）人体感应信号注入法（干扰法）

人体感应信号注入法常称为干扰法。这种方法是手握镊子或螺丝刀的金属部分，轻轻触碰被测电路的集成块有关引脚或晶体管的基极，以输入人体感应杂波信号，同时观察屏幕上有无杂波干扰，或听扬声器有无杂音发出，从而判断电路是否正常工作。此法常用来检查高、中频通道，伴音通道以及亮度和色度通道。使用这种检查方法时，一般应从后到前逐级进行。需要注意的是，使用这种方法时切忌误触高压。

3）万用表电阻挡触发法

使用万用表电阻挡作干扰信号注入法的具体方法是，将万用表置于 R×1kΩ 挡（利用万用表 R×1kΩ 挡的电流，注入干扰信号），将其正表笔接地，并用负表笔从后到前逐级触击电路的输入端，通过显像管屏幕上的图像和扬声器中声音的反应，来判断故障的部位。在某些正常时反应较迟钝的点，可采用万用表 R×100Ω 挡，甚至 R×10Ω 挡。因为万用表内阻越小，其输出电流越大，反应就应越明显。需要注意的是，在用万用表笔触击时，要小心，不要将万用表误触至各路电源上。

9. 对比检查法

对比检查法是通过比较故障机与同类正常机来判断故障。这种方法对于检修无图纸、资料的电视机最为有效。具体做法是将故障机上有怀疑部分所测得的波形、电压、电阻和电流等数据与正常机相应的波形和数据进行比较，差别较大部位就是故障所在的部位。

10. 短路法和跨接法

短路法是利用导线、电阻或电容短路某一部分电路（或元件），通过观察电路参数或光、图、色、声的变化来判断故障部位的一种方法。此法主要用于检查和判断干扰源，以及振荡器是否起振、元件是否开路等。例如检查伴音电路噪声、哼声的来源时，可用一只 10μF/16V 的电容沿音频信号通道由后级往前级逐一将各级输入端的音频信号短路到地，若短路后扬声器中噪声消失，则故障出在短路点之前；反之，若声音没有变化，则故障出在短路点之后。

跨接法是利用导线、电阻或电容直接接在某一部分电路（或元件）的输入、输出端，人为地为声、图像、色度信号另外提供一条通道，让信号跨越过被怀疑的电路或元件，以便迅速地从长长的信号通道中找出信号丢失的开路故障点或短路故障点。例如，当怀疑 TV/AV 视频切换电路故障引起视频信号中断时，可用一只 0.1μF 左右的电容器跨接 TV/AV 视频切换电路，如果故障被排除，则说明故障发生在该电路；反之，若故障不变，则说明故障在其他部位。

短路法有直流短路法和交流短路法之分，采用何种短路法应根据被短路点的直流电平差

（对地直流电压）而定，须防止直流电压被短路。当短路的两点直流电平相同或相近时，可直接使用短路导线或串有适当阻值的短路线；当短路的两点直流电平相差较大，则需根据信号频率和两点之间的电压差选择合适容量和耐压的电容器隔直通交。

11. 开路分割法

此法是一种用于多因素故障的排除判断法。开路分割法是指当某一电路部位出现电阻、电压、电流或波形异常时，通过逐一切断相关电路同异常部位的联系，不断缩小故障范围，直至确定故障部位的一种方法。对于一些短路和过电流故障，用此法检查比较适合，常用于开关电源的检修。

12. 替代法

这种方法主要用于疑难故障的检查，有很多故障并不是元器件严重损坏，而是变质，性能不稳定等。在业余条件下难以判定其好坏，在这种情况下，用已知好的元件替代被怀疑损坏的元件，如果故障消除，说明被怀疑的元件的确损坏；如果代换无效，则说明判断有误，对此元件的怀疑即可排除，除非同时还有其他元件损坏。

13. 敲击、振动法

这种方法是检修接触不良的有效方法。有些彩电的故障时有时无，振动一下故障可能出现或消失。为了确诊故障部位，可用绝缘改刀的木柄有目的地轻轻敲击怀疑部位，如彩色时有时无故障，可敲击、振动色解码集成块及周围元器件，若敲到哪个元件对彩色影响最大，则可能是该元件虚焊，或元件互相碰连，印刷电路板铜箔脱落、断裂等。在一台彩电修理好后，也该敲击、振动一下电路板看是否彻底修好，以免再出故障。

另外，对于彩电热稳定性差的故障，则可采用局部受热烘烤法（烘烤怀疑元件）、冷冻法（用致冷剂或酒精使怀疑元件降温），找出故障元件。

11.2 彩色电视机典型故障检修实例

本节以HC-47型彩色电视机为例（见附图B），介绍彩色电视机常见故障的检修程序。

11.2.1 无光栅、无伴音

当彩色电视机出现无光栅、无伴音故障时，应进一步检查电源交流熔断器F801是否熔断，电源电路处是否有“吱吱”声。如果熔断器熔断，更换后继续烧断，则故障在整流滤波电路、自动消磁电路或厚膜电路Q801，而且是元件发生短路性故障。如果电源电路有“吱吱”声，则故障可能是开关稳压电源+112V负载过载或短路。当负载过载或短路时，开关稳压电路仍能进行振荡，但因失去行逆程脉冲的同步控制使振荡频率下降，人耳能听到开关电源的脉冲变压器发出的振荡的“吱吱”声。如果电源电路没有“吱吱”声，则故障部位在开关稳压电路，一般是元件开路性损坏造成的。检修程序可参看图11-3进行。

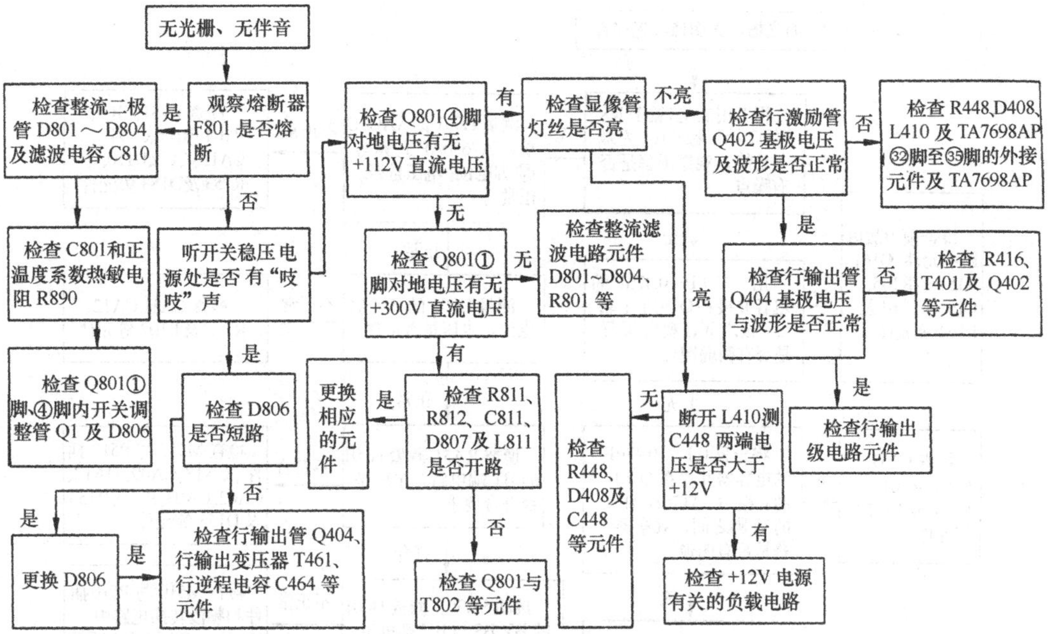

图 11-3 无光栅、无伴音故障检修程序

11.2.2 有光栅、无图像、无伴音

电视机开机后，对比度与亮度旋钮调至最大，接收任何频道电视节目时荧光屏只有光栅而无图像，扬声器没有伴音的声音，该故障的部位在公共通道。这时可观察屏幕雪花噪点情况，如果噪点密而浓，说明故障在天线、高频调谐器、节目预选器、选台控制电路或高放AGC延迟电路；如果噪点稀而淡，说明故障在预中放电路、SAWF或集成块TA7680AP及外接的中放通道元件。检修程序如图11-4所示。

11.2.3 有光栅、有伴音、无图像

电视机接收电视信号时，有伴音、有光栅、无图像，光栅较暗，调对比度与亮度旋钮无效，这说明公共通道、扫描电路基本正常，故障可能是集成块TA7680AP⑮脚输出的彩色全电视信号没有加至集成块TA7698AP的解码电路，应该重点检查TA7680AP⑮脚至TA7698AP㊴脚间的元器件是否有开路损坏。可用一只约100Ω电阻逐次跨接于R201与L201两端，如果有图像出现，说明R201或L201有开路的；如果仍无图像可检查集成块TA7698AP。

11.2.4 无光栅、有伴音

电视机开机后无光栅、有伴音，调亮度调节电位器后仍无效。有伴音说明电源电路与行扫描电路无故障，故障在显像管、显像管电路或亮度通道。应重点检查亮度信号放大管Q202、显像管插座、显像管灯丝限流电阻R920以及加速阳极电压供电及调节电路等。检修程序如图11-5所示。

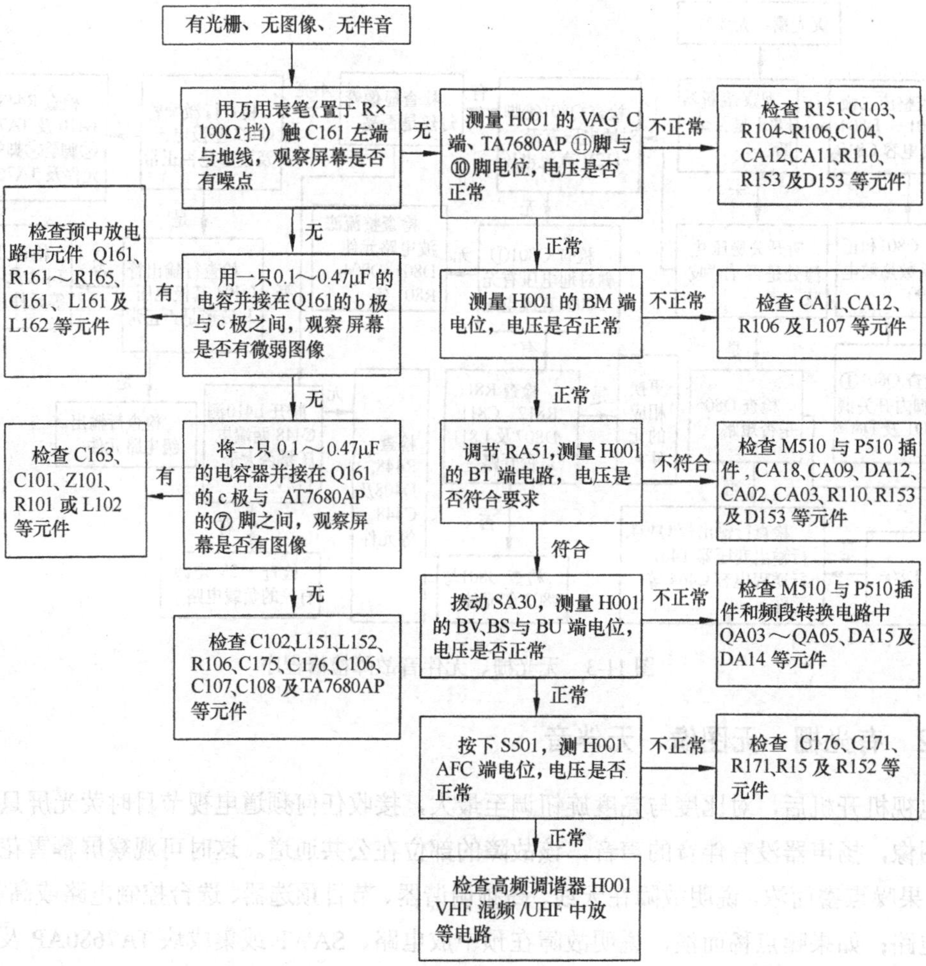

图11-4 有光栅、无图像、无伴音故障检修程序

11.2.5 有图像、无伴音

电视机开机后，屏幕有图像，扬声器无伴音，调音量旋钮无效，该故障的部位在伴音通道，包括集成块TA7680AP与相应的外围元件、Q601～Q604组成的音频电压放大与功率放大电路和QA01、QA02、Q690等元件组成的伴音静噪电路。如果断开C609，伴音恢复正常，则说明故障在伴音静噪电路，应检查QA01、QA02、Q690及周围的元件。如果由Q601基极注入信号，扬声器有声音，则故障在伴音中放、鉴频、直流音量控制等电路，可检查TA7680AP①脚至④脚和㉑脚至㉔脚的外围元件及集成块TA7680AP。如果Q601基极注入信号，扬声器无声音，则故障在音频电压放大与功率放大电路，可检查Q601～Q604及其周围的元件。该故障的检修程序如图11-6所示。

11.2.6 有图像、有伴音、无彩色

电视机接收彩色电视信号时，有图像、有伴音、无彩色，产生该故障的原因是电视信号弱、天线系统不良、公共通道增益低或色处理电路有故障。如果其他好的电视机在同一位置，

用同一天线系统接收彩色电视信号正常，说明故障在电视机，否则应检查天线系统。因公共通道增益下降造成无彩色故障，可参看图 11-4 进行检查，重点应检查预中放管 Q161 β 值是否过小（作代换法）、声表面滤波器 Z101 是否损耗过大（用代换法或电容跨接法）、L151 是否调好、C102 是否开路等。色处理电路的故障可能有三种，一种是色度通道有故障，使色度信号中断，造成丢色；另一种是由于副载波恢复电路有故障，色同步信号没分离出来，副载波振荡器没输出副载波或副载波相位偏差较大，使消色电路起作用关闭色度通道，造成无色；第 3 种是消色电路本身有故障，将色度通道关闭，造成没有颜色。

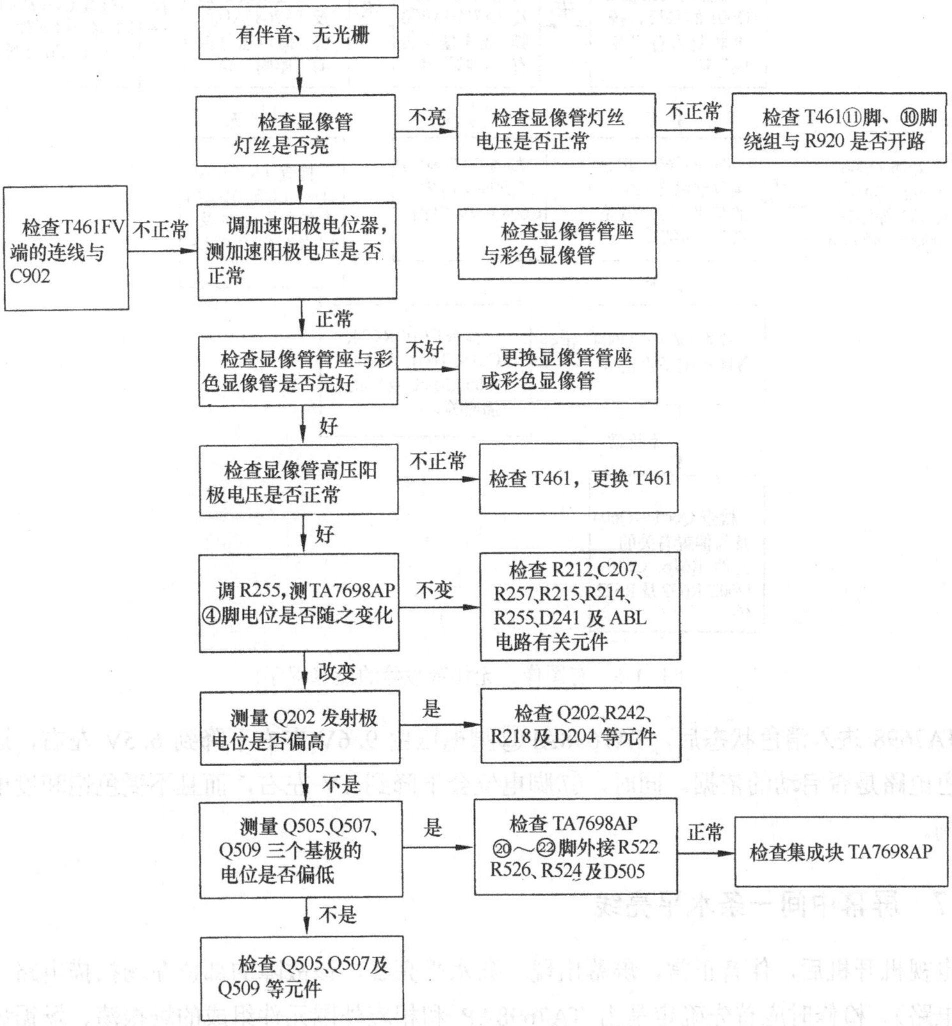

图 11-5　有伴音、无光栅故障检修程序

检修时，为了分清是副载波恢复电路中哪一部分电路有故障，可用一只 10～20kΩ的电阻将 TA7698AP⑫脚与+12V 电源相接，即将消色作用消除，观察屏幕图像是否有彩色。如果彩色正常，则故障在消色电路，应检查 C514 与 TA7698AP；如果仍无彩色，则故障在色度通道，应检查 TA7698AP⑤脚、⑧脚、⑰脚、⑲脚外接元件 C501、R501、R505、R555、R506、R507 等元件和集成电路 TA7698AP，通常是 TA7698 或晶体 X501 不良；如果屏幕有彩色，

但不同步（有横条彩色干扰图案或彩色异位），则故障在副载波恢复电路，应检查 TA7698AP㉟脚～㊳脚、⑩脚、⑬脚～⑲脚外接元件 D501、C304、C512、C513、R552、C518～C520、X501 等元件及集成块 TA7698AP；如果有滚动的彩条（爬行）现象，则多为⑰脚、⑲脚外接元件不良。该故障的检修程序如图 11-7 所示。

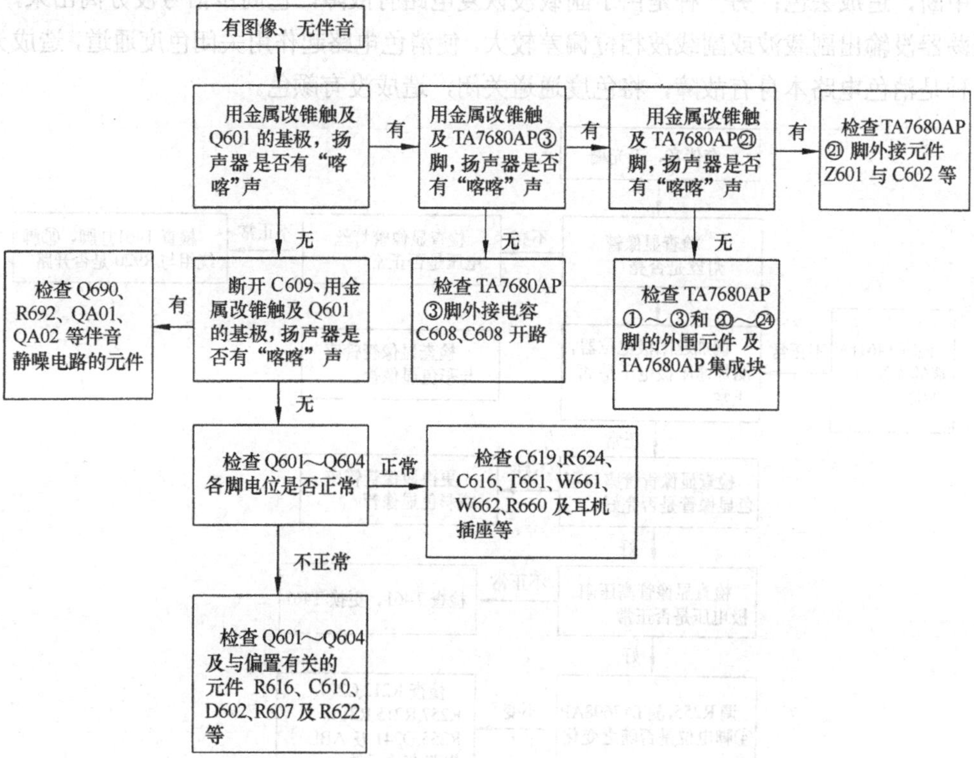

图 11-6 有图像、无伴音故障的检修程序

TA7698 进入消色状态后，TA7698AP⑫脚电压由 9.6V 左右下降到 6.5V 左右，这是判断消色电路是否启动的依据。同时，⑰脚电位会下降到 1V 左右，而且不受色饱和度电位器的控制。

11.2.7 屏幕中间一条水平亮线

电视机开机后，伴音正常，屏幕出现一条水平亮线，该故障的部位在场扫描电路（不含积分电路）。检修时应首先确定是由 TA7698AP 和相应外围元件组成的场振荡、场锯齿波形成与场预激励电路的故障，还是由 Q303、Q306、Q307 及周围元件组成的场激励与场输出电路的故障。可将电阻 R325 断开，在 Q303 基极注入交流信号，观察屏幕水平亮线是否拉开。在没有交流信号源时，可使用万用表 R×1Ω挡将红表笔接地，黑表笔碰触 Q303 基极，注入信号。如果水平亮线拉开，则故障在 TA7698AP㉔脚至㉗脚与㉙脚外接元件或集成电路 TA7698AP，应重点检查 C306、C308、R308、D307 等元件，元件无损时，再检查 TA7698AP。如果水平亮线没拉开，则故障在场激励与场输出电路，应重点检查 D306、R317、C321、R323、Q306、Q307、Q303 等元件。该故障的检修程序如图 11-8 所示。

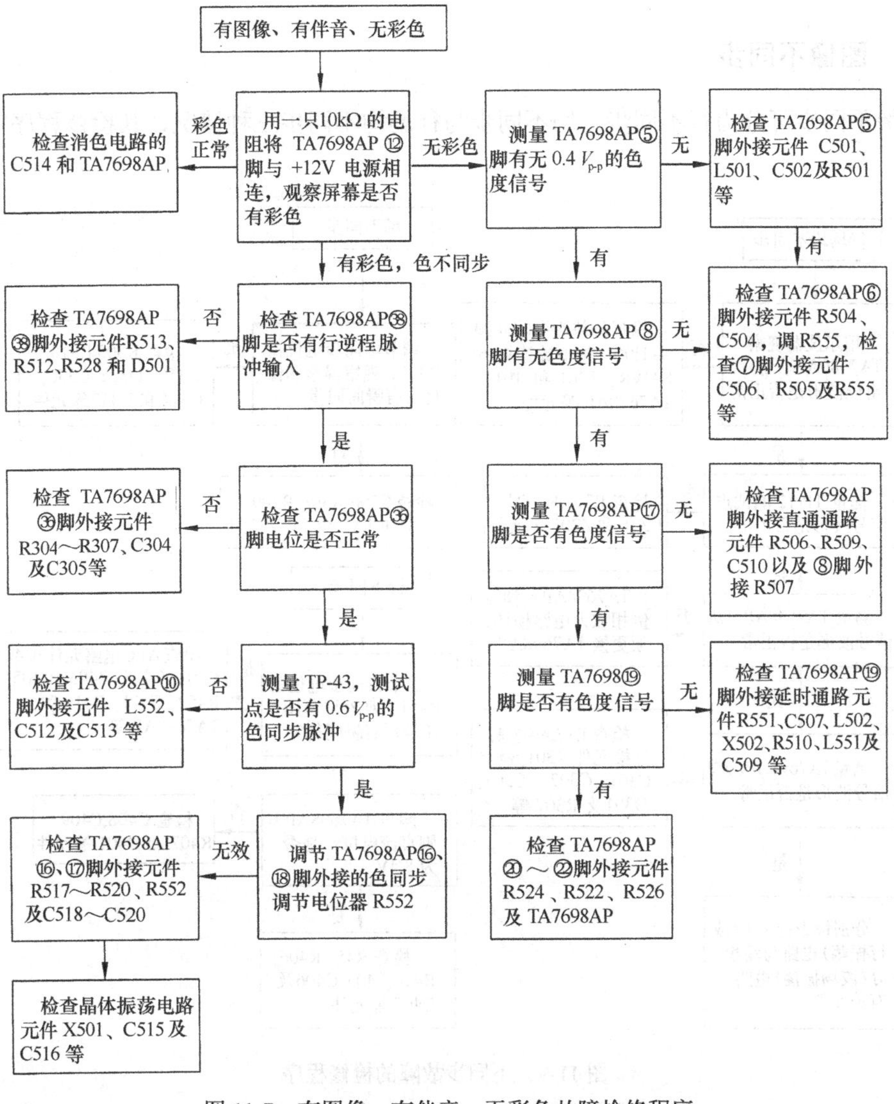

图 11-7　有图像、有伴音、无彩色故障检修程序

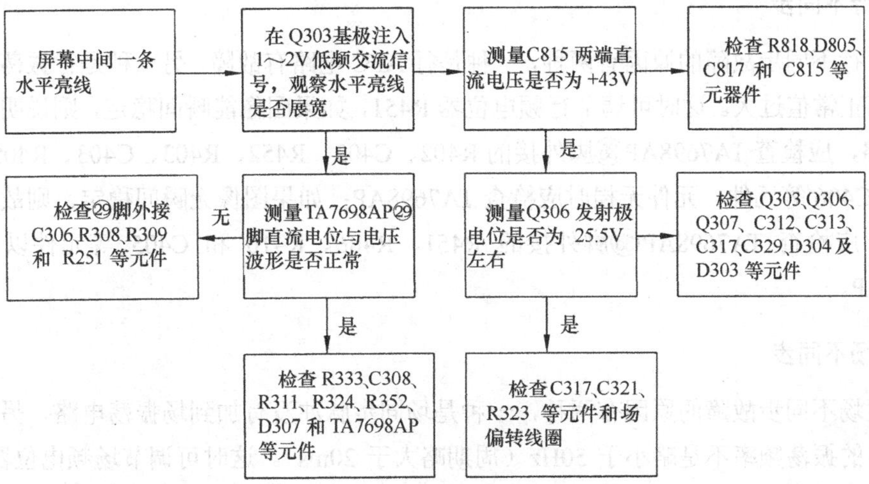

图 11-8　屏幕中间一条水平亮线故障检修程序

11.2.8 图像不同步

图像不同步可分为行不同步、场不同步与行场均不同步三种情况，其检修程序如图 11-9 所示。

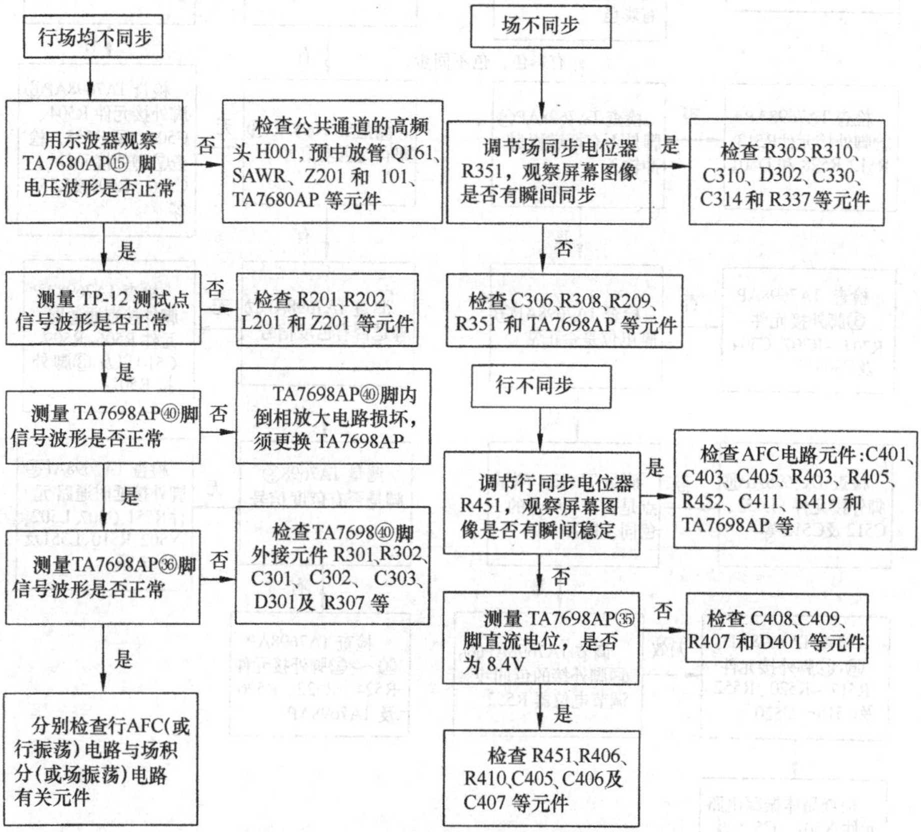

图 11-9　不同步故障的检修程序

1. 行不同步

产生行不同步故障的原因有两种，一种是行 AFC 电路有故障，另一种是行振荡电路振荡频率偏离正常值过大。这时可调节行频电位器 R451，如果图像能瞬间稳定，则说明故障在行 AFC 电路，应检查 TA7698AP㉟脚外接的 R402、C402、R452、R403、C403、R405、C405、R404 与 C406 等元件，元件无损时应检查 TA7698AP；如果图像无瞬间稳定，则故障在行振荡电路，应检查 TA7698AP㉟脚外接的 R451、R406、R410 和 C405 等元件以及集成块 TA7698AP。

2. 场不同步

产生场不同步故障的原因有两种，一种是场同步脉冲没有加到场振荡电路，另一种是场振荡电路的振荡频率不是略小于 50Hz（周期略大于 20ms）。这时可调节场频电位器 R351，如果图像能瞬间稳定，则故障是场同步脉冲没加至场振荡电路，应检查 TA7698AP㊱脚与㉘脚间的积分电路与同步脉冲选择电路元件 R305、C330、C305、C310、R310 与 D302 等元件；如果图像不能瞬间稳定，则故障在场振荡电路，应检查 TA7698AP㉙脚外接元件 C306、R308、R351、R209 等。在 TA7698AP 外接元件无损时，应检查集成电路 TA7698AP。

3. 行、场均不同步

产生这种故障的原因有两种：一种是 AGC 电路的故障，另一种是幅度分离电路的故障。AGC 电路产生故障使行、场同步信号压缩，造成行、场同步脉冲无法分离出来，从而产生行、场不同步现象。幅度分离电路产生故障使行、场同步信号分离不出来，也会产生行、场不同步的故障现象。接收弱信号台或将天线缩短，如果图像稳定了，则故障在 AGC 电路，可检查 TA7680AP⑩脚与⑪脚外接元件，调节 R151，元件无损时可检查集成块 TA7680AP；如果图像仍不稳定，故障在幅度分离电路，可检查 TA7698AP㊵脚与㊲脚外接元件 C301、R301、R302、D301 等元件以及集成块 TA7698AP。

11.2.9　屏幕中间一条垂直亮线

电视机开机后，屏幕中间垂直方向有一条亮线，无图像，伴音正常，产生该故障的原因是行偏转线圈支路有元件开路。可以重点检查行偏转线圈、S 校正电容 C442 以及行线性调节器 L405 是否开路。L405 开路时，屏幕的垂直亮线是一条垂直亮带。

11.2.10　伴音正常、光栅暗、图像不清楚

电视机接收彩色电视信号时，伴音正常但光栅暗，图像不清楚，对比度差，调对比度电位器不起作用，将色饱和度电位器旋至最小时，图像消失。产生该故障的原因是亮度通道没有亮度信号输出，故障的部位在亮度通道。调节亮度电位器，如果屏幕图像背景的亮度有变化，说明亮度通道中直流耦合的电路无故障，故障在 TA7698AP③脚 C204 以前的电路，应检查 C204 和 W201 元件，在元件无损时应检查集成块 TA7698AP。调节亮度电位器，如果屏幕图像背景亮度没有变化，说明故障在亮度通道中的直流耦合的电路，应检查 TA7698AP④和㉓脚外接元件以及检查亮度放大管 Q202 及其周围的元件。该故障的检修程序如图 11-10 所示。

11.2.11　某频段无图像、无伴音、光栅正常

电视机接收电视信号时，VHF-L、VHF-H 和 UHF 频段中某一频段或某两个频段接收不正常，无图像、无伴音。该故障在高频调谐器、频道预选器，应检查 QA03～QA06 及周围元件、高频调谐器 H001 和频道预选器供电电路与插件。检修时，可根据频段接收不正常的情况逐步缩小故障的部位。例如，接收 VHF-L 频段不正常，可将频段选择开关拨至 VL 处，测量高频调谐器 BS 端电压，如果电压不等于 30V，则应检查 QA06、RA17、RA19、CA13；如果电压等于 30V，则应检查高频调谐器中的开关二极管是否有短路的。再例如，接收 VHF-H 频段不正常，可将频段选择开关拨至 VH 处，测量高频调谐器 BS 端电压，如果电压等于 30V，则应检查 QA04、QA06、RA15、RA14 等元件；如果电压等于 0V，应检查高频调谐器中的

开关二极管是否有开路的。该故障的检修程序如图 11-11 所示。

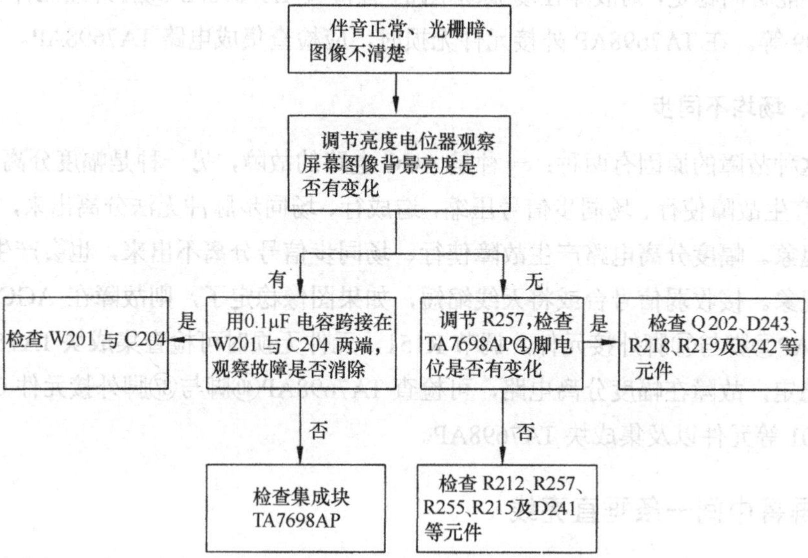

图 11-10 伴音正常、光栅暗、图像不清楚故障的检修程序

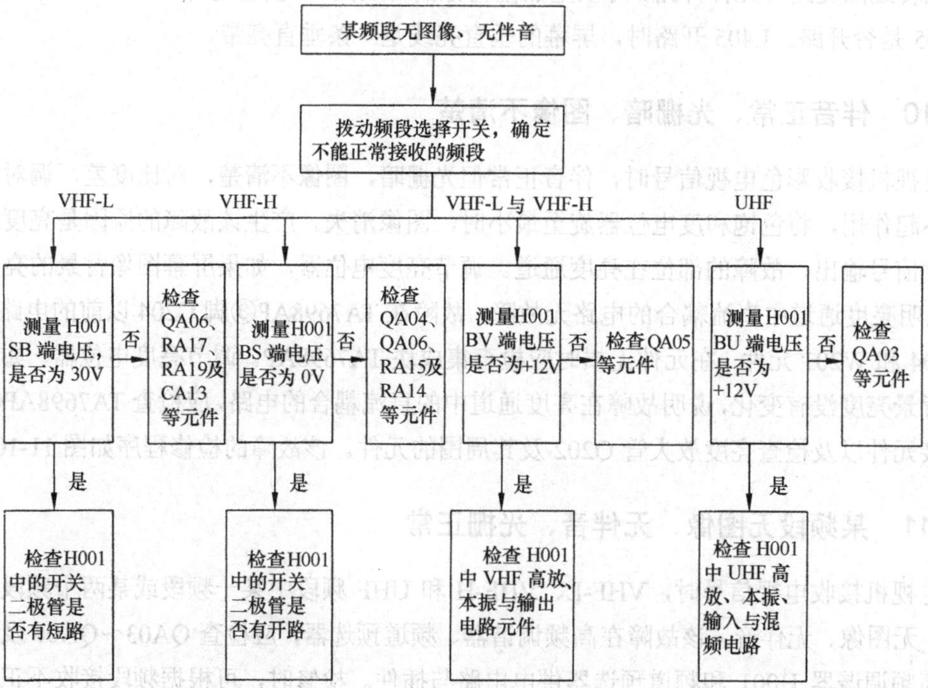

图 11-11 某频段无图像、无伴音故障的检修程序

11.2.12 伴音失真

产生该故障的原因可能是鉴频线圈 L651 没调好或是伴音通道电压与功率放大电路有故障。如果是电压与功率放大电路的故障，应重点检查负反馈电路元件 R613、R612 与 C614，

还可检查 D602 是否短路，Q603 与 Q604 是否性能变差，以及检查扬声器是否良好等。

11.2.13　屏幕有图像、有回扫线、伴音正常

电视机接收电视信号时，伴音与图像均正常，但屏幕出现数十条水平回扫亮线；在不接收电视信号时，回扫线更明显。产生该故障现象的原因是场消隐电路有故障，应检查 R321、D310、D202、R244、R218 等元件是否开路。另外，还应检查加速阳极电压是否偏高，可以重新调节在行输出变压器上的加速阳极电压调节旋钮。

11.2.14　图像有彩色镶边

电视机接收彩色图像时，屏幕有彩色图像，但与黑白图像不重合，图像有彩色镶边现象而且图像清晰度差。产生该故障的原因是亮度通道延时电路有故障，使亮度信号没延时或延时量不够造成的，应检查亮度延时线 W201 和 W201 输入端与输出端 R203 和 R210。

另外，图像有彩色镶边还可能是会聚不良造成的。会聚不好时，可先检查偏转线圈是否松动，如松动可重新调整并固定；再检查静会聚调整磁片是否松动，如松动应重新调整并固定；如上述检修工作做完，故障仍存在，则是显像管荫罩板错位造成的，应更换显像管。

11.2.15　屏幕有彩色色斑

屏幕有彩色色斑说明是色纯不良。产生色纯不良的原因有四个：一是消色电路有故障，二是机外有强磁性物体，三是色纯没调好，四是显像管荫罩板变形。

检修时，首先应检查机外有无强磁物体，如果有，应移开；再在开机时瞬间细心听荧光屏周围有无“沙沙”声，如果没有，应检查消磁线圈 L901 插件是否松动，正温度系数热敏电阻 R890 是否损坏；再检查色纯调整磁片是否松动，如松动应重新调整。如上述检修工作做完，使用一周后故障仍存在，则是显像管损坏所至，应更换显像管。

11.2.16　图像色调畸变

彩色电视机接收彩条图案时，彩条的颜色由白、黄、青、绿、紫、红、蓝、黑，变为白、蓝、红、紫、绿、青、黄、黑。产生这种故障的原因是送往末级视放电路（基色矩阵电路）的 U_{R-Y}、U_{B-Y} 与 U_{G-Y} 色差信号都反相，造成三基色与其三补色同时相互颠倒。

该机由 TA7698AP⑧脚输出的色度信号一路经直通通路送至⑰脚内 PA/NTSC 矩阵电路，另一路经延时通路送至⑲脚内 PA/NTSC 矩阵电路，在集成块内 PA/NTSC 矩阵电路完成相加、相减任务，分离出 F_U 与 F_V 信号，如果色度信号经直通通路或延时通路后产生相位失真，使分离出的 F_U 与 F_V 信号产生 180° 相位失真，就会产生上述故障。该故障的检修程序如图 11-12 所示。

11.2.17　光栅行幅窄

电视机开机后，屏幕左右两边有一部分无光栅，图像水平方向比例不对，但彩色与伴音

均正常。产生该故障的原因可能是开关稳压电源输出的+112V 偏低、行逆程电容容值变小、行偏转线圈匝间短路、S 校正电容容值变小或漏电、行激励不足等。

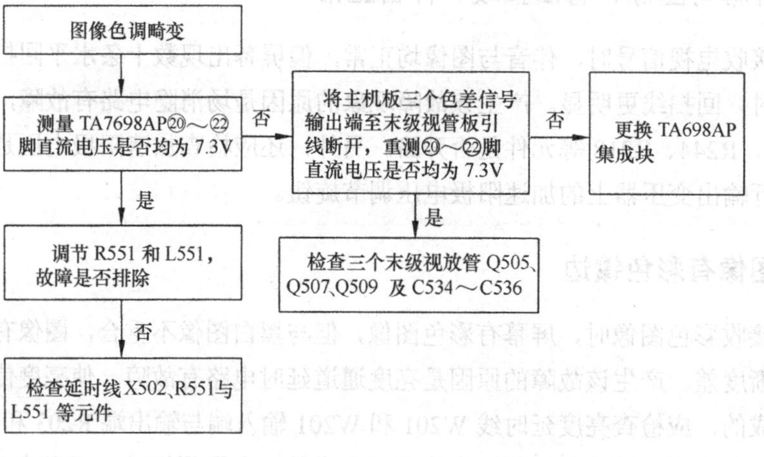

图 11-12 图像色调畸变故障的检修程序

检修方法如下：

（1）检查开关稳压电源+112V 电压是否正常，如该电压偏低，可在 Q801⑤脚与③脚之间并接一个电位器进行调整。如果调整无效，应检查 C812 及 Q801。

（2）检查行逆程电容 C440、C443、C464、C465 是否容值变小、失效或开路。

（3）检查 S 校正电容 C442 是否容值变小或漏电。

（4）检查行偏转线圈或用新偏转线圈代换原偏转线圈，一般不能用不同型号的偏转线圈代换。

11.2.18 光栅场幅窄

电视机开机后，屏幕上边与下边有一部分无光栅，图像垂直方向比例不对，但彩色与伴音正常，调场幅电位器故障仍存在。产生该故障的原因可能是：锯齿波形成与场幅调节电路有故障、场输出电路或负反馈电路有故障。

光栅场幅窄可按下述方法检修：

（1）检查 TA7698㊲脚的电位及外接的场幅调节电位器 R352 和其他元件 C308、D307、R311、R324、R315 及 R316 等，TA7698㉗脚电位正常值为 8V。检查时，尤其应注意检查 R352 和锯齿波形成电容 C308，它应是 2.2μF 的钽电解电容器。

（2）检查场输出管 Q306 与 Q307 是否 β 值过小，性能变差，检查场输出电路中的 C321、C316、C317 等元件是否良好。

11.2.19 光栅水平方向偏移

电视机开机后，光栅与图像偏左或偏右，调节行中心位置调节器 R452 不起作用，但伴音与彩色正常。该故障检修方法如下：

（1）如果调 R452 不能使光栅左右移动时，应检查 TA7698AP㉝脚外接元件 R452、C401、

C402、R402 等元件。

（2）如果调 R452 能使光栅左右移动，但不能调至最佳位置，而且检查 R452 等元件无损时，则可适当调整显像管偏转系统上的三组磁环，但应注意必须首先满足色纯与会聚要求。

11.2.20　光栅垂直方向偏移

电视机开机后，光栅与图像偏上或偏下，调光栅垂直位置调整开关无效，但伴音与彩色正常。该故障检修方法如下。

（1）如果调光栅垂直位置调整开关 S301 有作用但调整不过来，则应检查 R341 与 R342，并可适当改变它们的阻值。

（2）检查场输出自举电容 C312 是否不良，检查 C321 是否开路或失效。

11.2.21　光栅半边亮、半边暗

电视机开机后，荧光屏出现上边暗、下边亮或右边暗、左边亮的现象。检修方法如下。

（1）上边暗下边亮的故障：产生该故障的原因是场消隐信号中混入场正程锯齿波电压，可检查场输出电路中的元件 D310 与 R321 等元件。

（2）右边暗左边亮的故障：产生该故障的原因是显像管电子枪各极直流电压滤波不良，可检查 T461③脚外接滤波电容 C447、整流二极管 D406 和显像管⑧脚外接电容器 C902。

11.2.22　行扫描线性不良

接收电视信号后，屏幕图像水平方向线性不良，产生该故障的原因是行输出电路有故障。检修方法如下。

（1）如果图像右边拉长或压缩，应检查行线性调节器 L405 与 R447，应注意行线性调节器两端不要接反。

（2）如果图像两边对称拉长或压缩，应检查 S 校正电容 C442 与 C442 容值是否合适或漏电。

（3）如果图像中间偏左部分图像压缩，则应检查行输出管与阻尼二极管 Q404。

11.2.23　场扫描线性不良

接收电视信号后，屏幕图像垂直方向线性不良，产生该故障的原因是场锯齿波形成电路、场线性补偿电路或场输出电路有故障。

检修方法如下。

（1）检查 TA7698AP㉗脚外接元件 C308、D307、R311、R324、R352 及 R315 等，尤其应检查锯齿波形成电容 C308 是否良好，它应采用钽电解电容器。如果用普通的 2.2μF/50V 电解电容器更换，会出现场线性变差的现象，可调整 R352。

（2）检查 TA7698AP㉖脚外接 R320 与 C317 等负反馈元件是否良好。

（3）检查场输出电路中 Q306、Q307 与 C321 等元件以及泵电源供电电路中 D325 与 C313

等元件。

另外，图像缺某一基色和屏幕呈某种基色光栅两种故障在 5.3.2 节中已作过介绍，此处不赘述。

思考与练习题

一、填空题

1．利用示波器可以直接测量出电路中某点电压信号的________、________、________等参数。

2．在检查短路性故障时，一般采用的方法有________、________、________等。

3．电视机出现三无故障的主要原因包括________、________、________等。

4．电视机出现水平一条亮线的原因包括________、________、________等电路出现故障。

5．引起开机烧熔断器的主要故障原因有________、________、________、________等。

6．电视机出现光栅正常，但无图无声的故障现象时，可以说明________、________、________等电路工作基本正常。

7．电视机出现无图无声故障时，主要故障电路应在________、________、________等。

8．电视机出现图像正常，但无伴音的故障时，原因应在伴音通道中的________、________________、________、________等出现故障。

9．彩色电视机出现缺少蓝色的故障，原因可能是________、________、________、________等出现故障。

二、判断题

1．若开关电源中的开关管断路，则会出现开机烧熔断器的故障现象。（　）

2．自动消磁电路出现故障，可能会导致电视机屏幕局部出现颜色不正常现象。（　）

3．只要行场扫描电路工作正常，就可形成光栅。（　）

4．同步分离电路出现故障后，会造成行、场不同步现象。（　）

5．若电视测试卡中的灰色方块中均带有某一种颜色，说明色纯未调好。（　）

6．当行场扫描电路正常工作时，就一定会形成光栅。（　）

7．当行扫描电路出现故障时，也可能会造成电视机的“三无”现象。（　）

8．微处理器损坏也会造成三无的故障现象。（　）

9．彩色镶边故障现象表现为屏上重现彩色图像与黑白图像不吻合而出现彩色镶边。（　）

10．某彩色电视机出现所有频道均无彩色的故障，可以断定是高频头失效所致。（　）

11．当彩色电视机的 180V 电源变为 0V 时，将会出现无光栅现象。（　）

12．色同步信号丢失时，会导致 ACK 电路动作，关闭色度通道，只能看到黑白图像。（　）

13．当电视机接收到的信号较弱时，可能会出现无彩色现象。（　）

14．自动消磁故障可能会引起开机烧熔断器的故障。（　）

15．爬行现象是 PAL 制彩色电视机所特有的行顺序效应。（　）

16. 彩色显像管阴极断极将导致荧光屏上缺少相应的基色。（　）
17. 彩色电视机调整白平衡将引起光栅中心位置的改变。（　）
18. 黑白平衡不良的现象是荧光屏出现偏色现象或接收黑白图像时带有某种颜色。（　）
19. 当灯丝电阻断路时，会引起无光栅的故障现象。（　）
20. 电视机行扫描电路 S 校正电容的作用是克服显像管延伸性失真。（　）
21. AFT 电路出现故障后，将可能引起无图无声的故障现象。（　）
22. AFT 电路出现故障后，可能会导致无彩色现象。（　）
23. 若测得行输出级没有工作电压，则可断定电源部分出故障了。（　）

三、选择题

第 1～12 题均为单选题，第 13～15 题均为多选题。

1. 一台电视机出现开机烧熔断器现象，故障的可能原因是（　）。

（1）消磁电阻开路　（2）整流二极管短路
（3）行输出开路　（4）启动电阻开路

2. 当彩色电视机屏幕上的光栅底色偏绿时，说明存在（　）故障。

（1）色纯度不良　（2）白平衡不良　（3）会聚不良　（4）显像管被磁化

3. 电视机观看一段时间后出现逃台现象，故障的原因可能是（　）。

（1）调谐电压不稳　（2）输入回路失谐　（3）高放管性能不良　（4）输入信号太弱

4. 当电视机的伴音正常，而图像出现模糊不清时，故障原因可能是（　）。

（1）高频头　（2）中频通道　（3）开关电源　（4）显像管及附属电路

5. 当解码器电路出现故障后，将会出现（　）的故障现象。

（1）无图无声　（2）无彩色　（3）无伴音　（4）无光栅

6. 彩色电视机显像管栅极断路会出现（　）。

（1）无光栅　（2）无图像　（3）光栅变暗　（4）无色

7. 彩色电视机显像管的绿色电路损坏时，荧光屏的底色为（　）。

（1）白色　（2）红色　（3）青色　（4）紫色

8. 当彩色显像管会聚不良时，将会出现（　）。

（1）彩色失真　（2）偏色　（3）无彩色　（4）彩色镶边

9. 当电视机出现伴音正常而无光栅的故障现象时，主要应检查（　）电路。

（1）公共通道　（2）行扫描电路　（3）伴音通道　（4）色度通道

10. 如果电视机的高频头发生故障，则（　）。

（1）只影响图像　（2）只影响伴音
（3）既影响图像又影响伴音　（4）影响高压的产生

11. 电视机收看一定时间后出现跑台现象，原因可能是（　）出现故障。

（1）AGC 电路　（2）AFT 电路　（3）ACC 电路　（4）ACK 电路

12. 某电视机出现有光栅、无图像、无伴音，故障原因是（　）。

（1）电源　（2）高频头
（3）行扫描电路　（4）显像管及附属电路

13. 对电视机高频调谐器故障检修时可采用（　）等方法。

（1）干扰法　（2）测量电压法　（3）专用仪器检查法

（4）替换法　（5）测量电流法

14．对电视机行扫描电路故障的常用检查方法有（　）。

（1）示波器检修法　（2）扫频仪检修法　（3）干扰法

（4）替换法　（5）测量直流电压法

15．检修电视机行扫描电路接触不良故障常采用（　）法。

（1）干扰　（2）断路实验　（3）敲击　（4）摇晃　（5）短路实验

四、简答题

1．简述检修彩色电视机故障的一般程序。

2．如何利用遥控器、面板按键及机内外有关调节元件来缩小故障范围？

参考文献

1 黄庆元、鬲淑芳．彩色电视接收机原理与维修[M]．西安：陕西师范大学出版社，1999．

2 罗凡华．两片集成电路彩色电视机原理与维修[M]．北京：电子工业出版社，1991．

3 陈忠．家电维修[J]．北京：《家电维修》杂志社，2009．

4 陈谋忠．长虹 A3、TDA 机芯单片机原理与维修[M]．成都：四川科学技术出版社，1997．

5 王锡胜．数字化彩色电视机技术[M]．北京：人民邮电出版社，2003．

6 刘修文．高清数字电视机使用与维修[M]．北京：机械工业出版社，2009．

7 中国电子视像行业协会．平板彩色电视机维修要点手册[M]．北京：人民邮电出版社，2009．

8 张校珩．等离子电视机和液晶电视机原理与维修[M]．北京：金盾出版社，2006．

读者意见反馈表

书名：彩色电视机原理与检修（第 5 版）　　主编：贺学金　沈大林　　策划编辑：杨宏利

谢谢您关注本书！烦请填写该表。您的意见对我们出版优秀教材、服务教学，十分重要。如果您认为本书有助于您的教学工作，请您认真地填写表格并寄回。**我们将定期给您发送我社相关教材的出版资讯或目录，或者寄送相关样书。**

个人资料

姓名________ 年龄____ 联系电话________（办）________（宅）________（手机）

学校________________ 专业________ 职称/职务________

通信地址__________ 邮编______ E-mail________

您校开设课程的情况为：

本校是否开设相关专业的课程　□是，课程名称为____________ □否

您所讲授的课程是____________ 课时________

所用教材____________ 出版单位________ 印刷册数____

本书可否作为您校的教材？

□是，会用于____________课程教学　□否

影响您选定教材的因素（可复选）：

□内容　□作者　□封面设计　□教材页码　□价格　□出版社

□是否获奖　□上级要求　□广告　□其他____________

您对本书质量满意的方面有（可复选）：

□内容　□封面设计　□价格　□版式设计　□其他________

您希望本书在哪些方面加以改进？

□内容　□篇幅结构　□封面设计　□增加配套教材　□价格

可详细填写：________________________

____

您还希望得到哪些专业方向教材的出版信息？

____

感谢您的配合，请将本表按以下方式反馈给我们：

【方式一】电子邮件：登录华信教育资源网（http://www.hxedu.com.cn/resource/OS/zixun/zz_reader.rar）下载本表格电子版，填写后发至 yhl@phei.com.cn

【方式二】邮局邮寄：北京市万寿路 173 信箱　杨宏利（邮编：100036）

如果您需要了解更详细的信息或有著作计划，请与我们联系。

电话：010-88254587

反侵权盗版声明